公元787年，唐封疆大吏马总集诸子精华，编著成《意林》一书6卷，流传至今

意林：始于公元787年，距今1200余年

意林®

一则故事　改变一生

意林青年励志馆

热爱可抵岁月漫长

《意林》图书部　编

吉林摄影出版社
·长春·

青年励志馆系列㉝

图书在版编目（CIP）数据

热爱可抵岁月漫长 /《意林》图书部编. -- 长春：吉林摄影出版社, 2020.12
（意林青年励志馆）
ISBN 978-7-5498-4673-3

Ⅰ. ①热… Ⅱ. ①意… Ⅲ. ①心理学－青少年读物Ⅳ. ①B84-49

中国版本图书馆CIP数据核字(2020)第228242号

热爱可抵岁月漫长 RE'AI KE DI SUIYUE MANCHANG

出 版 人　孙洪军
主　　编　杜普洲
责任编辑　吴　晶
总 策 划　徐　晶
策划编辑　肖桂香
封面设计　资　源
封面供图　赵美荣
美术编辑　刘海燕
发行总监　王俊杰
开　　本　889mm×1194mm 1/16
字　　数　400千字
印　　张　11
版　　次　2020年12月第1版
印　　次　2020年12月第1次印刷

出　　版　吉林摄影出版社
发　　行　吉林摄影出版社
地　　址　长春市净月高新技术开发区福祉大路5788号
　　　　　邮　　编：130118
电　　话　总编办：0431-81629821
　　　　　发行科：0431-81629829
网　　址　www.jlsycbs.net
经　　销　全国各地新华书店
印　　刷　北京中科印刷有限公司

书　　号　ISBN 978-7-5498-4673-3　　　定价　36.00元

启　事

本书编选时参阅了部分报刊和著作，我们未能与部分作品的文字作者、漫画作者以及插画作者取得联系，在此深表歉意。请各位作者见到本书后及时与我们联系，以便按国家相关规定支付稿酬及赠送样书。

地址：北京市朝阳区南磨房路37号华腾北搪商务大厦1501室《意林》图书部（100022）

电话：010-51908630转8013

目录 CONTENTS

1 这个世界太喧嚣，你要把自己照顾好

2 你远道而来这世间，想必是因为热爱吧

3 培养超强抗压力，轻松面对各种挑战

4 你的眼界，决定了你的世界

5 改变心路，才能改变出路

6 做自己的光，带着爱前进

这个世界太喧嚣，你要把自己照顾好

《牛津格言》这本书中，有这样一句话：“如果我们仅仅想获得快乐，那很容易实现。但我们希望比别人更快乐，就会感到难以实现。因为我们对于别人快乐的想象，总是超过实际情形。”许多人总是忍不住羡慕那些看似比自己过得好，比自己更成功的人。其实，在这个世界上，没有任何一个人的人生，值得你去羡慕。别忘了，你也是发光体哦！把羡慕别人的时间，都用来过好自己的生活，才会得到真正的快乐和幸福。

生活的『毛边』

□韩大爷的杂货铺

有人喜欢在学习之前，先读几篇“打鸡血”的文章或看一部励志电影以激励自己。虽然看完后会热血沸腾，但效果往往只能持续很短的时间。因为这些励志电影和文章，不能展现生活的“毛边”。

什么是毛边呢？找一块粗糙的布料，用力把它撕开，断口处会有很多冗余的丝线，这就是毛边。励志电影和成功故事不会展示这些毛边，因为毛边会极大地削弱故事的戏剧性与张力，拖慢节奏，带不动剧情，也就带不起人们的情绪。

曾经有编剧总结过一个基础的故事模型——英雄之旅，里面包含故事创作的七要素：目标、阻碍、努力、挫败、意外、转弯、结局。事实上，很多励志内容都是按照这个模子刻出来的。于是，你看到，主人公设定目标，夺得长跑冠军；遇到阻碍，缺乏专业指导；他发奋努力，每天苦练；由于训练不科学，再次挫败，与冠军失之交臂；发生意外，邻居恰好是退休的国家队教练；剧情反转，生活将两个失意的人绑到一起，他们决定携手找回尊严；光明结尾，两人齐心协力，终于站上了领奖台。你看完这样的故事后血脉偾张，发愤图强，然而当你翻开练习册：跑道呢？我的国家队教练呢？哎呀！状态不好，那赶紧看看主人公是怎么解决的，可主人公好像从头到尾状态都很好，他跑了几天，所有的问题就都解决了。可你在学习中需要面对的是很多具体的细节问题，而这些毛边，除非对剧情有助力，否则不会出现在剧本里。

我们生活在媒介编织的世界中，这个世界是不会向我们展示毛边的——明星好像从来不会出汗，微信朋友圈里的蜡烛从不会引发火灾。同时，我们正生活在越来越多的即时反馈里——算法机器24小时待命，当你无聊时，第一时间向你推送搞笑段子；外卖小哥迟到10分钟，你就能获得补偿金；那边的商家说一年包教包会，这边的店主说在我这儿只需要一个星期。

这些情境会带来什么样的后果？毛边不见了。

可现实生活的毛边，是永远抹不掉的。一旦把媒介和即时反馈所带来的幻觉等同于现实，人就会越来越无法忍受真正的现实。我们会抗拒真实，抗拒粗糙，害怕等待，丧失基本的耐受性。最严重的是，你的阈值大大降低，而心理预期被过分调高。

于是，小情侣去旅行，碰到一点障碍就会大吵，因为在他们看来，旅行节目里的嘉宾明明就很顺利啊；很多人立志写作，却迟迟不肯动笔，因为手一放到键盘上就发现，原来写作真的需要时间，需要你一点一点、走三步退两步地完成，少一步都不行。没有即时反馈的日子，大家已经消受不起。

看剧可以快进，可生活是无法快进的。哪怕真的有这项技术，大家也不要购买这种遥控器。因为当你忽略毛边的时候，你不是在减少波折，而是在删除生活。生活的奥妙就在于，否定了毛边，那么其本身的喜怒哀乐和丰富的体验，就不再成立。

人不仅要对自己的毛边有预判，对别人的毛边，最好也能有预期。这是我倡导对别人要尽量宽容的原因。毕竟，对方可能不只是你攻击的对象，也是一个昨晚被婴儿折磨了一整夜的母亲。

让我们常想毛边，增强执行计划的韧性，遇见更好的自己；让我们常念毛边，照见他人生活的不容易，构建宽容的世界。

那些年，我们传过的纸条

□陈来峰

说起传纸条，几乎是20世纪的事情了，如今的孩子很难理解用纸条表达情意的方式，也许会觉得滑稽至极。

当然了，如今有手机，可以发短信、微信、QQ，想怎么玩就怎么玩，不仅可以发信息，还可以视频聊天，要多方便有多方便。

而我们那时候，这些都没有。

我的第一张纸条，也可以说是情书，是我在上初二的时候写给同桌的。她秀外慧中、落落大方，是从城里转来的，无论穿着还是气质都压我们一头，那一口标准的普通话更是将我们远远地甩在身后。好多男生都是既喜欢她，又不敢靠近她。而我，却有着近水楼台的优势。终于，我写了一张纸条，在兜里揣了几天，正准备豁出去递给她时，她突然被调到了第一排。近水楼台的优势一下子就没了，于是，我跟其他男孩子一样，将写好的纸条攥出了水后撕掉。

我的第一张小纸条宣告失败。

上高三的时候我写了第二张纸条，因为我实在控制不住自己。学习的压力，那一摞摞的试卷，黑板上密密麻麻的数字，昏天黑地的日子……

她就坐在我前排的角落里，脸胖乎乎的，眼睛大大的，一头短发，整日埋头在书桌上啃书本。我不知什么时候喜欢上了她，但那种感觉很好。我想跟她说话，可是鞭长莫及。于是，我写纸条约她。纸条投出去了，可是走偏了一点，被她的头发碰了一下飞走了，很快，纸条被一只只脚踩没了。

我没有再写纸条，因为老师的“火眼金睛”捕捉到了这一切。我受到了高度关注。

上大学了，自由了。大学里丰富多彩的生活让我将从前的不快忘得一干二净。

她是（2）班的，我们两个班篮球比赛的时候她在旁边加油，我一个球没接好差点撞进她的怀里，我隐隐感到一股热浪袭来。她美丽的长发柔柔滑滑，一笑有两个好看的酒窝，迷死人了。于是，趁着晚自习，我从后门悄悄溜进（2）班。她一个人占一张桌子，我立马坐在她身后，将写好的纸条亲手塞给她。我的心怦怦直跳。戏剧性的一幕发生了。她看看我，又看看纸条，然后立马起身叫她前面的同学说：“你走不走？你要是不走我先走了。”

我羞愧至极。纸条再次失去了作用。因为纸条里我约她去操场见面，而她被吓走了。

我自以为失恋了。我再也不写纸条了。

多少年过去了，我和初中那个女同学早已失去了联络；我高中的那个女同学嫁到了浙江，再也没有见过；而戏剧性的是，一次与大学（2）班那个女同学偶遇时，她对我骂道：“你这臭小子，想当年写纸条约我，害得我在操场孤零零戳了半宿，你良心何在啊？”

我一下子蒙了。

一个误解错过了一场轰轰烈烈的爱情。

那些带壳长大的年轻人，到底算不算好命

□陶瓷兔子

1

周末跟我妈争论了一个多小时，因为小说《战争与和平》里的玛丽亚。

玛丽亚生得丑，母亲又早亡，虽然贵为公爵小姐，却从小跟父亲一起离群索居地生活在童山，几乎没有参加社交活动的机会。老公爵亲自教她几何和代数，却从没什么耐心，几乎每天都要发一次脾气骂她。作为一个无神论者，他对女儿的信仰也总是冷嘲热讽。

她做的一切他都看不上，连同她这个人，都没得到过他的一次肯定和赞扬。而托翁笔下的玛丽亚，也总是一脸的忧郁和恐惧——虽然这会让原本就不美的她更不好看。

当英俊的阿纳托利来到童山拜访，老公爵更是毫不留情地浇灭了玛丽亚的一腔春梦，当着所有人的面，板着脸数落她的新发型“您的穿着打扮完全可以自便”，老公爵一边对儿媳说，一边打量了玛丽亚一眼，“可她不用丑化自己，她已经够丑的了”。

我每次看到这一段都很难过。

也知道老公爵是担心女儿被骗，他知道玛丽亚长得丑，也知道阿纳托利的热情不过是为了她的地位和财产。

可对一个年轻女孩来讲，这样的方式还是太残酷了。为了避免她心碎，他先敲碎了她的心。

2

但我妈并不这样觉得，在她眼里，老公爵对玛丽亚的所有打击和贬低都是出于一种更深谋远虑的爱。

丑女有巨财，自然会招来很多别有用心的示好。他不能夸她，怕她因此养成虚荣轻浮的性格；他也不能对她温言细语，怕把她惯成一个软弱爱哭的娇小姐。

对她的百般打压无非是让她早早认识人生的残酷，从不抱幻想的人就不会失望，从不冒险的人就不必受伤。

我跟我妈争执的焦点在于，老公爵给予玛丽亚的到底是不是好的教育。我认为玛丽亚原本可以生活得更快乐，而父亲正是剥夺她快乐的元凶，但我妈却觉得，玛丽亚最后能过上幸福的生活，都是老公爵教育的功劳。

是啊！她最后那么幸福。

比起惊艳绝伦的海伦把一手好牌打得稀烂，死前还背负着巨额债务的荒唐，比起懵懂天真的娜塔莎在两个男人之间来回摇摆，差点把自己的名声和后半生都搭进去的波折，玛丽亚的确很幸福。

她没遇过人渣，没心碎过，就轻松顺遂地嫁给了同样爱她的尼古拉，并把生活打理得井井有条。

如果没有老公爵的打击式教育，玛丽亚还会是这样的玛丽亚吗？她会不会早早坠入情网，在情迷意乱中被骗、被伤害？她还能不能有这样的勇敢与坚韧，在父死兄亡之后撑起一个家？她会活得更好还是更糟糕呢？我们都不知道。

要安全还是要快乐，是大多数家庭中回避不了的二选一。

3

当孩子表现出对某一事件的困惑以及不满时，很多父母通常都会数落孩子：你太幼稚了，谁会理你呢；别没事找事；迟早是会吃亏的。

《有限责任家庭》的作者李雪认为，这样的回应本质上是对孩子的攻击，让孩子认为外部世界是充满敌意的，别人不会善待自己。

带着这种不信任长大的孩子，会很严苛地要求自己必须独立自主，恐惧向别人提出请求，不太会表达善意，也不敢接受善意。

但这样的孩子，往往也是最“安全”的孩子。谨慎，冷静，情绪稳定，不允许自己出丑也很少受骗，不会随便吃陌生人给的东西，不会轻易相信什么海誓山盟，不会在街头崩溃，更不会在酒吧买醉。

他们甚至的确感觉不到太多痛苦或悲伤，那种对世界的不信任像是一个壳，哪怕外面的天塌下来，也能护着真身安全无碍。

毕竟早就已经从最亲的人那里知道了啊，世界有点残酷，人生不易。那些早早被灌输的恶意与冷漠，成了体内永远不会消失的抗体。

这样的人生显然更平顺，因而也更容易达到世人眼中的“幸福”。哪怕那层壳在隔绝痛苦的同时，也隔绝了无数真实细碎的快乐。

像是玛丽亚，像是你我，也像是无数带着壳长大的年轻人。

4

我有时会忍不住好奇，那些没有壳的人都是怎样生活的呢？

他们真的相信一生一世一双人？真的相信有人是不带任何目的地想要做她的朋友？相信那个暴雨天停在她身边的司机是真的想要帮她一把，而不是想要骗她上车之后占她便宜吗？

可我不行，我是那种哪怕在热恋期也会想到情到浓时情转薄，是那种总是小心翼翼让自己“有用”，是那种本能地防备着，无法接受陌生人善意的人。因为是这样的人，所以才对那种懵懂稚拙的人有种莫名的别扭情绪，一边无比羡慕他们可以那样真实贴地地活着，一边又总会抱着一点不怀好意：你这样迟早会吃亏的哦。

我在心里对那些没有壳的人说，就像我自己曾经被教育过的那样。而每一次看到他们真的吃亏，真的受骗，真的痛苦，那层壳就会变得更厚、更坚硬。

这或许也是“蜕壳”过程尤其艰难，又尤其漫长的原因吧。

在这个过程中，最重要的并不是“真实的生活很美很顺很幸福”，而是你会吃亏，会受伤，会被骗，会很痛苦，但日子总会继续。

生活有时很坏，但那也会过去。

文学是“精巧的说谎” □沈从文

文学有个古今一贯的道德，就是把一组文字变成有魔术性与传染性的东西，表现作者对于人生由“争斗”而至“完美”的一种理想，毫无限制地采取人类的各种生活，制作成所要制作的形式。说文学是“诚实的自白”，远不如说文学是“精巧的说谎”。

想把文学当成一种武器，用它来修正错误的制度，消灭荒谬的观念，克服人类的自私、懒惰，赞美清洁与健康、勇敢与正直，拥护真理，解释爱与憎的纠纷，它本身最不可缺少的，便是一种“精巧的说谎”。

我总想变成除自己外的另一个人

□刘 斌

我读小学的时候，邻居姐姐顺利地成为一名优雅的空姐，这个消息很快就传遍了闭塞的小镇。她回家的那天，小区里的住户都赶过来看热闹，把小小的巷子堵得水泄不通。邻居姐姐拎着时尚的皮包，身着一席湖蓝色的长裙，头发干净利落地扎在脑后，笑语盈盈地从巷口走来，宛若独一无二的绚烂烟火，化为整片夜空的主角，吸引着我们的目光。

那一幕场景如沿路的站牌，几乎指引了我的整个童年。我常趁老师不注意，溜到天台上，坐在栏杆边，眯眼看着这个灰蒙蒙的小镇。偶尔，有飞机掠过，巨大的轰隆声中，细细长长的草叶随风翻飞，我像《起风了》里的堀越二郎，追着它奔跑，好像下一秒，自己也可以长出一双洁白的翅膀，在湛蓝的天空翱翔。

到了高二，当同学们为了高考熬夜奋战时，我却像一块奶咖，整日沉浸在甜蜜又美好的幻想中。恰好有空乘学校来招生，那天晚上，父母卧室的灯迟迟未熄，它如一朵微微颤动的小火烛，柔柔地舔着夜色。我靠在床上，焦急地等待着一场未知的结局，心像紊乱的钟摆，把呼吸摇晃得又重又稠。清凉的月光悄悄地探上书桌，一不小心跌落在地，绕着房间漫步一圈，伏在我的枕边恬静地睡了。

第二天，我起床后发现桌子上摆着一张空乘报名表，而父母的卧室早已空空如也。接下来的几天，我办理退学手续、和朋友老师道别、打包邮寄行李……一切快得像电影里的切换镜头。

离校那天，我捧着一摞书本，心里有一万朵蒲公英在纷飞。明晃晃的阳光熏得人脑袋有些发涨，我抬头仰望着这座承载了我五年时光的教学楼，竟有片刻的失神。保卫大叔重重地关上了大铁门，“砰”的一声，我眼里沉寂的河流竟像经历了一场地震，汹涌而出。

空乘面试时，我攥着申请书和体检表坐在椅子上。长廊里空荡荡的，昏暗的阳光被玻璃窗过滤后，只剩下几束漫无目的地在木地板上飘浮，灰尘在光点里不停地旋转，像一个无法醒来的梦。每个人都在欢声笑语，我目睹着花儿在她们脸上一朵朵盛开，却心生一种无由的衰败。

面试通过后，便是长达半年的集训。当我穿着十厘米的高跟鞋，咬着筷子微笑着练习站姿时，脑海中却常常浮现那些年自己吹灭读书灯，走出自习室，披月而归的模样。

吃完午饭，我和同桌打电话。同桌跟掏家底似的，把肚子里的故事一件一件往外搬。她滔滔不绝地说着某某通过了985大学的自主招生、某某艺考失败了、某某考砸后抱着班主任痛哭流涕……那些她们所抱怨的现在，都成了我生动的曾经，我捏着因连续站立十小时而肿胀的小腿，只能尝试从她饱满的情绪里体验感同身受。

“今天，语文老师又点你起来朗读课文，喊了好些声，才反应过来你退学了，小老头扁着嘴巴，有些难过……”我挂掉电话，沉默像星星一样遥远而明亮。在高考这场战役中，我成了中途撤退的士兵，无法和队友们引吭高歌，浴血奋战，更不能以凯旋者的姿态站在城墙上，待漫天硝烟散去后，领略壮丽的夕阳。

经过整夜的辗转反侧，第二天一早，我就去办理了退训手续——这大概是我做过的最勇敢和最义无反顾的决定。走出训练大楼的那一刻，明媚的阳光倾泻而下，温柔地将我簇拥，空气中浮动着栀子花的馨香，无数风的心脏在我信念上方跳动。

回到家后，我把与空乘有关的物件都收进了箱子，取而代之的是成堆的资料书。

后来，我考上了外地的大学。坐在飞机上，空姐笑靥如花，背影如薄胎的青瓷般端然明丽，我捏了捏自己肉嘟嘟的小脸，满满的羡慕。窗外，镇子越来越小，最后变成一个光点消失在云层中。我来回翻看百度里大学的照片，心里散发着白菊花一般淡淡的清香。高考是唯一的缆绳，它带我找到了属于我的岛屿。

大学毕业后，我的生活总是不可避免地出现左灯右行的冲突：当我还在为了论文抓耳挠腮时，有的朋友已经拿到不菲的年薪；朋友圈里眼花缭乱的旅游晒图，与争分夺秒、通宵备战的自己；越堆越高的结婚请柬，低头，指尖尚且寒凉……成长就是不断失去可能性的过程，你想去山顶摘星星，便不可避免地要失去草原和海洋。

年轻时，我们总是忍不住往别人的路上张望，习惯并且擅长轻视当下的幸福，幻想着另一个活在“如果”王国里的自己。所以如果重新来一次，我相信大多数人依然会走到同样的终点站，只不过换了一条来路罢了。

我很羡慕那些在不同领域闪闪发光的人，但我深知有一条属于自己与众不同的路等在远方。亲爱的，祝你年少有为不自卑，不破楼兰终不回；也祝愿那个“如果”王国里的我，在另一个世界里熠熠生辉。

逻辑的魅力

□冯亚彬

大约 2500 年前，苏格拉底创建了一门艺术，或者说科学，我们现在将其称为逻辑推理。苏格拉底通过一系列探问，也就是后世所说的“苏格拉底方法”来获取答案，并对这些答案进行推断。通过这种方式，他可以找出各种复杂现象背后的关键问题，并判断“常识”中的对与错，从而揭开很多貌似有理实则荒谬的说法背后所隐藏的真相。

下面这则故事能凸显逻辑的魅力。

亨利·胡弥多尔先生买了一盒顶级雪茄，因为雪茄太过名贵，所以亨利决定投保。保单中约定，一旦雪茄因为任何意外——尤其是火灾——而损坏，保险公司需支付 15 万美元的赔偿金。

一个月后，亨利抽完了所有雪茄，随后向保险公司提出索赔。在索赔申请中，亨利宣称这些名贵雪茄毁于“一系列小型火灾事故”。保险公司拒绝赔付，理由很明显：亨利只是正常地使用雪茄。

于是，亨利将保险公司告上法庭，并轻而易举地打赢了官司。

在结案陈词时，法官也认为亨利的索赔有点无理取闹。但他也认为，既然保单上清楚地写着雪茄是可以投保的，而且可以投火灾险，同时并未清晰地界定哪些“火灾”不予理赔，那么保险公司就应该履行保单义务，赔偿亨利。

保险公司赔给了亨利 15 万美元，但事情并没有就此结束。亨利刚拿到支票，还没来得及兑换现金，就被警察带走了。因为警方接到举报，认为亨利有纵火嫌疑。在法庭上，检方拿着保险公司提供的纵火记录，也就是亨利的索赔文件，进行指控，认为亨利有故意纵火行为，而且不止一次，足足有 24 次!

结果法庭判亨利入狱 24 个月，并判处罚金 24 万美元。

学会服输

□流 沙

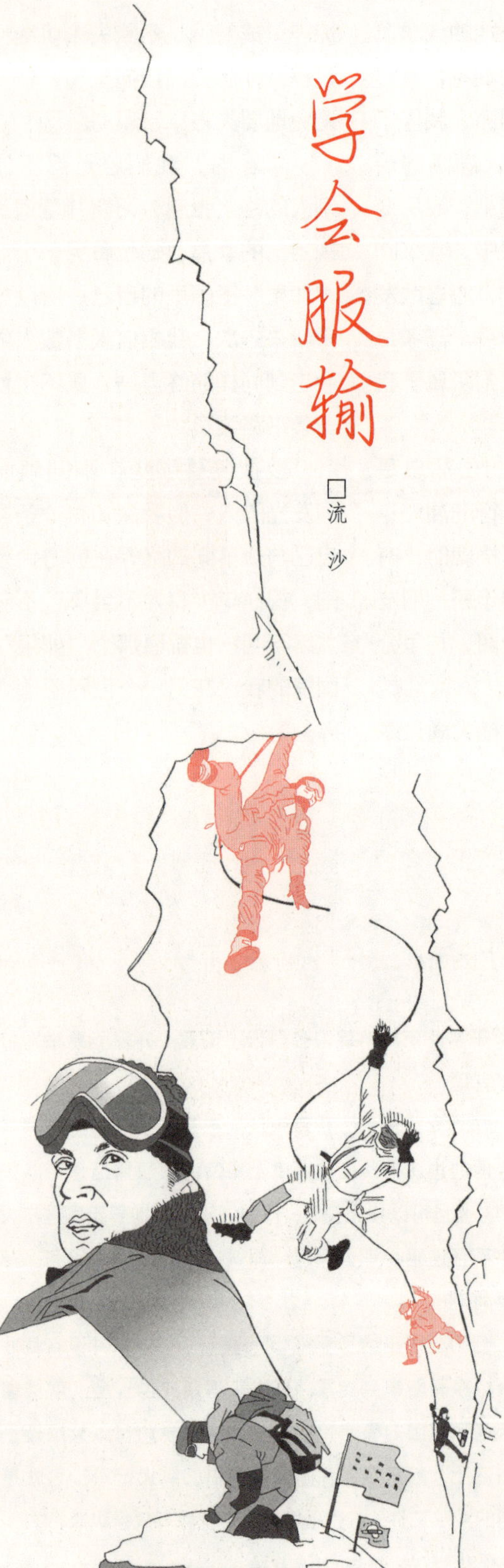

江面有一百多米宽，而且流速也快。几个人在江边游泳，其中两人因为话不投机打起赌来，说谁不能游到对岸，谁就不是男人。

两人对峙着要求一起下水，但其中一个看着水流湍急的江面改变了主意，他平静地说：“我服输。”另一人听罢，哈哈大笑，他转身扑入湍急的江水中，回头对旁人说：“我要让你们看看我的本领。”他的朋友们让他回来，说现在江水流速快，游到对岸有危险，但他根本不听朋友们的话，转眼之间就游出五六十米远。

朋友们焦急地站在岸边看着他越来越小的身影，突然一个浪头打过来，他在江中消失了。

朋友大声叫：“不好。”他们借来救生衣后跳入江中救援，但哪里还见得到他的身影？

第二天，他的尸体在下游被人发现了。他在县里是有名的游泳健将，对这条江的水流也比较清楚，但是许多人都知道此时不能下水游泳，而他为了打赌却置之不理。这是明知不可为而为之，他死得很冤枉。如果当时能认输，就不会送掉自己的生命。

记得在一本杂志上看到一则登山故事：美国有一位登山运动员不远万里来到珠穆朗玛峰。他准备了几年，最大的愿望就是能够冲顶，而且向外界公布了他的愿望。

但是他在登到海拔7000米时，山上天气恶化，虽然此时他体力仍然十分充沛，完全有能力冲顶，但是他毅然选择了退却，撤回了营地。许多人对他的行为表示不解，他却说：“7000米对我来说，也是一个奇迹。”尽管冲顶对他来说存在极大的胜算，对于一个狂热的登山运动员，能在很可能得到的胜利面前认输，这需要勇气。

不服输有时也是人类的弱点。在我们的生活中，一个人一旦被光环笼罩，就违背了自己真实的初衷，不再为自己真实的心意所左右，而是为功利所累，往往为了面子和荣耀，无法收手，结果败得一塌糊涂。

服输要比不服输更需要勇气，不能赢时则服输，其实是一种生活的大智慧。

那些小说教我的事

□陈　沐

有一本关于食品的书上讲，一位妈妈注意到她女儿拿回家的便当盒太干净了。询问后才知，女儿的中学同学觉得在便利店买的便当才够档次，而妈妈亲手做的饭则太寒碜：颜色暗淡，汤汁满溢。女儿于是在上学途中的便利店里倒掉妈妈的便当，然后在那里买了便当去上学。最初看到这一段，我觉得这些孩子太可恶了！虚荣、愚蠢、薄情，怎么能够把妈妈辛苦做的便当倒掉呢？

但是某一天，忽然看到《平凡的世界》中有这么一段："对孙少平来说，这些也许都还能忍受。他现在感到最痛苦的是由于贫困而给自尊心所带来的伤害。他已经十七岁了，胸腔里跳动着一颗敏感而羞怯的心。他渴望穿一身体面的衣裳在女同学的面前；他愿自己每天排在买饭的队伍里，也能和别人一样领一份乙菜，并且每顿饭能搭配一个白馍或者黄馍。这不仅是为了嘴馋，而是为了活得有尊严。"

这段话让我想起自己的中学时代。父母不想让我养成"爱慕虚荣"的习惯，加上当时身材偏胖，所以我的衣着总是很俭朴，经常穿着母亲的旧衣。他们一遍遍地向亲友夸我"朴素"，我越发不好意思开口要新衣。但是心里面，一直都很羡慕那些身材匀称，穿着漂亮衣服的女孩。有一次母亲出差几天，我就把一些不符合我平日着装风格的衣服穿去上学，一天换一套，内心像度假期一样雀跃，觉得自己更好看了。等到她回家，我便把那些衣服收起来，依旧穿着宽大的旧衣服去上学。

现在想起来，少年时代对服饰或者饮食的在乎，很大程度上只是希望跟大家一样，被同龄人接纳。而所谓的价值观、人生观之类宏大的命题，那是后来的事情。上了大学之后，他们会选修传统文化讲座、读《瓦尔登湖》；会见识不施粉黛的女学者以及"穿布鞋上课的院士"……于是他们的人生开始有了不一样的追求。而所有这些，并不是普通中学生日常生活所能及，他们的生活单调重复，除了学业大概也只有衣食。所以他们在乎衣服与饮食的体面，并将之视作尊严的象征，实在是再自然不过的事情。即便是那么善良、懂事、上进的少平，在十七岁时也不过是"渴望穿一身体面的衣裳在女同学面前"以及"领一份乙菜"。

再回到那本讲食品的书。一位食品工程师给中学生做演讲，演示了"增添多糖类凝固汤汁，不让沙拉的汁液流出来"以及"用染色剂将腌咸萝卜染成漂亮的纯黄色"的实验，孩子们受到很大冲击：妈妈辛苦做饭，只是为了让我们吃到不加添加剂的天然午餐！我们却嫌弃它汤水多、颜色不好看。"从明天起，我要大大方方地把妈妈做的便当带到学校来，一边炫耀一边吃。"

孩子的心，太容易被成人误解。幸好还有小说，让我跨过时间的沟壑，回忆起那些单纯柔软的少年心思。

角落男孩

□罗倩仪

罗伯特接到儿子克里斯的老师布丽打来的电话后，心下一沉，不由得眉头紧锁。布丽告诉罗伯特，克里斯最近情绪低落，总是一个人躲在角落里，被同班的孩子笑称为“角落男孩”。布丽把那些淘气的孩子批评了一顿，可克里斯始终不肯将心事吐露半分。

“我会跟克里斯好好谈一谈的。”罗伯特接克里斯回家时，布丽微笑着深深地看了罗伯特一眼，在她眼里，罗伯特是一位很特别的父亲。她听过罗伯特的故事。

4年前，住在康涅狄格州西南部的罗伯特，忽然对7岁的克里斯说：“亲爱的，我把钱都用在建孤儿院上面了。第五街区的孤儿院就是我出钱建的。现在，咱们没钱了，可不能继续住在这里，得搬家了。”罗伯特说罢，对克里斯解释一番孤儿院的用处。克里斯听了，眼神里露出仰慕的神色。虽然要去东北部过穷日子了，但他觉得自己的父亲做了一件很了不起的舍己为人的事。

一晃，4年过去了，罗伯特赚到一些钱后，又带着克里斯回到了西南部地区。这里有着优越的学习环境和条件。

一天放学时，克里斯在学校门口，被几个高年级的学生取笑衣着过时，像个乡巴佬。克里斯郁闷极了。他们还用嘲笑的口吻说：“你穿成这样，家里一定很穷。”虚荣心使得克里斯冲口而出：“谁说我家没钱？第五街区的孤儿院，还是我爸爸4年前出钱建的呢！”

那几个学生听后，面面相觑，悻悻而退。

次日，克里斯又在校门口碰见了他们。克里斯还没开口，他们便一阵狂笑。原来，他们打听过了，第五街区的孤儿院是一个叫露丝的女人在8年前出资建的。克里斯被笑得抬不起头来，终日躲在教室的角落里，一声不吭。

“那座孤儿院根本不是你出钱建的，你真让我觉得丢脸。”克里斯失望而气愤地看着罗伯特。罗伯特顿时涨红了脸，拍着桌子说：“给我5年时间，我……我就建一个给你看。”

克里斯缩在房间的角落里，用怀疑的目光看着罗伯特。

“我说到做到！”罗伯特发誓，一定能凭一己之力为那些无家可归的孤儿建一个温暖的家。“就不知道你能不能在这段时间里，摆脱‘角落男孩’的绰号。”罗伯特斜眼看着克里斯。

“当然可以。”克里斯不服气地大喊起来。

从此，两人斗气一般，罗伯特努力做生意赚钱，克里斯努力让自己变得坚强和有勇气。

5年后，罗伯特果然兑现了承诺。而克里斯也蜕变成一个坚强勇敢的人，再也不会动不动就将自己封闭在角落里。其间，克里斯的老师布丽给了他不少鼓舞，他打心底感激布丽。

克里斯时常回去探望布丽。一次，布丽感慨地说：“听说，你父亲罗伯特又建了一个孤儿院。他真的太了不起了！”克里斯已经放下了内心的那份虚荣与紧张，心平气和地说：“第五街区的那家孤儿院不是他出钱建的，是一个叫露丝的女人出资的。他就是个骗子，欺骗了你。”

布丽尖叫起来：“不，克里斯，你误会罗伯特了。”她思量片刻，决定把真相告诉克里斯。

20年前，罗伯特和露丝坠入爱河，在他们准备结婚时，露丝却因病去世了。罗伯特悲恸欲绝地躲在角落里，觉得生无可恋。他把他和露丝所有的财产都捐出来，以露丝的名义，出资建了一个孤儿院。罗伯特看着那一个个眼神清澈的孤儿，再次悲从中来。曾经，他和露丝都渴望有一个孩子，但还没来得及生育，露丝就撒手人寰。

突然，罗伯特看到一个两岁多的小男孩，眼睛和鼻子长得特别像露丝，而脸型和嘴巴又很像罗伯特。罗伯特高兴坏了，那简直就是他和露丝的孩子啊！他感觉和这个孩子有缘分，便向院长提出收养这个孩子。这个孩子便是克里斯。

为了克里斯，一无所有的罗伯特重新振作起来了。可是，在克里斯7岁的时候，他意外破产了，被迫搬离富人区，到别处居住。

经过4年的努力，罗伯特又勉强带着克里斯搬了回来。在克里斯质疑第五街区的孤儿院不是他出资建的时候，他不敢争辩，因为他担心克里斯会顺藤摸瓜查到真相，发现自己原来是个孤儿，从而变得更自卑，彻底变成“角落男孩”……

克里斯泪落如珠，在回家的路上飞奔。他可以想象，罗伯特没有结过婚，事实上，罗伯特也只是一个大男孩，为了给克里斯更好的生活，也曾无数个黑夜躲在角落里发愁。

当这个角落大男孩自信地逃出角落时，也拉上角落里的小男孩迎向更好的新生活。

“爸爸……”克里斯深情地扑向罗伯特。“儿子……”罗伯特微笑着张开臂弯。

执行力

□陆佳杰

电影《社交网络》讲述了脸书曲折的创业史和官司纠纷。注意一下影片细节：那天晚上，扎克伯格在20：13回到宿舍，22：17开始动手做Facemash（脸书的前身）。凌晨4点，网站的流量异常，弄垮了哈佛的校园网，惊动了校方的管理人员。

也就是说，他只花了6个小时，便完成了产品的设计、开发、上线……这可能是一个小型创业团队两天的日常工作量。同在哈佛就读的文克莱沃斯兄弟与扎克伯格是死对头，他俩总说扎克剽窃了他们的创意，才有了脸书。

造成小扎与文克莱沃斯兄弟日后巨大差距的，正是两者的执行力不同。

当文克莱沃斯兄弟犹豫是否要全身心投入做社交网站的时候，小扎已经开始动手做脸书；当兄弟两个在训练划艇时，小扎的脸书已经上线了；当他们发出律师函，等小扎回复时，脸书进入了耶鲁大学、哥伦比亚大学和斯坦福大学；当他们去找哈佛大学校长萨默斯告状时，小扎的脸书已经覆盖29所学校，拥有7.5万名注册用户……在小扎强大的执行力的推动下，脸书几乎是以疯狂的速度在美国的大学校园铺开，然后蔓延到世界的许多地方。

面对“社交网站”这个足以带动全球性革命的想法，文克莱沃斯兄弟迟迟没有行动，扎克伯格选择了坚决果断地执行。除此之外，扎克伯格还有敏捷的、对项目的跟进能力。社交产品上线初期，需要不断迭代。有一次，扎克伯格从同学那里得到了“社交网站需要展示学生情感关系”的启示后，立马着了魔一样赶回寝室，增加了这个功能。

把自己和那些成功人士比较，你会发现，你和他之间，其实就是当初“动手做了”和“没动手做”的差别。

为了上哥大，我身无分文

□［乌干达］哈里埃特·阿尼娜 编译/侯明钰

我在乌干达北部长大。通过争取一个又一个奖学金，我努力完成了学业。但现在，我必须支付数万美元，才能进入美国顶尖的学府。这对我而言是一个天文数字。

今年，我被哥伦比亚大学编剧专业录取了。我开心得手舞足蹈，但坏消息接踵而至：学校不会提供任何经济援助。我很伤心，但我告诉自己，阿尼娜，这可是哥伦比亚大学，你不能放弃机会。我在“GoFundMe”众筹网站上注册了账号，恳请全世界的好心人为我提供约10万美元的学费（其中62912美元是学费，其余的是生活费和其他费用）。截至7月中旬，我只收到1500美元捐款。

在被录取后的几个月里，我一直和哥大保持联络，告诉对方我有多么需要这个机会，请求对方给我一些经济资助。起初，学校的回应是目前没有资助计划，直到6月初，我收到一封电子邮件，说我拿到了奖学金。那个瞬间，我的心一下子收紧了。我点开链接，看看我究竟得到了多少奖学金。1万美元。我告诉自己，这是一个好的开始，意味着哥大真的想要录取我。于是我又写了一封信，向哥大申请更多的奖学金。7月9日，哥大又给了我1万美元。

我跳起了欢乐的舞蹈，但同时，我十分担心好运的流逝。仅仅一年的学费就高达数万美元，而我根本没有这笔钱。我祈祷着，盼望着。每获得一点帮助，我就想该怎么补上剩余的空缺。到现在，这仍然是个难题。

我上了18年学，其中16年靠各式各样的奖学金度过。从1993年我在乌干达北部上小学开始，我就知道父母没有足够的钱照顾他们带到这个世界上的8个孩子。但我明白，如果我在课堂上表现优秀，我就可以经常获得学校的奖学金，这在当时是很常见的：乌干达北部成为人道主义机构和非政府组织的援助对象，许多机构会资助贫困儿童上学，尤其是聪明的女孩。

2000年，我进入当地最好的学校之一圣心女子中学，并获得了部分奖学金。父亲骑自行车去学校给我送烤花生和花生酱，每两周一次，同时提醒我不要忘记两个目标：保持好成绩拿到奖学金，顺利毕业。

高中前长假的一天，我和妈妈坐在家里的芒果树下收听广播，当时电台正在举行诗歌比赛。我离开芒果树的树荫，来到我和两个姐姐合住的小屋，从练习本里拿出一张纸，写下一首诗。这首诗让我赢得了比赛，并获得了一年的高中助学金。它拯救了我的未来。

我在故事中长大。在壁炉旁，祖母给我们讲无穷无尽的故事，这些故事让我们笑，让我们敬畏，也让我们害怕。虽然她有时觉得这些故事的内容和思想并不真实，可它们在我的脑海中找到了归宿，并且生根发芽，永远不会被忘却。

中学期间，我爱上了文学。我读索因卡、阿奇比、恩圭吉。米尔斯和布恩的小说在当时也很流行。当其他人在体育比赛中嘶吼时，我沉浸在纸张之间。我继续学习文学，高中也未曾停止写作。我的成绩在班上名列前茅。

大学时光即将到来。全国考试结果公布了，我的分数在本地区排名前五，获得了马克雷雷大学的奖学金。我想成为诗人，但乌干达没有一所大学开设创意写作专业，所以我选择了新闻学。但我喜欢文学，我想要写作。上新闻课的时候，我的手指无所适从，麻酥酥的。

我学了3年新闻学，在不同的报纸上发表文章，同时继续诗歌创作。毕业后，我在新闻机构工作了4年。在这段时间里，我写了更多的诗，也尝试了短篇小说。最终，我决定离开新闻领域，去写更多的东西。2015年，我出版了第一本诗集《劳动的国度》，并获得了沃莱·索因卡非洲文学奖。我的短篇小说也开始得到认可。

我想要接受正规的创意写作教育，这是我从未涉足的领域。5年来，我一直在申请世界各地的大学，但没有获得助学金。我拒绝了很多学校的录取通知，因为我上不起学。

但哥伦比亚大学不一样，这是我毕生的梦想。我把所有的存款都投入到入学申请和经济资助申请中。只有当我筹到了足够的钱，我才有机会入学，但到目前为止，仍有很长的路要走。有时，我忍不住想质问哥大：你说你想录取我，那就证明给我看。但我没有这样做。因为从一开始校方就默认，所有申请人都有充足的资金来源。但我没有，我申请哥大只是因为这是我理想中的学校。

不管怎样，我还是冒险去修这门课。我已经把全部银行存款取出来支付学费和住房押金。我把自尊丢在一边，恳求陌生人为我的GoFundMe账户捐款。今年6月，乌干达坎帕拉国家剧院的一场诗歌演出为我带来了4603美元的收入。我打算继续努力。我从来没有这么狂野的梦想，也从未如此焦虑。当我无法忍受的时候，我试着深呼吸，用微笑释放压力。我相信，这条通往梦想、通往更高水平的写作之路最终会变得平坦，就像额头上的伤疤一样。

焦虑不是你的问题

□李松蔚

我们总能看到一句话：接受你自己，然后做你自己。什么叫接受你自己呢？不是说你接受了自己就不会焦虑了，而是你要接受自己的焦虑，然后你接着焦虑。对有些人来讲，他们老觉得焦虑是个问题，这种对焦虑的焦虑是一件非常糟糕的事情，它会不断地渲染焦虑这个概念，从而让人觉得焦虑是一件坏事。

比如一个年轻人，他不知道自己将来能否买得起房子，他不知道自己毕业后做什么工作，他肯定焦虑，这是很正常的。但现在有很多人对他说，你这样不正常，你要有平常心，要接纳自己，把这事搞得很玄，最后反而让年轻人觉得自己连焦虑都不可以。

同理，一个情绪不稳定的人，时不时会有一些小情绪，可能自己消化一下就过去了。但如果有人告诉他，你要努力克服坏情绪。那我想说，在不吃药的情况下，这非常难做到。整个社会都在将坏情绪污名化，好像情绪不好成了一个问题。其实情绪只是一个信号灯，就好像火警的警报器响了，那一定是哪里起火了。你要做的是去找火源，而不是让警报器安静。

也许一个年轻人经历过大风大浪后，他的情绪警报器的阈值会随着年龄增长而慢慢提高，有一天终会处变不惊。这是一个缓慢的过程。但不能为了让自己变得不那么敏感而强行控制自己的情绪，把一个自然的过程变得不自然。其实，在生活中，一个焦虑程度重的人，往往也是考虑最周到、最会照顾别人的人。

读书有什么用

□加　盐

记得高一时的一次考试，一个古文段落意思大概是，有一个地方的治安很乱，当地的村民都以抢劫过路客来谋生。翻译题目是这个段落的总结语句，我明明看懂了古文，却想不出什么词语来准确地表达。

当试卷发下来之后，我看了隔桌的正确翻译，他写的是“当地民风刁悍”。我近乎崇拜地问他：“你怎么那么厉害，怎么想到‘民风刁悍’这个词的？”他嘿嘿地笑，说：“小说看得多了呗！”

我还认识很多人，从书里汲取到的东西，他们总能在适当的时候拿出来。

前段时间在跟一个朋友讨论人性的时候，他就推荐我去看蔡崇达的《皮囊》。

我哥是把《红楼梦》读透的那种，里面的诗句脱口而出，每次听他讲《红楼梦》，似乎可以闻到大观园里的胭脂香和花香。我爸上的学不多，但讲武侠小说的时候绘声绘色，各种棋谱也看了不少，我想学什么棋类他都能教。

这些把书读进肚子里的人，他们信手拈来的样子，就像会发光一样。

有人跟我说过，明明知道看书有好处，也确实想看书，又觉得看书很枯燥无聊。我说那是因为没找到自己喜欢的。

我从不苛求自己去看那些高深的书。看一下简介，有兴趣就看，看了几页发现看不下去就果断放弃。真正喜欢的东西是不需要苦苦坚持的。

高二的时候，我买了一本《撒哈拉的故事》，一个中午看了一大半，没有午睡都不觉得困。喜欢三毛那种潇洒的心态跟自在的生活，跟当时如同牢笼一样的高三生活形成鲜明的对比，成了百无聊赖的日子里一个透气的窗口，也是想努力接近的模样。

在跟后桌聊天的时候，又发现她也喜欢三毛，于是我们彼时的乐趣就是交换自己手头的三毛的书，看完之后一起谈论书中的故事，好像在聊一个我们都认识的朋友——她的有趣让我们乐此不疲，她的忧伤让我们唏嘘感慨。

书里一切的一切，就像闷热夏天里清凉的雨，冲洗着我们被知识点和公式堆满的枯燥的心。

读过的书，会变成自己的一部分。

初中看郭敬明的《夏至未至》。我早已忘记书中那些年少的汹涌和纠缠的爱恨，也忘了当初为什么而流泪。

但在看完那本书之后的每个夏天，每当走过林荫道，就会想起书的开头，立夏第一次见到傅小司的那段描写——种满香樟树的路，阳光透过碎碎的叶子，洒在傅小司白色的T恤上。他戴着耳机，眼睛里一片大雾。

两个书里的人，立夏和傅小司，好像变成了我记忆里只认识名字却没有交集的同学。但我心里有一部分跟着他们一起，永远地保存在那个有阳光和香樟树的高中夏天。

杨绛先生说过：年轻的时候以为不读，不足以了解人生。直到后来才发现，如果不了解人生，是读不懂书的。

向来排斥鸡汤书的自己，总觉得“道理我都懂”。

直到上一次吵架，情绪像以往一样爆发，过后又后悔。抱着试试看的心态，去找了卡耐基的一本情绪管理书来看，看到一段话——“别用争论的方式去说服对方。很多时候我们只是想让对方接受我们的观点，而不是击溃他。就算你赢了口舌之战，对方还是打心里觉得自己是对的。”

这些话放在以前看到，我会愤愤不平地觉得：“吵架的时候那股气不能忍啊！”

但是现在发现吵架的确费时费力，而且几乎不能解决问题。所以我试着去喝下这碗鸡汤。

过了几天，我妈打电话来数落我钱包丢了不告诉她的时候，我不像以前那样气急败坏地跟她吵，争辩自己没做错，而是先稳住自己的情绪，然后用她可以接受的语气阐述我为什么这么做。

结果这碗鸡汤果真起了作用。我妈破天荒地听进去了我的话，不再数落我不懂事，而我也体谅到她对我的关切之心。事情解决，两人的观念差也因为沟通而拉近。

读书其实跟多出去走走是一个道理，见多识广，让世界观不再局限于自己所接触的人和所处的环境。读到一定程度是接受了自己的狭隘，不同作者的观点冲击和刷新我们的三观，并储存在意识里，让我们看待问题不再那么片面。

就像一颗钻石因有了更多的切面而动人。

读书非无用，它让生活更可爱。

如果还有人非说没用，大概是因为他们只在乎生存，不在乎生活。

你不成长，因为还不够痛

□王 伟

东南亚有三宝，其中之一就是原产于马来西亚热带雨林的东革阿里，这种乔木长相非常奇特，树干和树根几乎没有分杈，只有树顶才有伞状树冠。1700多年来，东革阿里的树根一直被当作名贵药材和滋补品，可以起到抗癌、补肾、抗老化、抗风湿的效果，曾作为贡品进献明清两朝皇帝。

这么好的东西，当然多多益善。然而，东革阿里对生长环境要求特殊，喜酸性湿润且排水良好的沙质土壤，仅分布于海拔500米左右的山坳里。让人气馁的是，东革阿里的驯化过程一直不顺，它只能通过种子繁殖，不光发芽率不到百分之一，幼苗的死亡率很高，而且生长周期比较漫长，野生状态下需要25年才能成熟，即便人工栽培最快也只能缩短至5年。

当地人为了提高产量，使用最好的除草剂和杀虫剂，把所有杂草和虫子赶尽杀绝，可是东革阿里并不领情，动不动就枯萎腐烂，即便侥幸长成树木，药效却远远不及野生的树根。

后来，人们偶然发现，有种食心虫是东革阿里的“冤家”，从种子到大树都逃不开它们的蛀食。

凡是被食心虫侵扰过的东革阿里，发芽率、成活率和成材率都要高出好几倍。原来，东革阿里的种子和植株里生长素极为微弱，几乎长年累月处于沉眠状态，施以再多的肥料、再多的农药都无济于事。

可是，食心虫解决了这个问题，被咬痛的东革阿里要存活下去就必须不断生长，唯有生长速度超过蛀食速度，才有可能长大成材。于是，东革阿里体内的生长素含量暴增，咬得越痛长得越快，药效当然也是最好的。

人也是一样，许多人迟迟不成长，不是他们欠缺成长的能力，而是因为还不够痛。

我被男生当众表白

□李 歆

时至今日，我偶尔还会想起，自己在兵荒马乱的高考前一天被一个男生当众表白，几乎惊动了整栋教学楼。每每和同学谈起这段经历，我都不禁感慨：“很特别的回忆，也算终生难忘了。”

那天本来和高中三年的每一天一样，似乎没什么差别。教室里的风扇呼啦呼啦地吹，却赶不走渗入空气中的炎热。大家紧皱眉头，专注地盯着一沓又一沓的错题集，仿佛多看一道题，高考就能多得一分。

午休时，后排给我传来一张皱巴巴的纸条。我一脸狐疑地打开，上面潦草地写着：“陈默说，他喜欢你。”停顿了好几秒后，我暗暗戳了一下旁桌的好友，问道：“陈默是哪个？我忘记了。”在好友的指点下，我才把人和名字对上号，不禁有点尴尬。

我所在的是理科班，45名同学，只有12名女生。升高三时，学校整体换班，使得我除了对座位周围的男生还算熟悉，后排的男生只能勉强记住名字。很多男生的名字，我临近毕业都没完全搞清楚。

高三注定不适合在学习之外的任何事上投入过多精力，“或许是玩真心话大冒险游戏受罚了吧”。我顾不上想太多，平复了一下被打乱的思路和情绪，把它当作玩笑抛到脑后。

但我还是低估了这个“玩笑”的后劲。高考前最后的一个晚自习，老师让大家出去休息，放松心情。不知何时，教室里已没剩下几个人。我正和好友聊着天，门口传来声音：“李歆，有人找。”我应声出门，看见班里的男生们都聚在教室边上的大走廊里。那个叫陈默的男生被他们推了出来，一脸纠结，不停地挠着头，低头看了我几眼，想转身回去，却被男生再次推出来。忽然间，我脑子里有一根弦开始晃动，拼命地提醒我后面可能要发生什么。我有点慌了。

还没等我做出反应，陈默像做了一个重大决定，面对着我，闭着眼睛，大吼一声：“李歆，我喜欢你！”说完转身就跑，留我一人目瞪口呆地站在走廊那里。因为动静太大，隔壁几个班的同学都奔出教室，询问着发生了什么。

好友看见我懵懂的样子，拽着我想把这件事问清楚。陈默再一次被男生们推了出来，我忽然间灰了，拉拉好友：“算了，别问了，就当是玩笑话，不会有啥影响。”陈默听到后突然激动起来：“李歆，我再说一遍，我喜欢你。这是第三遍！我是认真的，没开玩笑。”

陈默的话让我当场愣住，内心五味杂陈：没开玩笑？我的天！都不认识怎么就喜欢了？明天就要上考场，为什么现在说？

正当我愣神的时候，楼梯口的男生大喊：“老师来了！”大家瞬间以最快的速度奔向教室。这场告白事件，在老师的到来下，停在了告白未果阶段。

剩下的晚自习，我都心不在焉，甚至没在意老师说的注意事项和鼓励。晚自习下课后，陈默追上了还没缓过神的我，喘着气道歉："对不起，李歆。今天不应该跟你说这些，要是影响到你考试，我罪过就大了。"见我不说话，他便解释，自己是因为真心话游戏被推出去表白，但害怕高考后见不到我，脑袋一热便说出了"喜欢"。

"但我说的话都是真的！不管你对我有什么样的看法，也不管你会不会给我一个答复，我都无所谓，我喜欢你就好了。总之，李歆，高考加油！你在我心中是最厉害、最好看的！"说完，他一溜烟跑了。

我突然有些释然，发现根本生不起气来，一种奇怪的情绪在心底蔓延，冲淡了高考的紧张感。我那除了复习就是补课的中学生活，在临近结束时，因为他，突然增加了一抹意外却又绚烂的色彩。

最终我的高考还是没有发挥出正常水平，但并不是因为陈默，而是避免不了的紧张。陈默却和我截然相反，超常发挥，去了一所不错的大学。在接下来的几年里，陈默只发给我屈指可数的几次节日和生日祝福，我俩心照不宣地没有更进一步，止于某种不尴尬的平淡，并在这种平淡中渐渐失去联络。

我从没有责怪过陈默当年的举动，年少冲动的荷尔蒙总是无法抑制。相反，我有点感谢那份无所畏惧脱口而出的"喜欢"，没有他的表白，我可能永远也不会知道那个人，也不会知道自己被默默地喜欢。在高考的重重硝烟里，它成了独一无二的明亮记忆。

为什么完美的预设是不存在的

□［德］罗尔夫·多贝里　译／杨耘硕

假如你正乘坐航班从法兰克福飞往纽约，那你觉得这班飞机有多长时间是行驶在航线上的呢？90%？80%？70%？正确答案是：从没有。如果你坐在靠窗的位置，只要扫视一下机翼边缘，便能观察到副翼的躁动——副翼就是用来不断修正航线的。自动驾驶系统每秒钟都会数千次计算飞机实际航线和预设航线间的偏差，然后将校正的指令传导到副翼。

我常常驾驶一架无自动飞行系统的小飞机消遣时光，此时，进行微小修正的任务便属于我的双手。只要我放开操纵杆一秒钟，飞机便会偏移。你在开车的时候也会有这样的经验：即便在笔直的高速公路上，双手也不能离开方向盘，否则你将会偏离行驶路线并面临出事的危险。

生活的运转方式同飞机和汽车一样，尽管我们更希望让它变成另一种样子：可规划，可预见，无干扰。如果真能如此，那我们只需要专注于预设，专注于理想的起始状态就好。教育、事业、爱情，如果一开始就能做出完美的规划，之后再如预期般完成目标，那该多好。然而正如你所知，生活并非如此。生活这架航班总要不断地经历气流，我们要同所有可能出现的侧风和恶劣天气做斗争。尽管如此，我们表现得却如同一个天真的、期待着好天气的飞行员一般。我们高估了预设的作用，低估了修正的作用。

作为一名业余飞行员，我明白了一点：起飞的状态并不是那么重要，关键是起飞之后的调整。

一段婚姻看似完美，夫妻双方也般配合拍，然而这段婚姻最终走向了破裂。下次再听到这等事，你大可不必为此吃惊。这便是一个"高估预设"的典型案例，因为只要体验过5分钟的夫妻生活，我们就会明白，如果没有连续微调和修正，日子根本就没法过下去。每一段感情都需要持续维系。美好的生活是一种状态——这是我最常见到的误区。错！只有通过后期不断调整，我们才能让生活变得美好。

古人也为颜值恼

□赵小昭

其实，“看脸”并不是现代社会的产物，古人同样有这样的烦恼。

输在脸上，赢在才华

高中课本写道，唐代吏部选官有四条标准，其中一条是“一曰身，体貌丰伟”，到了清代更是被“发扬光大”，当时长得丑的读书人，要面对的不仅是“冷眼与嘲笑”，还有是否拥有接受教育的权利问题和“以貌取人”的授官制度——举人三科会试不中进士，可于榜后应大挑，授以官职。不考文字，专取状貌。

在这样的大环境下，清代却出了一个皇帝亲封的“独眼探花”——刘凤诰，字丞牧，号金门，乾隆五十四年(1789年)中一甲第三名进士。乾隆皇帝称他为“江西大器”。

这一年，刘凤诰在国子监参加进士科目国考，其文章起承转合，逻辑严谨，推理缜密，层次分明，深得考官赏识。考官不顾刘凤诰眇一目（眇miǎo：瞎了一只眼，后亦指两眼俱瞎），力荐他参加殿试。

转天，刘凤诰上殿，乾隆抬头一看，一个独眼的“丑八怪”跪于殿前，心下不悦，说：“朕出一联你可对来。”遂吟联：“独眼不登龙虎榜。”

刘凤诰面不改色，随口对曰：“半目依旧照乾坤。”

乾隆沉吟半晌，又出一联：“东启明，西长庚，南箕北斗，朕是摘星汉。”

刘凤诰拱手，答：“春牡丹，夏芍药，秋菊冬梅，臣是探花郎。”

乾隆听罢，拍案叫绝：“乃奇才也。”遂御笔钦点：朕准，认你这个“独眼探花”。

就这样，两副对子，便令乾隆心甘情愿地许他做官。刘凤诰虽然输在了脸上，却赢在了才华。内在美绝对是战胜外在美的必杀技。

如果有人嘲笑你

如果说，有比长得丑更可怕的事，那就是有人以此来嘲笑你、欺凌你。

春秋战国时期，郑国的申徒嘉除了相貌不佳，还有残疾。他年轻时犯过法，受刖刑被斩一脚。他追随老师伯昏瞀人已经十九年了，行学生礼，甚是恭谨。

这天，郑国相爷子产来听课，伯昏瞀人并没有因为他的相爷官阶给他特设贵宾雅座，叫他去与申徒嘉同席邻座。

下课后，子产离席，申徒嘉也同时离席。子产出门，申徒嘉与他并肩出门。子产走，申徒嘉碰巧跟着走。

忍了半天，到了门口。子产登车，终于不耐烦地回头对申徒嘉说：“我先出门，你就留步；你先出门，我就留步。好吗？”明显是觉得申徒嘉不配与自己一起出入。

第二天下课后，子产又把昨天

那段话重复了一遍，但是申徒嘉并没有照做。子产很不爽，说："你敢这样冲撞本执政官！知不知道后果很严重？"

申徒嘉说："老师门下执政官也不少，可我没见过像你这样的。执了政，当了官，你要炫耀就炫耀吧，有必要践踏别人吗？"

子产很不服气："像你这样长得丑还犯法被斩脚的人，还想与我争长短？"

申徒嘉又说："世间有许多无可奈何之事，以前我听到人家嘲笑我，总是怒火中烧；后来，在先生的美德影响和教育下，我能够坦然面对。这十九年来，先生从来没有在意我的外貌，我也渐渐忘掉这一点。你我同修无形之道，你却来计较有形的体貌，你不觉得自己错了吗？"

子产无言以对，或许他明白，自己有点儿太不尊重人了。申徒嘉遭受了不公正的待遇，却根本不怕，他明白，这一切并不是他的错，所以他一定要勇敢地怼回去。

说到长相，朱元璋笑了

明太祖朱元璋的长相一直是个谜。在一些历史书籍里，他是鞋拔子+麻子+芒果脸=丑；但在有的古画中，包括现在的高中历史课本里，他又是天庭饱满+面如满月+颇有英气=帅。究竟哪一个才是朱元璋的真面目呢？

据《明史·太祖本纪》记载，朱元璋"姿貌雄杰，奇骨贯顶，志意廓然，人莫能测"。有的史料说他"生来异相"。明朝人的笔记说他"左脸颊有一十二颗黑痣"，翻译成现在的话：这长相简直是丑得匪夷所思。

相传朱元璋因为相貌丑陋，还被清朝乾隆皇帝调侃过。但是另有一些人并不赞同，他们认为相貌丑陋的画像才是假的。

在中国古代，科学还不发达，很多人都相信"相面术"。传说，凡是能够开创惊天动地伟业的人，尤其是开国皇帝，长相必然与凡人不同。比如汉高祖刘邦"隆准而龙颜，美须髯"；蜀主刘备，史书上说，他身高2米2，大耳垂肩，手臂特别长，垂手可以摸到膝盖。作为明代的开国皇帝，朱元璋当然要为自己的相貌大造舆论。

不管长得怎样，朱元璋建立明朝后，奖励农桑，均平赋役，兴修水利，推行屯田，加强中央集权，大明江山因此得到巩固。

其实，世界上有太多比长相更重要的事情，当你只在意长相时，你就是长相的奴隶；当你不在意这一点时，你才是真正的赢家。谁说长得好看的人才有青春？好比丑版朱元璋，当他的实力令他充满底气时，颜值高低还有什么关系？

20分钟

□[英]斯图尔特·弗兰克　译/王　悦

11岁那年的一天，我和爸爸照例出门去散步，经过北区河畔殡仪馆门口的时候，爸爸突然停住脚步，问了一个莫名其妙的问题："几点了？"我看了看表，告诉他是10点25分。然后，爸爸问我看到了什么。"没什么值得特别注意的。"我回答，"一群人——大概150个，正排队进殡仪馆。""嗯，眼力不错。"爸爸满意地点点头，接着他提起别的话题，跟我讨论起体育新闻来。说了快半个小时，我发现他还没有离开殡仪馆的意思，就问："我们要不要继续散步？"爸爸没有立刻回答我，却突然提出第二个奇怪的问题："儿子，你现在能看到什么？"我向殡仪馆门口望去，刚才进去的人现在排队出来了。

"还是没什么特别的。"我耸耸肩，"估计是追悼会刚结束，进去的人已经出来了。""非常准确。"他说，"你看看现在几点。"我说是10点50分。爸爸点点头，若有所思地说："对，人的一生总结起来也不过就那么长时间。"我疑惑地抬起头："什么时间？爸爸，我不明白您在说什么。""你看，追悼会上牧师会宣读悼词，也就是死者一生的总结。宣读悼词估计不过短短20分钟，很多当时被认为是巨大的挫折或者伟大的成就，其实只是微不足道的小事，根本进不了这20分钟里。你长大以后，无论沮丧还是得意的时候，都要想想我这句话，你将发现眼前的道路会变得开阔许多。"

每一颗星星都应该感谢黑夜

□韩 青

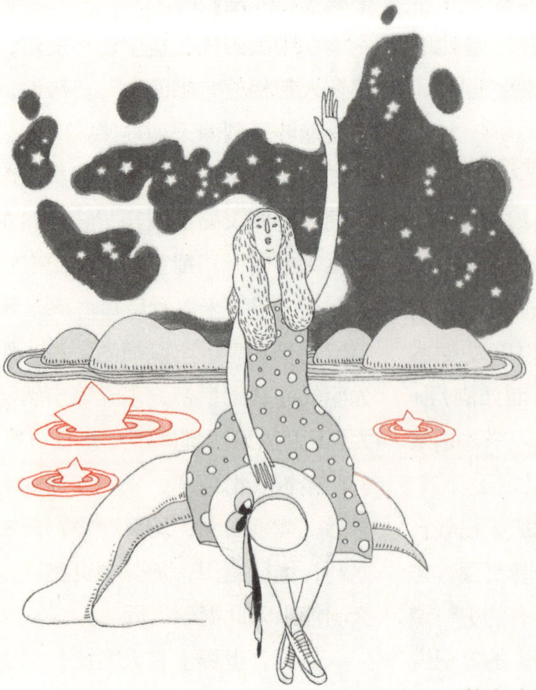

一

一天中午，有个学生找我请假，他想利用中午时间再在教室里做一会儿题。按理说午休时间就得休息，谁也不例外。可是，他是名副其实的学霸，肯定有他没有解决的问题。于是，我就同意了。

午休快要结束时，我先去了一趟教室。我一进门，他就兴奋地朝我炫耀：“我终于解出了这道数学题。”那兴奋劲儿不亚于当年哥伦布发现新大陆。

我走到他桌边，发现他的桌子上放着几张草稿纸，应该有四五张吧，上面密密麻麻的都是数字。

我惊讶地说：“用了这么多草稿纸吗？”他说：“不多呀，不就这四五张吗？当年，莫泊桑发表第一篇小说，不是有几麻袋废稿吗？”

是啊！那些草稿纸才是真正的养料啊！没有它们，那正确答案的秧苗就不会长出来。感谢那些草稿纸。对，它们才是学习的功臣。

二

喜欢上读书、写作，那是在我十三四岁的时候。从那时起，我就开始大量地读书、抄书、背书。当年正流行汪国真的诗，他的诗集《年轻的思绪》，我能从头背到尾。还有席慕蓉的书，我也能背一大半。甚至连女生喜欢读的琼瑶的小说，我也一口气读了几十本。

后来就开始给一些报刊投稿。我把认真抄写好的稿子装进信封，再骑上自行车到镇上的邮政局，偷偷地把稿子投进那绿色邮筒。总是感觉在干一件见不得人的事一样，每次都是这样。可是，那绿色的邮筒就像绿色的春天一样，看到它心里总会绽放出希望来。

可是，每一次投稿都是没有期限的等待，而事实上，那等待已经把结果告诉了我。一次次地投，一次次地失望。而失望多了，就会变成绝望；绝望深了，就会有泪水偷偷躲在无人的角落流啊流……但是，我并没有死心。我又开始读书、抄书、背书，厚积薄发嘛！我信这个理。读得多了，积累得多了，自然一切就会水到渠成。

就这样，读、抄、背、投，中间也有断流的时候，可是，那颗爱文字的心一直都在。一直到我35岁的时候，我才收到用稿通知：一篇散文的、两首诗歌的。

一个朋友曾对我说：“你看你做了那么多年的无用功。”而我却不这样认为，要是没有这其中层层叠叠的波折，我哪能拥有这样一个让我期待已久的结果？那些波折送给了我一双翅膀，它们让我飞起来了。感谢它们。

三

多年前的一个晚上，我和妈妈坐在庭院里纳凉。繁星满天。那光亮，洗净了所有的尘埃，连空气都被洗得干干净净。

我曾问妈妈：“星星到了晚上都出来了，那么，白天它们都去了哪里？”妈妈告诉我：“白天它们也在那里啊！”

我不解：“那我们为什么看不见它们呢？”妈妈说：“因为，它们没有黑夜的映衬，就显不出光来呀！”当时，因为自己年龄尚小，对妈妈的这个回答似懂非懂。直到后来，长大了，才真正明白妈妈的意思，尤其才明白那映衬的含义。

每每看到星星的时候，我就想起了妈妈的回答，并且认为，每一颗星星都应该感谢黑夜，没有黑夜，谁来证明它们的存在呢？对，每一颗星星，都应该感谢黑夜，正如，世上的成功者，都应该感谢途中所有的波折和失败。可是，很多人不但不明白这个道理，还仇恨它们所带来的痛苦。

为奥克冰川举办一场葬礼

□梁水源

2019年8月18日，冰岛人为消亡的奥克冰川举行了一场特殊的葬礼。1890年，奥克冰川面积达16平方千米，2012年仅为0.7平方千米，2014年该冰川被宣布“死亡”。当天，一百多位冰岛人步行两小时来到这里，他们站在一片露出黑色焦土的岩石堆上，郑重地将铜质的墓碑放置在奥克冰川原来“活着”的地方。

地球是个有水的星球，又有着适宜的温度，水可以在液态、气态和固态之间进行循环。固态的水主要是以冰川的形式出现在地球上，而冰川的变化与地球环境的变迁有着密切的关系，影响着气候，也影响着生命的存在。地球上绝大部分的淡水以冰的形式保存在南北两极和一些高海拔的山地上，这是地球上的固体水库。这种水库的运行受到地球气候变化的影响，同时，它反过来影响着周围的环境，冰川从某种意义上说就是江河之源。

在冰岛这个拥有四百多座冰川的国家，奥克冰川不算特殊，直到它成了当地第一座因为气候变暖而消逝的冰川。更令人担忧的是，科学家根据数据做出了预测，在2200年前，冰岛境内的冰川将可能全部消失。2200年看似遥远，其实对于浩瀚的宇宙来说，只是弹指一挥间。针对奥克冰川的消亡，冰岛人做出了让人闻所未闻的决定，那就是为其举办一场葬礼。葬礼活动期间，冰岛人还为奥克冰川立下纪念碑，并写下了给未来的一封信：“今后的200年间，所有冰川都将可能面临和奥克冰川一样的结局，这块纪念碑的建立就是要让大家知道，现在正在发生什么，我们需要做什么，但是，只有你们才能知道我们是否能做到。”信中的内容言简意赅，但是意义非凡。

现在，仍然有很多人不清楚一座冰川对于人类的影响是什么。据气候专家评估报告，从2万年前冰川最鼎盛期来算，全球海平面平均上升了120米，主要原因就是北美和欧亚大陆冰盖的消亡，以及其他冰川消融，陆地上大量的冰川水体都转入了海洋。也就是说，冰川的具体变化对于海平面的上升或下降有着重要的影响。冰川的变化对于全球地表和大气环流也有着重大的影响，由于冰雪对于太阳辐射有很强的反射效应，会引起地表热量的严重失衡，改变大气环流，从而影响全球的气候。

随着全球气候变暖，不仅山地冰川和冰帽的消融进一步加剧，极地冰盖的消融也在日渐增强。如果气候持续变暖，除了冰川融化量会增大外，冰川内部温度升高会导致冰体流动加速，甚至可以使冰川解体。这种危险对西南极冰盖尤为突出，因为该冰盖底下是一些岛屿而不是连贯的陆地，这种“海上冰盖”的稳定性极差。按目前各冰川体积来计算，南极冰盖若全部融化，将会使全球海平面上升约65米。那时，人类生存的陆地还能有多大呢？高山冰川强烈融化，还会导致一些自然灾害的发生。例如，冰湖溃决、洪水、冰川泥石流等，在青藏高原东南部和喜马拉雅山等地区较为突出。

当人们了解冰川对于人类的重要性时，就不难理解为何冰岛人对于奥克冰川如此重视了。为其举办葬礼时，当地人对奥克冰川说再见，也充满“仪式感”，不少网友表示从这场葬礼中似乎看到了提前为自己准备的葬礼。一些联合国专家也提出建议，想要延缓全球变暖的速度，还是要注重土地的合理运用，以及防止土地沙漠化，还世界一片碧海蓝天。

孩子，你不白瞎

□敬一丹

“谁说那个在村道上奔跑的少年，不会是明天的刘翔？”

我一下子被这句话打动了。

这句话出自中央电视台电视公益行动——到农村、到偏远地区，寻找天才体育少年，走近那些有体育天分却缺少训练条件的孩子，帮助他们圆梦。制片人姜秋镝给了我一份策划案，这一句主题词让我怦然心动。

在黑龙江省佳木斯市桦川县的村道上，我们见到了一个奔跑着的女孩儿。

她叫韩笑。普通的村庄，普通的人家，不知为什么，出了这么一个能跑的女孩儿，她在同村的孩子里是跑得最快的，在学校里也是跑得最快的。她不但善跑，还喜欢唱歌，在尘土飞扬的村道上，她常常一边跑一边唱歌，那是这个东北丫头心里最敞亮的时候。

我们来到学校的操场。那操场就是教室前的一片空地，坑坑洼洼的，沙土中长着些杂草。老师说，如果大雨天连着阴天，操场积了水，学生们就得耐心地等着，等太阳出来，晒上几天，才能进操场。我看到韩笑和同学们用粗绳拽着旧车轮，在凹凸不平的操场上跑。体育老师说，学校没有什么器械，就用这种土办法练体能。小姑娘脸通红，流着汗，却拉着车轮一趟一趟地跑。

我问老师：“你们还有什么器械？”老师便把我领到一间仓库，我看到了几个黑色的旧轮胎，几个篮球，几个灰蒙蒙的垫子，一些被剪成球拍形状的硬纸板。

“学生们用这个打羽毛球。”老师说。

我问：“啊？那，球呢？”

“这就是。”

老师拿出了他们的“羽毛球”。那是用矿泉水瓶子做成的——剪去大部分瓶身，保留瓶盖，向下延伸七八厘米，把边缘剪成羽毛状，这就是他们的羽毛球了。我带走了一个“羽毛球”，回到北京，让很多人猜这是什么，没有人猜得出。

韩笑和同学们就这样上着他们的体育课，而这样的体育课，也不是所有乡村学校都能开设的。有的偏远地区没有体育老师，学生在外面跑跑跳跳，就算是上体育课了。韩笑还算幸运，她的老师发现了她的天赋，尽其所能地培养她；她很有恒心地唱着、跑着，一直跑到了县里的运动会上。

在县里，她又跑出了好成绩，兴冲冲地享受着喝彩，却听到大人们在谈论她：“这孩子在咱们这儿白瞎了！”在东北话里，“白瞎了”的意思是：屈才了，浪费了，可惜了。

小姑娘跟我说起这件事的时候，虽然脸上还挂着笑容，目光里却有些复杂的东西。她的身后就是她的家、她的村庄。在这片土地上，不知有多少这样的少年，在他们鲜活的生命里潜藏着无限的能量和才华。可是，他们只能在有限的天地里展示自己，也许偶然被发现了，也许一直没有被发现，也许连他们自己都不知道自身的天赋和潜力，青春就这么过去了，充满梦想的年龄就这么过去了。对很多农村少年来说，没有机会被发现，没有机会绽放，没有机会听到喝彩，这是多大的人生遗憾！

我看着韩笑，语气肯定地告诉她：“孩子，你不白瞎，你有才能，你有本事，不白瞎！”

小姑娘的脸在斜阳下充满神采。我问她：“眼前，你有什么愿望？”

“愿望……嗯……到塑胶跑道上跑一次！”

韩笑说，她只在电视里看到过那种红色的跑道，却不知道哪里有这样的跑道，她在村里跑来跑去的时候，心里常常向往着遥远的跑道。

一个小小的梦想，我们来帮她实现。

我们开始寻找。

县里，没有；市里各中学，没有；体育场，没有。终于打听到，在佳木斯大学，有一条塑胶跑道，那是当时全市唯一的。我找到体育学院的赵院长求助，他立刻说：“请她来！”他还细心地准备了崭新的运动衣裤和运动鞋，粉白相间的颜色，很配小姑娘。我心里一暖，他一定是个父亲，好有父爱！

韩笑怯怯地来了，远远地，她看见了向往已久的塑胶跑道，眼睛一下子亮了。

她跑了起来。在塑胶跑道上，这个从村道上跑来的女孩儿，那么舒展，那么尽兴，那么美好！

她看见跑道上的跨栏，兴奋地叫起来：“刘翔的跨栏！”她在电视上见过。

看她跃跃欲试，几个学生过来教了她跨栏的要领，还做了示范。有的还说：“我也是农村的，以前和你一样，也没碰过这玩意儿，你能行，试试？”韩笑起跑，加速，飞身过栏，一遍又一遍，一次又一次成功，一次又一次赢得掌声。

在这个体育场，小姑娘尽情地享受着。

我的目光追随着小姑娘跳跃的身影。

每一个孩子，不管生在哪里，都应该平等地享受体育带来的快乐，都应该有机会发光，都应该能够用自己的生命之光来呼应五环的光芒。

“你将来想做什么？”我问。

“我想当体育老师，在我们那儿当体育老师。”韩笑像是早就想好了。

“你以后可以来这里上大学，这里有体育师范专业，你毕业后就可以当体育老师了。”身材魁梧的赵院长俯身说，“我们在这里等你。”

我好像看到了一颗种子，这颗种子播在了一个乡村女孩心里。

独处不是孤独，是自由

□王 珣

我曾经独自去了很多地方，一个人在机场里，背着大大的行囊，拖着长长的背影。城市乡野，绿水青山，大漠孤烟直，长亭外草长，没有人送行，也没有人等候。常常有朋友问，一个人的旅途可感孤单？是的，我曾经在旅途中感受过最深刻难熬的孤单。

等你走过了那段青葱般的岁月，等你读了很多书又行了很远的路，等你度过了人生某些最艰难的时光，你就会明白，生命里总有一些日子是需要我们独自走过的，或许是孤单寻觅，或许是爱情残局，或许是婚姻废墟，又或许是一个人的天涯浪迹。我们挣扎在看似的孤单中，然后渐渐冷静，渐渐坚强，又渐渐与孤单和解，为自己再次找到曙光。

真正的孤单是高贵的，也许略带些沧桑，但并不影响从心底生出快乐，去享受生活里的某些幸福时光，哪怕就是一个人做饭吃饭呢。如此孤单，只和思想有关，和身体无关。

我身边也有独自生活的友人，一个人上下班，一个人吃晚餐，一个人看电影，一个人去健身。看起来或许形单影只，但不一定就是不幸福，相反，这样的友人往往生活状态更加积极，抗打击能力更强，对人和事更加宽容。

幸福是一种智慧，是在生活水深火热的苦乐悲欢里日渐平静从容，收放自如，进退有度。心灵的平静，才是我们幸福的原乡，不在乎你是一个人，还是两个人，抑或是一群人。

高考前的一支舞

□雷幺幺

高三理科重点班，班上男女比例43：17，共60个同学。就在高考前三天，也是我们离开学校的最后一天，我们跳了最欢乐的一场交际舞。

关于交际舞要从高二说起，那时候上舞蹈课，老师看我们班只有17个女生，便让女生站成一排，胆子大的男生可以主动上前邀请女生作为自己的舞伴，女生有权拒绝，直到女生全部被选走，剩下的26位男生自行组合成13对。当时男生都很害羞，理科男可以理解，一堆人站在我们对面没一个敢站出来，而我事先怕自己没人选，已经和一个玩得好的朋友打好招呼，让他选我。那个时候男生没有一个人敢当第一个，所以气氛变得很尴尬。我便一直给好朋友使眼色，让他站出来，他的口型应该是说："等一下。"

老师鼓励了好一会儿，还是没人站出来，便点名："班长带个头。"我们班长是一个很安静很安静的男生，他被选为班长完全是因为他分班考试拿了年级第一。班长没有办法，站了出来，然后犹犹豫豫地走到我面前，用不是很到位的绅士姿势邀请我成为他的舞伴！

我当时整个人都蒙了，我看着远处的好朋友惨烈的眼神，真的很想拒绝班长的一片好意，但是老师又开口了："班长带了个好头，大家向班长学习！"我想我要是拒绝了班长，这堂课真的没法上了，所以一咬牙就答应了。

后来好朋友没有站出来，而是选择成为寂寞十三组的一员。我一直觉得对不起他。

那一年的舞蹈课，经常有同学满是懊悔地说："早知道当时就脸皮厚一点，也不会沦落到和朋友跳舞的地步！"大家都是笑笑而过，但是不知有多少男生是那个时候才第一次牵到女生的手。可以在纯真的岁月里，因为一个理所当然的借口，牵起女孩子的手共跳一支舞，可能是我们班上很多男生独特的回忆吧。我和班长跳了那一年的舞蹈课上所有的舞，也没有说过几句话，真如我前文所说，他是一个很内敛很内敛的人。

舞蹈课是我们班高二那年的美好时光，寂寞十三组也传出很多趣闻，如某某男生转圈的时候特别风骚，某某某男生劈叉腿的时候特别带感等。只是高三那年大家都全身心投入备考中去，再也没有人会在课间十分钟的时候练习跳交际舞。

回到开头，离校前的最后一天，班主任让我们全班同学再跳一次交际舞，我们把课室内的桌椅板凳全都移到角落甚至是走廊，在教室里空出一大片地，然后女生站中间围成一个圈，每个女生对面站着

当时的男舞伴，17对男生女生就这么围成两个同心圆。

课室里很快响起了熟悉的歌曲，我们再次和舞伴牵起双手，凭着模糊的记忆开始踏步，转圈，拥抱，转圈，鞠躬。本来到鞠躬这一步，一小节的交际舞就结束了，但是老师下达命令，每个男同学向自己的右手边移一步，牵起另一位女同学的手，然后音乐再次响起……

我们很快理解了班主任的意思，连音乐都不用暂停，我们一直这么默契地跳了下去，我们开始和熟识的、不熟识的异性同学说“高考加油”，每一小节舞曲有接近一分钟的时间，在这一分钟里我们一直牵着对方的手。我牵过紧张得流汗的手，也牵过冰冷得僵硬了的手，牵过好朋友的手，也牵过曾经闹过不愉快的同学的手，我们看着对方的眼睛，心里想着今天过后我们就再也不能在课室里一起读书了，突然觉得这帮男生害羞起来真可爱。

很快，我们牵过了17双不一样的手，然后剩下的26位同学也被老师安排了进来，我们开始随意搭配，随意跳舞，尽管还是很普通的舞步，但是教室里笑声不断，老师一直在录像，后来也被我们抓过来一起跳，我们又叫来了英语老师和数学老师，连路过的化学老爷爷也不放过。高二那年我们在舞蹈室里，文静的女生不喜欢调皮的男生，内敛的男生没有踏出勇敢的那一步，但是好在那一次的欢乐大舞会，让我们班上的同学一直到现在还在微信群里互动，要知道我们原本只是一个死气沉沉的理科重点班。

如果高考注定是一个转折点，我们要得到的不只是一个分数，更重要的是一大份珍贵的友谊。如果高考注定是一次离别，我们也别走得太匆忙，和同窗作战的他们好好说一声：“高考加油。”看过很多匆匆忙忙的离别，总要叹一口气，人生远没有忙到连道别的时间都没有的地步。用仪式给那段青春画上一个句号，终归是令人回味的。

死于内讧的麋鹿

□赵盛基

世上有一种最大的蜥蜴，因栖息在印度尼西亚的科莫多岛，故称为科莫多巨蜥，也叫科莫多龙。

科莫多巨蜥是体形巨大的食肉动物，身长足有2~3米，体重70~90千克，身上长有鳞片，犹如全副武装的盔甲。

由于它食量惊人，所以那些小动物只能当作零食，它最喜欢的主食是麋鹿和水牛。然而，虽然它的瞬时时速可达20~25千米，但它毕竟是爬行动物，爬起来总不如四条腿的麋鹿和水牛跑得快。

比如麋鹿，它们群体活动，而且谨慎、敏捷、跑得快，一见巨蜥的身影撒腿就跑。无论巨蜥在后面怎样紧追慢赶也追不上，只能眼见着猎物越跑越远。

不过，机会总是有的。那么，巨蜥是怎样捕获麋鹿的呢？麋鹿属于群居动物，有时候它们之间难免会发生矛盾，出现内讧，就会厮打。平时看似温驯的麋鹿打起架来也不要命，疯狂地撕咬对方，直至分出胜负为止。战争结束，出现了伤员。

这个伤员的脖子被咬得皮开肉绽，鲜血直流，它不得不脱离队伍，到海水里消毒、疗伤。

一直在观望的巨蜥发现了这个千载难逢的机会，当然不会放过，就纠集来多只巨蜥围猎这只倒霉的麋鹿。

虽然麋鹿不甘于束手就擒，拼命反抗，但很无奈，在巨蜥的团团包围之下，很快败下阵来。不大工夫，就被开膛破肚，五马分尸。

麋鹿死了，与其说是死于残暴的巨蜥，毋宁说是死于自己的团队。再强大的力量也难以攻破一个团结的团队，如果团队出现了内讧，任人宰割就为期不远了。

活着，不是为了励志

□王　忆

切入主题前，我想有必要跟各位交代一下，我就是一名患有先天性小脑偏瘫的残障人。下面要介绍的无非是，再将多年来的身体情况重复一次。尽管类似的话我已经写了或说了无数次了，再说一遍也无妨。我出生时，因一些意外和疏忽，导致我一来到这个世界上就注定和别的孩子不一样。我没有与常人一样健步如飞的行走能力，我无法站稳看这个世界，也无法轻松开口和他人交流，在很长一段时间里，除了家人，还有熟悉我的人能听懂我的语言，除此之外旁人一概不懂。可笑的是，有人明明听不懂我在说什么，却还装作一副什么都了解的样子，好像看上去他/她很热心，事实上我知道，那只是敷衍我而已。所以，有时候我便不爱说话，面对不太熟悉的人，我就笑笑，笑总归是善意的表达。

至于我的父母，我想也不必多说。但凡是知冷暖的人，都应该能想到一对从青春洋溢的青年人，到年近半百的中年人，用半辈子的心血和力气把一个残障孩子带大多不容易。用我爸妈的话说，这些都是他们应该的。尤其是我爸，谁让他当初哭着要我了呢？自己留下的杰作，累死也要带大！

庆幸的是，他们这个杰作，虽然开始落笔时，有些瑕疵，但经过后期修整和改造，还算可以从非正常的轨迹进入了正常功能运作，甚至一不留神，还能偶尔收获意外惊喜。这当然也要归功于乐天派的爸妈，他们俩也属于赤脚的不怕穿鞋的人，自从有了我这么个人，他俩就想反正已经这样了，不如走一步算一步，虽然四肢零件有点不灵活，好在大脑主板还正常，所以不如就废物利用吧。所以他们挤破头也得让我进正常学校上学。从小到大，到什么年龄干什么事，教育也从来不按非套路出牌，该宠的宠，该打的打，该骂的骂，能让我做到的事，绝不插手。再难也要让我自己学会独立。当然在我妈逼着我独立应对生活琐事的时候，最心疼的还是我奶奶，曾经她老人家总说我妈心狠，她说，孩子已经是个残疾人了，就不要让她再去做那么艰难的事了，比如冬天穿衣服，最开始一件衣服，我能穿上几十分钟。我奶奶就急着上手帮我穿，她说，穿个衣服再穿冻着怎么办？可是，这时我妈就会上前制止老太太护短的行为，说，我现在不狠心让她锻炼自己独立，以后怎么办？或者说我老了她怎么办？

是的，我妈说得没错，如果有一天我妈老了，动不了了，而我还什么都不能做，那时我怎么办？我妈又怎么办？然而就是这样，妈妈二十多年的大胆放手，终于让我变成了一个样样都能独当一面的“独立女性”。

也正因如此，后来我学习有突破，生活能自理，一直到现在事业梦想都有了发展。渐渐有许多认识我的人，都说我是个坚强励志的残障人。刚开始听到这样的评价，我第一反应肯定是高兴，觉得这是一种夸赞跟肯定。可是久而久之，当这些评价越来越多，我反而有一种说不出来的感觉，这种感觉很奇怪，似乎很像是变了味的糖果，透露出一些酸涩的味道，更让我觉得荒谬可笑的是，有一部分人甚至认为，残障人活着就是一种坚强。每每听到诸如此类的话，尽管脸上表露出带有谢意的笑容，心里却在摇头暗笑道，你这样的夸赞实在很肤浅哎！哪怕我哀叹过以前渺茫的人生，但是如今我却悲叹着你的人生观。

亲爱的有知有心人们，请你们想想，一个智力、心理都正常的残障人，和你最大的区别不过在于你用脚走，我用轮子走。我是做不到你能做到的事，可我能做到的事，你未必也能做到，不是这个道理吗？换而言之，谁说，残障人活得快乐，过得有质量，就是励志的代表者？谁说，残障人就一定都是经历了刀山火海才活下来的？谁说，残障人傻乐和着就是所谓的乐观，遇到困难不哭就是所谓的坚强？你作为一个手脚健全的人，要是不努力，天天混吃等死，不也是一样过得很平庸？残障人，也是一样有着七情六欲的人性，我们活下来，活得有价值，不只是为了励志，不是为了告诉你们这些健全人，我们活着只是因为坚强。我们也会哭，也会闹情绪。我们活着，不过是想平平凡凡地过日子。

不要让你们口中的赞扬，变成了对我们的捆绑。我们活着，不是为了励志给谁看。也不要认为残障人活得好一点，就是多了不起的事情。一个残障人，或是一个健康人，做出不一样的成绩，和自身带有很好的天分是有一定的关联，但是更多的是依然是和不断磨炼进取密不可分。就像你天生会肚子饿，但是你不是天生就会吃饭。所以，先天的基因决定不了你后天的命运。假如你后天不努力勤奋，恐怕连天分都会失去。

停电

□谭幼今

有长达一年的时间，我旅居沙特阿拉伯。

在沙漠居住时，最怕停电。

白天怕，晚上更怕。

沙漠气候酷热，屋子里六台空调同时开放。下午，正舒舒服服地看书写稿时，空调突然发出刺耳的噪声，紧接着，屋子蓦然陷入死寂。户外的热气，争先恐后地从门户和窗户的缝隙里硬生生地挤进来。过不多久，大厅就变成了一个烤箱，把人连皮带肉地烤得奄奄一息。居心叵测的热气渐渐入侵坐垫和床褥，坐也不行，躺也难安。摸摸脸颊，烫如烙铁。再过不久，有袅袅烟气自头顶袅袅冒出，吱吱吱、吱吱吱，这种类似自焚的感觉，十分可怕。当热度超越了可以忍受的极限时，思维也陷入了一种混乱的状态……倘若夜晚碰上停电，比梦魇更可怕。

日胜出差到其他城市，山脊上那所孤寂的小白屋里，就只有两岁的稚子与我默默相对，寂寞凝结成块。电流中断时，就好像有一只魔掌从天幕伸出来，心狠手辣地攫住了大地、山头、屋子。那种黑，深不见底、无边无际。

整个人就像掉入了茫茫的黑海里，有没顶的恐惧和惊慌。近处远处，传来了此起彼落的狗吠声，那叫声，凄厉得仿佛面对着死神。孩子吓坏了，扯开喉咙放声大哭，那种不顾一切的号啕，好似一把利斧，把魑魅魍魉般的夜晚砍得支离破碎；碎片飞旋在沙漠的寒风中，母子俩的心，都止不住地战栗。

孩子吓破了胆，有很长一段时间不敢独眠，而睡觉时，也坚持亮着灯。

离开了沙漠，回返家国，便不再碰到这种三不五时便停电的现象了。

现在，我最担心的，是精神的“停电”。

饱食终日地耽溺于逸乐，或者，目标不明地瞎忙一气，日子无识地流走，渐渐地，精神便会进入“停电”的状态。

通电的方法，永远只有一个——读，读读读，勤读不辍。

我父亲是渔船上的机械师，家里的电灯啊、马桶啊、电扇之类的东西坏了，都是我爸拆开来修的。他经常说：“这世界上没有修不好的东西。什么东西坏了，只要你能找到问题的症结，找来原材料，就能修好。”

我曾对父亲的话深信不疑。那时候，我正读书，试卷总是会有答案的。后来，我成了一名心理咨询师，开始和各种各样的人聊人生。每个走进咨询室的人都带着困扰他们的问题。有些人经历了一些重大的人生变故，比如美好的生活因为宝宝忽然重病被打破了，因公司倒闭失业了，结婚多年的爱人出轨了……有些人则遇到了一些琐碎的生活烦恼，比如学习成绩不够好，怎么努力也上不去；错过了自己心仪的学校或者专业；见到陌生人总是容易紧张……

“怎么办呢？”他们向我诉说他们的生活，然后茫然又急切地望着我，像指着一台坏了的机器，等着我指出问题的症结，再把它修好。

于是我努力分析问题：“这是一种消极的认知模式。”“你没有发展出合适的应对策略。”“你童年的经历损害了你的自尊。”“这是缺爱。”

“嗯，嗯。”他们频繁地点头，让我觉得自己说得很有道理。然后，他们就不来了。

有一段时间，我对此很困惑，后来才慢慢明白，修理机器、解数学题和解决生活问题并不相同。修理机器或者解数学题时，你是超脱在问题之外的，但是面对生活问题时，你是纠缠在问题之中的。你解决问题的能力本身就受这个问题的限制，是这个问题的结果。更何况，很多时候，生活中有太多的因素是你无法控制的，但它们实实在在地影响了你。

那能怎么办呢？无可奈何的时候，我也会向来访者承认：“我可能做不了很多。我所能做的只是陪伴你度过生活中这一段艰难的时间，等着生活慢慢出现新的转机，等着你身上转变的种子慢慢发芽。”

“好吧。”他们叹了口气。可是，下次他们反倒来了。

我发现，很多人所遇到的困难与其说是生活问题，不如说是生活的不如意。

问题总让人误会，以为只要找到症结，换个零件，或者找到答案，就能恢复如初。可生活中的有些事，发生了就是发生了，既无法修复，也没有答案。不如意则是说，我们总是期待生活往好的方向发展，而它拐到了别的方向，我们想要强扭着它，把它摁回正轨，极其困难。更多的时候，我们只能随生活顺流而下，在变化中努力适应它。

这么说来，真正的生活问题其实只有一个，就是怎么面对和处理生活的不如意。可大部分人并不甘心，他们会用修理机器或者解难题的思路来跟问题死磕，即使收效甚微，也会自然地认为是自己不够努力，或者方法不对。承认自己无能为力很难，可悖论是，一旦承认在某些事上无能为力，你所能做的反而多了。

前段时间，我看到一个咨询访谈。有个年轻的产品经理，刚毕业不久，在北京辛苦打拼，可最困扰他的不是他自己的生活，而是父母的关系。他父母关系不好，经常吵架，所以他要经常给父母打电话，听父母各自诉苦，他想尽一切办法，努力让他们的关系好起来。他觉得自己只有解决了这个问题，才能轻装上阵，去忙自己的事业。

也许他遇到的就是生活的不如意。于是，咨询老师说："不如我们来聊聊，如果没有这样的问题，20岁的你想过怎样的生活吧！"

不如聊聊别的，这听起来像是逃避，可是问题的空间这样慢慢地打开了，问题以外的生活重新回到了来访者的视野。来访者发现，即使他不去处理这件事，仍有很多有价值的事情可做。这就是生活的好处，除了直接面对问题，别处的进步又会兜兜转转回过来推动我们的生活继续向前。

我有个朋友，是学美术的。年轻时恃才傲物，总觉得自己会成为一个出色的艺术家。可未来的远大前程没法弥补当时的穷。于是，她来到旅游景点，在那边支了个画摊，想通过帮人画素描挣钱。天快黑了，她才等来第一桩生意。一个戴眼镜的中年男人问她画一幅画要多少钱，她说20元，于是那个男人坐下了。半个小时后，画完了，男人走过来看了看画，哈哈大笑，问她："你觉得像我吗？""像啊！"她理直气壮地回答。那男人说："这样，钱呢，我还是给你，画呢，我就不要了，你自己留着吧。"说完，男人扔下20元钱扬长而去。

奇耻大辱啊！这个还没上路的年轻艺术家狠狠地把画撕了，捡起了地上的20元钱，眼泪在眼眶里打转。"我一定要弄个框，把它裱起来。"她心想，"我要让它时时刻刻激励我！等我功成名就那天，再把它拿出来，作为我心灵发展史上的重要事件展示给大家看！"

她气鼓鼓地收起画架往回走。走着走着，路过麦当劳，肚子饿了，一摸口袋，唉，只有那准备裱起来的20元钱了。她犹豫了一下，走进了麦当劳，掏出那20元钱："给我来个汉堡！"

她最终也没变成著名画家。不过我喜欢她的生活态度，不跟问题死磕，随时准备趴下。日子看起来越过越糊涂，其实却越过越清醒了。

贝多芬决定了激光唱片的长度

□冯八飞

说到树立标准，贝多芬不是音乐史第一人，却是唱片史第一人。

此话怎讲?

很多人都不知道，全世界的激光唱片，长度都是74分42秒。

即使你知道，你可能也不知道为什么。

故事开始于1976年春，当时索尼研发小组向公司高层大贺典雄展示能容纳13小时20分钟音乐的激光唱片。这是世界上第一张数字音频唱片。不过，该唱片直径超过30厘米。

与此同时，荷兰飞利浦公司也正在改进他们的激光唱片。3年后，飞利浦推出第一代激光唱片，直径仅11.5厘米，可录1小时音乐。两家公司决定共同向国际数字音频光盘协会（DAD）提交唱片规格，建议长度为60分钟。此时大贺典雄已升任索尼音乐娱乐有限公司总裁。

大贺典雄不是搞技术的，他先后就读于东京艺术与音乐大学、慕尼黑音乐学院和柏林国立艺术大学，加入索尼前是职业男中音歌唱家。他坚持激光唱片长度应为75分钟，因为:

"无法容纳贝多芬《第九交响曲》的唱片是不完整的！"

最后，全世界的激光唱片直径均为12厘米，演奏时长74分42秒，正好容纳一部贝多芬的《第九交响曲》！

四流企业卖苦力，三流企业卖产品，二流企业卖品牌，一流企业卖标准。贝多芬去世整整152年后，决定了他一生从未见过的激光唱片的世界标准。即使在商场，贝多芬也是当之无愧的超一流。

所以，他不是音乐史上奠定音乐标准的第一个人，却是所有这些"第一个"中排名第一的。

如何面对别人的误解

□佚　名

面对别人对自己的误解，应该怎么办？

马东说：被误解是表达者的宿命。

面对这一种“宿命”，我们该怎么办呢？这是一个有趣的话题。不仅因为每个人都或多或少被误解过，以及正在被误解，还因为，每个人也都或多或少误解过，并正在误解别人。

如果你认为自己从来没有误解过别人，那恐怕是对自己最大的误解。

被人误解，无疑是一种不愉快的经历，大多数人的第一反应，是去澄清误解，去解释，纠正，拨乱反正。毕竟，误解可能会带来一系列糟糕的结局，可能会让你和别人的关系变糟等。

但是我想说的是：对待误解，最好的方式是顺其自然。

可能你会觉得这很荒唐，我知道，我们都有一种强烈的冲动，要证明自己的正确性，证明自己的清白无辜，要让所有人都正确看待自己。我们讨厌被人用“误解”的有色眼镜对待，但是我希望你能用几分钟来听听我的理由。

首先，“被误解”是谁的事？大部分人第一时间反应：误解侵犯到了我，当然是我的事，当然我有义务、有责任去澄清误解。但是我要说：误解不是被误解者的事，而是产生误解的那一方的事。也就是说，是搞错的人的事。

设想一下，一个男生爱上了一个女生，他以为她很美好，以为她会喜欢他，以为她很适合自己，于是他坠入爱河，每天幻想如何对她表白，如何等她下班，他付出了许多爱心，经过好几个月时间，他终于表白了，然而对方告诉他，她并不想接受他。这时候男生一定非常伤心，非常难过，他可能会责怪对方，恨她没有回报他的爱意，但在我看来，这一切是因为男生误解了女生。她从头就对他没有兴趣，所以女生没有义务为男生的单相思负责，是他自己误解了。所以，并不是让女生去解释“我为什么不喜欢你”，而是让男生承认“我误以为你喜欢我”更能平复男生的情绪。

所以被误解是误解者的事，如果你的行为并没有刻意去引导误解，那你是没有必要为之负责的。尽管那个误解你的人可能会让你很不爽，可能会对你产生不利的影响，但归根结底，那不是你的问题，那是他的问题。既然是他的问题，你就没有义务替他思考，帮他解决。

其次，就算你想去解决，这也很可能是你能力范围以外的。

遇到误解，我们的第一反应是去纠正别人，可能你会觉得纠正别人是一个最简单的办法，但是根据我的经验，纠正别人是一件最难的事情。

举例来说吧，我有两个朋友，他们之间有一些芥蒂，我听了双方的说辞之后，觉得我应该帮他们两个消除误解，于是我分别对两方都澄清了误解，然后再把两人拉到一起碰个头。结果呢，结果是令我泄气的——在见面之后，两人的关系完全没有进展，只是表面上和气，背地里又变成另一种表达方式，延续他们彼此的误解。

这件事让我意识到：“消除误解”的作用力很可能会产生“加强误解”的反作用力。这是由于人的思维是很固执的存在，它的基本设定是“我是对的”，为了维护自己的正当性，思维会找出种种理由来强化它原有的认知。换句话说：人没有那么容易认错。

再讲个小故事吧：有一个人在餐厅吃饭，听到邻桌有人在对孩子讲“木樨炒肉”就是木耳炒肉呀。他于是上前纠正道：“这位先生，你搞错了，木樨是鸡蛋，不是木耳。”结果店主端出来的正是一盘木耳炒肉，于是他又对店主说，你这个不对啊，木樨是鸡蛋，不是木耳啊，结果店主说：“我说木樨就是木耳！”——当你心怀善意，觉得你可以去纠正误解的时候，往往也是你搞错了。因为别人并没有准备要接受你的批评。

如果我们不再纠结于要去纠正别人，那么我们可以做的事情就很简单了：如何最低限度不要受到误解的影响？

第一，心情上通畅。理解“误解不是我的事，我没有义务去解决”。

第二，行为上通畅。远离是非，避免和误解你的人发生争执、冲突、矛盾。实在避不开的时候，保持礼貌对待。如果误解你的人不幸是你很亲近的爱人、朋友、家人，那恐怕你需要与之保持距离。你或许会问：逃避是一种正面的态度吗？我会说：是。许多关系之所以会变得很糟糕，恰恰是因为人不知道如何保持距离，越是挣扎，越是被套牢，就像网中之鱼。当你适时地学会避开矛盾，不再和家人朋友发生正面冲突，你们之间的心结才有松开的可能。

听上去，我似乎是要你做一个无情的人。但我想说的其实是：消除误解最好的方式是“顺其自然”，并不是什么都不做，你可以适当解释，也可以做一些努力，但不要要求别人认错，最重要的是让自己理清思路，保持心情不受影响。那个误解你的人，你要允许他的误解，你也要给他时间去发现自己的错误，在此期间，心情愉快地做你自己就好。

近零大于一

□戴坤旭

位于英国格沃斯特郡中部的科茨沃尔德机场，曾是飞机的“坟墓”，大量的废弃飞机给机场的管理带来极大不便，机场管理处向社会发布信息，希望有人能够帮忙处理“坟墓”。

马克认为，废弃飞机处理是空白领域，发展前景很好，于是承包了所有废弃飞机，并创建了“空中营救国际”公司。公司对每架废弃的飞机系统进行检验，然后进行修理，使其能正常服役后，再将整架飞机出售。将一架飞机修好到正常使用，需要一年时间。由于需要整架飞机的人太少，两年过去，才卖了几架小型飞机，这让公司陷入了困顿。

一天，一位顾客光临公司，声称他的飞机引擎出现了问题，只想来这换个引擎。第一次碰到有人只要部件，而不是整架飞机。为此，公司团队专门召开会议，征求大家的意见。一方认为，可以将飞机的引擎卖给顾客，其他部件作为零配件再出售；另一方认为，如果一架飞机只卖引擎，则余下部分可能成为废品，会损害公司的利益。经过激烈的辩论，公司最后决定尝试出售引擎。不久，又有人陆续来购买机身上其他值钱的部件，如空调系统、降落伞和飞机起落架，就连驾驶室里的操纵杆也以不菲的价格卖了出去。于是公司重新调整策略，购买零配件的订单也从世界各地纷纷传来，公司的生意日趋红火。随着生意的好转，公司的影响力也不断扩大，于 1993 年被国防部收购。

把引擎和其他部件从飞机上拆卸下来售卖，远远要比直接将整架飞机卖掉更值钱。如果把整体看成“1”，把各部件看成“0”，马克用的就是化整为零的销售理念，最终取得了“0 > 1”的经济效益。

我是这样变外向的

□陈海贤

我曾经是一个非常内向的人。表现之一，就是害怕在众人面前讲话。我会结巴、忘词、面红耳赤，紧张到不知所措。每次上讲台都像受刑。因为焦虑，我想学心理学，于是读了师范院校。但在师范院校，我又经常会为将来某一天可能站上讲台而焦虑万分。

研二时，某所成人自考的大学要找一个研究生做兼职的心理学教师，教变态心理学。我那时候很缺钱，犹豫了很久，一狠心，把活儿应承了下来。

几乎从我应承下来的那一刻起，我就开始后悔了。我一连做了好几天噩梦，梦见自己在讲台上，众目睽睽之下，手足无措。我也尝试过一些积极点的想象，但是没用。

改变有时候很难，是因为如果你只有失败经验，没有成功经验，你甚至没有办法想象成功是怎样的，但你对想象失败却很在行。

“审判”的那天终于来了。我早早来到教室，整理好教案，擦好黑板。当我站到讲台前的时候，我忽然觉得很自信。可能是因为认真备课，我对自己要讲的内容了如指掌，当然也可能是因为讲台下稀稀拉拉只坐了五个学生，他们还自顾自地玩手机——这和我想象中千万双眼睛盯着我的场景，差别实在太大了。

我短暂的教学生涯就从这五个学生开始了。我开始学习在众人面前讲话，开始逐渐积累一些成功经验，并慢慢喜欢上了教学。后来我成了一名教师，我不再害怕学生的目光了，相反，能够把他们的目光从手机上吸引过来，会让我觉得有成就感。知识分子内心都渴望有一个讲台，能分享自己的知识和观点。分享的快乐让我逐渐忘却了紧张。

真正有效的改变，需要两个支点。第一个支点，你需要积累相关的成功经验，它会让你自信，哪怕是很小的成功，都意义非凡。第二个支点，是在那些让你害怕的领域，你要有一些自己的优势。我的优势在于，我总是试图把书上或学术文章中看来的知识，和生活建立起联系，思考它们对人生的指导意义，并把思考的结果分享给大家。是总结和分享的欲望，帮我克服了讲话的恐惧。

但我并没有真的变得外向。当我在马路上偶遇领导或其他重要人物时，仍然会紧张得手足无措，并且无一例外地忽然忘了他们的姓名。我没能在这个领域找到我自己的优势，所以也只好随它去了。

现在想来，我的故事，像是特里尔教授“固定特质”和“自由特质”理论的注脚。我的紧张来自我的敏感内向，我对知识的理解和分享的欲望也来自我的敏感内向，这就是性格最神奇的地方：突破性格限制的种子，本就蕴含在这种性格当中。

2 你远道而来这世间，想必是因为热爱吧

有人说，天赋就是可以持续的热爱。确实，如果不是在热爱的领域，天赋似乎失去了意义。那些顶尖的高手，哪一个不是对自己所坚持的事物充满热爱？在热爱中，坚信自己一定能做到。先相信自己，并努力寻找自己“可以持续的热爱”，你终将看见优秀的自己。

你凭什么上北大

□贺舒婷

未名湖边的桃花开了，我曾经无数次梦想过，花开时湖边折枝的人群里会有自己的身影。那个时候，我的心情和你们一样迫切，目光却比你们更加迷茫，那时我高三。

我高一那年，差点就把自己废成了一块锈铁。上课时爱睡觉、聊天、看漫画，把老师气得眼里含泪。高二分科，我选了文科。你无法想象我所在的中学有着多么烂的文科班——本科上线三人，那是什么概念？更讽刺的是，那三个人全是复读生。然而我在大家或无奈或鄙视的目光里，毅然决然地在文科班报名表上写上了自己的名字。那真是我一生中字写得最好看的一次。

我只是突然间觉醒了，觉得自己的一辈子不能就那样过去。事后很多人问我当时怎么回事——也许他们是想从我这里听到一个浪子回头的故事，而我当时所能想到的解释只有这么一句：我只是觉得，我的一辈子不应该就那样吊儿郎当地过去。

第一次月考，我考了年级第12名。这是一个听上去差强人意的成绩，可是理智还是提醒我，那是一个本科上线三人的文科班。如果你不能把所有人远远甩在后边，第12名和第120名没有什么区别。至今我还记得那次考了第一的那个小女生，瘦瘦小小，戴一副黑边眼镜，趴在书桌上的身影有些佝偻。而这个印象的得来，是因为所有的人永远只能看到她趴在书桌上的身影。她一直是班里第一个来、最后一个走的人。我一直对那种学生有莫名的排斥情绪：你有什么了不起，不就是死读书吗？我要是像你这样刻苦学习，早是全市第一了。事实上直到那次考试成绩出来的时候，我仍然对她不屑一顾。

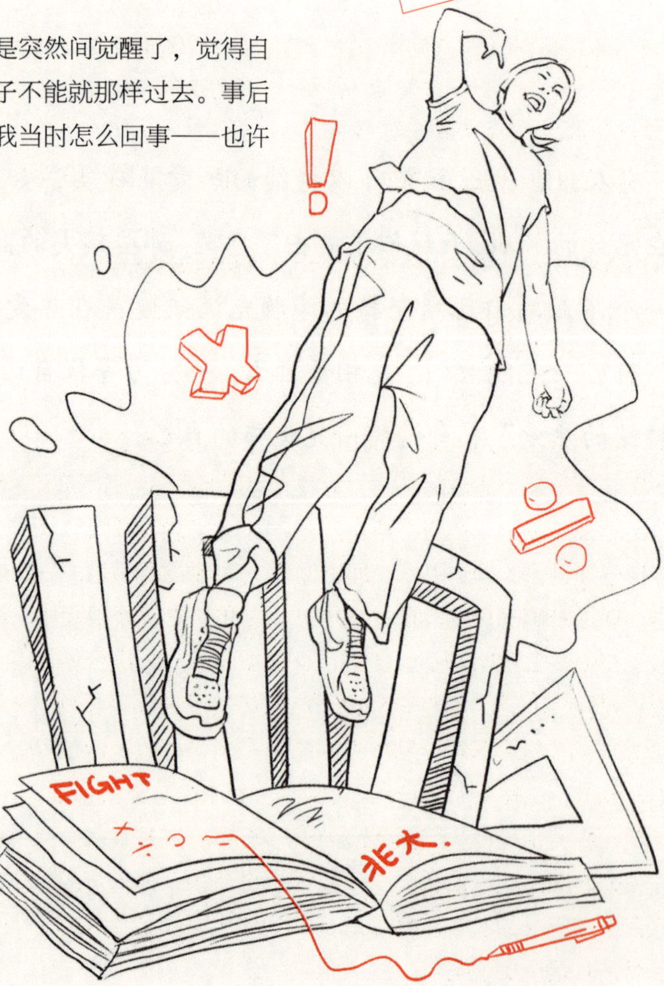

然后，我迎来一生中最重要的一次班会。我不知道要怎样去感谢那个班主任，因为如果不是她的那席话，如今的我在哪里都不一定。班会上，她说：“这次成绩非常能说明问题，应该考好的人都考好了。”然后她扫了我一眼，我明白她的潜台词，也就是说在她看来我是属于没有理由考好的那一堆人里的。奇怪，我居然没有脸红。不知道是太久的堕落已经在不知不觉中磨光了我原本敏感的自尊，还是我下意识里对她的话不置可否。她继续说：“我知道有些人自以为很聪明，看不起那些刻苦的同学，总觉得人家是先天不足。可是我想说，你只是懦弱！你不敢尝试！你不敢像她一样去努力，因为你怕自己努力了也比不上她！你不去尝试，是因为害怕失败的风险。你连这一点风险都承担不起，因为在你心底，你根本就没有把握……”后面她还说了些什么我已经想不起来了，我承认我当时完完全全地蒙了，反反复复回荡在我脑子里的就只有那么一句话——“你只是懦弱！”可是，我要承认——她的判断是正确的。

那晚我在日记里写：试试吧，试试努力一个月会不会见效。当时我根本不敢对自己承诺什么，也的确承诺不起。我简直不敢相信那个从早晨六点早自习上课到晚自习下课一动不动坐在座位上、安安稳稳、踏踏实实的人竟然是自己。

然后，我迎来了那次期待已久的期中考试，至今我仍记得考完之后的感觉。我抱着书包走在回家的路上，茫然地看着人来人往，心里空空的。那的确是我一生中最特殊的一次考试，因为它关系着我此后的方向和道路选择。其实，考试结果想必大家已经猜到了——我的的确确让所有人真正瞠目结舌了一次，我考了第一。

即便我可以牢牢占据第一名的位置，即便我可以每次都把第二名甩下几十分，我知道，北大离我还是太远。所有的老师都坚信我将会是学校里有史以来最好的文科生，意味着你可以上山大，运气好点的话可以上复旦、人大。而我只要上北大，我从没对任何人讲过我的志愿——如果可以称之为志愿的话。

高三第二学期，我们搬进了刚刚落成的教学楼，搬迁的那天，楼道里吵得很，拖桌子拉板凳的声音在走廊里不绝于耳。我一个人不言不语地跳过窗子，踏上了二楼窗外那个大大的平台。对面是操场，初雪未融，空气湿冷，光秃秃的树枝直直地刺向天空。雪天的阳光凉凉地透过睫毛洒在眼睛里，静静地看着远远的天空，我说了一句话：“等着吧，我要你见证一个奇迹。”我知道，这世上的确没有什么不可能的事件。

我从来不知道压力大到一定程度时居然可以把人的潜力激发到那种地步。我是一个极其不安分的人，可是那段时间我表现得无比耐心沉稳，踏实得像头老黄牛。事实上我曾无数次处在崩溃的边缘；五本高中历史书我翻来覆去背了整整六遍——当你也把一本书背上六遍时你就知道那是什么感觉了——边背边流眼泪，我真的是差点就背不下去了。只是，忍不住的时候，再忍一下。坚持的确是世界上最伟大的品质。

呼啸而至的风卷着漫天的黄沙，在那个北方的春天里，我们一个个头发蓬乱、皮肤粗糙。惶然而又茫然的我们在敬畏与期待中迎来又送走了一模、二模以及N模，每根神经都被冷酷无情的现实锤炼得坚不可摧，不论是“杨柳岸，晓风残月”的诗情，还是习惯了信手涂鸦的画意。

在这个来去匆匆的季节，一切敏感纤细都是奢侈，徒留无数次的激扬在无数次的颓丧下摔得头破血流。每个人比昨天更加明白理想和现实之间那不可逾越的鸿沟，同时也比昨天更加拼命地努力挣扎。逼着自己埋进去，埋进书本，埋进试卷，埋进密不透风的黑茧——为的只是有朝一日破茧成蝶。青黑的眼圈、浮肿的眼袋、干燥的手指，焦虑得起了水疱的嘴角。那个春天我不知道流行的是粉蓝果绿还是黛紫银灰，小镜中是憔悴的面容和黯淡的眼睛。因为怕有什么会汪洋恣肆地在干旱已久的脸上纵横开来——天啊，我是个女孩啊！

踏入考场的时候我很平静。“尽吾志也，而不能至者，可以无悔矣。”事实上我从来没有想过自己会考入北大以外的哪所学校。与其说是一种自信，不如说是一种预感。我只是想，哪怕北大只有一个招生名额，为什么考中的那个人不可能是我？这世上没有什么事情是不可能发生的。考完后走在回家的路上，看着依然匆匆的人群，心里依然空无着落。眼睛因为泪雾而模糊，视野里的东西却越发清晰。我相信一切真实的感知都要以泪水和苦痛作为代价。

事实上我怀念那段日子，并且永远感激它。不只是因为在那段时间我完成了自己的过渡与蜕变，更是因为那时的一切深深烙在了我正处于可塑期的性格中，成为这一生永远的财富。人生中再也不会有哪个时期能够像那时一样专一地、单纯地、坚决地，几近固执而又饱含信仰和希冀地，心无旁骛及与世隔绝地，为了一个认定的目标而奋斗。

当你在若干年后某个悠闲的下午，回想起自己曾经的努力和放弃，曾经的坚韧和忍耐，曾经的执着和付出，曾经的汗水和泪水，那是怎样一种感动和庆幸，怎样一种欣慰和尊敬——尊敬你自己。是的，在这个过程中，请允许我重复一遍，最重要的是你自己。我感谢父母老师，感谢同学朋友，感谢所有关心我、帮助我的人，但我最感谢的人是我自己。“没有不可能”，这是我从一点一滴的努力与尝试中获得的认知。而且我相信，这也将会是我终身受益的东西。

讲真，99%的天文学家都不认识星座

□序列号

单位组织体检，做B超的大夫听说我是天文台的，一边让我鼓肚子一边吐槽道：你们的天气预报怎么总不准？我气没憋住笑出声来，赶忙答道：天气预报是气象学研究的范畴，我们所研究的都在大气层以外。

作为一个天文科研工作者，也就是大众心目中的“天文学家”，我经常被问到的问题除了“天气预报”，还有：我是××座，你给我算算？每每遇到，我心里总是叫苦不迭：这是占星学的事，不是科学啊！

天文学家到底是干什么的？坐在望远镜后面看星星，或者带爱人去看浪漫的流星雨？其实天文学研究的范畴很广，小到一粒尘埃，大到整个宇宙，都可能成为天文学家的研究对象。但是，天文学家上学的时候真的不学“认星座”。星座仅仅是对天空进行的人为划分罢了。其实99%的天文学家都认不出星座。

朋友听说我们的办公地点在北京市区，十分纳闷：市区夜晚灯火通明，光污染严重，怎么研究？难道你们的望远镜有特异功能？听到这些，我总感慨，长期以来公众对于天文学家形成的印象太过偏颇，但架不住头顶神秘星空对人们与生俱来的吸引力，他们还是会常常发出这样的好奇提问。

文艺复兴时期，哥白尼提出的日心说开启了现代天文学，基于观测的天文学研究，也在400多年前伽利略第一次用望远镜仰望星空后快速发展起来。但是，随着天文仪器设备的发展和计算机的出现，天文学家已经从简单的用纸笔记录，或者是画出天体的样貌位置，变成借助电脑自动记录天体信息来获取研究数据了。

现在的天文学家，绝大多数时间都不会带着望远镜跑到野外亲自去观测了，更多的是通过网络远程获取数据来进行研究。望远镜有专门的人员负责操控，更多的数据是直接公开的，普通大众都可以下载。因此，理论上讲，任何人都可以成为天文学家。当然，你需要学习必要的知识才能分析研究它：物理、数学、化学，甚至生物，计算机编程也是必备。

不少天文学家的日常可以类比为一条生产线，产品是研究成果，主要以发表学术论文来体现。流程是学习、读文章、写程序、分析数据、得到结果、写文章发表。有些搞理论研究的天文学家，连分析观测数据这一步都可以省了。不论你在世界哪个角落，有一台能够联网的电脑就可以搞天文研究。虽说是生产线，但不等同于机械和枯燥。因为每个“产品”都不一样，在生产的过程中会学到新的知识，迸发出新的想法，谁让我们研究的是整个未知的宇宙呢？

如果你问一位天文学家，你研究的星星叫什么？在哪里？他回答你的很可能是一个编号，甚至只是天文坐标，而不会是北斗七星或者狮子座。至于它们究竟在哪儿？天文学家会两手一摊回答：在电脑里。如果再问，什么时候一起去看流星雨？大多数天文学家可能会说：不清楚。可能也没空。

目的颤抖和稀缺占用

□宗宁

小时候课本里有个故事，是欧阳修写的《卖油翁》。讲一个射箭的人很骄傲，遇到一个卖油翁，卖油翁在油瓶口放了一枚铜钱，然后一勺油倒下去，油从钱孔中穿过，一点儿都没有溅到铜钱上。射箭的人很惊讶，卖油翁说了一句话："无他，但手熟尔。"

如果你有过穿针引线的经验，就会发现，你盯针孔盯得越紧，手就会越使劲，抖得也越厉害，这就叫"目的颤抖"。换句话说，目的性太强的时候，你就会开始颤抖，无所适从。

所谓"当局者迷，旁观者清"，大概就是这个道理。因为你身在其中，别人在旁边看。离得远一点儿，也就看得清楚一点儿。你离得越近，越专注，越看不清周围的东西，就可能陷得越深。所以，专注是好事，但是不要太专注，有一点儿高度和全局意识，有一点儿系统的价值观，会事半功倍。所以每当我看到那些像打了鸡血一样，扬言一定能成功、一定能赚钱、一定能火起来的人，虽然我比较欣赏他们的自信，但更多的还是怀疑最终的结局。目前的经验是，墨菲定律还是最有效的，就是如果倒霉事可能发生，那么最后就一定会发生。

哈佛大学有一项研究表明，稀缺的资源会占用你大量的注意力，然后导致这种资源对你来说更加稀缺。比如，贫穷的人缺的是金钱，而混得不错的人往往缺的是时间。二者惊人的一致性就是，你给穷人一些钱和给富人一些时间都无法彻底改变这种情况。因为在资源长期匮乏的情况下，人们对这些资源的追逐，已经完全吸引了他们的注意力，以至于忽视了更有价值和创造性的东西。比如，在你特别穷的时候，你会把大部分精力放在如何省钱上，研究一些穷游攻略、如何在某某地方花多少钱生存的攻略、怎么生活更省钱攻略等。很多的省钱攻略，都会让人花大量的时间去研究，从而丧失更多的时间去研究如何能赚更多的钱。最可怕的是，他们还会扬扬得意地认为自己占便宜了。那些苦心研究手机性价比、无限对照参数的人，都会买一些"发烧"的手机；而对此不太在意的人，直接就会去比较昂贵的手机，他们可能不懂手机，但肯定要比懂的那帮人会赚钱。时间宝贵的人情况也类似。比如有太多的事情要处理，就只能忙着一件一件去处理，而无法有一个宏观的思想去安排长久的工作，工作也就成了一种应急的模式。这种情况我体会蛮深的，所以我喜欢看电影的原因是，我可以在两个小时内什么也不想，专注地做一件事情，从而挽救我日益碎片化的注意力。

所以，古语有云，救急不救穷。因为你就是给穷人钱，他花掉之后还是会穷。大家缺的不是钱和时间，而是需要正常的思维和心智，减少过多的干扰和焦虑，淡定地对待，然后长远地思考。

所以，老爹一直告诉我，钱永远只是附加值。后来我一路实践过来，发现确实是这样的。当你开始踏实地去做一件事之后，坚持下来，慢慢你就会发现，价值有了，钱也会随之而来。

少年壮志不言愁

□施一公

兴趣是可以培养的

我在清华提前一年毕业，当时我对学术没有兴趣，想先去经商。所以当时和清华大学科技批发总公司签订了一个代表公司去香港经商的机会，做公关。结果就业合同因故被撕毁。纠结一晚后，我决定出国。

在美国霍普金斯的5年读博期间很辛苦，有一门生物学三次考试，52、32、22分，只有第一次及格，我去求老师放我一马。他最后给了我一个B-，我对他真的非常感激。我直到博士三年级才出了一点感觉，到了博士五年级，我感到，原来我也可以在学术界“混”个工作。在1995年4月12日博士学位答辩以后，我还是不清楚自己会做什么。

1995年11月，我下定决心还是走学术这条路，此后，所有主要精力都放在做学术上，我也告诉自己这种兴趣一定可以培养起来。现在我的兴趣极其浓厚，可以废寝忘食，可以没日没夜地干。

所以，不要给自己理由，不论家庭、个人生活、兴趣爱好等方面出现什么状况，你都应该全力以赴。

认识你自己

在我求学的过程当中，我一直是一个非常自卑的人。举个例子，高中的时候化学老师解释“勒夏特列原理”，我那时候开小差，没听懂。后来看书我竟然也看不懂，觉得崩溃了。我总觉得班上其他同学都比我聪明，真的感到自卑。

放眼望向你周围，当别人和你差不多聪明的时候，你会觉得别人比你聪明。所以当你觉得别人比你聪明的时候，他并不一定比你聪明，不要太自卑。

同时，我还有一个性格特点是好胜。我上初三的时候，班主任鼓励我报1500米。运动会前四天报名，报名的当天晚上一激动大腿抽筋了，比赛的那天才恢复正常。发令枪一响我领先了整整100米，最后被倒数第二名落了整整300米。我的自尊心受到了打击。但我很好胜。运动会第二天我就开始练跑步。以后教练让我入选校队，代表清华参加比赛。很多情况下，你的个性决定了你的将来。我很自卑，但我又很好胜。

无论什么学科，物理、工程、生物，我认为最不重要的是智商。我不信有任何一个成功的科学家没有极大的付出。清华1984—1986年生物系系主任老蒲，在美国已是赫赫有名的终身讲席教授。他在美国开组会时教导学生：在我的学术生涯中，我最大的诀窍是工作刻苦，每周工作时间超过60小时。我知道你们不能像我一样刻苦，但我要求你们每周工作50小时以上，这意味着如果是8小时一天的话，你要工作6天以上。

你不要以为你早上8点去，晃晃悠悠做点实验，晚上8点离开就可以了。我只计算你具体做实验的时间，和你真正去查阅简单的和实验相关的文献的时间。

哪怕你的吃饭时间、查阅文献之后放松的一小时，都要去除。一周工作50小时是非常大的工作量。如果你能做到，你满足了我的要求，你可以在实验室待下去；如果你不能，就离开实验室。任何人不付出时间，一定不会获得成功。

建立批判思维

我的博士生导师在33岁已是正教授、系主任。有一天我们开组会，他看起来特别激动，说今天我给大家演示我的一个想法，希望大家帮我看看，有什么问题提出来。他开始写公式，满满一黑板的推演之后，我哆哆嗦嗦地举起手说，我想说有一处错误。我说完，所有同学都说我错了。其实，我发现导师在我说出第一句话时，他的脸就红了。导师说今天的组会到此为止。大家觉得我顶撞了老师，没人理我，中午我都一个人吃饭。

下午一点，导师找到我说，你学士是在哪个大学念的，我说清华大学。他说我不关心你来自哪个大学，我关心的是你学得非常好，老师一定是一位大家。

这段公然鼓起勇气，用自己所学纠正系主任兼实验室导师的学术错误的经历，在我的科研路上给予我无限自信，至今对我仍有很大影响。

妖变与窑变

□黄秀芳

什么是窑变？说法很多。最简单地说，就是瓷器在烧造时，出现了非人力、超乎预期的釉色、品种等变化。而在各种瓷器里，钧瓷堪称代表，有“进窑一色，出窑万彩”之说。

送进窑里时，是同一种颜色，而出窑时，却五彩缤纷。这不是意外之喜吗？然而，意外并非都是喜。

已故钧瓷艺术大师晋佩章在《钧窑史话》里讲述了一次亲身经历。有一次，他烧出了一件具有宋代钧瓷神韵的作品，喜出望外，以为自己找到了秘诀，于是按照同样的釉料配方重新来过，结果是，再也没有烧出那样的效果。这种情形非常正常，因为人们早就有所总结，曰：“钧瓷无对，窑变无双。”

你不曾想要的，却送上门来。你想要的，却偏不给你。炉窑里好像有一双魔幻之手，掌控着瓷器的釉色。于是晋老先生慨叹道：“读了一辈子钧瓷，还没有读懂，其中最难懂的就是窑变。”

钧瓷大师读不懂，古人更读不懂，于是干脆把如此诡异的窑变现象视为妖变。

用怎样的瓷土、釉料，用怎样的温度、火候，在哪里施釉会出现怎样的色块、色形等，窑变的种种技术关节，现在都已了然于胸。但是，神奇的是，进窑之前，你可猜到大概的结局，最终所见，依然不是百分之百准确。因为你不知道，火舌会怎样燎过它的“子民”。窑里发生的事，只有天知道。如此，窑变还真可以说是“妖变”——至少这么说可当作一种提醒：极尽人巧，仍敬天工。

名校校长对话：大学需要什么样的学生

□徐蓓

近日，在“石室论剑”对话名校校长活动中，上海交通大学校长林忠钦、四川大学校长李言荣、西南交通大学校长徐飞、重庆大学校长张宗益、成都理工大学校长刘清友齐聚一堂，共话“如何培养拔尖创新人才”。

问题一：什么是拔尖创新人才

徐飞：拔尖创新人才具有以下几点：第一是责任担当，第二是创新人格，第三是想象力，第四是好奇心，第五是批判性思维。没有大我，只专注于小我，格局不高，注定是走不久、走不远的，所以我把责任担当放在了第一位。关于创新人格，我更看重的是意志力、抗挫力，遇到事情能够坚韧不拔，不轻言失败。

李言荣：什么是拔尖人才？就是你能做0到1的事情，而不仅是1到2、2到3的事情，那就需要创新。时代需要“领跑者”，拔尖型人才需要具备以下五种能力：一是大胆猜测、大胆想象的能力，二是思维表达能力，三是深度学习能力，四是专注能力，五是创新知识整合能力。

林忠钦：拔尖创新人才包括学习和品格两个方面。在学习方面：1. 要勤奋好学。2. 学习过程中要有刨根究底的精神，这是很多科学家身上共性的特点。3. 做事情要非常认真。品格方面：1. 要有责任心。2. 要有感恩的心。不要理所当然地认为别人对你的帮助是应该的。3. 心里要阳光。对待人、对待事情都要从好的方面着想，不要总想着不好的一面，这样才会有健全的人格。

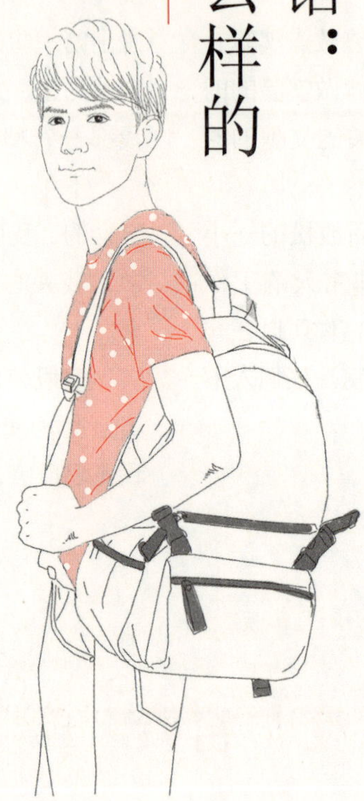

张宗益：1. 一定要有热情。只有有热情的人，才拥有创新的底蕴，才拥有拔尖的基础。拔尖就是独树一帜，创新就是做别人不做的事情，具有颠覆性、引领性、原创性。要干这样的事情，一定要有热情。2. 要有理想和抱负。为了国家，为了民族，要有正确的价值观。3. 敢质疑。不仅要敢质疑，而且要有理性地质疑。4. 敢表达。有底气，才有勇气去表达。5. 坚持。如果你不能坚持的话，要想成为拔尖创新人才的可能性几乎是零。

刘清友：首先要把做人做事做好，拔尖创新人才才有可能成功。具体来说有几点：1. 健康生活很重要。要把体育锻炼变成一种生活习惯，做任何事情的基础，都要有一副好的身板，成为拔尖创新人才更是如此。2. 具备人文素养。一个拔尖人才如果没有宽阔的知识面，不懂政治、不懂历史，我觉得很难长久。3. 要有科学的精神和态度，同时要有“坐得板凳十年冷”的科研精神。4. 要有科学担当。5. 要有创新思维。

问题二：大学需要什么样的学生

李言荣：学校是一个“放大器”，要经过若干次“放大”，你的人生才会不断“放大”，你才有可能成为真正的拔尖创新人才。在人生不同的教育阶段，幼儿园锻炼了我们的独立生活能力，中小学锻炼了我们独立思考的能力，而大学则锻炼了我们的研究能力，研究能力是创新的土壤。

徐飞：从一个校长的角度，我给大家两个忠告。一是要听话，二是要不听话。为什么听话呢？因为现在的社会是规则社会，是法治社会，你们要遵守规则，这是一个公民最起码的素养。不听话就是要敢于颠覆和反叛。“听话”和“不听话”没有固定的标准，需要自己去摸索体会。

林忠钦：我们大学需要的学生是这样的：一是不甘落后、始终坚持、一直努力的学生，二是能经常自省的学生，三是能够充分利用时间的学生。兴趣是最好的老师，坚持做自己喜欢的事，一定能做出不平凡的成绩。

书是用来读的，更是用来囤的

□邝海炎

每年“双十一”过后，剁手党们都会陷入自责，喜欢买书的人，还会被人奚落：“买那么多书干吗？买了又不读。”

但今年不一样，“囤书癖”们开始理直气壮。比如：“买书不读是慈善家，正是这些买了没有读的书让很多书店活了下来。”“日本音乐家、小说家中原昌说：‘书买来放着不看，其实就和买花一样，只要房间里有那本书，就会觉得心情好。’”还有更有趣的：“买了书哪怕不看，光是堆着也很有用哟。你的大脑会从书里接收一种现代科学无法解释的念力波，让你的脑细胞活性化。”有网友补充：“用量子力学解释，你身上的某个量子会与你身边书上的某个量子发生量子纠缠，估计就是念力波。”这当然是说笑，却提醒我们：除了阅读，书或许还有其他功能？

诗人余光中喜欢书的漂亮封面，欣赏“企鹅丛书”的典雅、“现代丛书”的端庄、“袖珍丛书”的活泼、“人人丛书”的古拙、“史基拉艺术丛书”的堂皇富丽。日本建筑学家中村好文说：“我是一个喜欢书的人，仅仅看着书脊的那些文字，就像被人爱抚的猫一样陶醉。”这就是视觉享受。

作家冯骥才写过一篇《摸书》，说有一位嗜书老汉终日在书房里。“读书之外，便是把那些书搬来搬去，翻一翻、看一看、摸一摸。他像醉汉泡在酒缸里，这才叫真醉了呢！”意大利藏书家艾柯也说，一个爱书狂如果得到一本珍本书，会在深夜把书拿出来细细抚摸，那滋味如同“唐老鸭在满是美元的浴缸里泡澡”。这就是触觉享受。

资深书友还喜欢嗅书的香味。有研究人员称：“苯甲醛具有特殊的杏仁味，香草醛释放香草味，乙基乙醇带有少少的花香，乙苯和甲苯也会释放出甜香味，这些经酸水解产生的挥发性物质及其他反应生成物共同构成了旧书的书香味。”听说有公司曾生产有旧书味的香水，一下就卖断货了。

除了看看、摸摸、嗅嗅，乱翻也是有益的。我住的城市最近就建了几座24小时图书室，我上次跟市图书馆馆长吃饭时，他诉苦说：“有些孩子不懂事，在里面乱翻，乱扔，管理很难。”我开解道：“书不只是给来读的，也是给来玩的。孩子即便不读书，把书当玩具也不错，他为什么不去其他地方玩，偏偏喜欢在图书馆玩？说明他喜欢图书馆的氛围。说不定哪一天他会发现书上的彩色图案好像日常生活里的某物，就会好奇地一页一页翻下去，去观察书中图案和真实生活的关联，这在教育学上叫作‘表征概念’。当他发现一些关联时，大脑会分泌让他兴奋的多巴胺，就好像海边玩沙子的孩子偶然捡起一个海螺，便听到了大海的诗意呼唤。从此，他就不撕书了，并且爱上阅读。”

你也许会说，玩书只是癖好，不值得效法。可清代文豪袁枚说：“余观世上语言无味面目可憎之人，皆无癖之人耳。若真有所癖，将沉湎酣溺，性命死生以之，何暇及钱奴宦贾之事？”那多一些囤书的人，是不是就会少一些囤钱的贪官呢？

即使再难，也该给生活一点仪式感

□曾　颖

所有人为制造的仪式感，虽然不会影响时间的连续性，却能为时间刻上印记，从而让我们凡俗的生命变得庄重。

最早让我认识生活仪式感的，是少年时的邻居朱爷爷，他是会计，也算外西街少有的知识分子，家里藏有几本古书和一把生满锈的宝剑。这些与生计无关的东西摆在家里，顿时把他与周围邻居区别开来。

朱爷爷出门必刷鞋，这在当时当然算异类，即使在以不讲究为美的时代，他也这样。他家吃饭，人没到齐，坐上方的他没有动筷子，大伙绝不能开动，也绝不许大人小孩像四邻街坊一样，端着碗可以串六七家。这算规矩，不算仪式。但这些与周围人家完全不一样的生活规范，使他和家人在众人眼中，变得凛然不可欺。

真正让我折服的仪式感来自朱爷爷每天早晨的泡茶，他通常是早早起床，从井里汲来鲜水，用一个小石炉烧木炭，现烧一铁壶水，然后将一撮茉莉花茶放入瓷盅里，待水烧开之后，断火静置五分钟，让水不再沸腾，然后将水掺下去，静待花与茶在壶中次第绽放，花香与水汽在晨间的阳光下袅娜飞升。这时的朱爷爷，端着茶杯，闭上眼，深吸一口气，整个世界都香了起来。这个仪式，即使在人生最潦倒、最痛苦的那些日子，都没断过。它让人感觉到，朱爷爷就是那种知道为什么而活的人，他走路的步子，一生都那么定、那么稳。

另一个让我觉得对生活充满仪式感的是我在公园里碰到的一个收废品的人。此人每天早晨都会在公园一个固定的向阳的石桌上吃早餐，通常是一份凉菜、两个馒头，还有几颗花生，荤素根据前一天的收入而定。最稀罕之处是，他喝酒用的是一个小银杯，据说是家传之物，每天早晨两小杯，不多也不少。他说，他每天就是为了这两小杯酒而活着的，在成都生计不易，每天的收入，三分之一给老婆，三分之一给孩子，三分之一给自己。即使不吃饭，也要喝两小杯，特别是有阳光的早晨，对着太阳一举杯，就感觉活着的美好与不易，而且因为那点不易，而更觉美好的宝贵。

早年采访时，我还认识一个奇人，他虽是垃圾场中捡垃圾的，却严格坚持八小时工作制，一下班，就梳洗干净爬到垃圾山上去放风筝，以此，作为给自己生活的一点安慰和放松……

在有些人看来，人生是漫长而没有边际的，他们要用某一种方式，将这漫长，加一个又一个的标点，使之显得清晰有序。这些标点，有时也许是一个人为的小小事件，有时也许是一个有纪念意义的物件，有时，也许是一个难忘的人。也正是这个原因，我们的生活中，才有了那些小小的可以称为仪式的东西，比如我记忆中父亲每月领工资那一天家里那一顿蒜苗回锅肉；比如久未谋面的老友的一张手绘明信片；比如我每天早晨对着不管有没有太阳的东方，轻轻地在心中喊声：早安！

所有人为制造的仪式感，虽然不会影响时间的连续性，却能为时间刻上印记，从而让我们凡俗的生命变得庄重。因了这份庄重，我们的人生也就显得不一样。

剑桥船夫

□袁晓玲

剑桥大学从某种意义上是一座城，游人可以随意在里面穿梭。与多少个诺贝尔获奖者同吸一个地界儿的空气，人总感觉有那么些异样。

我注意观察那些大街小巷的学生，总觉得跟我定义的莘莘学子的样貌气质略有差异。这些孩子脸上没有中国人熟悉的意气风发（毕竟这是世界上最好的大学之一），反倒有点像街舞少年，踏着滑板，骑着自行车，背着书包，风一样呼啸而过。

在剑河泛舟，船夫四十多岁，着一件大红夹克，焦黄的头发四下乱飞，肉皮也粗，人倒是开心，不停地向我们秀他的中文。一时兴起，他还背了一段徐志摩的诗。

我这两年开始训练英语口语，如今来了英国，自然想试试牛刀。跟那些小学子操练，我有点底气不足。我被剑桥大学这个名头吓住了，自身难免有点萎。见了这个聒噪的船夫，我重拾自信，于是“how many……how old……”，拣着那些不复杂的语法，跟船夫聊了起来。

对着比自己文化低的，我放松极了，不怕语法错误被人笑话。

过了数学桥，船夫正指着一群鸭子请教，问可不可以说“一片鸭子”，又兴奋地指着一栋建筑物，南腔北调地说：那是我的宿舍。

我顺着他的手，心不在焉地望了一眼，心想：剑桥大学的地儿真够大的，还能给船夫开辟一片宿舍。

再然后，电光石火间，我心里歇斯底里起来：不对不对，他的意思是那是他学生时代的宿舍。他是剑桥大学的毕业生！

我这是遇到了传说中的“鸡汤体”（当然不算“励志体”）吗？

我开始疯狂偷窥这个剑桥学长：实在看不出他的知性气质，妥妥的一个船夫。

我很没见过世面地掐同行朋友的手，耳语着请她解释：在她的理解里，这是怎么一回事？

朋友笃定地说：我怀疑剑桥大学包含的那些学院，一定也有不咋地的，就好比“北京大学”与“北京的大学”的区别。

我又是摇头又是叹息，凭直觉不满意这个说法。

下了船，我去请教当地的帅哥导游。

这个帅哥导游也有点不一般。他毕业于英国名校帝国理工大学，如今在父亲的某个金融机构任职。因是自家的，时间自由，他还可以抽空干干他喜欢的事儿：飞来飞去做导游。

帅哥导游的解释是：剑桥大学的毕业生来剑河划个船，一点也不稀罕。他就认识一个哥们，从事的是IT行业，软件工程师，业余时间就来剑河做船夫，享受阳光和微风。也有另一种情况，船夫本人根本就是船公司的老板，技痒了，也要上船过过瘾。

至于像船夫的这个，因他没看见，不敢判断是哪种情形。

有一点傲气的帅哥导游一直强调“兼职”两个字。总觉得他不是在解释这个船夫，而是在向我剖白他自己。

我特别希望他说：从剑桥毕业了完全可以快快乐乐做船夫。

鬼门关前的坚持、放弃与重生

□殳 儆

大家好，我是殳儆，是一名ICU（重症监护室）医生。

ICU是重症监护室的缩写。我问过很多朋友，你们对ICU的印象是什么？他们给我的回答是：那里有一扇经常紧闭的大门，不太开，里面有很多机器；医护人员跑来跑去，好像很忙的样子；里面经常有人死，那是一个可怕的地方。有人会说：将来我老了，一定不要去那里。

作为一个在ICU奋斗了22年的医生，我想说，ICU里有坚持，也有放弃，有死亡也有重生，很多的故事都在那里发生。

我今天要讲的第一个故事，是一个关于坚持的故事。

事情发生在3年前，在我们医院附近的小区，一个11岁的女孩子从10楼坠落——掉下来的时候把花坛砸了一个大坑——很快被送到了我们医院的急诊室。

经过诊断，这个姑娘肋骨骨折、脊柱骨折、大腿骨骨折；肝脏破裂、脾脏破裂、十二指肠破裂，就像一个摔碎的玻璃人。随后我们把她送进了手术室。这是一个很难的手术，在手术台上，她的血像水龙头一样流，一度心脏停跳。脾脏摘除、纱布填塞肝脏、消化道改道……两个小时之后，我们把所有问题处理好，把她送往ICU。

如果这个时候你问我，医生，她还有希望吗？医生，我们该怎么办？我告诉你的肯定是我们会尽全力，但是我也不知道后面会怎么样，只能走一步看一步。在ICU里，我们花了一周时间把她身体的所有损伤都稳定下来。在前三天，光是把她的床单撤下来，我们都花了很多的工夫，因为她就像一个拼好的玻璃人。当时，她身上有十几根管子，她就是以这种方式勉强维持生命的。在当时的情况下，你很难想象：45天后，她的病情就稳定了，出了ICU，三个月之后，她就康复回校了，甚至都不需要留级。现在，她像同龄的孩子一样，正常上学。

如果你在手术后的前两天问我她的情况，她有没有一天比一天好，我可能要告诉你的是，今天她体温升高了，今天她的腹腔出现了脓性的分泌液，今天她的某个状况又怎么样了……你听着，一颗心悬起

来，放下，悬起来，又放下……ICU的治疗就像在悬崖之间走钢丝，左一晃右一晃，病人随时可能掉下去。我经常把ICU医生的坚持比喻成唐僧西天取经。当他们走在戈壁中，在炎炎烈日下，他们不知道能否走到西天，取到真经。但是他们内心有信仰，有信仰才能一步一步走下去，走下去才能看到结果。

ICU也是一个经常会发生死亡的地方，死亡是生命的一部分。所以当我们感觉到生命在一步一步走向不可避免的死亡的时候，我们会劝家属放弃。

我今天要讲的第二个故事，就是一个关于放弃的故事。

老王是一个患有严重慢性支气管炎的病人，最主要的症状是咳、痰、喘。在85岁的时候，他开始呼吸衰竭。这疾病在慢慢地消耗他的生命力。这种情况，就像修了若干次的老爷车，要抛锚报废了。

虽然这个病的结局，我们都知道，但当老王进入抢救室的时候，家属们不得不面临一次非常难的决策：是插管维持生命，还是安安静静地送他走？当时我们给的建议是：劝家属，要不放弃吧。

家属们非常犹豫，在门口商量了很久。然后老王的儿子告诉我："不行，医生，请你们插管。因为孙子一个礼拜后要结婚，你让我们家里人怎么办呢？一边办喜事一边办丧事吗？"所以我们就给老王插了管，在强大的呼吸机的支持下，老王又醒了过来。插管、依赖呼吸机的状态是什么样的呢？我记得有一个老人气管切开，不能讲话，离不开呼吸机，活动范围只有那张床。他用颤抖的手写下了自己的愿望——"医生，请让我死吧"。

事实上，这样的病人真的不少。当慢性疾病走到最后，ICU是最后一站。我们不希望看到这样的结果，但是他能死吗？医生能够满足他的愿望吗？不能够。因为他的医疗决策是由家里人做出来的，身为他的家人，能够眼睁睁看着我们拔掉他的管子吗？不插管和拔掉管子是两种概念，心理上要承受两种压力。

17个月后，老王死了。老王死的时候，大家如释重负，因为生命不应该活成这个样子。我经常向病人家属做这样的比喻，当叶子必然要落下的时候，我们一定要把它留在枝头上吗？目送它，是我们对生命的尊重，该放弃的时候就放手吧，让生命自然飘落。

这还不是ICU的全部。在放弃生命的时候，我们还可以做另一件事情，这件事叫作重生。

最近几年，我经常在做脏器捐献的推动工作。为什么ICU医生要去做这件事呢？因为脑死亡病人才能捐献脏器，而脑死亡的病人产生在ICU，当病人脑死亡的时候，他必须依赖呼吸机活下去。

ICU医生在治疗的过程中发现一个病人出现了脑死亡，就会把这个信息提供给红十字会。红十字会就会派脏器捐献协调员跟家属谈。如果家属在充分知情后同意捐献，病人就可以在死亡之后捐献他的脏器，在另外一边等待的病人就可以接收到脏器。

大家知道有多少病人在等待吗？很多很多，多到难以想象。人体器官捐献管理中心官网显示，目前成功实现脏器捐献的病人只有两万多例。

2017年元旦，我们医院发生了一件很触动我的事情。有一个病人脑死亡不久，他儿子在门诊四处咨询，能否捐献父亲的角膜。其实这个病人出现脑死亡并不太久，所以我们还没有去跟他的儿子谈这件事情，但这个家属主动表达了捐献的意愿。在我们充分沟通之后，最终这个病人捐献了所有脏器。

只有当你周围所有的人都理解了这件事，只有当你的家庭也完全接受这件事，它才能够成为事实，所以当时我非常感动。只有在一件事情慢慢进行下去的时候，我们才会看到希望。

最初，当我们和病人、家属沟通脏器捐献的时候，大家是不接受的。有时候，还有人会威胁脏器协调员：你们再来，会被打的！但是现在，大家都慢慢接受了这件事。即使有时候遭遇拒绝，他们也会附带解释：我们是能接受的，但是我们家奶奶相对保守。为了尊重老人家的意愿，我们不能够接受。看，社会文明程度在提高，我们对这件事的固有观念也在一步一步松动。所以，越来越多的脏器捐献成功了。

2013年到2018年间，我的ICU产生了8位脏器捐献的病人，在这个过程中，我们做了至少100次努力。很多人会不理解，包括医务人员也会不理解，ICU医生是不是不应该去谈这件事？我觉得不是。我们会很谨慎地去问："您愿不愿意这个病人以另外一种方式重生？"

如果按照生命的必然规律，这8个脑死亡病人最终也是死亡了，但是因为脏器捐献，现在，有16个病人摆脱了血透的命运，有16个生活在黑暗中的病人重新获得光明。有7个人不再活在肝硬化的阴影下，有3颗有力的心脏继续在别人身上跳动，这些都是改变他人人生的行为，所以也能让逝者和家属得到附加的价值感，我真的不后悔做这些事情。

我常说，一朵花要枯萎了，我们争取脏器捐献，就是让它在彼岸重新开放，让它在别人身上重新开放。这是ICU医生的一份责任。

学霸才有资格说“读书没啥用”

□张佳玮

百无一用是书生——这话乍看像是要反智、歧视读书人、散播不良情绪。然而语文老师教过我们：脱离上下文说文字，形同耍流氓。

故此，我们先看看黄仲则当年这诗，全文如下：

仙佛茫茫两未成，只知独夜不平鸣。风蓬飘尽悲歌气，泥絮沾来薄幸名。十有九人堪白眼，百无一用是书生。莫因诗卷愁成谶，春鸟秋虫自作声。

——干啥啥不成，所以用韩愈安慰孟郊的话说“大凡物不得其平则鸣”。咱事业不成功啊，只能发发牢骚吧。这是自嘲。

——命如风蓬，许多人都自嘲过了。泥絮来自“禅心已作沾泥絮，不逐春风上下狂”，后面“薄幸名”就是杜牧那个“十年一觉扬州梦，赢得青楼薄幸名”，总之是失意落拓，江湖漂泊。还是自嘲。

——“十有九人堪白眼，百无一用是书生”，还是自嘲。和陆游的“此身合是诗人未”、苏轼的“我被聪明误一生”一样。

如果通篇自嘲，就显得没劲了。妙在第四句，又圆回来了：“莫因诗卷愁成谶，春鸟秋虫自作声。”

韩愈劝孟郊说：“择其善鸣者而假之鸣。是故以鸟鸣春，以雷鸣夏，以虫鸣秋。”所以黄仲则的态度是：虽然不太成功，到底还是可以跟虫子一样自鸣发声。

由此可见，这诗的劲头，是前面自嘲，后面一挽：我事业不太成功，心情不好；漂泊无根，到处碰壁。唉，读书有啥用啊？

但是——所有精华部分，都在“但是”后面——我还是找愿意倾听我的人（比如我自己），给他鸟鸣春、虫鸣秋，抒发自己那点心气吧！

黄仲则觉得自己不得志，百无一用是书生，只好做春鸟秋虫，35岁就去世了。但他依然是清代的大诗人，被当作天才、仙才、60年间第一人。

这样一个大才子，说“百无一用是书生”，属于自嘲+撒娇。他有资格说，我们也只好听着。就像一般人说钱没啥用，听着很没趣；比尔·盖茨说钱没啥用，大家也没法拿他怎么样。

“读书没啥用”：是只有学霸才有资格说的。我们大多数普通人，努力一辈子，也就是为了争取一点资格，让自己有一天有底气说：“哎，读书其实也没啥用嘛！”如果还没到学霸的地步，就信了这类话，那才是真上当了。

太闲有毒

□连　岳

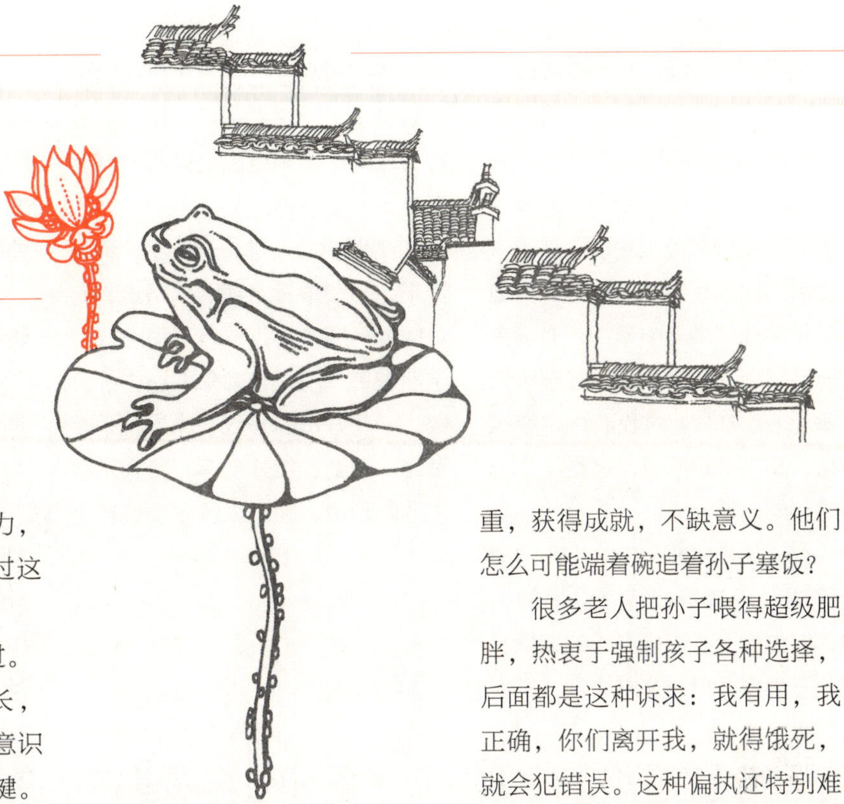

睡到自然醒，每天无压力，生活有保障——你是不是做过这样的梦？

99%的人做过，我也做过。

不过，随着认知的增长，我早放弃了这种梦想，而且意识到，这种放弃正是成长的关键。有点压力，对人很有好处。

有人吃饭是为了活着，有人活着是为了吃饭。可以不做任何事的生活，就是后一种，它并不如看起来那么幸福。

发达都市区，很多人的孩子已经独立，不存在教育资源的问题，自己又还年轻，也不存在医疗资源问题。他们只要变卖一套房产，就可以退休到风景优美、空气新鲜的小县城和乡村，再也不用为工作的事担心。

偶尔有人这么做，但大多数人还是流向发达都市区。也就是说，主动追求更有压力的生活，并不违背人性，甚至更契合人性。什么都不用干的生活是无聊的，无聊有致命的心理杀伤力。

维克多·弗兰克尔在残酷的纳粹集中营发现，囚犯觉得生命没有意义后，将加速死亡。而意义，不难寻找。有个犹太男孩，为了保住自己的一颗钻石，看守搜查时就吞下，然后拉出，在大便里找回钻石。

我们的人生，就是寻找意义之旅。无聊，就是没有意义。

当一个人觉得无聊时，他会随便找件事，再赋予它意义，有时候很可怕。

无聊降临在任何一个群体，都是可怕的。

王朔小说里面，将十多岁的不良青少年称为生瓜蛋子。黑社会老大，打打杀杀见多了，但也怕生瓜蛋子，他们是真正不惧后果，有刺激就找的人。寻衅滋事，对他们来说，打破了无聊。

很多老人喜欢介入孩子的生活，这是中国家庭的大毛病。

这也是因为无聊。自己一直有工作的老人，时间都用在解决更重要的问题上，他们得到尊重，获得成就，不缺意义。他们怎么可能端着碗追着孙子塞饭？

很多老人把孙子喂得超级肥胖，热衷于强制孩子各种选择，后面都是这种诉求：我有用，我正确，你们离开我，就得饿死，就会犯错误。这种偏执还特别难改，就是因为这种偏执让他们脱离无聊，赋予了生活意义。没人需要他们，他们又无事可做，生命就崩溃了。

年轻人希望找份最好有保障的、没有压力、可以混的工作。但真找到这种工作，你就如愿找到了无聊。精神状态将越来越像粗暴的生瓜蛋子和烦人的退休老人，你将试图在惹事、埋怨、飞短流长和干涉他人当中，强行注入自己的意义，将生活打扮得自己可以接受。

去找那种有挑战的工作，你的收入和地位，与你的能力、智力、勤奋、冒险精神挂钩，危机的影子总是在，你不长进，就害怕。这样你将彻底告别无聊，成长和意义，一生捆绑在一起，精力都花在正确的地方，年少时不惹事，年老时不烦人，因为你总是自得其乐，你总是有意义。

学霸的4.38：6小时睡眠、5杯咖啡

□黄鹤权

大学四年，我身上被贴过一些标签，“均绩第二”“出过三支单曲的独立音乐人”“学生团委副书记”“斩获10余个国家级、省级奖项及百项征文赛事”“国家级创新创业项目主持人”等。身边人总是称我“全能学霸”，有着主角光环，但我认为那应当被理解为“幸运+努力”。对我而言，逆风翻盘，拿下4.38绩点，这是一个无限循环的过程。

都说学霸是相似的。4.38的绩点养成背后有着我持之以恒的努力，但也少不了正确方法的加持。我的方法很简单：注重课堂，打卡图书馆。

我这样建立自己仪式感的学习过程：六点起来，早餐后在操场上跑上几圈，做好长足的心态和身体准备。期间，习惯读上一段英语美文。同时，每天七点是我的正式学习时间，我会保证提前二十分钟到达学习现场，把准备好的物品摆在桌上，然后在笔记本上贴上喜欢的贴画或者写上一句少年感满满的心理暗示。一切完毕后，留下五分钟坐在椅子上调整出最舒服的学习姿态，静心养神。

在课堂上，我一般会一步一步来，习惯跟着老师的思路走，有疑问就与同学讨论或自己思考。一学期中每一门，我都争取获得好分数，一些好得的分数，比如说举手发言、考勤、加分项等，我通常会主动做到位。同时，我会观察自己长期的学习效率，分析自己备考的成绩。经常细化设定每本教材中新知识的目标，拆解出最关键的基本部分。像一把出神入化的剪刀，从关键入手，嗖的一声直击要害。

当然，复杂的课程光是靠在课堂上认真听讲确实远远不够。为了更好地温故知新，图书馆三楼东北角是我大学四年来每周必坚持打卡三次的地方。在复习的时候，我习惯考试前看一遍目录，主动养成了解章节问题出处的习惯；看章后习题，画出核心知识点的关键词，并根据它们去理解书中的图表和例题以及案例，把难度由厚变薄。接着再反复地做题目，熟练运用掌握场景……专注地建立起自己的知识王国网络，形成思维导图一样的框架。我还会短时间多次重复记忆，会在每个周末将所上过的所有专业课程复习一遍，对于细节不用记忆，但保证自己完全理解。上课前一天晚上再看一遍，争取记住一些细节。期中期间，再利用一周时间将前半学期课程完整串一遍，了解课程逻辑以及老师的上课思路。这样的习惯一直持续了四年。

除了课堂效率要高以外，我一般都尽量以各种各样的方式去培养自己的学习力和专注力。比如，学习的时候我会把手机调成静音，排除外界干扰，做到自律。修绩点是自主式学习的过程，没有老师会天天督促我学习。所以，唯有每天定节奏，列计划—执行—反思，才能鞭策我往前走，才可以有效缓解我的拖延症，让我有条不紊、更加从容。

学习对于我来说固然重要，但更为关键的是课余生活的安排。大

学期间，虽然每天都挺忙的，但我喜欢劳逸结合，在学习、科研、学生工作、课余兴趣爱好的时间分配比例大致是5：1：2：2。

大学四年，我给自己找了许多“麻烦”：捣鼓出三支音乐单曲，开发出国家级创新创业项目结果App（手机软件）“匠心居”，以第一作者的身份在省级C刊发表了两篇附带稿费的论文，跟国家实践队去福建安溪支教七天，以背包客的状态行走过七省十八处地市，连续三年成为院新生分享会的特邀嘉宾……虽然学习计划中那些日常操作看上去烦琐、枯燥，偶尔也会有一些各种各样的负面情绪来袭，但是当我真正做到极致的时候，却发现这是一件很轻松的事。在这里边我发现了更多的意义和价值，感觉很快乐，就像打怪兽晋级一样，在学海上不仅完成了“杀敌”的量，而且保证了“妥帖”的质量。

除了以上三点，针对绩点低想上进的同学，我觉得最稳妥、最好的方式莫过于找准自己的优势，要慢慢打造金字招牌，培养一些能拿得出手的东西，例如科研才能、组织领导才干或是一些鲜明的个人特点：掌握一门外语、擅长茶道、品酒或乐器等。在学习的道路上，自控力是天生的，与其埋怨、解释自己为什么成绩不好，不如痛定思痛，努力把重点放在挖掘自己优秀的一面上。

大学，可以五彩缤纷，也可以碌碌无为。刚踏进校园之际，大家其实都差不多，但四年之后却可能天差地别，这都取决于大家的选择。每个人都有决定成为什么样的人的自由，但也应该为之有所承担。我始终相信，命运给我一个比别人低的起点，是想告诉我们，让我们用奋斗去改写自己的一生。每一个人都应该有机会去奋斗出一个属于自己的精彩人生。

论书与读书

□张　潮

少年读书，如隙中窥月；中年读书，如庭中望月；老年读书，如台上玩月。皆以阅历之浅深，为所得之浅深耳。

能读无字之书，方可惊人妙句；能会难通之解，方可参最上禅机。

古今至文，皆血泪所成。

《水浒传》是一部怒书，《西厢记》是一部悟书，《金瓶梅》是一部哀书。

文章是案头之山水，山水是地上之文章。

读书最乐，若读史书，则喜少怒多，究之怒处亦乐处也。

读经宜冬，其神专也；读史宜夏，其时久也；读诸子宜秋，其致别也；读诸集宜春，其机畅也。

文人讲武事，大都纸上谈兵；武将论文章，半属道听途说。

善读书者，无之而非书：山水亦书也，棋酒亦书也，花月亦书也。善游山水者，无之而非山水：书史亦山水也，诗酒亦山水也，花月亦山水也。

昔人欲以十年读书，十年游山，十年检藏。予谓检藏尽可不必十年，只二三载足矣。若读书与游山，虽或相倍蓰，恐亦不足以偿所愿也。必也如黄九烟前辈之所云“人生必三百岁”而后可乎？

古人云：“诗必穷而后工。”盖穷则语多感慨，易于见长耳。若富贵中人，既不可忧贫叹贱，所谈者不过风云月露而已，诗安得佳？苟思所变，计唯有出游一法。即以所见之山川风土，物产人情，或当疮痍兵燹之余，或值旱涝灾祲之后，无一不可寓之诗中，借他人之穷愁，以供我之咏叹，则诗亦不必待穷而后工也。

满身是诗

□白音格力

有些人，满身是诗。

比如李白，白月光照在身上即是诗，花间一壶酒即是诗，就算只呼吸一下，如余光中诗里所言：酒入豪肠，七分酿成了月光，余下的三分啸成剑气，绣口一吐就半个盛唐。

越老越喜欢李白。这句话我自言自语过很多次。

少年时也读李白，只因朗朗上口，读不出他诗中的天地。年岁渐长，读李白的诗，他的诗中似乎无美，无禅，无天地，却又处处是美，是禅，是天地。

我知道，他是个满身是诗的人。他即是诗，诗即是他。

也爱陶渊明、杜甫、王维、白居易、苏轼……

若在暗夜翻历史，或打开诗集，皆不需要灯，哪朝哪代，你只需念一个诗人的名字，他们就是灯，历史的灯。因为他们都是满身是诗的人。

诗不是“天雨粟”，无法让“鬼夜哭”，诗甚至不是一粥一饭、一衣一行，但诗是光，能穿越历史，照亮当下。所以读一首诗时，自然也会感觉，被光照身。

和一个朋友说起去一个陌生城市迷路之事，我说不用慌张，我们有诗意，我们用诗意引路。

看似这样的话，毫无章法，不过是虚幻般的浪漫而已。其实不然，在一个陌生的城市迷路，不美吗？

看了陌生的风景，领略不曾遇见的美好，心从容，走在哪里都能安然，不急不躁，不错过沿途的美，难道这不是美吗？

我觉得人生长路，更需要这样的“诗意”。

花从来不慌张，开也不慌，落也不慌；风也从来不慌张，暖的扑面时给了草木惊喜不慌张，凉的刺骨时让人瑟瑟亦不慌张。

细想，如此一来，我真的是个满身是诗的人。

因为满身是诗，所以见草见木，自然身上便有了草木清香；看风看月，水轻风，月冷露，更懂得清风明月照身是多么丰盈的美。

让生活多几页安静的诗稿，一定比熙熙攘攘、沸沸扬扬的名利更美；让光阴多几行干净的诗句，一定比是是非非、风风雨雨的纷争更暖。

我希望我是一个满身是诗的人。不论生活安排怎样的悲欣交集，怎样的荆棘密布，都能从容而美好，带着诗意，闻到草木的清芬，看到月色的美。

安稳于日常，清喜于光阴，慎言于生活，落下的每一笔，都带着体温，带着虔诚与郑重。哪怕只写两行，哪怕不曾感动别人。

我知道，因为满身是诗，所以才会更深地懂得，生命的华衣，诗来穿针引线，即使终会难免有补丁，但诗的针脚，也会让补丁开花。

如此也就不怕了，满身是诗，向内丰盈。即使短歌行，也是一场与生命浪漫的邂逅。

一个满身是诗的人，自然话越说越少，背一溪云，一坛老酒，向内自话。

诗越写越短，起笔一行，落笔一行，与你照面。敢于少说，愿意倾听，是行云流水生活；敢于短诗，越短越有味道，是山长水阔人生。

终身学习，是对自己最好的投资

□胡　杨

时下有句特别流行的话：世界正在奖励终身学习的人。

我有一个“警花”好友，业余时间一直在学习古典文学课、心理学课，还多次给我推荐好的课程。好友T报了一个网课叫“光的研习”，几个月下来，不但照片拍得每每让人叫好，她自己也深得摄影艺术之精髓——发现美，表达美。

我们从小就知道高尔基的那句话：“我扑在书上，就像饥饿的人扑在面包上。”这句话在我上学的那些年，不曾有所感觉。倒是工作以后，尤其是这些年来，常常感同身受，深有体悟。于是感叹：原来中年之后，才是学习的巅峰时刻。

就我个人而言，从小学到大学，学过的东西现在看来不过是皮毛、枝杈，为了一纸文凭和基本生存需要。而更多、更深入的学习，是在工作之后，尤其是在当下。如果学生时代是——学海无涯苦作舟；那么中年之后当是——学海无涯乐作桨。

有句话说：“有的人30岁就死了，80岁才埋。”我想那指的是日复一日不断重复昨天的人，是不学习、不提升自己的人。而那些善于学习、提升自己的人，则是“苟日新，日日新，又日新”。在这个飞速发展的时代，拿着在高中或大学学到的知识和文凭去适应社会，显然会被淘汰。就算没有高科技、人工智能，你也会被那些不断努力、不断学习的人替代。由此可见，终身学习才是我们立于不败之地的法宝。

可喜的是，我发现身边越来越多的中年人，重新拥有了一个共同的身份——学生。他们大多是四五十岁的人了，有的甚至更年长，但无一例外，都在以各种各样的方式，利用互联网时代的便捷，善用碎片时间，学习方方面面的知识。有的是为事业精进；有的为了转型，告别不喜欢的职业；还有很多只为爱好、乐趣，结交更多志同道合的朋友。总之都是为了让自己的人生更精彩。

所以，“上课”正成为时髦的事情，课堂也不再是一个有限的空间，而知识付费的热潮方兴未艾。许多课程都是碎片化知识的梳理，也许会对我们某个时期产生一些助益，但是要想彻底改变，让自己的生命脱胎换骨，我们还要从思维方式入手，从增长智慧着眼。

学习就是给自己的最好投资。我反对附庸风雅、急功近利式的学习，而是希望每个人都能从学习中找到乐趣，增长智慧。如果人生分上半场、下半场，上半场注重生存技能的学习，下半场就要关注生活艺术的修养。有时不是我们不够努力，而是努力的方向错了。方向比努力更重要，尤其是人到中年，更要注重生活美学及智慧修炼的学习。

有人说：学习是碎片化时代的自我救赎；有人说：学习能缓解焦虑，增进竞争力。无庸置疑的是，学习力已经成为一个当代人的硬本领、真功夫。而中年的确是回炉再造的大好机会，锻造的是智慧和修养。如果你想寻找能够带来丰厚回报的成长机会，眼下即是一个最好的时代。其实，无论世事如何变化，你是被奖励还是被淘汰，结局最终都握在自己手里。

动物也有专科天才

□付秀宏

每一种动物，自有其天才的一面。而动物的天才本领，既是来自遗传，又是由长期锻炼与顺应环境所塑造。动物在特定的生存领域中，积累了很多聪明的本事，简直就是“天下圣手”，它们化纷繁为独创，令复杂成绝妙，真实中现伟大。因种种神妙之举，这样那样的动物，被誉为“专科天才”，实在一点儿也不过誉。

“精密”数学家：蚂蚁、蜜蜂、蜘蛛

世界上，没有任何动物比蚂蚁更勤奋。蚂蚁终日奔忙，虽辛劳，但很少做无用功，比如当蚂蚁有了自己的行动目标时，从此地到达目标的行程总是最短。再比如，搬动体积成倍的大、中、小三块食物时，分工搬运这三块食物的蚂蚁数必然成倍分配。因为蚂蚁很小，常须发挥团队效应，所以派兵遣将要有严密的数学头脑。正是长期的生活磨炼，使得蚂蚁计算本领首屈一指，享有昆虫“数学家”美誉。英国科学家亨斯顿做过一个实验：把一只死蚱蜢按4：2：1的体积切成三块，当蚂蚁发现这三块食物后，分别聚集在食物边的数量恰好也是4：2：1。

蜜蜂的数学识记能力，比蚂蚁差不了多少，难怪有句俗语叫作“蜜蜂小，能为王”。每天，蜜蜂中的“侦察员”，飞出去侦察蜜源，回来后用特有的“舞蹈语言”报告花蜜的方位、距离和数量，于是蜂王就分派不同数量的工蜂去采蜜。奇妙的是，它们的“数学定位技巧和蜜源报告”相当精确，派出去的工蜂不多不少，恰好都能吃饱，保证回巢酿蜜。两名德国昆虫学家，通过实验发现蜜蜂不仅会计数，而且能根据地面变换的标志物及顺序判断方向和位置。起先，他们训练蜜蜂到距蜂巢很远的一个盛有糖浆的饲料槽中去吸食糖浆，一路上没有设置明显的定向标记物。随后，实验人员在蜂巢到盛糖浆饲料槽方向的线路上放置了一个高大帐篷，然后不断增加帐篷数量，而且在相邻的帐篷间再放上另一个盛有糖饲料的料槽。结果发现，大多数蜜蜂仍飞向远离蜂巢的那个饲料槽。可见，大多数蜜蜂在采蜜时，会记住已侦察到的蜜源周围的树木、灌木丛、花坛及其他天然固定标记的数量，数学记忆水平是一流的。

蜘蛛堪称“几何天才”，它能控制昆虫的数量。蜘蛛结的八角形“八卦网”，既复杂又美丽，人们即使用直尺或圆规，也难画得像蜘蛛织出的网那样匀称。

尝毒预警天才：长颈鹿

在南非草原，身高达5.8米的长颈鹿伸着长脖子，可以吃到驼刺合欢树冠上的叶子。驼刺合欢也不是随便欺负的。它的防御措施也不一般，在叶子间会慢慢长出5厘米长的像钢针般的硬刺，这些刺实际上是变态防御叶。长颈鹿顺“叶子”而动，也来个彻底武装，它的舌头、喉咙、食道和胃壁都渐渐长了厚厚的皮质“铠甲”，就算吃下去几千克图钉，也不会受伤。

长颈鹿在吃这些带针的叶子时，从不垂直对着树枝下嘴，而是活动下颌从侧面捋着吃，这样只接触刺的侧面而不会碰到刺尖。因长颈鹿的舌头长而窄，舌尖可以灵巧地卷住薄薄的叶子，并把刺从叶子中挑出来。

驼刺合欢看“硬”的不行，就来“毒”的。一旦发现长颈鹿开始吃叶子，不出10分钟，驼刺合欢就开始在叶子里生产出一种毒素，若长颈鹿吃的量大可以毙命。不少羚羊，就因为啃吃驼刺合欢的叶子，痛苦万分地死去。长颈鹿是聪明绝顶的动物，在羚羊不断死去以后，想出了对策。长颈鹿吃驼刺合欢树叶从不贪婪，在一棵驼刺合欢上啃叶子的时间，绝不超过10分钟，一旦尝出毒素的苦味，它马上踱向下一棵树。然而，驼刺合欢也不是无能之辈，鉴于长颈鹿吃树叶的改进方案，它也和同类约定了报警气味，并经由风的传递向附近的驼刺合欢发出信号：“注意，敌人来了！开始放毒！”

若是顺风，50米内的其他树收到警报便能行动，5分钟内就释放毒素。当长颈鹿走去被报警树那里吃树叶时，甚至1分钟不到就得草草收场。没吃饱的长颈鹿只好再往前走。长颈鹿一旦发觉嘴里的叶子变苦的速度加快，就会反其道而行之，逆风去找难以收到警报的树。若恰好哪天没有风，长颈鹿会快速跑到50米以外，逃离气味警报区域去啃树叶。长颈鹿与驼刺合欢的“斗智”水平，令人啧啧称奇。

神奇化学家：貂熊

在大兴安岭的高寒林海中，栖息着一种非常奇特的珍稀动物——貂熊。这种动物，人称“身穿毛裙子的飞熊”，因繁殖力低下和多层次捕杀，时下的数量稀少。

貂熊，外形似熊又像貂，头的前脸儿有点儿像狼，嘴岔较长；身长一米有余，披着浓密的毛，其强壮的身躯绝非狼可比，介于黑熊和狗獾之间；而蓬松的大尾巴，又与紫貂别无二致……貂熊特别贪吃，其拉丁学名的原意就是中文“贪吃”二字。它不但长相特别，而且智力非一般动物能比。在动物园，很少有它的身影，说它是“独行侠”倒十分贴切。

貂熊本领高强，不仅会游泳，还会爬树和纵跳。使用埋伏袭击技巧，对它来说是“张飞吃豆芽——小菜一碟”。脚宽体轻的貂熊，还善在深雪上奔跑；而身重的有蹄动物，在深雪区因蹄腿下陷，难于奔跑，貂熊便有意将猎物赶到深雪区，以扬己所长。更为奇妙的是，貂熊还会辨认猞猁的脚印，沿迹尾随，勇夺猞猁捕到的猎物。貂熊甚至还敢钻进猎人的帐篷，偷走猎人的粮食、肉类和捕获的动物。

貂熊还有一样超级“化学武器”。貂熊的臭液里，有特殊臭味和麻醉液成分，可麻痹人和动物的神经中枢。貂熊的“化学武器”就生在肛门部位，平时储存，若同尿液和屁一起喷出，绝对令所有生物难以忍受。貂熊常用臭液保存食物，吃不了的食物洒上点臭液，无须遮掩，绝对丢不了。貂熊饿到极点，会用臭液画个圈，圈内的小动物闻到这种气味，就像中了魔法一样站在圈中不敢乱动，乖乖受死。圈外凶猛的豹和狼等，竟不敢贸然跨入“禁圈”去争夺。如果豹和狼不管那一“套”，貂熊干脆在臭液圈上打个滚，使臭味遍布全身，对方被熏得晕头转向，不得不打着喷嚏退避三舍，更别说下口争抢或吃了。

侦察通信专家：响蜜鸟

蜜獾和响蜜鸟绝对是一对好搭档，它们共同组成了“捣毁专家组”。蜜獾平时最喜吃蜂蜜，是野生蜜蜂的头号敌人。它牙齿锋利，前爪粗硬有力，适于挖土、爬树，专捣碎蜂巢。它皮肤坚硬厚实，毛既密粗又深厚，不怕野蜂蜇。而响蜜鸟呢，身为侦察专家，平时总是忙于寻找野蜂巢，它所感兴趣的不是蜂蜜，而是组成蜂房的蜂蜡。但要让它把蜂巢弄破，它却显得无能为力，所以只好找蜜獾当帮手。

野蜂常把巢筑在高树上。一旦目光敏锐的响蜜鸟发现树上有蜂巢，便马上扇动翅膀，并发出“嗒嗒”声；一听到这种呼叫信号，蜜獾就立即钻出洞来，在响蜜鸟的带领下向蜂巢跑去，快速地爬上树。而响蜜鸟则在一旁静静等待蜜獾把蜂巢咬碎，赶走蜜蜂，再一点点把蜂蜜吃掉。当蜜獾美餐一顿离去后，就该轮到响蜜鸟享受蜂房里的蜂蜡了。在响蜜鸟的嗉囊里，有许多共生菌和酵母菌，这些菌类能分解蜂蜡，把蜂蜡变成可消化的营养物质。

当地黑人发现这个秘密后，也经常把废弃的蜂蜡送给响蜜鸟。响蜜鸟知恩图报，它也会把人引到有蜂巢的地方。于是，响蜜鸟和黑人也建立起了“甜蜜的友谊”。

动物的专科天才，真是数不胜数。专科天才，无疑是动物智力和体能的特殊表现，也是它们对逆境的独特回应。

人真的有天赋吗

口杨 洁

小的时候我去学小提琴，老师拉起我的手，仔细观察我的手指，然后说：“手指挺长的，可以学。”这句话就像一张入场券，我获准可以拿起琴弓。但拉琴这件事，我没能坚持太久。若干年后，我又一次被人仔细端详手指，这次是一位钢琴爱好者，她说：“你的手指虽然算长，但是指蹼也长，间隙太短，这样音调跨度大的曲子对你的手来说就很有难度，你不一定适合拉琴和弹琴。”

知道自己的手指也许并不适合学乐器后，跟人聊起放弃学习乐器的原因，我就开始说“我的手指不适合，没法学”。直到有一次，我又用这个借口的时候，对方说了一句：“确实听说过指蹼长的人不适合弹钢琴，但是很适合游泳，你游泳会比别人占优势哦！”

我一时语塞。我的游泳是自学的，没有接受过专业训练，水平止步于“沉不下去”。我从来没有系统地学习和练习过游泳，也从没有觉得自己在游泳这项运动上有什么优势。所以，在游泳这项技能上，指蹼的长与短，对我来说没有丝毫影响。同样，在拉琴这件事上，指蹼的长与短，也不该是决定性的因素。

人到底有没有天赋呢？我相信，是有的。从小到大，我们见到过许多非常聪明的人，他们学东西飞快，记忆力也很好；还有一些人跑步很快、投篮极准；我们一定还见过认人又快又准、能在很短的时间内记住新名字的人；还有一些方向感极强，陌生的路走一遍就记住的人……

可天赋真的重要吗？

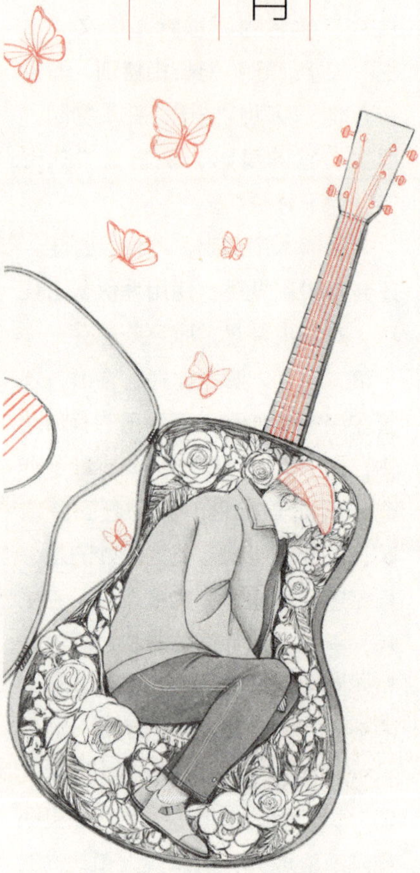

日本推理小说家东野圭吾在《确认实验不可能》这篇文章中，说自己上学时语文学得很烂。一位知名小说家说自己语文差，从这点来看，他在写作上似乎是没什么天赋的。但东野圭吾热爱写作，上学的时候他就小打小闹地创作过一些推理小说。27岁那年，东野圭吾凭借一本下班后挤时间写成的小说《放学后》站上日本推理小说界的最高荣誉之一——“江户川乱步奖”的颁奖台。那之后，东野圭吾辞去工作，一心投入写作。没想到，此后近10年，他写的小说都不温不火，卖出过10万册《放学后》的他竟然像昙花一现，在滞销与落选的泥沼之中挣扎。不过他一直没放弃，勤勤恳恳地坚持写作。最终，《名侦探的守则》一书问世，销量打破《放学后》创下的纪录，从此他的创作一路高歌猛进，他也成为既叫好又叫座的推理大家。

每个人都有点儿与众不同的长处，这些技能是天生的，不需要练习，就能掌握得很好。创立彩虹合唱团的金承志，对情绪的敏感与生俱来——在幼儿园和小学时期就有自我探索的意识了。他用自己感知情绪的敏感和探知事物的敏锐，写出很多让人耳目一新的歌曲，展露出自己独特的才华。

这样想想，人生其实没有什么起跑线，因为我们根本就是捏着不一样的入场券，进入不同的赛场，要达成不同的目标。但对事物的坚持和热爱让我们知道，其实每个人都有属于自己的起跑线。如果你并没有在热爱的领域展现出天赋，也不要紧。就像热爱电竞的杨运，被教练下了“不适合电竞”的判断，但他不甘心，最终通过自己的坚持和努力取得进步，得到了家人的理解和支持。

有人说，天赋就是可以持续的热爱。确实，如果不是在热爱的领域，天赋似乎失去了意义。那些顶尖高手，哪一个不是对自己所坚持的事物充满热爱？在热爱中，坚信自己一定能做到。先相信自己，并努力寻找自己“可以持续的热爱”，你终将看见优秀的自己。

写作也要有“工匠精神”

□岸晓风

曾几何时，有这样的“调侃”——写书的人比看书的人多。这一方面说明，现代社会，读书的人少了，也难怪，游戏、手机、电脑，无论哪一项都是静下心来读书的“大敌”。另一方面也说明，在当前的时代，尤其是自媒体流行的今天，从事写作的人数出现了大幅增长。

写作的人多了，从概率上来说，写得好的人也越来越多了。当然，我们也可以说其中一小部分人是有天分的，但是绝大部分人爱上写作，甚至成名成家，靠的并不是天才，一部分人靠的是勤奋，另一部分人则靠的是技术。

写作是门技术活？乍一看似乎比较难以接受，但这就是事实，写作早已是一门学科，一个要保持高水准、高产量创作的人，无疑是需要“技术”来支撑的。在这方面，美国人约翰·麦克菲的《写作这门手艺》就是一本很好的写作入门书。作者是普林斯顿大学教授，四度入围普利策奖，并于1999年获此殊荣。2017年，他获得美国书评人协会终身成就奖。另外，他被公认为是“创造性非虚构写作”的开拓性人物，教授非虚构写作四十余年，影响了一代代的非虚构作家，也使其成为名副其实的“写作导师”。

从广义上说，一切以现实元素为背景的写作行为都可称为“非虚构写作”，这也是当前写作的主流之一。在这本书里，作者为读者展现了若干种写作的“捷径”和“干货”。书中提到，20世纪40年代，作者还是学生，当时的英语老师麦基夫人要求学生大多数时间里，每周要完成3篇文章。学生可以想写什么就写什么，但是每一篇文章都要附上结构大纲。大纲可以是任何形式，包括罗马数字Ⅰ、Ⅱ、Ⅲ，以及带有箭头和简笔画的不规则圆圈等，这实际上是一种思维的练习，更重要的是，让写作永远有的放矢。

万事开头难。作者也强调了“引子”的重要性。就某种意义而言，写好了引子，就算完成了文章的一半。或者换一种说法，一个成功的引子，可以在结构上给你带来启迪，并促使你了解这篇文章的全貌——这是对文章的一种概念性的审视，将文章划分为若干部分，且让你可以为各个部分分配材料。所以，找到合适的引子，就意味着已经谋划好了结构，接下来就是随心所欲的书写。

有的年轻人可以上午觉得自己适合写诗，下午听了一个小说家的讲座，就决定不做诗人，而是要做小说家了。书中，作者特别说明，年轻作者需要较长时间才能思考属于自己的写作类型是什么，才能够弄清楚自己最适合做哪一类作家、最擅长写作哪一类作品。因此，对于一个写作者来说，“静心”仍然是核心要素。

另外，书中多次强调，写作的“技术”还体现在严谨、求真。作者是非虚构大家，在非虚构作品中，一个非常重要的指标就是要准确。因为一旦差错印成了文字，就会“永远永远地活在图书馆，有人精心编目，有人严格检索……”说到底，这就要求作者既要有实事求是的理论功底，又要有极端负责的态度和强烈的精品意识，只有过了“认真”关，才有可能真正做到“写作入了门”。

生活又不是用来比赛的

□刘阅微

我骑在马背上，马却怎么也不肯跑起来，无论我怎么哀求它、威胁它、哄骗它，它最多只是悠闲地迈着轻快的步伐，而且我能感觉到，它认为对我这样一个笨蛋来说，这么做已经是十分给面子了。

我无奈，除了认输别无他法，认输之外，也不知道接下来的课要怎么继续。教练似乎比我还绝望，他认为自己对我在每堂课上获得满足感负有责任——所有来上课的学生在度过最初的几堂课后都希望能够策马狂奔，所以，让马跑起来是他的义务。

所有的伎俩都被马匹识破并漠视后，我们探讨了一下，还是很文明地没有使用暴力。后来我俩都沉默了，教练继续尴尬地动脑筋怎么对付这匹骄傲的马，我却安下心来了，骑在马背上做最基本的起坐练习，马似乎满意了，它的坚持获得了胜利。

教练在之前的某次课上对我说，以我的学习进度和马感，好好练习，以后是可以参加专业比赛的。我很诧异，因为之前从来没有想过要比赛，学马术不过为了好玩，以及穿上一身马术装备看上去特别帅的样子让我着迷。但是教练的话令我开始想入非非，甚至脑子里闪过自己站在领奖台上意气风发又假装谦逊的样子，为什么不呢？如果有机会赢的话，可以试试啊！

一下就有了输赢心。在俱乐部，如果没有特别要求或者拥有自己的马，教学马是随机安排的，它们和所有动物一样，有自己的个性和怪癖，碰上一匹合作的马，配合完成所有的指令，上课的成就感是很强的；遇上爱使性子的马，怎么都不听指挥，挫败感也是真强。之前对我来说，上课就是来玩的，学得好当然开心，学不好照样乐和。但是在我感到自己有可能成为赛场上被人瞩目的骑手后，我开始不再单纯地享受这件事了，我会对自己感到生气，会为没有进步而感到沮丧，甚至看到别人骑着马轻松跃过障碍会有一种不甘落后的不服气，而以前只是单纯地羡慕，想象着自己以后也会跳一下子。

这大概是从不求上进的简单快乐到被进取心点燃后积极向上的进化吧。

简单的快乐多宝贵啊！本来是与生俱来的天性，丢了再追回来，还得狠下一番功夫。竞争之心放错了地方，徒增疲惫和压力。

我在马背上想明白了这件事。我学马术，就是为了好玩，他们说马是骑手的老师，教给他们自信、意志力和责任感，这个我目前还没有感受到，我只看到它教我去享受简单的快乐，这里面既没有征服，也没有竞技，就是跃上马那一瞬间的多巴胺分泌，它慢走时我悠然，奔跑时我激动，据说跳跃障碍腾空瞬间的感受无比美好，我正在学习中等待。带来快乐的事情应该会越做越好吧，至于比赛还是不比赛，可能只是结果而不是目标，全凭心情吧。

我在沙漠里发现了一吨黄金

□张珠容

知乎上曾有这样一个问题：如果你来给热门游戏《刺客信条》写剧情，会把背景设定在哪里？马伯庸看到后觉得挺有趣，便将背景设定在唐朝帝都长安，并随手写了一段脑洞大开的回答：“俯瞰长安城，一百零八坊如棋盘般排布，晴空之上一头雄鹰飞过。镜头逐渐拉近，最终落在了长安县西市。一个披着波斯长袍的客商自热闹的西市大门缓缓进入……”

后来根据这个构思，马伯庸创作出一部备受欢迎的小说《长安十二时辰》，真可谓一鸣惊人。

有一次，马伯庸和好友小聚，大家问他：“怎么才能让脑洞大开？”马伯庸笑了笑说：“我的脑洞大开往往都是从无聊开始的，比如坐地铁太拥挤，挤到你刷不了手机、看不了书；比如飞机晚点，你在机场刚好手机没电、没人聊天。这个时候，你要是瞎琢磨，往往能琢磨出一整个故事的框架来。”

然后，马伯庸以“在沙漠里发现了一吨黄金”为例，讲述了脑洞怎么大开的过程：“我先想象自己在沙漠的一处发现了一块长方体、重达一吨的黄金。一般人想的无非是这下我发大财了！但我细想后又意识到，从发现黄金到发财之间存在太多问题，比如运输问题。一吨重的黄金方块虽然体积不大，估算后也就一个微波炉那么大，可我一个人肯定扛不出去。我又不想跟别人共享这块黄金，所以可能去沙漠边缘的小镇借一部切割机，先把黄金切成小块。可黄金切成小块之后，我要存在哪里？别人会不会发现？接着，我要怎样将黄金运到我生活的城市？是自己一次带一点出去，还是干脆雇一辆车全部装走？如果雇车，司机势必会知道运的是黄金，那么他会不会心生歹念？就算我运气好，找了一个只管收钱运东西的司机，但我把黄金运回家后要怎么办？我要告诉父母、妻子和亲戚朋友发现黄金的事吗？父母年迈，他们的心脏会不会受得了？妻子会不会高兴得忘乎所以，一不小心把我的秘密泄露出去？亲戚朋友得知后会不会来我家借钱？另一方面，我要怎么把黄金变现？一吨黄金若一次性抛入市场，黄金市场可能会崩掉，很多部门将注意到我……”

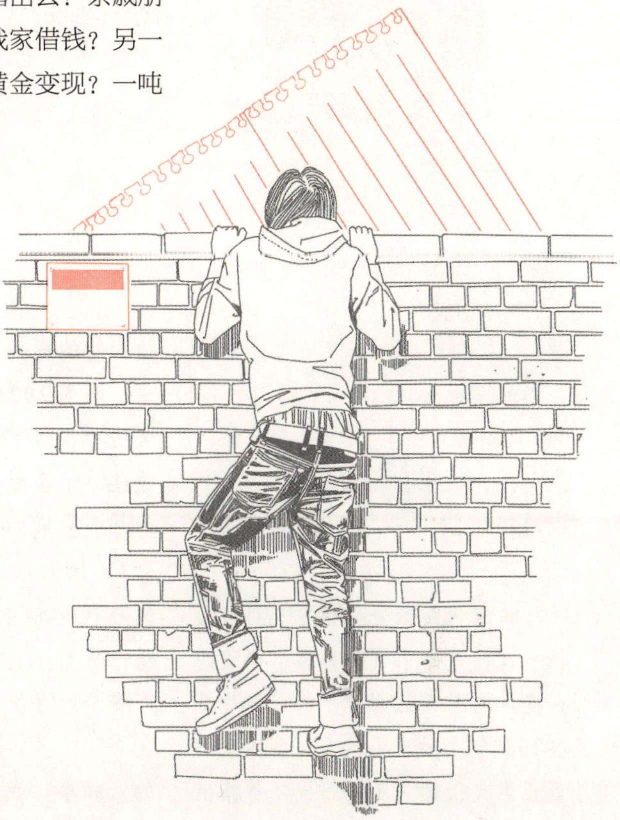

听到这里，大家都哈哈大笑。马伯庸说：“说实在的，关于沙漠里发现的一吨黄金，我脑子里有一整套计划。怎么借切割机，怎么不被发现，怎么找人运输，怎么和家人交代，怎么巧妙变现，我都会把一个一个的细节补充完整。若有一处想不到怎么补充，我就再回过头去，把整个计划捋一遍，直到没有漏洞为止。到现在为止，就差那一吨黄金了！”马伯庸讲这个例子的用意是：要想创作一部好的小说，就得常常给自己一个思维命题，然后不断地去填充每一个细节。这，就是所谓的“脑洞大开”。

村上春树也讲述了一个关于富士山的故事：有一天，一对朋友约着去看富士山。聪明的那个走到富士山脚下便停住，仰头看了看，心中了然：富士山原来长这样，于是心满意足地打道回府了。稍笨的那个一直往上爬，路上还不断地停驻、测量、观摩。虽然爬到山顶后已筋疲力尽，但他从不同高度、各种角度看到了更美的富士山。

村上春树说：“为什么太聪明的人写不了小说？因为他总能一眼看透结局，抓不住细节。”

更优秀的『Z一代』，说的是你吗

□张 倩

说起代际划分，很多人对“千禧一代”这个名词很熟悉。不过，许多人常常误认为“千禧一代”是指2000年之后出生的人，事实上，真正意义上的“千禧一代”是指出生在20世纪末，并在跨入21世纪后成年的一代人，即1983至1995年出生的人，国际上也称之为“Y一代”。

在“千禧一代”后面出生的人，国际上称之为“Z一代”，“Z一代”是指于1995至2010年出生的一代人；即我们常说的“95后”。

“Z一代”人群几乎完全成长在互联网高速发展的时代，所以受互联网、智能手机、平板电脑等科技产物的影响很大。

随着2020年的到来，年龄最大的“Z一代”现在也不过25岁，这些二十多岁的年轻人正在慢慢成为社会发展的主力军。有报道称，“Z一代”是勇于竞争、胸怀大志的一代，他们将引领全新的价值观，成为“有意识的消费者”“财产安全的寻求者”“包容的个人主义者”。其实，仔细观察我们身边的人和事，我们很容易找到这些特质的实例。

“Z一代”是有意识的消费者。他们在购买商品时会注重品牌，但又不完全忠于品牌，更多的是依靠商品的质量、口碑等来进行选择。

李佳琦、薇娅等网络主播的爆红，网络直播购物的流行等，这些不仅仅是互联网助推的产物，也是“Z一代”消费新习惯的产物。

在对“Z一代”的消费习惯调查中，我们可以发现，他们在对品牌忠诚度不断降低的同时，对品牌的道德要求却越来越高。

“Z一代”是财产安全的寻求者。他们成长的经济环境更为复杂，所以他们追求财富的安全、稳固，甚至会表现出节约的倾向。

这听起来似乎和“95后”喜爱拆快递的行为不太相符，但我们仔细回想一下，其实很多人网购的初衷就是省钱。同时，近年来各种理财软件不断涌现在金融市场上，广告词也都是紧紧围绕升值和安全，且广告的投放都有明显的针对性，这也正是利用并迎合了“Z一代”追求财富安全的心理特点。

“Z一代”是包容的“个人主义者”，更自信并尊重个人私生活，反对权威和对个人的支配。这使得他们不仅对自己有着更加清晰的认识和认同，还对别人有更多的尊重。

而包容，会让他们在“个人”的同时，更加“集体”。

仔细观察身边的人和事，我们不难发现，一些小众爱好或之前并不被认可的职业，如汉服、二次元、Cosplay（角色扮演）、自媒体等，正在越来越被大众接受。

“Z一代”是关注自己的一代，是尊重别人的一代，更是拥护集体的一代。

“Z一代”的崛起，势必会引起各方面的变革和发展。

不可否认，“Z一代”的成长正面临也必须面临一系列挑战，但正是因为挑战的存在，世界才有更多变化的可能、进步的可能。

我们有理由相信，“Z一代”会成为改变世界的一代！更优秀的“Z一代”，你，在其中吗？

巴尔扎克的煎蛋

□周惠民

巴尔扎克迷恋食物。

1836年，《高老头》出版之后，巴尔扎克因为拒绝去国民警卫队服役，坐了一个星期的牢。在坐牢期间，他从巴黎最昂贵的餐厅预订美食，邀请他的出版商和他一起用餐。

他们在监狱里举行宴会，出版商惊讶地发现，巴尔扎克的工作台上、床上、唯一的椅子上、整个房间的地板上，高高低低地堆满了食物，有各种馅饼和各色家禽肉，多种果酱和几篮子葡萄酒。

在牢房内，巴尔扎克和几个亲密的朋友宾主尽欢，所使用的餐桌、椅子、桌布和酒杯碗碟全部由监狱长提供。作为酬劳，监狱里的工作人员把剩菜、剩饭一扫而光。

写作时，巴尔扎克仅仅靠咖啡支撑，一旦小说出版了，他就要坐下来大吃特吃了。据说他一顿饭能吃上百个牡蛎、12块羊排，喝4瓶葡萄酒，还可以把鸭子、鹧鸪、鲽鱼和几乎一打梨子一扫而光。

所以，我们今天看到的罗丹的那尊裸体巴尔扎克雕像，有着木星环的腰围、突出的啤酒肚。

巴尔扎克对食物如此热爱，是因为他曾经是一个营养不良的孩子。他8岁的时候被父母送到寄宿学校住了6年，在此期间从未被允许回家，他的父母只到学校看过他两次。在寄宿学校，孩子们没有什么好吃的，一般情况下，家里会寄送食物包裹。但巴尔扎克从未收到过任何包裹，也没有零花钱。14岁的巴尔扎克回到家里的时候，是一个单薄、瘦弱的可怜男孩，据他的姐姐回忆，他还“迷迷瞪瞪的”。

由于严格的行业法规和错综复杂的国家法律，如今我们所熟悉的餐馆是在巴尔扎克生活的时代才开始出现的。当时的巴黎成为欧洲的美食中心，有数以千计的餐馆，面对用之不竭的源泉，巴尔扎克几乎吃遍了巴黎所有的餐馆，并且急切地想把这种新的生活体验加入他的小说创作中。

巴尔扎克之前的作家都忽略了角色的饮食习惯，但见证了法国餐厅的兴起和美食家群体形成的巴尔扎克，把食物当作社会的温度计来使用。

巴尔扎克通过食物来描写人物。他说，诱人的农村少女像火腿，一个苍白的满脸皱纹的女人看起来像牛杂碎。放债人对欠款人就像牡蛎紧紧吸附着壳。对他来说，美食也是诗歌的一部分，他把一个女孩的纯真比作牛奶，可能会因为“天热，甚至由于呼出的一口气”而变质。

雨果和狄更斯也写食物，但主要是用食物的匮乏来衬托贫穷的可怕。而巴尔扎克则用食品表现人物的性格和阶级，在他的笔下，餐点能够带来极富戏剧性的表演。比如，厨子向守财奴要点什么来捆绑火鸡，守财奴从双排扣大衣口袋里掏出一根旧鞋带递给他，还说：“用完了还给我。”

虽然吃饭成了《人间喜剧》中的重要场景，但巴尔扎克的著作中只有一份菜谱——一份煎蛋。一位纵情声色的医生在年老之后转而从食物中寻找慰藉，他发现把蛋白和蛋黄分开煎，味道更好——先把蛋白打成泡沫，再一点点放进蛋黄。他用的不是煎锅，而是一种四足的瓷制大浅盘。

巴尔扎克对食物的描写影响了他之后的一代法国作家。因此，福楼拜才沉浸于描写包法利夫人长达16个小时的婚宴，而左拉的《巴黎的肚子》完全是一部描写食物的小说。

快进1.25倍是对一部剧的最高礼赞？

□阿　树

如果有人说，“我用1.25倍速看了某剧”，那么，这可能是一剂安利。另一部剧是1.5倍速看下来的，说明凑合能看。一部剧用2倍速看下来，其实他是想说，这是部烂剧。2倍速是一条底线，妖魔鬼怪至此原形毕露。

正常倍速约等于精品好剧，看上去简单粗暴，但请不要怀疑，这是人民群众摸索出来的真理。同一部剧如果在不同倍速间切换，基本可以画出作品质量的曲线图。对于《琅琊榜》这种口碑发酵极慢的剧集来说，倍速曲线可能是这样的：1.5倍速→1.2倍速→正常速。

所谓倍速，就是调整视频播放速度。烂剧当道，倍速追剧这种讲究效率的模式，也应运而生。倍速看上去是技术创新，不如说是当代年轻人反抗烂剧的武器，是对好作品的呼唤。

品味好剧的姿态有一千种，打败烂剧只需一招：上倍速。调查显示，半数以上的观众因为剧情注水、故事乏味，开启了倍速追剧。

一如弹幕成为追剧的必备良品。倍速，也为追剧党打开新世界的大门。准确来说，弹幕+倍速，可以让追剧变成一桩富于情趣的娱乐事业，原本处在烂剧边缘的剧集，也在这两大神秘力量的加持下，变成一道独具风格的美食。

在B站上，你时常会发现这样的预警：前方高能，配合2倍速播放食用效果更佳。一些严肃的桥段，经由2倍速的扭转，立刻触发了鬼畜模式。这是现代技术的红利，无论喜剧还是正剧，你的体验都是加倍的。

这种特殊的感受并非只在高倍速下触发，不同的倍速，会有不同的口感和风味。以《家有儿女》为例，刘星和夏雪杀马特造型的美丽二人组，在0.5倍速中，喜剧感产生于那份妖娆和妩媚，而2倍速是气势突出了幽默。倍速也可能做到创作者怎么也做不到的事情，比如刻画人物形象。倍速改变了语速，改变了角色的肢体动作，从而改变或者强化了一个角色的形象塑造，比如《延禧攻略》的魏璎珞，2倍速会让她的嚣张跋扈和张扬更加突出。

倍速表面上是一种反抗，实际上是一种娱乐效益的最大化。当代年轻人时间有多紧张？以至于他们不得不在娱乐身心这件事情上讲起了效率。但反过来，我们为什么不用倍速观看《权力的游戏》这样的神剧呢？语言和字幕跟不上是其一。深层次的原因在于，它的内容足够丰富，值得你去揣摩表演，融入剧情，或者观摩布景、运镜，以及类似视听语言的魅力。

你愿意仰望，愿意让它扑面而来，覆没你的注意力，侵占你的宝贵时间。为什么？因为这样的剧对自身足够尊重，也就是给观众足够的尊重，而你也愿意尊重它。影视是什么样的艺术？空间的、造型的、视觉的，这些都对，我更愿意称之为创造真实感的艺术，它在模拟一种现实，一种跟你生活相近又相远的现实体验。

唯有投入，才可以获得这样的体验。伟大的艺术作品，有你探索不尽的风景，有时候光是一副表情，都可能蕴藏着无限的人性密码。虚假而造作的电视剧试图娱乐观众，观众也找到了反向娱乐的技术，比起电视机时代的遥控器，倍速按钮给了观众更多权利，可以颠覆它，解构它。

3 培养超强抗压力，轻松面对各种挑战

也许，我们败就败在做了太多让自己开心的事。与其追求开心，不如让自己变得更优秀。不要迷恋“开心”的快感，要做长期投资。

不要总去做让自己开心的事，掉转方向去做那些能让自己变得更优秀的事吧，你会发现这比开心值得更多。

追求开心也是有风险的

□思小妞

人们常说："做人最要紧的是开心！"说好要学习两小时，结果瘫在床上刷剧才会让自己开心；说好每天跑步健身，结果烤串下肚才会让自己开心。毕竟生活艰难，干吗要让自己不开心？但一直追求开心，也许会让自己"死得很惨"。

2015年，中国心理学会发表了一篇论文《追求积极情绪可能导致消极后果及其机制探讨》，文中指出，我们追求快乐，结果可能非但没体验到幸福的感觉，反而招来满满的焦虑、低落、疲惫等消极情绪，心理学中把这种现象叫作"追求积极情绪的悖论"。

例如穷游这件事，大神们各种夸好，自由、磨炼意志、洗涤灵魂，以及带给你满满的成就感，于是你出发了。但在旅途中，你可能发现风景并没有想象的那么好，还要时刻关注自己的感受，有没有体验到意志的磨炼、灵魂的清澈和捞到便宜后的满足感，你在关注"监控获得快乐的过程"，却恰恰丢失了"沉浸体验"带来的乐趣。想要高强度地追求快乐，不免会设置过高的标准，结果期望越大，失望越大。

比如，我在文章开头提到的那些举动，吃的时候很快乐，毁身材的时候只有快没有乐；类似的还有通宵K歌、通宵玩游戏，一开始都是快乐的事，结局却让我们"劳命伤财"；以及最近流行的杠精们，怼天怼地很开心，然后就被大家拉黑了。

这像极了尼尔·波兹曼在《娱乐至死》一书中说的："毁掉我们的不是我们所憎恨的东西，而恰恰是我们所热爱的东西。"

更要命的是，大部分时候快乐真的太舒服了，所以我们甘愿窝在"舒适区"。也许，我们败就败在做了太多让自己开心的事。与其追求开心，不如让自己变得更优秀。不要迷恋"开心"的快感，要做长期投资。

每天读一小时书，坚持了5天，发朋友圈收获点赞是快感，把读书这件事养成每天的习惯是长期投资；报了一门线上课程，完成后获得了证书是快感，把学习这件事变成终生学习是长期投资；跑了一次马拉松，合照留念是快感，像村上春树那样坚持跑步50年从而养成了坚韧的品格是长期投资，只有那些持久投入在某件事上获得的"慢感"才会让自己不断增值。

所以，不要总去做让自己开心的事，掉转方向去做那些能让自己变得更优秀的事吧，你会发现这比开心值得更多。

一个人应该活得是自己并且干净

□顾　城

人的生命里有一种能量，它使你不安宁。说它是欲望也行，幻想也行，妄想也行，总之它不可能停下来，它需要一种表达形式。这种形式可能是革命，也可能是爱情；可能是搬一块石头，也可能是写一首诗。只要这种形式和生命力里的这个能量吻合了，就有了一个完美的过程。

一个彻底诚实的人是从不面对选择的，那条路永远会清楚无二地呈现在你面前。这和你的憧憬无关，就像你是一棵苹果树，你憧憬结橘子，但是你还是诚实地结出苹果一样。

西方爱情是强烈开放的花朵，东方爱情是两朵花之间微妙的芳香。

自由并不是你不知道干什么好，也不是你干什么都可以不坐牢；自由是你清楚你要干什么，不矫揉造作，无论什么功利结果，会不会坐牢或者送死，都不在话下了。对于惶惑不知道干什么的人来说，自由是不存在的；对于瞻前顾后、患得患失的人来说，自由是不可及的。

一个人，生活可以变得好，也可以变得坏；可以活得久，也可以活得不久；可以做一个艺术家，也可以锯木头，没有多大区别。但是有一点，就是他不能面目全非，他不能变成一个鬼，他不能说鬼话、说谎言，他不能在醒来的时候看见自己觉得不堪入目。一个人应该活得是自己并且干净。命运不是风来回吹，命运是大地，走到哪里你都在命中。

贾宝玉是真性情，鲁智深也是真性情；鲁智深一句唱词儿“赤条条来去无牵挂”，贾宝玉眼泪就下来了，顿时就有了感觉。可是你让贾宝玉抡根棍子，那无疑是找死。他们爱好不同，性情很不一样，但是呢，都是真性情，它就通了。

从叶到花，或从花到叶，于科研是一个过程，而于生命自身则永远只在此刻。花和叶都是一种记忆方式，果子同时也是叶子。生命是闪耀的此刻，不是过程，就像芳香不需要道路一样。

中国人只创造了两个理想，一个是山中的桃花源，一个是墙里的大观园。我的笑话不过是把大观园搬到了山里，忘了林黛玉的药锄是葬花用的。

我到了新西兰一座小岛上，把身体交给了劳动。四年之后，有一天，我忽然看见黑色的鸟停在月亮里，树上的花早就开了，红花已经落了满地。这时候我才感到我从文化中间、文字中间走了出来。

万物清清楚楚地呈现在你的心里，一阵风吹过，鸟就开始叫了，树就开始响了。这个时候我明白了一个道理：只有在你生命美丽的时候，世界才是美丽的。

以为钱很容易赚，是很多人的幻觉

□桌子先生

1

钱根本没有我们想象中那么好赚。可能我们看惯了李佳琦一秒钟卖掉几百万元销售额的口红，看惯了薇娅1分钟卖掉了86万斤大米，年入20亿元，甚至连半路出家的罗永浩直播带货首秀也有1.1亿元的销售额，董明珠也交出了从23万上升到3.1亿的战报，似乎觉得钱实在太容易赚了。

可是真相呢？比如说李佳琦，我们经常看到李佳琦一分钟秒掉几百万元的口红，以为是他一个人的功劳。可是你并不知道在他的背后，有一个庞大的团队，有三百人围着他转。

有人负责选品，有人负责杀价、保全网最低价，有人负责订合同，还有人实时监控数据、记录销售订单、保证库存等。说白了，在李佳琦直播之前，他们已经把所有的事情都做好了，到李佳琦手里只是最后一关，只差他临门一脚。

而且李佳琦一开始就不是单打独斗，他是在2016年“美ONE”联合欧莱雅发起“BA网红化”项目中孵化出来的，在之前就已经深耕好几年了。在他的背后，有着这个圈子顶级的资源和平台。李佳琦能够获得巨大的成功，当然有他的功劳，但他背后的资源和平台，也不容小觑。

再说薇娅，薇娅最被人津津乐道的就是她卖火箭，4000万元一台的火箭，不过数秒，上架的五台火箭，全部售空。

我们把它当成一个段子，与他人津津乐道的同时有没有想过：这么多网红主播，谁都可以卖火箭吗？薇娅除了拥有李佳琦那样的团队和资源之外，还有很多东西是普通人触不可及的。2005年，她参加《超级偶像》，就已经是女子组合的冠军。她还和成龙同台演出，与林俊杰一起拍过广告。薇娅在成名之前就做过服装生意，巅峰时期，连续开了十家店，一天的营业额可以达到40万元。这是他们背后我们看不见的资源和平台，除此之外，个人的努力和拼搏也非常重要。

还记得那一张在全网刷屏的照片吗？几年之前的薇娅和李佳琦，那个时候他们还没有成名，缩在一个小小的格子间里，用最简陋的设备，卖力地对着镜头直播。

李佳琦创下涂口红最多的吉尼斯纪录，普通人一分钟最多说250个字，薇娅可以说876个字，这都是通过不懈努力、一遍遍重复达到的。

他们在别人看不到的地方，都曾经吞掉普通人熬不了的苦。所以，一个现象级网红的诞生，一定是天时地利人和都缺一不可。所以，无论李佳琦还是薇娅，他们的成功都不是可以复制的。

有几个人，会听你吹两句瞎话，就乖乖把钱从兜里掏出来？

要别人掏钱其实是世界上最困难的事情。

2

我经常听到有人谈论，打游戏可以赚钱，打得不错可以当职业选手，身价几千万，打得不好也可以当一个游戏主播，大把大把赚钱，听上去好像挺不错的，无论怎么样，赚钱都很简单。

可是事实是怎么样的呢？先说职业选手，当年我们的大学举办过一场电竞比赛，有一个男孩拿到了冠军，可是这样的人到了职业选手里面，真的只是一个渣渣，职业选手里面最差的都要甩他十几条街。

钱并没有那么好赚，看着别人来钱快，但不代表每个人都吃得了这碗饭。把游戏当职业赚钱吗？当然赚钱，但那只是最优秀的职业选手。当网红做主播赚钱吗？当然赚钱，但那只是人气超高的大主播。任何领域，赚钱的都只是那一小拨人，你必须要做到拔尖，超越一大批人，你才可以赚钱，不然喜欢打游戏的人那么多，凭什么会是你？喜欢当主播的人那么多，你凭什么红？我们大部分人所犯的错误就是，只看到了那赚钱的1%，却看不到剩下99%的人，还挣扎在温饱的贫困线上。

生存不易，赚钱艰难，这才是人生的常态。

3

我有一个表弟，为人老实本分，天性善良，他在外面打工八年，省吃俭用存下了30万元。后来他的朋友跟他说，现在有很多军事爱好者，很喜欢买迷彩服，军用的背包、T恤等，需求量很大，做这种生意的大部分都赚钱了。于是他把赚来的30万元全部投了进去，没有做任何考察，就加盟了一家店。

他觉得钱很好赚，别人都赚钱了，可是没有想到赔了个底朝天。

首先他自己根本不会做生意，进来的顾客，他不会推销，半天说不出一句话，自然没什么成单率。其次是他选址不好，没有多少人流量，招牌也做得不好，进店的人不多。

最后，也是最重要的，他加盟的那家店非常坑人，拿货价贵，样式非常老旧，顾客不喜欢，可是偏偏加盟费还不菲，这其实早就注定了他的失败。现在他也不敢告诉家里人，马上就要结婚了，那笔钱是拿来结婚用的，急得像热锅上的蚂蚁。

就在前几天，他给我发了消息，问我有没有来钱快的工作可以介绍给他，他要还债。开加盟店当然赚钱，可是赚钱的只有那么一部分，看到别人赚钱，没有任何经验和调查就投钱进入，只会赔得连裤衩都不剩。他犯的错误，其实也是现在许多年轻人的通病。明明没赚过多少钱，却偏偏觉得赚钱很容易，这样的人最容易被收割。

其实真正会赚钱的人，对钱，对人，对自己都有着清醒的认知，他们一次次去体验，一次次去反复思量，周密计划。

除此之外，还要加上不懈的努力，日积月累的坚持，才能获得成功。你必须用尽全力，才能看起来毫不费力。

顶级红人，大把大把赚钱，这是大众容易看到的A面，可是我们应该更多地把目光放到极度痛苦、苦行僧般坚持的B面。正如美团的老板王兴所说：极度渴望成功的人不多，愿付非凡代价的人更少。

“每一个强大的人，都曾熬过一段不为人知、挣扎、痛苦的日子。过去了，这就是你的成人礼；过不去，求饶了，这就是你的无底洞。”

情绪是虎 □梁　冬

英国人写过一篇游记，说有个猎人打猎的时候，意外地捡到了一只小老虎，他带它回家，用牛奶和煮得极烂的兔子肉喂它。虎渐渐长大了，和他一同打猎，舔他吃剩的盘子底，睡觉时把他拥在怀里，为他暖出好梦。天气好的时候，有人还看见老虎驮着他满山遍野地跑。

可他什么时候也没有忘记在口袋里放一把专门为它准备的手枪。

我们的情绪就是自己自小养着的虎。理智就是那把手枪，时间是它最有效的子弹。

你摆脱原生家庭阴影的样子，很帅

□青品黄黑

探春的原生家庭，很糟糕。

她不仅是庶出，还有一个永远搞不清状况的亲妈。愚蠢、阴妒、不体面，说话行事都上不得台面，因此处处不受人待见。

但是，奇怪的是，跟贾环不同，在探春身上，你看不到这个原生家庭对她造成的阴暗。用凤姐的话说，就是："真真一个娘肚子里跳出这样天悬地隔的两个人来。"

摆脱原生家庭的阴影，探春是怎么做到的？

探春有一个最大的特点：她不妒。按说，她本来最容易落入嫉妒的桎梏。

她长得美，"俊眼修眉，顾盼神飞，文采精华，见之忘俗"；她书读得好，在诗社里写诗一挥而就，几乎不输薛、林；但是，就因为有个不着调的妈，老太太、太太对这些都有点儿视而不见。依着她亲妈的期望，探春应该对黛玉、宝钗、宝玉嫉妒得发狂才是。

面对这样的妈，除了自我救赎，别无他法。探春的自我救赎，就是不妒。

大观园里起诗社，是《红楼梦》里具有里程碑意义的事。谁提议的？探春。

探春深知，自己虽然能写，但"难与薛、林争衡"。

但在探春心中，霁月光风。她不仅不妒，还能承认别人的好；不仅能承认别人的好，还愿意为他人的好作嫁衣，成就别人的辉煌。

探春提议起诗社，是因为"慕薛、林之技"。你俩的诗，写得这般好，那我们一起来玩写诗吧。我虽然不如你们写得好，但我一样可以陪你们玩啊！她因此兴致大发，满心欢喜，想效法古人，开坛吟诗，给宝玉和众位姐妹一个个郑重其事地写帖子，邀请他们开创诗社，成就了大观园中最高雅的盛事。

正因为能看见并尊重别人的好，探春非常擅长学习他人的长处。初读《红楼梦》会觉得惊奇，一个被养在深闺的女孩子，每天也就是读读书，写写字，陪老太太说说笑笑，探春是怎么知道要在大观园里搞改革的？尊重私权，厘清责任，分包到户，探春竟然是穿越回去的吗？

细读《红楼梦》才知道，探春并不是凭空想象，就可以在大观园兴利除宿弊，大刀阔斧搞改革。她是因为去赖大家串了一回门，跟人家的女儿聊了一回天，就学会了他们的一套经济学问，套用在了大观园。探春得知，赖大家的花园包给别人，不仅不需要花钱维护，每年还可以有一二百两银子的结余。

末世贾府的男人都不操心，都在尽情享乐，没有人考虑将来。只有探春这个庶出的女儿，在为这座摇摇欲坠的大厦殚精竭虑。她学来的这套改革措施，让大观园每年可以多出四百两银子的收入。这个时候的探春，"才自精明志自高"，侃侃而谈，指挥若定，你还能从她身上看到她那不堪的原生家庭吗？

探春在管理大观园时表现的才能与魄力，让所有的人都刮目相看。她庶出的身份慢慢淡化了，她那不体面的妈，对她的影响也弱了。南安太妃来访，洞若观火的老祖宗命宝钗、黛玉、湘云作陪，然后特别吩咐一声："再只叫你三妹妹陪着来罢。"这其实不仅是贾母对探春的肯定，也是曹公对探春的肯定。

弗洛伊德认为，人的所有行为都可以从童年找到答案。现代也有很多人喜欢分析原生家庭对人的影响。似乎出生在一个糟糕的家庭，痛苦就注定与你相伴终生了。看看探春，就知道，其实不然，对吧？光明与黑暗，不管你愿不愿意，它们都在那里。但是，与光明还是黑暗相伴，却是可以自己选择的。

『我觉得你不喜欢我』

□曾旻

“我觉得你不喜欢我。”刚坐下，来访者A说出了这句话。医生给她做的诊断是抑郁状态，伴随焦虑状态。

心理咨询师很疑惑地问：“你怎么感觉到的呢？”

A变得警惕起来，看上去有些气愤：“算了。我知道你不会承认。”气氛顿时有点紧张。

“很遗憾我让你感觉到不被喜欢，我很好奇是什么让你有这样的感觉？”心理咨询师继续追问A的感受。

“我也不知道，但是我见你看我的眼神，就觉得你好像在看一堆垃圾一样。”A低头沉默了几秒钟，小心翼翼地给出了答案。

咨询师并不惊讶，保持着平静自然的语气，“我很抱歉让你感觉这么糟糕。我能问问，你对这种感觉熟悉吗？”

“当然熟悉了，这几年我每天都觉得被人嫌弃。”说起被讨厌的感受，A打开了话匣子，从半年前分手的男朋友，到中学时的班主任、小学时的同桌……最后说到这二十多年来，躲也躲不开的父母。似乎在A的世界里，没有人是喜欢她的。她的讲述令咨询师震惊：无法想象一个人如果活在身边每个人都讨厌和嫌弃自己的世界中，会有多么可怕——好像只在电影里出现过这样的桥段，比如《被嫌弃的松子的一生》。

同时，咨询师脑海中冒出了另一个声音：她说的故事不见得都是真相，就像她刚刚见到我就觉得我不喜欢她一样——这并不是事实。

有时候，人们内心的“主观事实”和客观发生的“外部事实”

并不一致。因为“主观事实”并不总是取决于当下正在发生的事情，还常常受到过去发生的事情的影响。所谓“一朝被蛇咬，十年怕井绳”，一次感到强烈冲击的被嫌弃经历，可能带来的是对周围所有人的警惕——担心厌恶的目光随时袭来。

于是，生活中被讨厌、被嫌弃的经历都被精确捕捉到了，而那些不被嫌弃、不被拒绝的时刻被一一忽略。久而久之，A活得如“被嫌弃的松子”一般。

彼得·福纳吉在20世纪90年代提出了一个重要概念，叫作“心智化”，成为新世纪心理治疗中非常具有影响力的一代潮流。所谓“心智化”，是指人们如何理解自己和他人的内心世界。换句话说，“心智化”其实是为“心理过程”建立一个模型：人类的“心理过程”是看不见的，我们看到的只是他人的行为，据此去推断对方的动机、情绪、需求和渴望等内心世界。

如何通过外在行为推断他人内心呢？每个人都有自己的一套模型。当一个人的心智化水平偏低的时候，往往是说他的这套模型总是“曲解”别人的意图。就像A刚刚走进咨询室，就推断咨询师不喜欢自己。

我们如何理解他人，并通过他人去理解自己，这是心智化能力的核心。这种能力的起源是和父母的依恋关系，我们能够很好地理解父母的意图，在他们的照顾中感到安全，便能把这种能力迁移到周围的关系中。

可是，如果这种能力受到削弱，就无法改变了吗？也并非如此，正如彼得·福纳吉所说：“当你感到孤独时，逆境会变成创伤。如果你有良好的人际关系，他们实际上会帮助你消化吸收这种经历。”所以，真正的疗愈其实在关系中。一段良好的人际关系，可以帮助一个人提升心智化能力。

有些陷入痛苦的人常常抱怨：“世界对我充满恶意！”可实际上，“世界是无意的”。

没点小心机，唐诗真的传不下来

□最爱君

唐朝有个叫唐球的隐士很喜欢写诗，但诗写好了没人看。幸好他想了个办法，把诗作藏在葫芦里，让它顺着溪流而下，他几乎日夜祈祷：“斯文不沉没，方知吾苦心。”

唐球为诗作找读者，其实是唐朝诗人遇到的普遍问题。诗写好了怎么“晒”，才能让更多人读到呢？

一首唐诗要想流传开来，必须找到一个关键人。

刘采春是当时一名“颜艺双馨”的女艺人，擅长演绎诗歌。她唱过100多首诗歌，无一不是当时的佳作，很多诗人因此受到关注。她的女儿周德华也不遑多让。写完诗后主动请她们唱的，都是名气一般的诗人。诗名很盛的诗人写出诗后，立马有人开高价买走版权，不愁没有读者或听众。王维的《送元二使安西》一问世，就被谱了曲，从江南传唱到塞北。

诗人需要的关键人，是同行或权贵。唐朝诗人在名声尚未显赫之前，很多人都曾向当权者投“诗”问路，希望得到援引和点赞。

聪明的诗人则会采取一些更深的套路来炒作自己。陈子昂在长安默默写诗，没能得到关注。有一天他突然开窍，花天价去街头买了一把胡琴，一下就上了“头条”。

他趁热打铁，广发请柬，说自己明天要开音乐会。把社会名流都吸引过来之后，他当场把天价琴一摔，来了段即兴说唱：“我陈子昂不是弹琴的，我是诗人。我的诗文写得好，但没人知道，你们来都来了，不如欣赏欣赏。”经过这场表演，陈子昂“一日之内，声华溢都”。

可见，每一个著名诗人的走红过程都相当曲折。也有运气好的，一步到位找到了终极关键人，想不红都难。骆宾王、卢纶、元稹，这几位的诗，都曾是皇帝点名要读的。以上操作显然都不适合唐球，但不代表唐球就没有比放诗瓢更好的选择。唐诗传播的第三个“关键人”是“壁”。

李白参观黄鹤楼，抑制不住文思泉涌，撸起袖子就想题一首诗。不巧，他瞄到了崔颢的诗，突然被这不世出的才气惊到了。李白回去后冥思苦想，终归不敢写黄鹤楼，而是写出了《登金陵凤凰台》，算是给自己挽回了颜面。

题壁是常见的唐朝诗人“发表”诗歌的方式之一。一些公共场所也往往刷好粉墙，留待过往诗人题写。其中，诗人最爱在各地驿馆题诗。诗人把新作题于驿馆的墙上，就会被过往的旅客传播到四面八方。白居易曾一路在各地驿馆寻找好朋友元稹的题诗，找到了就很开心地和上一首。

风景名胜是游客会聚之处，在唐代基本都被诗人攻陷了。看看这些不算知名的景点：巫山神女庙有各家题诗千余首；吴中虎丘山真娘墓，白居易、李绅、李商隐等大咖都题了诗；黄鹤楼、岳阳楼就更不用说了，去晚了铁定找不到题诗的空白地方。

唐代的好诗人太多，好诗更多。像陈子昂这样一流的诗人，不搞点儿行为艺术，才能几乎要被埋没了，遑论那些二三流诗人？

一首唐诗在活字印刷术尚未发明的年代能够广泛传播，甚至流传后世，它的作者多多少少有一点儿小心机。感谢这点儿小心机，我们今天才能读到这么多流传千年的好诗。

快乐棺材

□王璐

非洲有一句谚语：人活一世，最后的奖励就是死亡。在加纳，这句话被演绎得淋漓尽致。那些色彩斑斓、造型奇幻的异形棺材就是最好的证明。

“你总需要用某种方式提醒自己和他人，死亡并非生命的终点，而是新的开始。人们会在来世继续生活，所以他们必须走得风光出彩。”出生于1947年的Paa Joe是加纳首屈一指的棺材艺术家。人们相信，正是因为他，加纳棺材才走向世界。

Paa Joe17岁来到加纳首都阿克拉地区的Ga社区，跟随一位手艺师傅当学徒。那几年，阿克拉地区最火热的行当不是捕鱼，也不是种植可可，而是制作棺材。一位叫Seth Kane Kwei的木匠为活着的人打开了一扇通往死后世界的奇异大门。

那一年Ga族的老酋长因为贩卖可可发了家，便委托Kwei为自己制作一顶可可形状的轿子，然而没等轿子完工，他就一命呜呼了。于是，Kwei突发奇想把轿子改成了棺材。

异型棺材点燃了加纳人对死亡的热情。自那以后，Kwei的订单不断，人们纷纷前来定制符合自己身份和心愿的棺材，从各种颜色、各种造型的大鱼，到雄伟的老鹰，从大型蔬菜到可口可乐瓶应有尽有。近年来，又新增了摩天大楼和豪华轿车。只有你想不到的，没有加纳人做不出来的。

加纳人相信，通过这些奇异的棺材，亡故的人们可以继续在另一个世界享受生活的精彩。事实上，在异形棺材出现之前，加纳人对死亡就持有截然不同的看法。不夸张地说，一个加纳人的葬礼上什么都有，就是没有泪水和悲伤。

加纳当地棺材铺常组织“棺材制作评奖比赛”，由行会、顾客和参观者共同评选。曾经有一具获得头奖的缝纫机造型的棺材花了30天制作完成，为此死者家属不得不将尸体存入冷库等着。

而在另一位名叫Eric的工作室里，摆放着可拆卸机翼的加纳国际航空公司的飞机模型、放大版的诺基亚手机、一瓶超大的最受当地人喜爱的巨星啤酒、一只巨大的白鸡和一条巨大的红色热带鱼。这些棺材都是接受定制的，它们等待油漆干掉，也等待死者的入住。

定制棺材之前，Eric通常要跟家属聊上几句，以此判断死者的生活和喜好，比如他当时正在制作的梅赛德斯C360就是给一名汽车迷量身定制的，一些部落酋长常常要求制作属于部落图腾的动物造型棺材，例如大象和老鹰。为了确保逼真，Eric连啤酒瓶标签上的标识和豪华轿车的车牌都不能搞错。

这些看似疯狂、荒诞的流行文化元素消解了死亡带给人们的恐惧。人们不再害怕死亡，因为棺材的造型是他们再熟悉不过的事物，这就是他们生活中的一部分。近年来，加纳的葬礼开始流行“棺材舞”，六名（甚至更多）抬着棺材的壮汉一边抬棺，一边随着欢快的音乐摇摆腰身，棺材在他们肩膀上摇摇晃晃。周围充满喧嚣的噪声，人们纷纷掏出手机记录这不同寻常的场景。“死亡是一件值得庆祝的事，不是吗？”Paa Joe的儿子说，“毕竟这是加纳人最奢侈的一件纪念品了。”

以乐观豁达的态度去面对人世间痛苦的事情。能够承受死亡，还有什么是难以承受的呢？或许这就是加纳人幸福的秘诀。如果是你，会给自己定制一口什么样的棺材呢？

知道一百个人，而写一个人

□老　舍

练习基本功，对初学写作者来说，是很重要的事。

有些人往往以写小说、剧本等作为初步练习，这不大合适。似乎应该先练习写一个人、一件事。有些人常常说："我有一肚子故事，就是写不出来！"这是怎么回事呢？你若追问他：那些故事中的人都有什么性格？有哪些特点？他就回答不上来了。他告诉你的尽是一些新闻、一些事情，而没有什么人物。他没有仔细观察，人与事都从他的身边溜走了；他只记下了一些破碎不全的事实。

要想把小说、剧本等写好，要先从练习写一个完完整整的人、一件完完整整的事做起。要仔细观察身旁的老王或老李是什么性格，有哪些特点，随时注意，随时记录下来。这样的记录很重要，它能锻炼你的文字表达能力。不能熟练地驾驭文字，写作时就不能得心应手。

有些书法家年老目昏，也还能写得很整齐漂亮。他们之所以能够得心应手，就是因为他们天天练习，熟能生巧。如果不随时注意观察，随时记下来，哪怕你走遍天下，还是什么也记不真确、详细，什么东西也写不出来。

站在此地小坡上的小白楼前，看见夜景非常美丽，你们就应该把它记下来。在这夜景里，灯光是什么样子，近处如何，远处如何，雨中如何，雪后如何，都仔细地观察观察，把它记在笔记本上。

要天天记，养成一种习惯。刮一阵风，你记下来；下一阵雨，你也记下来，因为不知道哪一天，你的作品里就需要描写一阵风或一阵雨，你如果没有这种积累，就写不丰富。经常生活，经常积累，养成观察研究生活的习惯。日积月累，你肚子里的东西就多了起来。写作品不仅仗着临时观察，更需要随时留心，随时积累。

不要看轻这份工作，这不是一件容易事。一个人，有他的思想、感情、面貌、行动……一件事物，有它的秩序、层次、始末……观察事物必须从头至尾，寻根追底，把他看全，找到他的"底"，因为做文章必须有头有尾，一开头就要想到它的"底"。不知全貌，不会概括。

不注意这种基本功练习，一开始就写小说、剧本；这种情况好比没练习过骑车的人，就去参加骑车竞赛。

下功夫把语言写通顺，也是很重要的基本功。它和戏曲演员练嗓子、翻跟斗一样。演员不练嗓子，怎么唱戏呢？武生不会翻跟斗，怎么演武戏呢？文学创作也是一样，语言不通顺，不可能写出好文章。有些人，确实有一肚子生动的人物和故事，他向人谈讲时，谈得很热闹；可一写出来，就不那么动人了，这就是因为在语言方面缺乏训练，没有足够的表达能力。

文字要从多方面来练习，记日记，写笔记，写信……都是锻炼文字的机会；哪怕写个便条，都应该一字不苟。写文章，用一字、造一句，都要仔细推敲，要看看全句站得住否，每个字都用得恰当与否，是不是换上哪一个字，意思就更明显，声音就更响亮，一个字要起一个字的作用，就像下棋使棋子那样。字与字之间，句与句之间，段与段之间，都必须前后呼应，互相关联。

文章写完之后，可以念给别人听听。念一念，那些不恰当的字句，不顺口的地方，就都显露出来了，才可以一一修改。文章叫人念着舒服顺口，要花很多心思和功夫。有人看我的文章明白易解，也许觉得我写时很轻松，其实不然。从哪儿开头，在哪儿收束，我要想多少遍。有时，开了许多头都觉得不合适，费了不少稿纸。

写小说的人，也不妨练习写写诗。写写诗，文字就可以更加精练，因为诗的语言必须很精练，一句要表达好几句的意思。举一两句做例：“小楼一夜听春雨，深巷明朝卖杏花。”只不过十四个字，可是包含多少情和景呀！

简练需要概括，需要多知多懂。知道一百个人，而写一个人；知道一百件事，而写一件事，才能写得简练。心有余力，有所选择，才能简练。譬如歌剧演员，他若扯着嗓子喊叫，就不好听；他必须天天练嗓子，练得运用自如，游刃有余，就好听了。哪怕再忙，每天也要挤出点时间写几百个字，要知道，练基本功的功夫，应该比创作的功夫多许多许多倍！

为什么科技越进步，人类越忙碌

□龙学锋

为什么科技进步了，人类反而越来越忙？现在互联网公司动辄996，更有甚者724，也就是每周7天，每天24小时待命。

1930年，经济学家凯恩斯说过一段话：21世纪，人们将进入闲暇时代。每天只工作4小时，或者工作8小时，38岁退休。今天，这种观点只能当笑话听。科技进步没有让人类变得清闲，反而更忙碌了。

人类天然具有交流倾向，互联网的蓬勃发展，把越来越多的人连接在一起，不到1秒的时间，信息便可发往全世界。人类的交流范围和交流频度得到空前加强，以前很多需要等待或者预约的事情，现在都可以马上解决。互联网跨越了时空的限制，不用等到上班时间才开始工作，也不用约定在某个地方会面，通过互联网，你可以和对方跨时空交流。因此，人类的交流强度也变大，老板和客户随时都可以找到你。最近几年，由于智能手机的发明与普及，这一问题似乎变得越发严重。在全球各个国家，无论大人还是小孩，每天都把大把的时间用在手机上聊天、网购、社交。

有观点认为，科技的进步使得工作效率大大提高。如果说人类因为烦琐的工作，为了探寻轻松简便的工作生活方式，而发明制造了机器，那么，从理论上来讲，机器是为人类服务的，是由人类主观去把控的一种工具。机器的诞生催生出一个时代，改变了人们的生活方式，却没有改变人们的一种观念：赚钱，过人上人的生活以及对比与攀比。那么，与机器时代相结合产生的结果就是，谁能掌控更多的机器，就等于掌握了高级生产力，进而赚钱的空间越大，这样，很多人拼命地学习掌握科技与机器。发明机器是为了提高人类生活质量，倒变成人类需要花大把的时间去学习怎么使用它，怎么改造它，怎么利用它。举个简单的例子，如果说你不会使用办公软件，现在基本上找不到一份比较好的工作。

每天除了工作外，人们得拼命学习新的东西，掌握时代的潮流，生怕被落下。特别是随着人工智能时代的到来，机器挤占了人类原本赖以生存的工作机会，所以，到底是人类利用了机器，还是机器奴役了人类？科技越进步，人活得越累，到了最后，还要跟机器争夺生存资源。我们利用科技想过上更轻松的生活，但同时，机器也在挤压着我们自己。

接纳焦虑，才能释放焦虑

□[美]泰勒·本·沙哈尔 译/佚 名

允许自己有负面情绪

小时候，我们允许自己有悲伤的时刻，但是长大后，有自我意识了，开始在意别人的看法：“当我们有悲伤情绪的时候，别人会怎么说？”于是我们开始掩藏这些情绪。

我发现，当我们压抑的时候，那些负面情绪不会消失，恰恰相反，它们反而会更加强烈。现在，我们做一个实验：请大家在接下来的几秒钟，千万不要想一个粉红色的大象。你们会怎么样？我相信绝大多数人的脑子里一直在想着粉红色的大象。

为什么？因为当你要抑制一种情绪的时候，它会变得更加强烈。以前，对我来说，做公众演讲很困难，我是一个很害羞的人。我告诉自己要控制这种焦虑的情绪，于是不断地对自己说：“不要焦虑，不要紧张，不要焦虑，不要紧张！”

但是我发现，我自己越来越紧张，越来越焦虑。后来，我就告诉自己焦虑、紧张都是正常的，然后我就允许焦虑和紧张流淌在我的身体里，慢慢地，我的焦虑和紧张就不那么强了。

我们容易忽视一个事实：痛苦的情感也是人类的一部分，正如重力法则也是自然界的定律一样。当我们谈论到痛苦的情绪，我们要无条件地接受它，正如接受开心、乐观、欢乐的情绪一样。

人走向幸福的一大障碍，就是拒绝欢乐、拒绝痛苦的情绪。而有的人，当他们还是小孩的时候，有人告诉他们不配拥有快乐、不配拥有痛苦。

很多情况，我们拒绝幸福感，为什么呢？当快乐到来，我们可以拥抱快乐；当爱情到来，我们也可以拥抱爱情。人生起起伏伏，我们要学会去拥抱各种各样的幸福、快乐和痛苦等。当我们接受痛苦的情绪，并不意味着我们屈服，就此痛苦下去。情绪没有好坏之分，正如大自然法则一样，我们接受情绪带给我们的束缚，接受大自然给我们的束缚，然后享受它，并选择最好的路径。

允许自己成为真实的“情绪人”

你不开心时回到家，如果这时你的伴侣叫你不必要生气，你会更好吗？没有！因为没有释放情绪的空间。你只需要倾诉的对象，否则久而久之就不会和伴侣分享了。什么叫作无条件地接受情绪？那就是倾听！有的时候，只要听就够了！首先要允许自己和对方是一个人，这是幸福生活的一个基石。

释放情绪有些基本的技巧：

1.允许自己哭或笑，打开心扉倾诉

以色列20世纪70年代的总理说：“不能够全心全意哭的人，也不能够全心全意地笑。”在这个社会，我们作为服务提供者，有时候要抑制自己的情绪。但是在生活当中要有一个空间，允许自己做一个人，当我们跟自己喜欢的人、关心我们的人在一起，他们会去尽可能无条件接受我们的情绪。

在婚姻当中，男性和女性都是受益者，但男性是婚姻中受益最多的。男人多数不会在好友面前哭，他们第一次感觉到无条件被接受和敞开心扉的时候，是和妻子谈心的时候。谁能让对方毫无保留地倾诉，谁就可以让对方感受到更多的幸福感和乐趣。

2.写日志

有这样一项研究：叫一些人到实验室，用20分钟写一写过去发生在自己身上最困难的经历、感受、想法、观点，不管是否向别人提过，都可以匿名写下来。这个实验持续进行了4天，让他们充分表达自己的经历和情绪。

4天之后，他们的焦虑上涨了，但是在接下来的几天又下降了，回到原来的水平。即使在一年之后，还是维持在这个水平，虽然只用了80分钟，它却带来了巨大的影响。这就像疏通并打通了管道，焦虑可以自由流淌。由于身心的结合，他们的免疫系统得到加强，他们生病的概率也降低了。

我们倡导积极心理学不只是表达快乐的情绪，也是加强你心理免疫系统的工具。这意味着，当你感到悲哀时，你的悲哀情绪会更快地恢复；你嫉妒时，嫉妒感可以更快地消失；你允许自己愤怒，但你会采取适当的行动，让自己变得更好。那么，允许自己真正成为人！

假象

□尤　今

一日，收音机播出了撩拨人心的鼓乐，十岁的儿子一时兴起，将厨房的木桌子当成锣鼓，随着节奏，一上一下地猛力敲击，一边敲，一边扭腰摆臀地跳舞。

敲着、跳着，那张看起来坚硬无比的木桌，竟然发出了一个怪异的声响，紧接着，整个桌面猛然坍塌。我快速趋前，一看，骇然发现，无数、无数的白蚁，无比贪婪地在中空的桌子内层蠕动，一只一只吃得脑满肠肥。

我的第一个感觉是生气，第二个感觉依然是生气——不是气白蚁，而是气儿子。

我厉声骂他：“你干吗要把桌子当锣鼓啊？好端端的一张桌子，就这样莫名其妙地被你打坏了！”

他挠挠头，纳闷地反问：“桌子又不是我打坏的，是白蚁蛀坏的，您为什么骂我呢？”

我不依不饶地继续骂道：“如果你不大力击打，桌面又怎么会下陷？”

他摊了摊手，说道：“妈妈，我只不过是提前让你知道真相而已，你又何必大动肝火地迁怒于我呢？”

这话，好像一块岩石，在我的感觉上砸了一个大窟窿。

原来，我也患上了“粉饰太平”的通病——内部已经糜烂得无可救药了，我却还掩耳盗铃地想要维持表面完美的假象！

我是落榜了，但我逆袭了啊

□金陵小岱

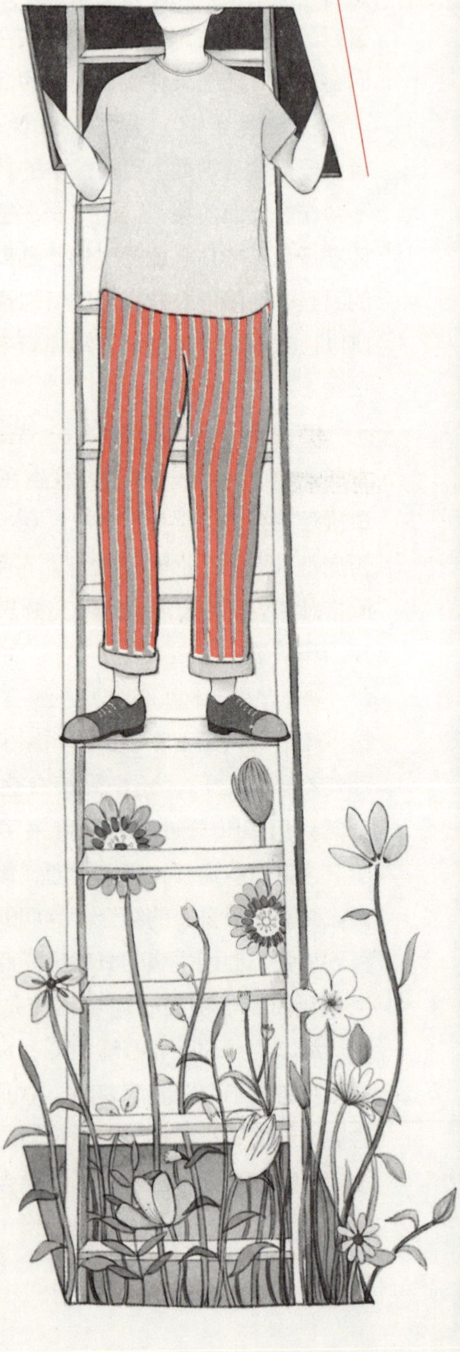

高考，考上大学的自然是春风得意，那么没考上大学的就一定要愁云惨淡吗？

当然不至于，条条大路通罗马，古代这些著名落榜生用亲身经历告诉你：人生的路往往是从低谷才开始算作起点，遭遇过挫折的人生，一旦逆袭，结果总是会超出想象。

李时珍：三次落榜，行医多年著成《本草纲目》

与如今很多家长一样，自己干哪行，就觉得哪行辛苦，总不希望孩子走自己的老路。出身于医学世家的李时珍一度被要求通过科举考试获取功名，从而走上仕途，实在不行再学医。然而李时珍在考中秀才后，考运就很差，连续三次落榜。

好在科举考试不是李时珍的执念，李时珍的父亲也懂得“事不过三”的道理，全家举人梦破碎后，李时珍开始学医。兴趣是最好的老师，不出四年，李时珍就在医学的领域如鱼得水，可以独自行医，并且医名日盛。

在李时珍33岁那年，还曾因为治好了富顺王朱厚焜儿子的病而医名大显，被武昌的楚王朱英裣聘为王府的“奉祠正”，兼管良医所事务。五年后，李时珍又被推荐到太医院工作，授“太医院判”职务。又过了三年，李时珍又被推荐上京任太医院判，然而他仅仅任职一年，就辞职回乡。

辞职回乡的李时珍先是坐堂行医，后又总结自己十年行医以及阅读医籍的经历，发现古代本草书中存在不少错误，决心重新编纂一部本草书籍。就这样，李时珍以《证类本草》为蓝本，参考了800多部书籍，期间还多次离家外出考察，踏遍了山山水水，弄清了许多疑难问题，这才有了被称为“古代中国的百科全书”“东方药学巨典”的医学巨著《本草纲目》的诞生。

冯梦龙：落榜十几次，创作小说成为畅销书作家

冯梦龙出身士大夫家庭，与兄冯梦桂、弟冯梦熊并称“吴下三冯”，然而这样一个才华出众的人，却在科举考试中屡次碰壁。

在他人生的前四次落榜后，好歹还可以不服气，还可以“知耻而后勇”。然而比较羞耻的是第五次，冯梦龙与弟弟一同参加考试，结果弟弟考中了秀才，自己依然落榜。

冯梦龙心想：我要越挫越勇，就算是轮运气，也该轮到我了吧？

然而，接下来的十几次考试中，运气还是没有轮给他，等待他的依旧是落榜、落榜、落榜……连个秀才都没有考中，冯梦龙跌入了人生的谷底，他又想：考场失意，情场总会得意吧？

原以为与歌姬侯慧卿的相遇会成就一段佳话，却不承想数年后，侯慧卿决绝地嫁给了一名富商，从此杳无音信。为此，冯梦龙还大病一场。

大病初愈后，冯梦龙又开始准备科举考试，连续几年考下来，依旧是榜上无名。

或许是在一瞬间，冯梦龙忽然与自己和解了：人生已经到了三十多岁，这一生不能只为科举考试而

活吧？

好歹也是江南才子，没有功名，不如写点作品。于是冯梦龙一边整理各种街头话本，一边尝试着创作短篇小说。没想到，他的处女作《喻世明言》一面世就大卖，好评如潮。

很久没有成就感的冯梦龙一下子被激发了创作的热情，一口气又写了两本书，分别是《醒世恒言》和《警世通言》。因为有着前一本书的热度，后两本书更是卖得热火朝天，冯梦龙的名气与日俱增，一下子红了！

因为书卖得好，有名气。冯梦龙被举荐为贡生，当了个七品芝麻官，也算是满足了冯梦龙的执念。

左宗棠：三次落榜，研习兵法终成著名军事家

想当年，左宗棠是花钱买了个秀才资格，才得以参加长沙乡试。原本试卷被考官胡鉴批了个“欠通顺”，明摆着落榜，却不承想发榜前，皇帝突然给湖南增加了六个举人名额，而考官胡鉴在此时猝死，左宗棠在一片争论中，过了关。大概是运气用完了，往后三次，左宗棠都是落榜。

左宗棠是个极有个性的人：考不上拉倒，老子回家种地去。

然而举人的身份让左宗棠上下两难，捐官没钱，单是种地又不甘心，又正好该是成家的年龄了。思来想去，左宗棠只能选择入赘，好在岳父母一家对他都很好。

那些郁郁不得志的时光里，左宗棠一面务农，一面研习兵书，还自称为“湘上农人”。

之后，因为战功，左宗棠开始了他一生的功名……

他平定捻回、收复新疆，战功赫赫，然而举人的身份终究是他的一个心结。据《汪穰卿笔记》记载，说左宗棠在成为朝廷重臣后，还把当年的主考官给叫去，并且当着主考官的面背诵他当年参加考试时写的那篇作文。每背一句，他就要质问一遍：“我哪里写得不好了？你说呀！”可怜的主考官被左宗棠这一举动震惊了，赶紧辞职离去。

不仅质问主考官，左宗棠在年过六旬之时，还作势要去参加会试。好在慈安、慈禧两宫皇太后明白左宗棠的心思，颁下谕旨：特赐左宗棠同进士出身，并升为东阁大学士。

由此，左宗棠才摆脱了举人的身份，可是就算左宗棠一辈子都是举人又怎样呢？他早已不再是那个落魄的落榜生，他为国家收复了200多万平方公里的疆土，他的人生早已在沙场上逆袭了！

高考是一场很重要的考试，但要用整个人生的长度与宽度去衡量。落榜又怎样，终究不过是一场考试，古代人能逆袭，你也可以。

逝去时光中的自己

□张小娴

突然发现，原来我们是不记得自己从前的样子的。我们只是从旧照片中“知道”自己当时是什么模样。虽然天天照镜子，可是，我们很快便忘记昨天的自己。

你能够形容自己一年前的容貌吗？除非改变很大，否则，你也和我一样，只能微笑摇首。谁能记忆逝去时光中的自己？

年少时，因为比较喜欢妹妹的样子，我便把妹妹的照片放在钱包里，告诉别人，这便是童年的我。老师和同学看到照片，露出一副不太相信的表情，说：“是吗？这个不像你啊！”

我妹妹总会有几分像我吧？怎么会不像？后来才明白，我们不相像的是气质。她很文静，我很粗鲁。

我也送了一张照片给妹妹，那是我很喜欢的一张，因为照片里的我看起来很乖。后来，我忘记了我把照片送给了妹妹，我一直找一直找，以为遗失了。许多年后的一天，跟妹妹提起，她说：“你送给了我，但我把照片撕掉了。因为那时候我很妒忌你，爸爸妈妈疼你，你什么都比我好。”

我有点难堪。直到今天，我也没有告诉她，我曾经拿了她的照片冒充自己，她不知道当时我有多么羡慕她。我惋惜的，是再也看不到那张照片，没法记忆当时的自己，而我的确已经忘记了。

有钱人和没钱人谁更爱买彩票

□岑 嵘

也许你以为有钱人预算宽裕，更乐意随便花点小钱买几张彩票玩玩；而穷人手头拮据，恨不得把一块钱掰成两半来花，不会随便花钱。然而事实刚好相反，越穷的人越喜欢买彩票。

经济学家也早就观察到了这种现象：钱越少，或者亏损越大的时候，越有可能冒更大的风险。

经济学家卡尼曼和特沃斯基曾提出一项关于“日终效用”的研究，该研究发现，在一天的最后一场赛马中，有更多的人把赌注押在了最不可能获胜的马身上。一天下来，那些输红眼的赌徒，会在最后的机会急于翻本，因此他们会倾向于把赌注押在赔率最高（最不可能获胜）的冷门马上。

我们把这种孤注一掷的行为称为“彩票思维”，这种思维也是一种资源匮乏导致的“穷人思维”。他们认为省钱完全是浪费时间，反正身上的钱无论如何都不够用，干脆买彩票去博一下。于是这些人会牺牲手头宝贵的真金白银，去购买彩票换取情感上的希望。

人们热衷于买彩票是源于我们大脑的一种特殊机制，即赚钱的滋味的确很美妙，而那种幻想赚钱的感觉更美妙。我们的投资大脑中有一种特殊的生理机器，和实际得到的利润相比，盈利预期更能加速这台机器的运转。当我们越是缺钱，对这种预期和渴望越是强烈。

这种现象还不只是出现在买彩票时。当我们观看体育比赛时，会发现一种类似的现象，当落后的球队在比赛时间将尽的时候，足球运动员会在离球门很远处频频远射；篮球运动员会在终场哨声响起前，近乎绝望地在半场出手；橄榄球运动员在比赛最后时，会抛出“撞大运式”的传球。也就是说，越是眼见着要输球的球队，越会像买彩票似的寻求出现翻盘奇迹。

产生这种“彩票思维”，或许是人类的一种本能。

生物学家发现，当动物缺乏食物、水和庇护所的时候，会产生一种“负能量预算”，处在这种状态下的动物根本就不可能去寻找稳定的仅能够维持生计的收益。实际上，他们需要的是中彩式的“暴富”。因此，处于绝境中的动物，更倾向于多变的收获。尽管这会增加一无所获的危险，但为了补充即将耗尽的能量，这也是最可行的办法。

同样，人类在进化过程中也是如此，当生存出现危机时，我们的祖先只有甘愿冒更大的风险才能存活下来。比如当食物短缺时，早期的人类就可能选择风险更大的狩猎大型凶猛的动物，要么获得充足的食物，要么死于猛兽之口，而保守地选择诸如采集野果这样折中的办法，并不能保证其生存。

如何正确使用『我觉得』

□王　路

有人问我，发表观点时加上“我觉得”，是严谨还是不自信的表现？

要表现自己的权威和独断，把“我觉得”一律删掉。但前提是你的观点一定得立得住脚，不仅观点立得住脚，你的语言也要有气势，嗓门亮堂，手势有力。

据说，人事面试时，遇到一句话里边三个“我觉得”的人，一概刷掉，这种人太不客观了——你直接说事实嘛。但其实，“我觉得”正是客观严谨的表现，什么样的事实不是你觉得的事实？可有时候为追求表达上的严谨，反倒显得累赘。

不过，说“我觉得”有很大的好处，就是拉近和听话者的距离。最好后边还加个“吧”，前面再加个“那啥”。“我觉得”还不够亲切，“那啥，我觉得这事儿吧”，对方一听这话，立刻就觉得你比他丈母娘还亲切了。说话，有时候需要语气亲近些，有时候需要语气疏远些，但亲切还是疏远都不重要，重要的是变化。在原本语境就亲近的情况下，突然来一句语气更亲近的，听众一听，立马就觉得你这人真是好得不得了。

“我觉得”这种表述，也与内容的深浅有关。道理讲得太深，人家一头雾水；讲得太浅，你又不一定能说出让大伙儿眼睛一亮的东西。有些话语，一旦说破，就索然寡味了，味道全在若即若离之间，用张国荣的歌来说，“孕育着无限意义”。这时，“我觉得”的说法就大有用武之地。

另外，有人除了“我觉得”外，还喜欢用“我以为”。“我以为”和“我觉得”是不一样的。“我以为”侧重说具体的事儿。“我以为”显得书面一点儿，换言之，有点装。例如：“我以为，这块披萨的味道很好。”以为什么啊，这是煎饼馃子你晓得伐？所以口头表达一般不用“我以为”，如果拿捏不准，宁可用“我觉得”，别用“我以为”。

最后，一定要明确的是，虽然“我觉得”是一种不严密的表达，能衍生出各种出彩的手段，但在你为了修辞效果，故意使出拖刀计卖个破绽时，心里一定得很清楚千万不能犯错误。

古人去哪里找“热搜”

□李方恩

拜科技革命所赐，现代人可以利用各种方便的条件去查询各类知识，了解热点所在。那么，古人没有搜索引擎，如果有类似的需求，要怎么办呢？有办法，他们可以查询类书。

中国古代的图书大体上分成“经史子集”四类。其中，经是指儒家经典，史是指史书，子汇集了先秦诸子百家的著作和一些宗教典籍，集收录的则是文学作品，这种分类方法是从隋朝开始的。然而，随着社会的发展，这种分类方法越来越不能满足人们的需要了，因为很多知识无法装到“经史子集”这个体系中。于是，类书就逐渐出现了。

类书类似于我们经常用到的各种工具书，但是它有着自身的特点。首先，从内容来看，类书广泛收集了各种书籍，内容包括自然界和人类社会的各类知识，这和今天的百科全书有得一比。其次，类书只是把各种知识汇聚到一起，不添加任何评论和批注。最后，从编辑方式来看，类书分门别类地编排了收集而来的资料，以便于使用者查询。这三个特点是类书最突出的特点。

那么，第一部类书是哪一本呢？研究者普遍认为，编订于曹魏年间的《皇览》是我国第一部类书。《皇览》是魏文帝曹丕召集大臣刘劭、王象等人编辑的，全书分成四十多部，一千多卷，八百多万字。曹丕雅好文章，热爱文学创作，在创作过程中，他经常要查询一些典章故事，在治理国家时，他也希望可以学习先贤明君的事迹。于是，在公元220年，他召集了一些名臣儒士，想要编辑这样一部书。这部书费时三年编成，是严格意义上的类书。令人遗憾的是，这样一部价值极高的书，大部分都失传了。好在这部书开了类书编纂的先河，此后各种类书层出不穷，名气较大的有唐朝的《艺文类聚》、宋朝的《太平御览》《册府元龟》。到了明朝，一部规模空前的类书《永乐大典》横空出世。《不列颠百科全书》在“百科全书”条目中称《永乐大典》是“世界有史以来最大的百科全书”。注意，此处没有之一。

《永乐大典》编纂于明永乐年间，由明成祖朱棣下令名臣解缙和姚广孝等人主持编纂。朱棣告诉他们：“凡书契以来经史子集百家之书，至于天文、地志、阴阳、医卜、僧道、技艺之言，备辑为一书，毋厌浩繁！”意思是说，从文字形成以来所有的著作，你们都要把它们分门别类地弄成一部书，不要嫌多。这部书从1403年开始编纂，直到1408年才最终完成。全书一共22937卷，11095册，约3.7亿字，汇集图书近8000种，是一部全面反映中国传统文化光辉成就的扛鼎之作。

从古代各种各样的类书，再到今天各种各样的搜索引擎，变化的只是形式，不变的则是人类对各种旧闻新知的好奇心。

模仿的一生

□孙道荣

朋友拿来两节小竹枝，问我们有什么区别。

就是两小节竹枝，长短差不多，粗细差不多，色泽、形状也差不多。看来看去，没啥不同。

朋友拿起一节竹枝，说，这是一节竹枝。我们笑了，这不是废话吗？又拿起另一节竹枝，说，这是一只昆虫，竹节虫。

竹节虫？怎么可能，它不就是一节竹枝吗？

朋友将它放回地面。我们围住它，盯着它看。如果它真是一只竹节虫的话，它一定趁机撒腿逃走，或者振翅飞掉。但是，它没有。它一动不动，就像与它并排放在一起的另一节竹枝一样。

几分钟后，有人忽然一声惊呼，它不见了！而另一节竹枝，还安稳地躺在地上。会不会是被风吹走了？朋友笑着说，如果是被风吹走了，另一节竹枝为什么还安在呢？事实上，它是竹节虫，长着腿，或者翅膀，它逃回不远处的竹林了。一只竹节虫，在我们的眼皮底下，上演了一出精彩的隐身计和逃生计。

在生物界，有一种能耐叫“拟态”，就是模仿环境或别的生物，以获得生存的机会，或捞点别的什么好处。而竹节虫，可谓拟态的顶尖高手。一只竹节虫，它的一生，都是在模仿中度过的。

处于生物链底端的竹节虫，天敌实在太多，鸟、蜂、蜘蛛、蜥蜴，甚至蚂蚁，都是它的天敌，丛林之中几乎都是夺命杀手。而它又没有力量与之抗衡，想要活下去，就只能靠一身模仿的好本事了。

在竹节虫是一只卵的时候，它就必须靠模仿来获取生存下去的机会。大多数别的虫卵，都是圆润的，甚而是水灵的，充满生机和活力。竹节虫的虫卵不一样，它不敢有光鲜的外表，这会令它在孵化成虫之前，就成为天敌们的开胃小菜，为了迷惑敌人，它的妈妈就不得不使之不像一只卵，倒更像一粒灌木的种子，混在落叶和别的真灌木种子之间，以逃避天敌的吞噬。

在幸运地孵化成一只竹节虫后，它的一生只有3至6个月的时间。而在这短暂的一生中，它必须时刻模仿。如果它是在一片竹叶上，它就必须把自己伪装成竹叶的样子，有一片竹叶应具有的中脉和支脉，还有叶柄和纹路，总之与它身边众多的别的竹叶丝毫不差；如果是在竹节上，那更是它的拿手好戏，把自己弄成一个竹节的样子，它从不浪得虚名。

当然，再高级的模仿，终究是模仿，难免有露出真容，或被火眼金睛识破的时刻，对一只竹节虫来说，那也是性命攸关之时。不过，竹节虫还有最后一招：装死。直挺，僵硬，任尔摆弄，就像我的朋友拿来的那个小竹枝一样。装死的代价往往是，从真竹叶上随风飘落，摔断了一条或几条腿。我不知道竹节虫有没有痛感，如果有的话，它必是忍痛的能手，能忍常虫不能忍。所幸，只要能逃过此劫，不久之后它还会长出新腿来。竹节虫的腿，除了拿来走路和爬行，还用来作为保命的代价。

竹节虫模仿的一生，让我想起一句广告词：“一直被模仿，从未被超越。”用在一只竹节虫身上，也许应该是：“一生在模仿，从未被发现。”因为一旦被天敌发现，大多数时候，一只竹节虫模仿的一生，就算到头了。模仿了一辈子，竹节虫会不会为此悲哀呢？我不知道，但我知道，一个人，是断然不能靠模仿来混一生的。

未来需要什么样的 终身学习者

□韩 焱

怎么科学、高效地学习？为什么阅读是最好的学习方法？人工智能时代更应该珍视哪些人类独特的智能？这些话题探讨到最后，都会指向一个方向——未来到底需要什么样的终身学习者。

要想获得高级能力，你就需要对能力有高级认识。所有的高级认识，至少符合这样四个标准。

1.它能站在解决问题的角度，把事儿说清楚。2.它能操作和执行。3.它显而易见，但大多数人视而不见。即：它能揭示事物间微妙且有意义的联系。4.它能从不同角度被科学验证。

我一直在寻找符合这些标准的高级认识。最为认同的，是圣塔菲研究所科学家斯科特·佩奇提出的“多样性思维”。

未来需要的，正是有“多样性思维”的终身学习者。怎样才算一个具有“多样性思维”的人？

要成为“多样性思维”的人，你至少要具备以下四大类能力。

第一大类能力，是你能够变换方式来看待同一个事物，也就是切换视角。换句话说，你能选择不同语言或者不同结构来描述一个事物。比如，同样在描述一片森林，如果你想让人不迷路，则画张地图；如果你想让人了解它演变的历史，做一张年代表；如果想让人知道你与这片森林的故事，那就写一篇文章。视角选择对了，可以降低要解决问题的难度。

第二大类能力，是你能掌握一系列不同的做事规则。这类能力有个专业说法，叫“启发式”。你肯定常听到要“跳出框架进行思考”，但此说法很多情况下是错的。你不可能脱离具体情境去寻找一个问题的解决方案。你要想获得更好的答案，要多一些视角，多尝试一些“启发式”，然后选择一个合适的视角，在这个视角框定的范围之内，重新去审视里面包含的东西，再按照一定的做事规则展开自己的行动，就能构建起自己独有的竞争力。

第三大类能力，是你能够把事物做出独特的有意义的分类，这种能力叫作“解释”。比如，总统竞选时，通常是把选民按照欧洲裔、亚洲裔、非洲裔来分类，或者教育水平和收入水平来分类。但是，专家经过研究，认为竞选团队应该重视“足球妈妈”这个选民类别——这就是找到了对选民的一种独特的“解释”。“足球妈妈”在30~40岁，有子女、有工作、有配偶，住在郊区，常开着汽车，带着孩子在家和学校，以及运动场之间穿梭，对选票有巨大影响。

第四大类能力，是你面对各种决策时，能够挑选出合适的多种模型，从不同角度对未来的结果做出预测。这种能力叫作“模型思考”。股神巴菲特和搭档芒格，就创造了自己的“心智模型网格”。说白了就是一个包含很多投资高手，以及他们的心智模型的团队。那些多样性的模型就是他们投资决策中，可以动用的群体智慧。

如果要完成非常难的任务，那么，拥有多个预测模型的普通人要比仅掌握少数几个维度的专家，准确性要好很多。即使专家与专家之间，谁拥有更丰富的视角，谁就更能胜出。

“多样性思维”对组织的启发是，要追求“君子和而不同”，聚拢价值观一致，但是各怀绝技的人才。这样，才能获得多样性思维带来的最大红利。

我一点也不怀念我的高中

□罗　俭

我高中三年真的很惨，第一年的校运会，百米跑没人报名，那个骂人很凶的班主任随便指了一个人去参赛。不好意思，就是我。

我觉得枪一响，其他人都已经快要到终点了，我还在起步，我努力迈着小短腿拼命追赶，那是我这辈子最丢人的几十秒。我看到那些跑得很快却不报名的同学憋着笑，我真的好委屈，为什么要逼我去做我不擅长的事情呢？

后来到了高二换了班主任，我也终于找到自己的强项，在全校演讲比赛上拿了第一名。班主任带我去市里参加比赛，那天我只拿了一个纪念奖，我以为班主任会安慰我，结果他跟着别人的小汽车回去了，临走时跟我说：“你自己坐公交车回去吧，这里坐不下了。”就这样把我丢在街上。

我当时强忍着没哭，只好自己跑去坐公交，我回到宿舍时大家都吃完晚饭了，食堂也没饭了。我躲在自己的上铺哭得稀里哗啦，人生中第一次有被抛弃的感觉，你没取得好成绩，你就可以被怠慢、被忽视。如果能穿越，我真想回去抱抱那个小可怜。

高二在校内被摩托车撞，还好车速不快，整个右半边身体摔在地上，手肘擦破，大腿小腿擦破，到处瘀青，五颜六色。肇事的是高一一个小姑娘的爸爸，当时她也在。我后来瘸着腿去找她要后续的医药费，她开始哭穷：“我家里条件也不好，呜呜呜。”

我年纪小，我也不懂，傻呵呵地回去了。那段时间我妈忙着照顾生病的爸爸，我就自己每天擦药，尤其摔了后的几天特别疼，刚好是夏天，我爱穿裙子短裤，每天露着半边伤痕累累的身体。

以为高三能平平安安了吧，结果看完圣诞文艺会演那天，我们搬着凳子回宿舍，因为学校施工，要回去的话只能经过一个一人宽，距离地面两米高的平台。我不小心踩到一根凸出的树根，没站稳直接从上面摔下去，被凳子砸在鼻梁上，在我前面跟我说话的同学回头一看发现我不见了。

几个同学拉我上去，一摸后脑勺，满手血。他们送我到诊所，医生说要缝针，我懵懂地就把头交给他了。我还记得那针线穿过头皮的感觉。

然后我就被包扎得像一个木乃伊了，医生举起手问我这是几，还好我没有摔成脑震荡。第二天麻药过了，痛得流眼泪。我终于意识到这是一个多么悲惨的意外了。很久后，我想了想我的高中三年，我好像一直在做自己不擅长的事情，我在那些事情上找不到任何自信和成就感，我还是要硬着头皮去做，收获的却是懊恼，然后那些大人还要对你评头论足，逼着你意识到自己的无能。

高一班主任给我的评语是：你是一个不卑不亢的姑娘。大概是他有几次批评我的理由，我并不认同，所以看起来很不服气吧。

如果能穿越，我想回到高中时代，对那个不卑不亢的姑娘说：“你没有错，你不应该感到抱歉，不必感到无能。”你会在喜欢的、擅长的事情上获得满足感，不必纠结于那些失败，那是大人们为了显示他们的权威对你的故意打压，既然如此，你又何必中计？

赢了自然会开心，不必在意他们多余的奖赏，输了之后的鼓励和支持才弥足珍贵。我一点也不怀念我的高中，然而我经常想起我的高中。

买安全鞋，还是买安全

□徐立新

作为全球最大的商用飞机制造商，波音公司一直有一个头痛的问题，那就是它们遍布在全世界的1000多名机翼修理师，经常会在工作的时候，不小心从梯子或机翼上掉下来。

据统计，每年全球有400多名波音的机翼修理师在工作时掉了下来，这给波音公司造成了很大的压力和损失。

后来经过研究，波音公司觉得修理师们之所以会掉下来，是因为他们的鞋子不好，不具备诸如防滑、固定等方面的功能和作用。为此，波音公司决定每年斥资2000万美元，用于定制一批防滑固定的安全鞋，同时面向全球的制鞋商公开招标。

经过一轮轮的筛选，最终有7家制鞋商幸运地进入最后的决赛阶段，这其中有6家公司明确表示，修理师掉下来就是因为鞋子不好，而他们自己则能完全解决好这个问题，生产出百分之百符合波音公司意愿的安全鞋。

可是，第七家公司通过仔细认真的调研，发现这些安全事故根本原因不是鞋子的问题，而是意识的问题。因此他们在提交给波音公司解决的方案中，除了表示能以较低的价格生产安全鞋外，还免费给每位修理师赠送一条安全带，这样在工作时，只要把系在腰上的安全带固定起来，就能保证即使掉下来也不会摔伤。同时，他们还愿意每年自费花10万美元，为波音公司聘请一位安全教练，让他巡回给修理师们培训，增强他们的安全意识和防卫技能，减少从机翼上掉下来的可能。

可想而知，第七家公司赢得最后的胜利，接下了每年2000多万美元的订单。现在要问的是，为什么第七家公司愿意自费赠送安全带？答案很简单，波音公司要买的是安全而不是安全鞋。如果能确保百分之百的安全，那么即便让修理师穿着拖鞋，或打着赤脚，也无妨！安全带正好满足了这个需求。

那么既然已经提供了安全带，为什么还要每年花钱给波音提供安全教练？答案是，如果你只是单纯地提供一条安全带，那么等待来年，竞争对手同样也能，甚至是提供更高级的安全网，同时报价更便宜，那么结果可想而知。

因此，赠送安全教练，事实上目的是在培养机翼修理师们与第七家公司的感情，让修理师们永远成为第七家公司的忠诚拥护者，波音公司的采购部门便不能轻易换掉第七家公司，因为机翼工程师们会不同意的。这样一来，每年2000万美元的订单便非常稳固了。

做我自己

□周国平

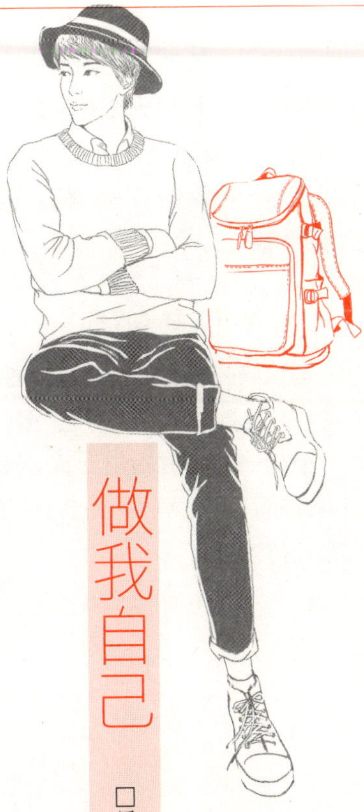

卢梭说："大自然塑造了我，然后把模子打碎了。"这话听起来自负，其实适用于每一个人。可惜的是，多数人忍受不了这个失去了模子的自己，于是又用公共的模子把自己重新塑造一遍，结果彼此变得如此相似。

真正成为自己可不是一件容易的事。世上有许多人，你可以说他是随便什么东西，例如是一种职业，一种身份，一个角色，唯独不是他自己。

如果一个人总是按照别人的意见生活，没有自己的独立思考，总是为外在的事务忙碌，没有自己的内心生活，那么，说他不是他自己就一点儿也没有冤枉他。

因为确确实实，从他的头脑到他的心灵，你在其中已经找不到丝毫真正属于他自己的东西了，他只是别人的一个影子和事务的一架机器罢了。

人生在世，不能没有朋友。

在所有朋友中，不能缺了最重要的一个，那就是自己。缺了这个朋友，一个人即使朋友遍天下，也只是表面的热闹而已，实际上他是很空虚的。

能否和自己做朋友，关键在于有没有一个更高的自我，这个自我以理性的态度关爱着那个在世上奋斗的自我。理性的关爱，这正是友谊的特征。有的人不爱自己，一味自怨，仿佛自己的仇人。

有的人爱自己而没有理性，一味自恋，俨然自己的情人。

在这两种场合，更高的自我都是缺席的。

蝴蝶休憩在蝴蝶上

□慈　琪

对一个小孩来说，一块甜食也许抵得过全世界。

对长大的我们来说，全世界也抵不过我们爱的人。

所以那些无心的过错或者有意的伤害，对我们爱的人，对我们自己，都是多么沉重的打击啊!

当一只蝴蝶在半空中飞累的时候，它会找一丛开花的植物歇息。

如果是一群蝴蝶一同飞过沧海，会不会在某只小蝶疲累的时候，像满天星辰一样闪烁着聚拢到一起，扑扇着宽薄而脆弱的蝶翅，让它在上面好好歇息一会儿呢?

爱着彼此的我们，也是这样付出、回想、小心、揣摩、幸福和遗憾的吧。

当我想到他们还在这世上存在的时候，便是心中慰藉的一刻。

那样的时刻，心中柔软静好，一整片大洋的风暴都吹不断我一根羽毛。

人类大脑：30岁才成年，90岁还没老

□张梦然

现在流行在迈入 30 岁后就说自己“已经老了”，脑子也“经常忘事儿”。不过，这只是嘴巴自作主张的说法吧？人家大脑可并不承认——英国科学家指出，人的大脑达到成人状态，要到 30多岁。

也是在近期，欧洲一项脑研究表明，直至人类达到 90 岁高龄时，健康大脑内仍有新神经元在持续发育。如此看来，我们的身体真是拖了大脑的后腿。

30 岁，我才成年

当我们说一个成年人“心智不成熟”的时候，应该想想，也许真的是他的大脑还没发育完全。

在伦敦牛津医学科学院的一次会议上，英国剑桥大学的神经科学家彼得·琼斯称，研究认为人类大脑并非很快就成熟了，而是一个缓慢、循序渐进的过程，最终达到成人状态，要到人们 30 多岁的时候。

他的研究认为，在 18 岁时人的大脑仍在经历巨大变化，20 岁之后也非常容易受精神障碍的影响，而这个问题到了 30 岁左右就会得到解决。

90 岁，我还没老

与大脑的“晚熟”相对的是，它的“衰老期”其实来得也很晚。

最新一项研究指出，直到 90 岁高龄时，健康人脑内仍会有新的神经元持续发育。

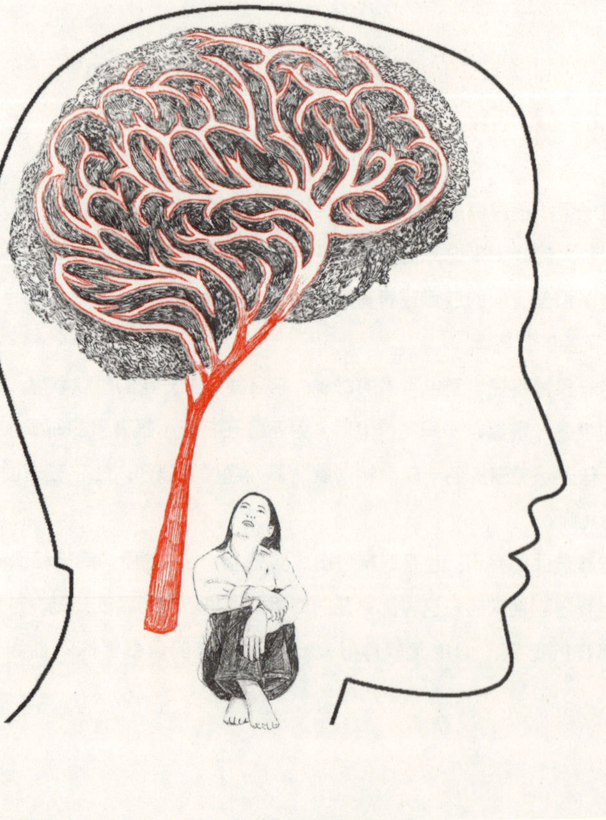

大脑内的大部分神经元在出生时便已存在。在成年人大脑的特定脑区，如海马体，会形成新神经元，这个过程也被称作成体神经发生。过去的研究已经确定，在啮齿类动物和其他脊椎动物体内会发生这一现象。另外也有研究表明，新生神经元会融入人体组织。但是，近年来的研究对于人脑内的成体神经发生程度产生了质疑。

西班牙的科学家们详细分析了 58 名人类被试者的组织样本，结果发现，虽然存在一定程度的年龄相关性下降，但是人脑海马体内的成体神经发生终生都可观察到。这项研究还发现，在阿尔茨海默病患者的脑内，新神经元的形成明显减少。

重新定义大脑与成长

我们对大脑发育过程的全新认知，很可能将对未来脑研究和社会产生重大影响。90 岁还在发育的神经元，已经颠覆了人们以往的认知。彼得·琼斯从社会学的层面分析了这个问题。他表示大部分国家都规定 18 岁就算步入成年，这或许并不是确切的生理上的“成年”，而是可以行使投票、饮用酒精、抵押贷款等权利，也让教育、医疗和法律系统运转顺畅。

“我们真正想要说明的是，为童年转变为成年定义一个时间点这件事，看起来越来越荒谬了。”琼斯解释说，“这个过程其实是一个缓慢的过渡，会持续30多年。”

换句话说，童年与成年之间并没有明显的分界线，我们始终走在逐渐成熟的这条路上，沿着成长的轨道慢慢向前。

你的眼界，决定了你的世界

世界上有很多不同的国家、不同的语言、不同的民族，我们从小就听说过。然而，不是在书本上、电视上或者银幕上，而是在现实中，亲身体会到不同的风土人情时，你大概才会看到世界的入口。只要认真寻找世界的入口，你一定找得到世界。因为世界本来就属于每个人，当然也属于你。

寻找世界的入口

□［日］新井一二三

你也许会觉得奇怪，我们不是早已生活在世界上了吗？怎么还需要找入口呢？

我在日本东京长大。对小时候的我来说，外面的世界是很遥远的地方。住在东京新宿区的小巷里，我的活动范围特别小，跟大世界简直沾不上边。那时，如果有人告诉我“你也是世界的一分子”，恐怕我会以为他是个骗子。

从我家到学校，走路不到三分钟，而且巷子特别窄。窄到什么程度呢？两个行人擦肩而过都需要侧身。那一带密密麻麻的木房子，都是平房或者两层楼，包括我的家。所以，我的世界不仅很小，而且很矮。

放学后，上音乐班、书法班和珠算班，都是在走路五分钟的范围内。有时候，替母亲去买东西，也都是在家附近的蔬菜店、面包店、鲜肉店和干货店。平时去的最远的地方，也不过是同一个学区的一些朋友家。路上要经过一条叫“大久保通”的大马路，十字路口有个红绿灯，独自走过马路，对当时的我来讲是最大的冒险了。

我懂事的时候，家里已经有一辆车了。到了周末，父亲会开车带我们去郊外玩。从距离上来说，大概每一趟都有上百公里吧。但是，我并不觉得我的世界扩大了多少，因为我只是坐在父亲开的车里，并没有离开父母所提供的环境。

我独自去过住在东京东部的姥姥家几次，大约一个小时的车程。一个人出门，坐在电车上看窗外的风景，感觉很自由。我从小就喜欢坐火车多于坐汽车，因为火车上有不同的人，就像一个小社会。

我小学三年级的暑假，父亲开车500多公里，带我们去大阪游览了世界博览会。我们人手一本“世博会护照”，每进一个场馆就在“护照”上盖一个印章，和在真正的“护照”上盖出入境图章一样。我恨不得拿着那本护照，到参展的每个国家的场馆去收集所有的印章。我进入一个东欧国家的场馆，好像是匈牙利的，里面有什么展览我一点儿都不记得了，但至今忘不了场馆里卖的一种特色食品。我特想尝一尝，所以跟母亲要了钱买来吃。那个小吃上面有白色的酱，看起来像生日蛋糕上的鲜奶油，可是吃起来一点儿也不甜，反而是酸酸的。现在回想，应该是酸奶吧，可当时的我就是吃不惯，吃了一口就偷偷地扔掉了，因为怕母亲知道了会骂我浪费钱。没错，我是浪费了钱，但我是被它的异国情调吸引，

就是想尝一尝，哪怕吃不惯都心甘情愿，因为吃不惯的东西反而更具异国情调。世界的入口在哪里？我大概是从那时开始寻找的。

上了初中以后，我看了许多日本人写的旅游文学。也许跟大阪世博会上的经验有关吧，对大家想去的美国、英国、法国等，我始终不大感兴趣。反之，相对少有人去的地方，如东欧、南太平洋上的岛屿新喀里多尼亚等地，会刺激我的旅游梦想。

不过，那只是梦想，当时的我是没有条件去国外的。所以，我初中时的初步计划是，尽量在日本国内单独旅行。我深信旅行会打开世界的门。

高中毕业以前，我有过总共五六次的单独旅行。只有一次，和一个女同学一起去了日本最大的湖泊——琵琶湖。结果，我觉得没有单独旅行好玩，因为单独旅行才能够真正离开平时的生活、平时的自己，也能够尝到孤独的滋味。在没有人认识我的环境里，试图扮演跟平时不一样的自己，或者稍微调整一下原有的个性，我认为那才是旅行的乐趣。若有朋友在身边，怎好意思临时改变个性？人家会以为我不是骗子就是神经病吧。

平时的生活是在父母创造的环境里进行的，离开原有的环境意味着我会进入另一个世界。但是，世界的入口究竟在哪里？

我生平第一次出国是大学二年级的夏天，到北京参加了为期四周的汉语进修班。

在众多国家里，我为什么选择去了中国？最直接的原因就是早一年春天上大学的时候，作为第二外语，我选修了中文。选修中文，是因为我觉得中国很亲近，也因为我觉得中国好遥远。大概“遥远”的感觉更加重要，毕竟我寻找的是世界的入口。

那年夏天在北京的经历，对我产生了非常大的影响。我印象最深的是，有一天晚上，我在北京火车站看见了一班开往莫斯科的列车。那个时候，我深刻体会到，中国是欧亚大陆上的国家。从北京出发，可以通过西西伯利亚平原到莫斯科，在那儿换乘，就能去柏林、巴黎、罗马、伦敦、阿姆斯特丹。那晚，目送着国际列车，我由衷地感动。就是在一刹那，我发现了世界的入口。

世界的入口，当然不限于北京火车站的国际列车站台。我觉得，任何地方都可以成为世界的入口。

世界上有很多不同的国家、不同的语言、不同的民族，我们从小就听说过。然而，不是在书本上、电视上或者银幕上，而是在现实中，亲身体会到不同的风土人情时，你大概才会看到世界的入口。只要认真寻找世界的入口，你一定找得到世界。因为世界本来就属于每个人，当然也属于你。

如何击败自己

□[日]松浦弥太郎　译/尹　宁

几天前同别人聊天时，我突然听到这么一句话：“如果你现在需要一举击败自己的话，你会怎么做？如果你想要变得更强，最好考虑一下这个问题。”

在此之前，我从来没想过这样的假设，所以这样的问题对我来说是一个不小的冲击。

举个例子。假如你现在正经营着一家商店，生意不错，接着，有人让你分身出来站在对立的角度思考问题：如果你现在在隔壁新开了一家商店，为了对抗眼前这家经营不错的旧商店，直至让它关门大吉，你应该怎么做？

这是一种从客观的角度审视自己，然后找到自己致命的弱点的思考方式。一旦找到答案，你就要努力改善，从而让自己变得更强。这将对你今后的成长和进步有非常大的好处。

那个人还对我说：“重要的是，要常常抱有自己就是自己的人生中最大、最强的敌人的态度。”

原来如此。在工作上，这种意识似乎也能起到很大的作用。最了解自己、知道自己所有秘密的人只有一个。成长从对自己时友时敌、清楚自己的一切强弱开始。

“从现在开始，训练自己发现自身哪一项能力最强。人们总是对这个问题视而不见，所以一直无法变得更强。”这是正中靶心的一句话。比起想做的，我们更应该知道自己要做的事情究竟是什么。

□贝小戎

无聊简史

古代人整天为生存而操劳，没时间无聊，现代人整天看电视、玩手机，也很少会感到无聊。美国耶鲁大学历史学博士杰弗里·奥尔巴赫说，人类是从18世纪才开始感到无聊的，他在《帝国主义的无聊》一书中说：“虽然有学者把无聊的起源追溯到古希腊和古罗马，但是大部分证据显示，无聊是现代的建构，在18世纪中叶之前，没有无聊这个词，也没有这个概念。在此之前，如果人们感到无聊，他们不认识它，也没有这样表达过。”

在前工业社会，日常生活的主要内容就是劳作，闲暇尚未独立出来。工业革命让时间变得总是转瞬即逝、不可浪费。闲暇则是需要用有意义的活动去填满，没有新奇的活动人就会觉得无聊。

无聊问世后很快就传播开来。美国学者迈克尔·费伯说：“大约在1700年，一拨严重的抑郁症在整个英格兰蔓延，在欧洲其他国家也发现了类似的流行病。18世纪初期，英语从法语中借用了‘厌倦’一词来指代这种不安的一种形式。”

1802年，法国作家夏多布里昂描述了那个时代的颓唐不安：“想象是丰富、多彩、奇妙的；而现实是可怜、枯燥、失望的。我们满怀着一颗充实的心，生活在一个空虚的世界里；而且，我们没有享受到任何东西却被剥夺了一切。”

1849年，福楼拜乘船沿着尼罗河逆流而上时说：“埃及的庙宇让我感到非常无聊。”他的《包法利夫人》对无聊做了最杰出的描绘，说包法利夫人“每一个微笑后面都藏着一个感到无聊的呵欠”。

被大英帝国派到海外的殖民者应该是很幸福的，可以逃离国内单调的生活，享受各种新奇的事物。但奥尔巴赫说，殖民者很快就感到了无聊。1934年，奥威尔在《缅甸岁月》中描写了约翰·弗洛里在缅甸无聊、孤独的生活，那里空气闷热，仆人懒惰，每天除了在欧洲人俱乐部里喝酒之外无所事事。

殖民者发现新事物的兴奋之情日益减少，因为人们手头有旅行指南：路线已经被标好，风景已经被画了下来，奇异的动物和植物已经被命名和归类好了。驻扎海外的士兵更多的时间用于打井、修路，官员的主要工作是出席仪式、起草报告、整理统计数字。无论是在印度、澳大利亚、南非还是加拿大偏僻的森林地带，殖民旅行者和定居者发现，他们的生活中，无聊多过兴奋，远不像一些报纸、小说、游记和帝国主义宣传中所说的那样，充满英勇的探险。

在航海的黄金时代，坐船变得日益寻常，但要花很长时间，不需要因为中途补充物资而停留，但还不像汽船那样舒适。从英国到印度要花三到六个月的时间，每一场暴风雨都会让小船摇摇晃晃，狭窄、肮脏的船舱里有老鼠，还有两桶海水，一个用来洗东西，一个用来清洁，但旅途中最难忍受的还是无聊。一路上看不见陆地，本来业余博物学家还能有所发现，但到了18世纪中叶，大部分能轻松地认出来的动物都已经被记录过了，如信天翁。

在18世纪，人们只能收发电报，到1939年，有了电视机，无聊感估计就大大缓解了。

人类去世后需要一个AI灵魂吗

□张茜

AI（人工智能）是什么？灵魂是什么？AI灵魂是什么？

之前，果壳网在其主办的有意思博物馆活动中组织了一场学霸辩论赛，辩论的主题是：人类去世后，需要一个AI灵魂吗？正方观点是需要，反方观点是不需要。

笔者像其他观众一样，被这个前卫的标题吸引。但由于太前卫，也由于一切都在快速发展之中，正、反两方在“下定义”的部分仿佛都难以给出明确的说法，自然对AI灵魂的理解也没有达成一致。不过他们还是给大家提供了一些思考问题的方向。

正方举例说，国外一个小孩在父亲去世后，用计算机模拟父亲的写作方式给自己写信，只要看到电脑模拟父亲写的“儿子，你真棒”，他就泪流满面，受到了巨大的鼓舞。“虽然这还很初级，但能说我们不需要吗？”正方立论表示，从纪念、传承和体验的角度来看，人类的思想有必要得到存续。

反方说，如果想模拟一个人的意识和思想，必然需要得到这个人生前所有的数据库，比如他签过的所有合同，也包括他内心不那么阳光的秘密，否则就是个伪AI灵魂。但AI是个黑箱，数据的泄露和不当使用可能让AI灵魂产业变成公害。另外，AI灵魂既是一个商品，又可能代表着一个人。二者的属性冲突，会让自己的亲人在身份认同上受到挑战，继而也挑战了社会伦理。反方从隐私泄露、社会伦理等角度进行反驳。

这场辩论谁赢了？从大众评委投票来看，反方胜利。

那么人类去世后到底需不需要一个AI灵魂呢？

有趣的是，辩论结束后，反方辩手坦言，他们其实也认为存续人类的思想是需要的。现场发言的观众也大多认为，肉体逝去后，让思想意识继续是利大于弊的。

不难想象，对于生者来说，去世的人仍以某种形式参与自己的生活，可能是一种巨大的安慰。正如正方辩手的观点那样，我们最初纪念亲人靠画像、照片，然后有了视频，就已经说明人类有怀念的需要，随着科技的发展，为什么不能有AI灵魂呢？

其实，这个场景在电影《头号玩家》中已经有所展现，电影中著名的游戏设计者去世后，不仅留下了自己的全息投影，还留下了自己的“灵魂”，继续和男主角对话。

尽管AI灵魂远没有一个明确的定义，但在人们的想象中，这仿佛是一件令人充满期待的事情。“如果未来有公司经营这个产品，一定会很火爆。”反方也这样认为。

不过，即使未来科技真的能打造出AI灵魂，在这个“需要”被满足之前，还有一长串问题有待解决。

“如果AI灵魂成为商品，那用户体验差怎么办？比如我爸的AI灵魂骂了我，我能退货吗？”

“这个AI灵魂商品会不会插播广告，推销某品牌的洗衣液？”

“基于算法的AI灵魂肯定永远都是理智的，那我能从它身上体会到爱吗？”

坦白说，这太难了，无论是技术还是伦理。如果说技术升级指日可待，那么伦理升级可能要经历更长久和艰难的发展。

事实上，科技不仅是顶级科学家的事，也是每个农民、工人、学生的事，没有人是科技的旁观者。关于是否需要AI灵魂，我们似乎还不着急做决定，但紧迫的是，普通人应该开始日常思考科学伦理了，以免被飞速发展的时代抛弃。

我们为什么要**背书**

□王中中

一

如果现在来个突击检查，需要立刻背诵一篇当年的语文课文，你脱口而出的句子会是出自哪篇经典？

在微博超过10万人的投票数据中，除了有3万多老实人承认自己“脑海一片空白”之外，有1.2万人最熟悉《岳阳楼记》，2.6万人背得最熟的是《桃花源记》，《出师表》则毫无意外以3.6万的超高人气成为语文课文中的人气王。

和投票的10万网民大军的喜好不同，从事传媒行业的沙漏最喜欢的课文是《前赤壁赋》，直到现在没事还会拿来抄抄。

为什么这么喜欢《前赤壁赋》？很简单，因为写得好啊！沙漏说，“挟飞仙以遨游，抱明月而长终”是她最喜欢的句子，简单好懂而又文辞生动。

简洁易懂、形象生动，是每一篇经过精心挑选的必背课文的基本特色。

2019年8月底，教育部介绍高中三科统编教材情况。语文教材共选入古代诗文67篇，其中古诗词33首、古文34篇。古诗文占了一半多的比例，而要求学生背诵的古诗文数量为20篇。

而说起必背的经典古诗，就有“三座大山”不得不提，简直可以入选“中国人都会背”系列。

小学生摇头晃脑朗诵“两个黄鹂鸣翠柳，一行白鹭上青天”；中学时期则是“人有悲欢离合，月有阴晴圆缺”；而备战高考的高中学子是时候表演真正的技术了，提笔开始默写“蜀道之难，难于上青天”。

二

中国人大概是全世界最会背书的民族。背书这回事，对于中国人来说还真是家常便饭。

由于印刷术长期处于不发达的状态，在古代相当长的时间里，一个人一辈子接触的书屈指可数。因为书太少，那就只能拿记忆力来辅助补偿，古人的背诵潜能也就这样被最大限度地激发出来。

过目不忘这项神技，对于古人来说并不罕见，历朝历代都有“一目十行，过目成诵”的神童出现。比如黄庭坚，五岁时“十日成诵，无一字或遗”，把《春秋》全文背了个透。就连被讽“小时了了，大未必佳”的孔融，也是“博闻强记，奇逸卓荦”。

相传司马迁在写作《史记》时，因为触怒汉武帝而很担心《史记》的传世问题。为了确保《史记》能够流传下去，司马迁除了写书、抄书、自制副本外，还硬是让自己的女儿背下《史记》全篇以防万一。能对130篇、52万多字的《史记》倒背如流的司马迁的女儿，可能是史上最早的“移动图书馆”。

在古人的读书传统中，记诵不仅是一种储存书籍的方法，也是一种读书的方法。朱熹说：“读书须成诵，方精熟。”成诵的目的是在“精熟”的基础上对文章进行充分的解读。

元代程端礼就有一套自己的读书办法。他从小读书要从每天读一二百字起步，随着年龄增长逐渐增加到千字以内。“每大段（文章）内必分作细段，每细段必看读百遍，背读百遍，又通背读二三十遍。”

欧阳修在背诵《论语》《诗经》等十部书时，也做过背诵计划。十部书加起来大约45万字，每天熟读并背诵300字。1500天也就是四年零两个月后，欧阳修就把十本书全背下来了。

只有入口成章，才能出口成章。近现代很多文学大家也是通过在少时大量地背诵名篇，才有雄厚的文字根基。写出“激流三部曲”的巴金，背得较熟的几部书中有一部《古文观止》。这200多篇古文可以说是他真正的启蒙老师，巴金本人亦说很感谢那位强迫他硬背《古文观止》的私塾老师。

“虽然我任何一篇都没有好好地研究过，但是这么多具体的东西至少可以使我明白写文章并非神秘不可思议，它也是有条有理、顺着我们的思路连下来的。”巴金说。

三

背书，到底是为了什么？

是为了炫耀？为了卖弄？为了提升朋友圈格调？还是为了赢得背诵比赛冠军？都不是。是为了让自己成为更好的自己，为了更好地去理解这个世界。

自由撰稿人钟宿说他在一定程度上支持“死记硬背”，虽然提倡素质教育，但也不能完全指望人们的自学能力，而这就是基础教育的作用。“你可能暂时理解不了，但是总有一天你会回来感谢这种教育的。各国的文艺教育不都是这样吗？”钟宿说，等一个人真正看懂《哈姆雷特》时再给他看已经太迟了。

离开学校之后，他对于经典文本有个再发现的过程。毕业旅游时钟宿去了西北，站在玉门关前那一刻，他第一次感受到“青海长云暗雪山”的震撼。

文学有这种力量，可以让人超脱眼前。已经当了三年初中语文老师，今年开始肩扛班主任重任的勤劳园丁麻友，最喜欢的古文是《项脊轩志》。“我对《项脊轩志》印象特深刻，是因为我高中的语文老师第一次给我们激情朗诵的时候把自己读哭了。”当时会觉得搞笑，现在想想，麻友觉得她的语文老师真是个浪漫的人，40岁了还能这么有赤子之心。

“庭有枇杷树，吾妻死之年所手植也，今已亭亭如盖矣。”那一刻她突然意识到，从千百年前流传下来的这份思念，寥寥数语，仿佛一幅画呈现在眼前。时间有了度量，情感变得可见。

一位知乎网友在问题“让学生背诵语文课文有没有实际意义”的回答中也分享了他的看法。

“晚上站在楼上看星星，感觉楼很高，星很近，有一种平时很难有的感觉，却不知道怎么形容，这时想起一首诗：危楼高百尺，手可摘星辰。不敢高声语，恐惊天上人。过一会儿太凉了要回屋，又想起那句：天阶夜色凉如水，卧看牵牛织女星。”

自己说不出来的话古人说出来了，自己此时此刻的感受古人也曾有过。在夜空之下，在星辰之间，你看见穿越而来的古人，以及他们那些缀满天际的旷思。

这一刻，你离天地是如此近。

盲从

□丰子恺

有一回，我画一个人牵两只羊，画了两条绳子。有一位先生教我：“绳子只要画一条。牵了一只羊，后面的都会跟来。”我恍悟自己阅历太少。后来留心观察，看见果然：前头牵了一只羊走，后面数十只羊都会跟去。即使走向屠场，也没有一只羊肯离群众而另觅生路的。

后来看见鸭也如此。赶鸭的人把数百只鸭放在河里，不须用绳子系住，群鸭自能互相追随，聚在一块。上岸的时候，赶鸭的人只要赶上一二只，其余的都会跟了上岸。即使在四通八达的港口，也没有一只鸭肯离群众而走自己的路的。

牧羊的和赶鸭的就利用它们这模仿性，以完成他们自己的事业。

请四大名著的作者吃饭，有哪些注意事项

□刘 勃

《三国演义》吃的是权谋

请罗贯中吃饭，毫无压力。读《三国演义》很容易让人感受到，他对吃没什么兴趣，小说里对吃也很少有具体描写。

《三国演义》写吃最详细的地方，是曹操和术士左慈的对手戏。左慈变戏法，从一个铜盆里钓出松江鲈鱼，又配上蜀中的生姜。虽然，按照今天的标准看，《三国演义》的写法未必能刺激食欲，却是罗贯中写吃时难得流露出的创作欲。

总之，既然罗贯中的心思不在吃上，那么请他去高档饭店还是下普通馆子，可能没啥区别，坐下来聊天就好。可以拿青梅煮酒，摆一盘鸡肋，炖汤的鲈鱼是花鲈也好，四鳃鲈也罢，他大概也不会挑剔。

《水浒传》吃的是江湖

请施耐庵吃饭，鱼汤就不能这么马虎了。施老师是生活在水边的人，怎么炖鱼汤，他很有心得。

毕竟，肉才是梁山好汉的最爱。至于吃什么肉，好汉们倒是不忌口。鸡鸭鹅这样的禽类，牛羊猪这样的家畜，在《水浒传》里都频频出现。

那么，请施耐庵吃饭的要点，大概也就明白了。酒肉管够就行，别的不需要太多忌讳，也没有太多讲究。只是有一点，如果不是胆力过人，那吃饭的地点，一定要由你自己来挑。

《西游记》吃的是美食

读《西游记》的人很容易发现，吴承恩是一个特别爱吃的人，经常逮着机会就来一段报菜名。

一个吃货面对丰富的美食，那种从心底流露出来的欢喜，分明是可以感受到的。

吴承恩还有个特别之处，那就是他不光爱吃，而且常自己下厨房。写唐僧遇到猎户刘伯钦，刘伯钦的老母亲“着火烧了油腻，刷了又刷，洗了又洗，却仍安在灶上。先烧半锅滚水别用，却又将些山地榆叶子，着水煎作茶汤”，然后才给唐僧煮饭。没有丰富的洗碗经验，可真写不出这么一段。

所以，最好囤足食材，请吴承恩到家里来吃饭。没准儿他一时技痒，就忍不住自己下厨了。

《红楼梦》吃的是文化

请曹雪芹吃饭，是需要勇气的。

《红楼梦》写吃，内容多而丰富，书中的精致菜肴大多只能震撼于品位之高雅，烹制之繁复，越看越不敢吃，思维也就不免跑偏。

比如，王熙凤忽悠刘姥姥的著名的茄鲞：“才下来的茄子把皮扦了，只要净肉，切成碎丁子，用鸡油炸了，再用鸡脯子肉并香菌、新笋、蘑菇、五香腐干、各色干果子，俱切成丁子，用鸡汤煨干，将香油一收，外加糟油一拌，盛在瓷罐子里封严，要吃时拿出来，用炒的鸡爪一拌就是。”

曹雪芹笔下的“吃”重在文化，菜谱要新，烹制要绝，色香味要俱全，宴席摆设，都具有丰富的文化内涵。无论怎样的烹调和吃法，只要细细品味，总能品出人生的况味和丰富的文化内涵。

如果没有文字，考古学家怎么知道古人在想什么

□奚牧凉

即便现在，“你到底在想什么”，仍是人与人之间的常见难题，更遑论当考古学家面对千百年前的先人遗存，甚至还没有文字、古籍提示之时了。但“古人在想什么”，终归是考古学无法绕开的话题。比如，在距今有4000年左右的陶寺古城中，考古专家们发现了一处遗址。从田野发现来看，其主要包括一段圆弧状的夯土墙基，以及位于圆弧墙基圆心附近的夯土小圆台基，夯土墙基顶端还有10道缝隙。古人这是在搞什么？面对这奇异现象，干想是没有用的，要复原遗址试试。

人站在如祭坛原点的小圆台上，面向东南方栅栏般的圆弧墙，待到冬至那一天，奇迹发生了：太阳从东南方的群山顶跃出后几分钟，阳光直射入圆弧墙西起第二道缝隙之中，如果考虑到约40个世纪前，地球黄赤交角与现在的差异，那么当年冬至的日出，便应该在升起的那一刻即可从缝中看到！原来，这里竟是迄今所知中华大地之上一座最古老的天文观象台！古人根据阳光的照射，已经能够准确地划分四大节气，并以此来播种和收获，而西欧国家通过阳光来区分节气，则要在500年之后。

不过有时，解谜也会遇到瓶颈。比如，2016年列入世界遗产名录的广西崇左“左江花山岩画艺术文化景观”，由赭红色颜料绘制的图像位于距江面15～100米的陡峭绝壁之上。其中最有代表性的花山岩画点，有如一块巨型石质画板，绘有1900余个人物、动物、器具。

按照现在学界的基本看法，花山岩画为战国早期至东汉的当地古骆越人所为，因为他们没有留下文字历史，所以迄今说不清他们是出于什么心理，冒着从悬崖上坠落的风险，绘制这些岩画。有学者说，各岩画点的画面多为众多的侧身人围绕一个形象高大的正身人，有的正身人下方还有狗，画面可能代表祭祀场景。但若是祭祀，又如何操演？越往深处追问，答案便越扑朔迷离。

所以有考古学家调侃，如果对涉及思想的物质遗存无法解释，便统统将其称作“信仰行为”了事吧。尤其是当“艺术”进入人类历史进程后，问题就更加复杂了，以至于存在一门专门通过艺术品来研究人类思想的学科——艺术史。

然而，还有一个重要维度往往被考古学家忽略，即他们自己。一千个人眼中有一千个哈姆雷特，在解读古人的思想成果时，今人的思想也会在经意或不经意间“融入”其中。于是，“谁”来解读古人的思想成果，就变得至关重要。

须知，我们都生活在两个世界中：一是周遭的现实，一是心中的思想。有时，今人考究古人，与其说是在认识他者，不如说是在理解自我。

新时代的『学富五车』

□沈奇岚

“学富五车”是个传说。

古时候，我们说一个人才识渊博、博古通今，上知天文下知地理，就用“学富五车”这个词来形容。学富五车是非常稀罕的事情，因为当时的书是很稀有的。那时候如果某个人家里可以拉出5车的书，那真是比现在开着豪车还“拉风”。在古代，读书是一件很奢侈的事情，只有很少一部分人可以享受得到。

在古代很难做到的事情，到了现代却变得轻而易举。手指轻划，信息就像海浪一样拍打着我们，知识已经不再是稀有的存在。现在的我们真是无比幸福，每个人都比较容易“学富五车”，甚至“学富十车”。幸福的人们却有不同的烦恼：知识固然重要，可它数量的多少已经不再是决定能否过好生活的重要因素了。

有一天，我接到一项艰巨的任务。一位长辈把他儿子曾经在美术课上画的作品发给我，问：“你看看这个孩子有没有天赋，如果有呢，我就让他去读艺术院校；如果没有什么天赋的话，那就让他去考政法大学读法律。”

真是可怕，多少人报考大学时，就是这样被匆匆决定的。我心里一惊，怎么能这样就决定一个孩子的未来呢？于是我非常认真地看了一下，他的作品的确充满灵气。但一位艺术家之所以能成为艺术家，除了有天赋和不断练习画出好作品外，还需要获得社会系统的支持，比如得到关注、得到宣传、被认可、获得展览机会、作品被收藏等。如果要成为一位举世闻名的艺术家，像毕加索那样，那就需要天时地利人和。

于是，我与这位孩子的妈妈进行了一番深入的讨论，我们讨论的核心就是：未来，我们到底需要什么样的能力？如果我们有一定的天赋，这份天赋是否能给我们一个美好的未来？我们和这份天赋之间的关系是什么？

如果我们拥有很高的数学天赋，每次考试都是满分，但是在这个时代，我们的推理能力能够胜过人工智能吗？人工智能在分秒之间完成的计算工作，我们可能需要花费很久才能完成推算。人工智能已经抢走了我们在复杂计算领域的工作，那我们的价值在什么领域才能发挥？

什么是我们这个时代的学富五车？什么是我们在这个时代应该拥有的能力？

这个时代的学富五车，来自以下几个能力：更新力、消化力、创造力；而在我看来，看似不重要但其实最为关键的，还是有关生活和生命的常识。

生活和生命的常识，让我们了

解在这个世界上我们是谁、从哪里来、要去哪里。

我们将太多的时间用来面对书本和试卷，常常忘了生活其实很丰富，而漫长的生命有无尽的养料，滋养我们的成长。

一个人去理解世界，并且找到属于自己的任务的能力，来自这份常识。就像发现自己是适合写作的人，最后如果逼着自己去学财务（当然，只要努力，一定可以毕业并以此作为职业），那这份天赋一定会时不时地让他难受。比如著名的作家卡夫卡，他白天是个保险公司的职员，晚上埋头创作，一直闷闷不乐。而忠于内心的村上春树，则毅然开了一个酒吧，并清晰地知道未来自己是要走写作这条道路的，所以酒吧只是一个经济上的辅助角色。当他可以依靠写作生活时，他就成了全职作家。

为自己设定目标，并且决定通向目标的道路该如何走，该往自己的车上装什么，该把这条道路的长度折合成几段走，这种能力的重要性远胜“学富五车”。当“学富五车”不再稀有时，找到和自己有关的那5车的学识，才是精神富有。

当我们拥有了属于自己的目标时，其他的能力才找到了位置。

先说更新力。我们这个时代变化得太快。如今一年之内发生的，有可能是古代经历100年才会发生的信息变化。面对这种变化，重要的是去辨别跟我们有关的事情。一个人的时间和生命都那么有限，不可能掌握所有的信息。寻找和生命相关的，并且自己能够做到的那些事情，这个才是真正的更新能力。

学富五车当然重要，但更重要的是让有价值的知识可增长。这种把自己拥有的从5车变成50车的能力，才是真正的精神富足——并不是自己现在拥有多少，而是自己未来可以掌握多少。

再说消化力。对今人这个时代来说，承载书的车是否坚固、能否走很长的路才更为重要。这承载书的车，如同现在承载知识的框架，如果没有车，这些学识就是一盘散沙。把学识组织起来形成一个系统，消化并沉淀为自己的东西，这种消化能力远比5车甚至10车知识对一个人的一生有意义。

最后谈一谈创造力。创造力意味着可以看见并辨别事物之间的联系，这个需要非常敏锐的捕捉能力。创造力，是对世界善意的理解，是对他人需求的深刻体察，是从已知的事物出发进行进一步的发明和改良。

可以说，在未来最重要的并不是学富五车，而是拥有健康的心灵、身体以及理解能力，让自己成为不断吸收知识的海绵，充满好奇地与这世界相处。

笔力弱的人社交能力强

□[日]匠英一　译/郭　勇

近些年来，随着手机和电脑的普及，我们自己用笔写字和看见别人手写的机会越来越少了。实际上，手写的文字可以反映出一个人的心情和性格。从手写的文章中，可以读取各种各样的“情报”。你不妨把以前的书信或日记翻出来看一看，不论欢喜还是忧伤，当时的心情和笔迹是否存在某种微妙的联系呢？

法国人让·米雄提出一种通过笔迹判断人性格的方法。运用这种判断法，只要对一个人手写的文字进行分析，就可大体了解他的性格。判断的三个要点是“笔力”“文字大小”和“字形”。

例如，笔力（所谓笔力，就是写字时的用力程度）较强的人，一般比较认真，但有点神经质；笔力弱的人性格开朗，社交能力强，但容易感情用事。另外，字体大的人积极、充满自信；相反，字体小的人过度谨慎，比较在意小事情，通俗点讲就是“小心眼儿”。关于字形，写字横平竖直、棱角分明的人，做人做事规规矩矩、一丝不苟；字形圆润的人大多比较幽默，而且感性强。

根据以上的基本判断标准，如果写字十分用力，而且棱角分明的人，应该属于非常理性的类型，但可能比较无趣。如果字形中多带曲线，字体大，笔力弱的话，说明这个人具有幽默感，性格开朗，善于交际。总而言之，通过写字的力道、字体大小、字形等笔迹信息，对一个人的性格进行判断，是一件非常有趣的事情。

标点符号，当代年轻人聊天的摩斯密码

□院办小天

在这个每天都不大一样的互联网新社交圈，你的社交必备技能应该再多一个：读懂标点符号的含义。

如今，表情包越来越难精确地表达我们的情绪，但半括号成功拯救了我们。小小的半括号，把内容包裹进另一个“有出口的次元世界”。

一个教科书级的运用：“半括号是捧哏，全括号仿佛就是碎碎念。（都用全括号框起来的话，仿佛其他人就看不见，嘻嘻嘻）（您可真是戏多呢。”

半括号还有一个魅力，在于可以衍生出更多难以解释的含义。一大批“社恐青年”，因为半括号的出现，缓解了社交恐惧感，可以更加自如地说出对他人类似的请求：“能不能帮我改改稿子？（其实也不是很急，如果忙的话一会儿再看。”

句号，聊天终结者。例如，不想聊天的时候说“我去洗澡啦”和说“我去洗澡啦。”，给人完全不同的感觉。句号一旦被滥用，效果就像套马的缰绳，能一点点把你朋友圈的好友都圈死。在不爱用句号的人眼里，句号是加强版的省略号——结束话题的句号，配合省略号的排版，让人深刻体会到无语、鄙视，以及一种微妙的感觉。但在爱用句号的人心里，句号代表温柔的感觉，可以表示语气的延缓，也让人在说这一大段话中间可以喘口气，例如：“嗯。。。我想想……”

省略号的含义比猜谜游戏还难。提起这个，就不得不说以薛氏歌手为代言人的“省略号派”，他们引领了另一种说话的艺术——留白。就是有些事我不想说得这么直白，给对方留有一些想象空间。例如：“我现在很饿……”当然，省略号在标点界也是小有名气的“双鱼座”，让人摸不透，往往你为了猜其中深刻又复杂的含义，就花光了这辈子的智商。比如猜猜这句话的意思：“我觉得省略号代表了太多的含义……”

年轻人对于问号的新用法，主要在于数量的不同。问号的情绪演变，是一个量变到质变的过程。一个问号不够表达疑惑；两个问号别人会以为只是你打错了，或是感受到双重疑问；但当问号叠加成“？？？”出现的时候，事情就不再简单了。人们能轻易体会到其中既震惊又疑惑的心情，比如：“我是不是傻？？？”假如问号的重叠数达到7个……没错，7个“小可爱挂钩”带来的情绪能量，足以召唤神龙。

最后说说感叹号。顾名思义，感叹号是个开心激动的符号，就是要让人兴奋。俗话说，每一个爱用感叹号的人，上辈子都是折翼掉到“咆哮小组”的天使。对方的一个感叹号，往往就能让你心跳加速，这是初恋的感觉！爱用感叹号的人其实也觉得你特别可爱，所以才想对你表达内心的热情。这种热情，是文！字！传！达！不！出！来！的！

当代的年轻人，有着独特的聊天磁场。标点符号，如今不再是语文老师口中为了断句而生的存在，而是更多地成为年轻人聊天的摩斯密码、表达情绪的介质。诸如以上标点的新用法，教会人们更多的社交礼仪，也让人们在沟通中的表达更加有趣，更加多元化。

淮扬大厨拆鱼头

□周 吟

有评论说，凡是先吃鱼背的，戳坏鱼头的，不会拆骨的，都不是真正的行家。

别的都容易理解，拆鱼头是个什么讲究？

袁枚说“食鸡取跖，烹鱼去乙”，意思是说会吃鸡就吃鸡爪，会吃鱼要去头骨。“鱼有骨名乙，在目旁，状如篆‘乙’”，“乙”就是鱼眼旁边、鱼头上面积最大的两块骨。

当众吐骨当然非常不雅，有辱斯文，所以为客人拆好分盘，是主人的义务和修为。《红楼梦》里的王熙凤就是拆鱼头的个中好手。

真不会拆骨怎么办？没关系，淮扬大厨贴心地解决了这个问题，他们在清末发明了拆烩鲢鱼头，从此造福了后世所有吃鱼不想吐骨头的人。

淮扬大厨承担了这一历史使命，可以看作是一种必然。因为淮扬菜称霸厨坛的最大杀器就是刀工。整鸡拆骨、整鸭拆骨，最重要的是，去骨的同时还要保持造型完整，表皮几乎一点不破。只要给他们一把菜刀，什么都能拆；甚至没有菜刀也能拆。

美食纪录片《风味人间》在试图展现淮扬刀工的时候，就让淮扬菜大师周晓燕用媲美《卧虎藏龙》里周润发竹林问剑的姿态，表演了一幕徒手拆鱼头。

五六斤重的大鱼头，从下颌处剖开，顶部皮肉相连，打开平铺呈扇面状。先焯水，再入汤锅加姜葱煮至半熟，然后取出拆骨。沿着鱼头的骨骼脉络，依照先大后小的顺序，仅凭手感，一一拔出所有骨刺。手速要快疾，动作要轻缓，就像是在玩叠叠乐抽骨牌游戏，既要小心谨慎又需胆大自信。熟练的大厨不消几分钟，就拆出一扇品相完整的鱼面。

被拔出的雪白鱼骨，能齐齐整整地排列出一副骨架，仿佛史前生物遗迹的考古现场，感觉应该申请非遗。

通常大厨会留下鳃盖骨，因为这个部位无皮无肉，如果拆去，反而不能保持鱼头的完整性，没有形了。

相比于庖丁解牛，鱼头拆骨的挑战可能更难，毕竟鱼骨更细致且易折，只要鱼皮有破损，或者鱼肉散碎，就成了身价倍跌的失败品。

徒手拆鱼头彰显的是淮扬刀工，但偏偏这一过程中没有用刀。或许这就是所谓的手中无刀，心中有刀了。

做拆烩鱼头必须用花鲢，白鲢都不行，而且至少要五斤。农历小雪之后，是花鲢最肥美丰腴的时候，鱼皮满满都是胶质，咬一口就能粘住嘴唇。柔韧的软骨中夹杂着果冻一样丝滑的鱼脑，也不用咬，最好一口吮吸入舌，把高汤激发出的浓郁鲜香交给舌尖上的几千个味觉细胞去仔细体味。

拆烩鲢鱼头跟清炖蟹粉狮子头、扒烧整猪头，并称为扬州的“三头宴”，都是最传统的淮扬古早菜。

头即首，藏着要争第一的念想。中国菜一半吃的是个说法，师出无名的味道，固然能占一个新鲜，但离真正的名门正宗总是差一口底气的。

深海女王

□李斐然

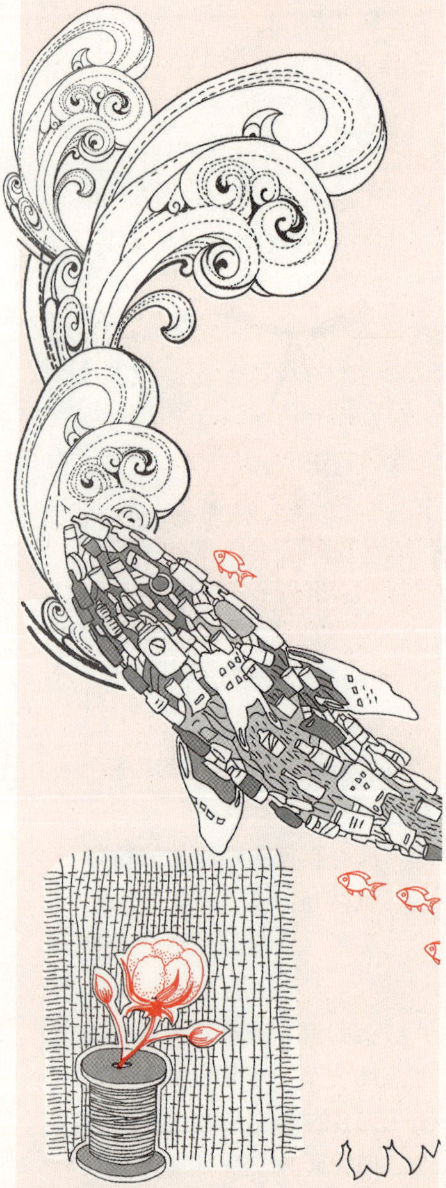

不管在中国还是美国，83岁都属于老年的范畴。人们对一个83岁女人的预期是，面容苍老，语速缓慢，不必也不会再去参与社会公共生活。她会出现在一个舒服的角落，晒着太阳，给孩子们讲讲往日的故事。

这显然不是席薇亚·厄尔。这位传奇女性今年83岁了，但她完全没有要安稳度日的计划。

就在2018年12月，年过八旬的她还率领团队考察海洋，进行深海研究。她仍在深潜，并且即将达到自己总计8000小时的潜水纪录。

“深海女王”，这是潜水员们私下对席薇亚的称呼，也成为之后人们对她的称呼。这并不是一个含混的恭维，而是对席薇亚最精确的定义——作为一位女性科学家，她既拥有征服科学世界的王者雄心，又将其付诸行动，取得了许多里程碑式的成绩。最重要的是，暮年的“女王”，还在继续征战。

83岁时，这位“深海女王”身上依然有谜一样的能量。2019年4月底，她为了保护海洋的活动来访中国。历经十几个小时的长途飞行，连续近36个小时的密集工作，与她同行的年轻助理几乎都累倒了，而同样全程参与工作的席薇亚依然精神抖擞。她不仅能精准描述关于海洋的每一项科学细节，还会在其他人休息的间隙继续写书。就连跟她打招呼，都能感受到她那份满溢的活力：“嗨，我是席薇亚，来自海洋！”

在海洋世界，席薇亚不仅是一名探险者，还是一位资深的海洋科学家，一名致力于海洋保育的写作者和演说家。她创办了数家与潜水相关的企业，研发帮助深潜的技术产品。

《纽约客》这样形容这位女科学家：席薇亚拥有标准商业广告般的笑容，乍看上去，她就像是最标准的淑女，苗条、标致、有教养，让人误以为这是一个温柔的美国甜心。但那些与她共事的人知道，她是最为强悍、最有力量、最具魄力的潜水家。她近8000个小时的深潜经历，绝大部分是在高度危险的状况下完成的。她有时甚至需要靠一个人的力量，与困住自己的鲨鱼搏斗，摆脱死亡威胁，这是绝大多数男性潜水家都无法企及的水平。

席薇亚拥有一座深海王国，这是她的特别之处，但恰恰是她的这种特别，让她成为大地上“最孤独的人”——没有人和她一样，来自海洋。

席薇亚可以在深海解开缆索保护，在无缆状态下在海床上自由地行走超过两个小时。所以，也只有她能告诉那些生活在陆地上的人，海洋深处是什么样子：“你以为深海如同死寂一般黑暗吗？完全不是！海底有各种生物发出的五彩缤纷的荧光，那是一个崭新的世界。那一幕绝不逊色于任何一场夏天夜晚的人造烟火表演，美极了。”

1964年，席薇亚报名参加了一场在印度洋进行的为期6周的科学探索活动，这是她人生至关重要的一次航海。当时船上有71名研究员，除了席薇亚，都是男性。当时的美国报纸用标题调侃她：“席薇亚要跟70个男人一起出海，她觉得这没什么问题。”

“问题的关键不在于是男人

还是女人，而是，一旦认清自己是一名职业科学家，就不要期望获得额外的照顾，也不要去刻意逞强。做一名科学家真正该做的事情，做到这一点就足够了。”席薇亚告诉记者，“我从不期望女性身份给我带来便利，我也不希望因为自己是一名女性，就享受某种区别对待。我是一名科学家，这才是对我的定义。”

这场航海改变了席薇亚。“过去的我只能抓住别人创造的机会。别人制订了航海计划，我能做的只是申请参加。现在我意识到，我想要自己去创造这个机会，我决心自己去改变。”从那以后，她逐渐拓宽自己所涉猎的领域，不再仅仅聚焦于科学探险。她创立了海洋装备公司，去研制潜水器；还创办了“蓝色使命”组织，向公众传播海洋知识。席薇亚被《时代》周刊评为“我们星球的第一英雄”。

站在“女王”身边，你会很快感受到这种强烈的紧张感。与席薇亚在一起时，工作人员会使用倒计时器计时。她的每一分钟都是精确计算过的，与她长期合作的工作人员间，流传着无数关于她的传说——她每天只睡三四个小时，只有在剪头发的时候，才会允许自己在白天睡觉。即便是在日常生活中，她也仿佛在追赶一个看不见的截止日期。采访的房间里有两个座位：一个宽大柔软的单人沙发，和一把窄小的硬质塑料椅子。席薇亚毫不犹豫地坐在不舒服的硬椅子上，而这个选择并不完全出于谦让：“我不能坐在沙发上，我不喜欢太舒服，那会让我睡着的。”

自从开始海洋探险，席薇亚就不再吃鱼。现在的她是完全的素食主义者，而且，她会试图说服自己见到的每一个人——来采访的记者、政府官员，甚至只是在电梯里遇到的普通路人——不要再吃鱼。她像是总统大选期间负责拉票的代表，不放弃任何一个微小的机会。

“我不允许自己感到绝望，对我来说，绝望是一件太奢侈的事情，我还没有资格放弃。”席薇亚说，“我的母亲第一次学习下海潜水时，已经81岁了。当时她对我说，还等什么呢？我可得快点学了！这是我的信念——我们已经错过了太多时间，但好在我们还有时间。”

多年来的大部分时间，她不是在海洋深处，就是在赶往海洋的路上。她开玩笑说，如果不是因为自己还需要氧气呼吸，她更想居住在深海，一个人，自由自在。

那么，活在海底，究竟是一种什么感觉？在采访现场，只有在面对这个问题的时候，“深海女王”才会放松下来。她终于允许自己松弛一点，靠向椅背，放慢语速。

她慢悠悠地描述起那个迷人的世界——生活在深海的并不只是一群鱼，每一条鱼都有自己的性格、自己的生活、自己的故事。有的鱼非常害羞，它会在潜水器接近的时候，小心翼翼地躲开；有的鱼却斗志昂扬，主动凑过来，巴不得要跟你打一架再离开；还有的鱼就像人类一样，充满好奇心，围着你眼巴巴地望着……

席薇亚回答：“在那里，每一个生命都有自己最自在的样子。它们有自己的规则、自己的活法、自己的小世界。就像人类的城市上空飞过一只鸟，那只鸟儿窥探我们的生活，而在海底，我就如同那只自由飞翔的鸟儿，代表人类瞥见鱼儿的生活。我很享受用它们的视角去看世界。我总期待着潜入水中，进入深海，那种感觉就像是——回家。”

蝗虫之灾

□[澳大利亚]达伦·波克　译/陈荣生

一只蝗虫并不会造成太大的破坏，但一场蝗灾会摧毁整片土地。

一只蜜蜂采不到多少蜜，但一箱蜜蜂采到的蜜能填满很多罐子。

一只牛羚不会给人留下深刻印象，但成千上万只牛羚迁徙却是非洲最壮观的景象之一。

一次行动并不能让你接近目标，也不会特别引人注目。

孤立地来看，这似乎不值得付出努力。但是，如果把一个行动和几十个、几千个持续不断的行动相加，你就可能改变世界。

家务活里的哲学意味

□肖 遥

与其他事务相比，家务活永远不能够真正完结：衣柜书柜总是可以更整齐，窗户镜面厨具可以更明亮，地板打扫、除尘以后，还可以抛光、打蜡。

简单的体力劳动也是永远做不完的，不仅具有无限性，而且无限循环重复下去，家务的重复性也正寓意着生活的本质——活着就是不断地重复。

家务活的指向是向内的，类似于“螺蛳壳里做道场”。和思考、反省、整理头脑或电脑内存一样，每当推进一项家务，都使得生活得到了一重净化和优化。若是想更深地体会家务活中的哲学意味，就需要学会痴迷于某些细节。

比如叠衣服，可以按照冷暖色系来摆放毛衣；饭前摆碗放筷，可以一边移动，一边琢磨碗筷之间的距离和角度。即便切一块苹果，也可以选择将之切成一朵苹果花，还是与巧克力搭配摆成一只泰迪熊。

收拾书柜，有人会按色系，将书柜摆放得像彩虹一样。我是按作者的写作风格放置，比如我肯定不会把厄普代克和舒比格放在一起，但是把爱丽丝·门罗和简·奥斯汀放在一起，想必她们都不会太介意。

朋友阿猫说，她没想到厨事和家务成了治愈她创伤的良药。某天早上醒来，瞥见猫咪眼巴巴地盯着她，可一般都是男友给它喂猫粮。这时阿猫才猛然意识到，他和她已经分开了。她开始扫地、拖地、抹桌子，自己做早餐。人掌控不了别人对自己爱或不爱，甚至连自己的爱恨都掌控不了，能掌控的，只有眼下扫的这块地，它会明光锃亮地回馈自己，能安慰和不辜负自己的，只有手里的食材。在被琐事占据填满的时候，生活的温暖奇迹般回来了。

家务里的艺术性和创造性可以缓解人的焦虑。独在异乡做访问学者的那段时间，在厨具欠缺的情况下怎样做出靠谱的中餐，成了我的一大爱好。有一次，我花了三个小时徒手做面条：把面粉揉成团，把面团搓成面棍，把面棍扯成面条。其间下了两场大雨，出了两回大太阳。雨后两只松鼠追逐打闹着跑过院子。在寂静的午后，这场松鼠的舞蹈表演是给我一个人的奖赏。在专注做这一餐面条的时候，与其说时间好像停滞了，不如说我好像置身于时空之外了，浑然不觉世事，像滚雪球一样迅速集聚变化，或像流沙一样破碎崩塌。

回国后，我发现我有了一个新的爱好：不管去谁家，我都习惯钻进厨房帮主人干活，一起剥葱、捣蒜、盛饭、吃饭，洗洗涮涮，分享笑话。就像音乐的前奏和尾音，使得这场热闹来得更为完整、饱满、生动。

这正如弗朗索瓦丝·萨冈所说的那样：“所有平静的人生都幻想伏特加、乐队和醉生梦死，正如所有漂泊的人生都梦想着平静、童年、杜鹃花。”

高跟鞋与社会竞争

□李少威

第二届中国国际进口博览会上，出现了一款“专为运动设计的高跟鞋”，在微博上引起热议。人们的议论话题主要是“穿着高跟鞋为什么还要运动？”人们似乎认为，高跟鞋本身就是反运动的，它既不舒服，也不平衡，女性穿高跟鞋的目的，正在于施加一种外在的束缚，强制让她们静如处子。

静如处子的好处是显得端庄、优雅，甚至有点弱柳扶风的病态之美，这符合所谓有教养阶层的男士们对女性美的需求与想象。不过，一开始中国人对女性仪态的外部限制是从头部而不是足部开始的。古代中国，上层女性头上点缀着许多金属配饰，如果动作幅度过大就会叮当作响，会被认为不庄重。后来才转到足部。中国真正意义上的高跟鞋应该是清朝的“花盆底”，高高的鞋跟安放在鞋底正中，穿着这样的鞋就像踩高跷，不但走路时要小心摔倒，就连坐下也要缩着脚，否则那鞋便无处安放。

然而我们不能说高跟鞋是专为禁锢和虐待女性而诞生的，至少在西方不是。西方的高跟鞋来自15世纪东方的波斯，战士们骑马打仗，要紧紧踩着马镫固定下盘，波斯人就发明了能把脚卡在马镫上的战靴，让战士能把注意力和力量都解放出来交给上半身，有利于张弓射箭、挥刀搏杀。后来美国的西部牛仔也穿高跟鞋，同样是出于战斗的需要。所以，高跟鞋最早属于男性，而且是为了动作的解放，和今天的情形完全相反。

15世纪，高跟鞋传到了欧洲。那时的欧洲城市肮脏不堪，街道上处处污泥浊水，男性贵族们看中了高跟鞋能在更大程度上避免弄脏鞋子，一时追求高跟鞋成风。而它的风尚扩及女性，则是从意大利妓女开始的。当时妓女的实际地位并不低，许多正常女性不能做的事情她们都可以做——她们与男人相通，被视为与男人有相同志趣的人，除了可以阅读，还可以吸烟、饮酒。

接下来几个世纪，高跟鞋仍然是男性的象征，特别是17—18世纪，法国波旁王朝的“太阳王”路易十四因为个子太矮而钟爱高跟鞋，让高跟鞋的雄性荷尔蒙特征达到极致。同时，女性穿高跟鞋也日渐成为上层潮流。属于男性的高跟鞋被女性借用，这里面或许已经包含女性争取平等权利的隐喻。

很快法国大革命就来了，动荡时代，高跟鞋几乎销声匿迹。直到20世纪初，高跟鞋才在世界范围卷土重来，而这时它的主人，几乎已经完全是女性了，中国女性也正是从20世纪二三十年代开始广泛接受西式高跟鞋的。20世纪是革命的世纪，一个直接结果就是女性地位的提高。高跟鞋的审美意义还在于，它让女性挺拔，把身体特征充分呈现出来，但更重要的是，“文明时代”的高跟鞋已经成为女性参与社会的象征，越有个人事业和社会地位的女性，越需要高跟鞋，它成了职场标配。女性穿着高跟鞋，曲线优美，配上职场套装，更是风姿绰约，但这时她们已经不是被限制而是被解放的女性。男性们从中看到的更多不是容貌，而是气场。越来越多的女性穿着高跟鞋行色匆匆，乃至快步飞奔，如秘书、经纪人、女记者……她们的脚舒不舒服不再受男性限定，而是被社会竞争限定。

时过境迁，高跟鞋被发明时的原初意义又回来了——竞争，只是比战争少了一点硝烟味，而且主角从男性变为女性。所以，当我们看到进口博览会上“专为运动设计的高跟鞋”，不必大惊小怪，真正的高跟鞋，回来了。

勇闯玻利维亚“天空之镜”

□南冥先生

我常驻巴西，但距离其不远的乌尤尼却是个听起来既熟悉又陌生的地方。熟悉是因为身边去过的朋友们总说那里很美，陌生是因为它的美离我太遥远，真不知要何时才能挤出时间从巴西飞到乌尤尼，一睹它的芳容。

机会终于来了，即便是在一个非理想的时节，我还是来到了这个梦幻之境。

从巴西飞来看盐湖

当飞机缓缓地划过盐湖上空，降落在位于玻利维亚西南部的波托西省，一切都渐渐清晰了。这个海拔3665米的高原小镇，准确来说一座高楼都没有。乌尤尼小镇小到只有几条街道，到处都是背包客的身影，路上穿梭而过的几乎都是各种破旧的越野车。小镇的房子大都用盐块垒砌而成，坚固耐用。最有特色的莫过于盐旅馆，它最受游客的青睐，这就是我对乌尤尼的最初印象。

传说中的天堂在哪儿？刚才飞机上看到的盐湖呢？有这样的疑问，是因为当你身在其中时，并没有感受到盐湖之美。每年的一二月份是乌尤尼的雨季，雨水充沛，天空整日被乌云笼罩，时不时会下雨，湖面上一片黯淡。这时候去乌尤尼，能否看到“天空之镜”就要看个人是否够幸运了。我还是挺幸运的，幸运的起点从碰到一位有经验的司机大叔安德烈开始。

雨季进入湖区有风险

安德烈大叔个头不高，永远戴着一顶红色小帽，惹人关注。他穿着已经有点褪色的毛衣，看起来十分憨厚。由于常年受高原紫外线的照射，安德烈皮肤黝黑。

安德烈最有特点的标志在于他一张嘴就会露出一颗镶金边的门牙，再配上他的笑容，有一种黑社会大佬金盆洗手的感觉。不过正是这位勇敢的无畏者，才敢在雨季带我穿越盐湖。在遇到安德烈之前，我问遍了所有旅行社，没有人愿意接我这单，每个人都说太危险，进到盐湖里什么都看不到，来回的费用还不够修车的成本。就在我快要放弃时，安德烈大叔默默地站在街口，开着他那辆倒手了多次收来的陆地巡洋舰，英雄般地解救了我。

吃炸鸡喝啤酒，欣赏火烈鸟

进入盐湖区，旅行社一般会为游客安排三天的行程，而我只有两天的时间，所以安德烈大叔为我安排了跟大家完全相反的路线。两天的行程中，安德烈大叔既是司机，又是管吃喝拉撒睡的保姆。当地的司机一般都会事先准备几天的伙食，虽简单，但不重样，最惊讶的是这里竟然有炸鸡和啤酒。安德烈大叔做起炸鸡来，味道可一点儿都不含糊。

第一天的路途较赶，景点比较多，其中最有名的莫过于红湖、绿湖，它们坐落在国家公园内，门票一人大约50玻利维亚诺，约150元人民币。

一路上见到最多的动物是火烈鸟，湖区内大大小小的湖泊很多，富含浮游生物，因此吸引了大量的火烈鸟在此栖息，很是壮观。印象最深刻的是，从高处看红湖，湖面上落满了火烈鸟的时刻，天空飘着雨，画面极美。据说红湖的日出特别美，如果有时间安排三天的行程，可选择住在红湖边看日出和火烈鸟。

第一天行程结束，到达旅馆时天已完全黑透，四下一片寂静，安静得有些吓人，还没来得及卸行李，安德烈大叔就带我来到一个类似街边小吃的地方用餐，我们吃了当地的常见食物——烤鸡和米饭。颠簸了一天后，又冷又饿，那顿晚饭在记忆中十分美味。

盐旅馆的桌椅和床都用盐做成

晚饭用毕，和安德烈大叔回到旅馆，发现当地最有特色的盐旅馆内别有洞天，所有的桌椅和床都是用盐块做的，十分原生态，以至于房间的门是关不严的。原本以为这样的原生态旅馆是无法洗热水澡的，但还真的有热水器，洗个热水澡冲淡疲惫。旅馆里除了建筑材料，最有趣的是被子十分沉，可能是羊驼毛加棉花的缘故，十分重且暖和。

第二天，我们一大早便出发去盐湖，路上遇到了野生的羊驼。这种动物跟鹿长得很像，学名叫小羊驼，以野生居多。它的绒毛是所有羊驼中最精细的。如果买羊驼围巾，以小羊驼的绒毛为原材料的自然是上乘佳品，当然价格也不菲。

除了能看到特别的动物外，在这里还能看到当地的农作物——藜麦。它原产于南美洲安第斯山区，适应性极强，在海拔4000米的贫瘠山地上也能生长。这种作物在玻利维亚和秘鲁被大量种植，其含有的蛋白质比任何其他谷物都高，堪称“谷物蛋白之王”，健身达人可以多多食用。近两年秘鲁和玻利维亚在中国力推的藜麦，外表看起来像中国的小米，但米粒更大些。

车开出去一个多小时后，我们终于来到盐湖岸边。天空还飘着雨，安德烈大叔把车停在一户农家门前，那是周围唯一的一家住户。安德烈大叔看起来跟他们很熟，借用房子内的厨具。我们在此煮了意大利面，放在保温桶里当午餐，然后抓紧时间出发。

乌尤尼盐湖，美丽至极的“天空之镜”

我们终于抵达了世界上最大的盐湖——乌尤尼。它位于玻利维亚西南部的高原地区，平均海拔在3500米以上。每年雨季，乌尤尼盐湖都会被雨水注满，形成一个浅湖，犹如一面硕大的镜子，与天空相映成趣，故有“天空之镜”的美称。

当车开上盐湖的那一刻，天空还在飘着雨，而下一刻，却神奇般地撕开一条缝隙，蓝天挤了出来。当你身处其中时，你就宛如在天堂一般，天湖一色，纯净得让人透不过气来，云淡云密都在湖面展露无遗。整个湖面瞬间变成了一面硕大的镜子，哪里是天，哪里是湖，已经分不清楚。当走在湖面上时，人犹如在空中漫步，亦真亦假。我们停车的位置距湖水大约有十厘米，薄薄的一层犹如镜面，水下就是岩层，岩层的结晶大都为不规则的六边形，每块之间都有颜色较深的分界线。整个盐湖就是由无数这样的结晶块组成，甚是壮观。

举起相机记录壮观的美景时，雾却突然大了起来，安德烈大叔说要在雾遮上山之前迅速离开。荒湖野地，单车闯关，一旦没了坐标参照，看不到盐湖的边缘，就危及生命了。约有一个小时，我们在雾中加速向外开，终于看到了岸边。这时又是狂风大作，大雨瓢泼，我们终于冲了出来。一切在瞬间又恢复了平静，仿佛什么都没有发生过。盐湖在后视镜里渐渐远去，这般美景，我会再回来感受它的震撼。

把爱变现

口沐 兰

日本有一个五名男艺人组成的国民级偶像团体，叫“岚”。其分量相当于全盛时代的华语乐坛的刘、张、郭、黎“四大天王”组成一个偶像团体。然而，天下无不散之筵席，出道二十年的“岚”在最华丽时转身，决定在2020年的12月31日“中止活动”。于是2019年的演唱会，就成了他们的告别演出。

他们今年要开32场演唱会，几乎是往年的整整一倍，还是一票难求。想要购买演唱会门票，要先成为“岚”的粉丝俱乐部成员，然后在线提交申请，只有极少数幸运的粉丝才能被抽中。而要成为粉丝俱乐部成员，必须有真实的日本住址和日本手机号，还要缴纳每年3000日元的会员费（首次入会要交5000日元，约折合人民币300元）。抽中之后，每张门票都是9000日元，座位也是随机抽取。是坐舞台正前方第一排还是在最远最高的观众席，全凭命运的安排。这两项规则叠加，倒是几乎杜绝了职业黄牛的干扰。

国内的朋友恳请我注册成为会员，参加演唱会门票抽选。我的第一反应却是：多么优秀的商业模式啊！我从官方渠道查到，“岚”粉丝俱乐部截至2月4日已有付费成员276万人，这意味着一年7500万美元的纯会员费收入，而且只是购买虚无的在线抽取的资格而已！天下还有比这更一本万利躺着赚钱的生意吗？为了深入研究粉丝俱乐部的运作，我毫不犹豫地贡献出自己的电话号码、地址还有5000日元，成为276万人之外的一名新成员。

万万没想到，我居然真的抽中了一场演唱会门票。根据今年的演唱会场数、座位数等条件，我粗略判断抽中演唱会门票的概率是0.00028，而考上日本最著名学府东京大学的概率大概是0.0028。也就是说，一名日本普通高中生考入东大的概率，比抽中“岚”的演唱会门票的概率还高10倍。

在这样的概率下抽中了门票，我当然要去演唱会现场感受感受——不，我是要去研究商业模式的。演唱会场地在札幌，相对于东京、大阪，“地方”演唱会的门票抽取的竞争不那么激烈。然而，机票和住宿同样“一票难求”，我们最后付了比平时高5倍的成本。日本媒体预测“岚”的告别演唱会将直接拉动200亿~300亿日元的经济，看来所言不虚。

一见面，朋友就督促我下载购买演唱会周边商品的APP。我坚决拒绝“花不必要的钱”，心里的小算盘打得啪啪响：“岚”举办演唱会，每年赚7500万美元的会员费销售门票抽取资格，加上门票9000日元一张×32场× 5万人，这就是1.44亿美元门票收入，还有销售“周边”纪念品的收入！我可是在青春期都没有追过星的少有的理智女性啊！

在朋友的督促下，我终究还是下载了专供购买今年的演唱会周边的App。然而里面什么商品都没有，直到第二天我们到达会场，App才根据位置感应，神奇地出现了商品清单。

朋友强烈推荐的手灯售价差不多人民币150元。按一人一个计算，今年手灯的销售收入大概是4000万美元。至此，“岚”演唱会2019年的固定收入是：2.6亿美元。几乎所有人都会再购买其他的周边，连我都忍不住又花了300多元买了一个包包和一件T恤。如果算上周边商品的销售，演唱会相关收入大概是3.79亿美元。

令我没想到的是，手灯对演唱会的表现确实非常重要。开场前用手灯靠近座位椅背上一个感应器，就会在演出过程中自动变换颜色，共有8种。想象一下：5万人的体育场座无虚席，也就是5万盏灯光在你的四周亮起，还能与舞台呼应，变换各种灯光效果。朋友是多年粉丝，看了许多场演唱会视频和幕后花絮，她得意地说，这是和索尼公司联合开发的特别控制系统，只有“岚”的演唱会才有。所以大家都心甘情愿掏钱买手灯。

我这个非粉丝也彻底心甘情愿了。整场演出的舞台之美超乎想象。主舞台背景的屏幕足足有三个室内交响乐团的舞台那么大。有一幕，全场黑暗中，只有主屏幕伴随歌手的走动，沿途绽放鲜花。还有一幕，舞台前方腾空升起火焰，摄像头360度抓取歌手的舞蹈动作，实时投映到主屏幕上，同时伴随身体舞动增加了火焰在周身燃烧的特效。画面精度之高清、实时动作捕捉和特效制作之流畅，让我惊叹的是日本多个行业绝对不容小觑的综合实力。

演唱会的三个半小时，我和其他痴迷的粉丝并无差别，全程站着，挥舞着手灯，整个体育场就是一座沉浸式的舞台，我无可抵挡地沉溺其中。灯光明灭，舞台营造出最美的幻想，五位深情款款的男子好像只为你一人歌唱舞动，谁还记得工作的琐碎折磨、无休止的烦琐家务？我突然理解了整个娱乐业存在的意义和赚钱的原因。谁还计较为了这一幕付出的钞票？只感到芸芸众生中能出现在此时此地已是莫大的幸运。直到三个半小时后，才佩服幕后的操纵者环环相扣，把我们的钱包安排得明明白白，让我们心甘情愿地把爱变现。这演唱会一年几亿美元的收入，不过是成功的娱乐行业的冰山一角而已。

先坐靠边座位的理由

□[日]匠英一　译/郭　勇

在地铁始发站上车的乘客，面对空空的长条座椅，他们会选择坐在哪里呢？前一两位乘客，大多会选择最靠边的座位。接下来的乘客会坐在座椅正中间。后面的乘客才会一点点把座椅“填满”。如果座椅空间比较大的话，乘客都会选择和别人保持一定的距离坐。只有人比较多的时候，才会挤着坐。

从这种行为中，我们可以看到人有一种想确保自己“领地”的心理。每个人都想“保卫”自己身体周围的一定空间，如果有人进入这个空间，我们就会产生压迫感，浑身不自在。心理学将这种“领地空间”称为私人空间。

每个人私人空间的范围都不同。比如，性格比较外向、开放的人，私人空间比较小，别人在一定程度内接近自己，也不会觉得不自在。反之，性格中排他性比较强的人，私人空间的范围相对较大，如果有人进入他们的私人空间，他们就会不高兴。

也许有朋友会产生疑问，在空地铁里，坐座椅的中间不也能确保私人空间吗？反正两边都是空的。不过，地铁中会不断有乘客上车，虽然开始时左右两边是空的，但不久后就会被人“占领”。靠边的座位就不同了，至少可以保证单侧不会有人。因此，靠边的座位相对让人安心。

在大都市的地铁里，尤其是上下班的高峰期，简直拥挤不堪，大家肯定会进入彼此的私人空间，甚至发生身体接触。因此，像始发站这样人不多的时候，大家自然会优先选择靠边的座位，以最大限度地避免私人空间被“侵入”。由此可见，优先选择靠边的座位，是因为大家都不喜欢私人空间被人“侵入”。

印度山区银行：只存山羊不存钱

□周 礼

有一次，我去印度北部的戈拉弯旅行，看上了一件颇有民族特色的工艺品。一问价格，需要2000卢比，而我身上只有1200卢比。之前考虑到在印度不会停留太长时间，所以在新德里我没有兑换太多的卢比。而钱夹里的美元倒是有不少，我掏出几张，打算用美元支付。可是对方没见过美元，不愿意接受，要求我兑换成卢比后再交易。

没办法，我只好四下寻找银行，心想银行应该能够兑换美元吧。没走多久，就看见前面一家商铺的门匾上印有bank的字样，我径直走了进去。这家银行看起来非常简陋，柜台前也没有安装防弹玻璃，甚至连最起码的防护栏也没有，里面只有3名工作人员，其中一个人站起身，热情地对我说："先生，请问您需要办理什么业务？"

我拿出几张面值一百的美元递给她说："小姐，麻烦您帮我兑换成卢比。"看着我手里的票子，她有些为难地向我摆摆手说："先生，真是对不起！我们银行没有开设这项业务，请您去其他银行办理吧！"刚开始，我以为他们只是没有开设兑换美元的业务，但随后的发现，令我大吃一惊，他们完全不受理钱币。

就在我准备离开时，一个农民模样的中年男子牵着两只山羊走了进来。他对银行的工作人员说了几句什么，然后银行的工作人员便给他开出了一张票据。看情形，这名中年男子像是在存钱，可令人困惑的是，他并没有向柜台里放钱，只是将手里的山羊交给了银行的另一位工作人员。这是怎么回事呢？难道这家银行只存山羊，不存钱吗？

带着几分好奇，我向银行的一位工作人员询问了这一情况。她微笑着对我说："我们这儿的银行向来都是如此，老百姓存'钱'时用的是山羊；我们银行放'款'时，用的也是山羊。"我惊得目瞪口呆，这些年，走遍世界各地，还是头一次听说只存山羊不存钱的银行。

见我一脸惊愕的表情，那位工作人员赶忙解释说："由于米尔扎布尔地区多山，且地形复杂，人们世代以碎石养家糊口，生活十分困苦，一些家庭主妇一边协助丈夫干活，一边养几只山羊补贴家用。我们银行这样做，就是想通过山羊交易，来促进米尔扎布尔山羊业的发展，提高当地人民的生活水平。"

这还真是一家独一无二的银行，听了那位工作人员的讲述，我的心被深深地触动了。作为一家金融机构，他们不是想方设法地赚取高额利润，而是努力促进当地的经济发展，提高老百姓的生活水平，这样的理念和心胸，恐怕是许多世界知名大银行都难以企及的。

多看效应：为什么看的次数越多越喜欢

□卜伟欣

多看，顾名思义，就是要重复地看，不止一次地看。多看，多记知识点，这样考试才会胸有成竹，才能对答如流。而这种对出现频率越高的事物印象越深刻的现象，在心理学上称为“多看效应”。

有人认为，喜新厌旧是人的天性，“出镜率”过高容易使他人产生视觉疲劳，其实不然。20世纪60年代，心理学家扎荣茨做过一项实验：随机抽取一些志愿者，把不同的照片以不规则的顺序呈现在他们面前，请他们评价对照片的喜爱程度。实验结果表明，被试者更喜欢那些看过次数较多的照片，也就是说，随着翻阅次数的增加，人们对照片的喜爱程度也有所增加。

同样的道理运用到社交关系当中，也可以站得住脚。对于初次见面的人，最好能够在分别之后适时地主动联系对方，即便只是一条问候的短信。久而久之就能够加深对方对你的印象，“礼多人不怪”就是这个道理。再就是可以在自己所处的交际圈中多多露面，经常出席一些公共场合的活动，增加自己的“出镜率”。就像很多明星一样，频频参加各种活动更容易被观众熟知，对事业成功有帮助。

“多露面”能给自己带来更多的机会和便利，这是“多看效应”的作用。就拿职场新人来说吧，同样是刚刚参加工作的员工，但在所有人当中，有两种人的人缘通常是最好的：

第一种是“聚会积极分子”，他们经常会参加一些同事的聚会，在聚会中既懂得表现自己，又不会过于张扬，借着聚会的热烈气氛拉近彼此之间的感情，与大家建立良好的关系。

第二种是性格开朗、乐于助人的人，他们通常会主动与同事、上司打招呼，并通过请教问题等方式制造谈话的机会，将自己的优点在交流中一点一点地告知对方，从而给对方留下深刻的印象。

总之，若想博得他人的注意，就要留心提高自己在别人面前的“知名度”，只要做得适宜、适度，成为众人都喜欢的“开心果”也就很容易了。相反，一个自我封闭的人，或是一个面对人群就逃避和退缩的人，一般很难拥有较好的人缘，他们很难在人们的脑海中留下深刻的印象，不容易被人记住和想起，与孤独为伍也就成为必然。

古代粉丝的自我修养

□大梁如姬

作为中国文学界、教育界、思想界的大家，孔子也有不少偶像，比如郑国的贤人子产等。他最持之以恒追求的偶像，是周朝的文化奠基人周公旦。

周公旦，周文王之子，周朝800年文化礼制的领路人。孔子一生最坚持的事业，就是恢复周公时期礼乐仁和的理想社会。

可恨的是，孔子距离周公太遥远，虽然在同一个地球，看同一个月亮，却隔了时空。于是，没法与之促膝长谈聊以慰藉的孔子，只能跟周公在梦里进行神交。俗称“梦周公”。到年纪大了，孔子自觉行将就木，灵气没了，感受不到了周公的存在，很久没梦到周公，于是无比伤感地说：“吾不复梦见周公。”今天，上课犯困的学生都说自己是去“梦周公”，却不知道当年的孔子，能梦见周公，和他聊聊天，要花费多少修为和德行。

孔子自己当然也有不少粉丝，其中头号粉丝当属孔门十哲中的子路、子贡、颜回。然而，颜回是个在老师面前从来没什么语言的人，子路也是个不太会总结和表达的人，当别人问到孔子是个怎样的人时，子路竟然是默然不答，跑回来把问题告诉老师。弄得孔子很郁闷，你可以直说，我是一个“发愤忘食，乐以忘忧，不知老之将至”的人呀！

三个人中，唯独外交家子贡最会说话，所以，子贡对老师的夸赞也最多、最形象。当初，孔子周游列国回归鲁国后逐渐隐退，成为著名乡村教师，而子贡游说于诸侯各国之间，一张嘴说动天下。大家私底下这么议论，子贡听到以后说：“我，就像一个站在门外的人，我有多高，多胖，多少知识量，大家都看得清清楚楚。而我的老师，他的学识高深到就像住在高楼大院里，你们拼命踮起脚尖看，能看到的都只有院墙，看不到他，也不知道他的深度。所以，你们懂我，不懂我老师，不是我老师的问题，是你们的基础和层次的问题。”

瞧，为了抬高自己毕生推崇的老师，子贡直接把自己也踩了一顿。堪称千古三好学生。

汉朝太祖高皇帝刘邦的偶像，是战国时期魏国鼎鼎大名的信陵君公子无忌。说起信陵君的为人，也确实值得推崇，司马迁在《史记》里，几乎毫不吝啬地把赞美之词用在他身上——公子为人仁而下士，士无贤不肖皆谦而礼交之，不敢以其富贵骄士。

刘邦还未发迹时，就听说了魏公子的高义，想跟他交朋友，但当时太穷，也没钱跑去大梁。后来魏

公子死了，没能见他一面，也就成了遗恨。不过刘邦并没有失去精神领袖，听说魏公子的粉丝张耳曾经去信陵君府吃过饭，刘邦开心得就要跟着张耳。

那时候的刘邦还是小人物，即使他疯狂推崇魏公子，别人也没多关注。到刘邦称帝，建立大汉朝后，每次路过大梁，刘邦总觉得对这里充满感情，像有一个老友住在这里。于是，每次都去魏公子的坟前坐一坐，聊一聊现在的天下局势，说说今天的天气如何。

又过了很多年，刘邦打败造反的英布，自己也中了箭，感慨自己时日无多，临了又想起了魏公子。于是，下令找了五户人家，世世代代为魏公子守护坟冢。

说到追星，也不得不提边塞诗人岑参。岑参为啥是边塞诗人呢？因为，他人生最辉煌的年纪，都是跟着偶像封常清在边疆度过的。

岑参是唐太宗时期文学家岑文本的后代，唐玄宗时期考中了进士，然后开始进入官场。最开始，封常清自己也在安西节度使高仙芝帐下当判官，所以，岑参就跟在后面当掌书记；等封常清自己独当一面，也任安西北庭节度使时，岑参又跑去跟随封常清。

岑参对封常清的推崇，全在他的诗文里。光看标题，著名的《走马川行奉送封大夫出师西征》《轮台歌奉送封大夫出师西征》，以及若干的《奉陪封大夫九日登高》《北庭西郊候封大夫受降回军献上》《使交河郡，郡在火山脚，其地苦热无雨雪，献封大夫》《陪封大夫宴瀚海亭纳凉》等，都是默默的爱。

封常清打场仗回来，岑参就写一首封将军行军多潇洒，打仗多么威武；封常清在正常节日举办个酒席大家一起吃，岑参就感动得一把鼻涕一把泪。甚至，在岑参眼里，封常清的功劳，早已远超霍去病——“却笑霍嫖姚，区区徒尔为。”

值得一提的是，封常清虽然肯定是个大丈夫，顶天立地，但他应该从小生过病，患有小儿麻痹症，眼睛看人只能斜视，两条腿不一样长，走路有点瘸——这样的外貌，高仙芝一开始都嫌弃，岑参却爱得如此深沉。另外还有唐代诗人魏万，因为读过李白的诗，瞬间被吸粉，于是在完全没约的情况下，一个人背上行李走了几千里，千万里追寻着来无影去无踪的李白，就为了见一见李白的庐山真面目。

虽然李白粉丝颇多，但他也是别人的粉丝。只是他一会儿表白孟浩然“吾爱孟夫子”；一会儿怀念谢灵运，走他走过的路，“谢公宿处今尚在，渌水荡漾清猿啼”；一会儿又爱上信陵君，“侠义凛古今，威名动鬼神”。真正是风一样的男子，当个粉丝也让人捉摸不透。

炎凉 □王鼎钧

常常有人问：社会是温暖的还是冷酷的？也常常有人回答“社会是温暖的”或者“社会是冷酷的”。莫衷一是的答案常常令人困惑。

其实所谓温暖、冷酷，都是社会的一种反应，反应由刺激而起。提问题的人和作答的人，似乎都忘了刺激—反应的连带关系。

社会对新科状元必然是温暖的，对落第秀才必然是冷酷的。

新科状元虽然受人逢迎，但是也可能有名士对他白眼相加，那是或然；落第秀才也可能遇见佳人在后花园赠金，那也是或然。

新科状元如果做了贤臣，纵然遭遇宦海风涛，翻船落水，社会必然不会把他看成一只落水狗；落第秀才如果有才慧，肯用功，社会也必然怀着敬意估计他未来的命运。

这样看来，社会究竟是温暖还是冷酷，操之在己的成分很大。所以这个问题的答案，与其在社会里面找，不如向自己找。一个有志气的人虽然不该口出狂言，说我要社会温暖它就温暖，但是无妨抱定信心，不管是温暖或是冷酷：我都不怕。

珍贵文物能靠技术永远留存吗

□胡琢民

近日，法国巴黎圣母院发生火灾，世人痛心不已。那么，有没有一种技术可以将珍贵的文明精准记录下来，从而让它们永远留存呢？上海颢汉数字技术有限公司创始人胡琢民在“造就”演讲上讲述了他们的探索。

近年来，敦煌莫高窟的游客人数一直在不断突破，一度突破了每天18000人次，而最理想的参观人数是6000人左右。

游客激增给莫高窟的保护带来了巨大压力。莫高窟不同于馆藏文物，它暴露在自然界，还面临着上游水土流失、沙化、风暴等环境恶化带来的严重影响。

早在2003年，敦煌研究院时任院长樊锦诗就提出了“数字敦煌”的概念。数字敦煌主要包括三个方面：一、保护平面壁画，把平面壁画数字化；二、三维建模，保护莫高窟中的精美雕塑；三、测量洞窟，把握洞窟之间的相互位置关系，将之记录下来。

莫高窟是暴露在自然界中的，不管我们采取什么样的保护措施，它必将有一天不复存在。所以，如果我们能留存莫高窟的数据，后人就能永远看到莫高窟的面貌。

非常有幸，我们参加了莫高窟三维数字化的项目。三维重建技术的底层技术是逆向建模。什么是逆向建模呢？就是把现实中的物体建成三维模型，搭建出一个架构，这就是逆向建模。

从2006年到2010年，我们团队掌握了一项技术，简单来说就是通过建模，将电脑里的一张人脸的平面像转成三维立体图像。三维建模技术有两个特点：一是三维分辨率高，二是色彩还原精度高。这个技术有着得天独厚的优势，不管是色彩还是分辨率，都能在文物还原以及电影等领域大展所长。

与敦煌结缘是在2011年，有一位朋友从莫高窟给我打来电话，聊起我们的技术，问有没有可能对莫高窟的彩塑进行三维重建。当时我稍微想了一想就答应了。

经过莫高窟研究院的几轮技术测试，他们同意让我们进入洞窟进行实验性的拍摄建模。

第一次走进洞窟，我就感到害怕了。我们来到的332窟，里面非常狭小，只有10多平方米的拍摄空间，但佛像有5米高的跨度，而且这么高的佛像一共有3组。洞窟中间还有一根方形立柱，立柱后面最内侧有一个佛龛，里面有一尊8米多长的卧佛像。因为有中心立柱，拍摄距离最远只有1.2米。这个拍摄难度太大了！

我们的团队就在这个狭小的空间进行了讨论，最后决定先拍摄释迦牟尼佛像腰部以下的部分，然后进行三维建模。这一小部分的工作，就花费了我们10个工作日。

这些数据得到了研究院相关负责人与专家的认可。虽然拍不到整体，但数据本身是合格的。也是在那一次，我目睹了非常震撼的一幕。莫高窟前面有一条大泉河，当时从三危山上突然涌出一股大水，冲破了大泉河的河堤，1米多高的大水就在几十公里的沙漠上肆意横行。

正是目睹这一场景，让我觉得我们做的这件事特别有意义，而且非常紧迫。为了保护灿烂的世界文化遗产莫高窟，我们必须把这件事情做好。

回来以后，我们就对设备进行了改进，要让设备在拍摄时可以涵盖每一个角度。

通过一轮轮进洞调试，第332窟的三维重建终于在2011年年底完成了。332窟的数据也成为我们国内第一份固定大型雕塑的三维重建数据。

结束后，我们总结经验，进行了以下几方面的改进。第一，改进拍摄的支承装置。我们采取了一个模块化的设计，使得不同场合、不同规模的现场对象都能被采集到。第二，改进图像处理软件。这大大提高了我们的工作效率，比如我们在做332窟时需要15个人工作，但改进后，只需要4个人就可以完成。第三，完善模型拍摄流程。这使得我们的数据完整性、色彩还原度都上了一个更高的台阶。

我们用全新的设备对莫高窟第45窟全龛进行了三维重建。第45窟建于盛唐时期，其中所有的佛像造型都非常自信。在三维建模的图像中，佛像的站姿或婀娜或端庄，神态栩栩如生。技术与艺术、古代与现代，它们之间可能会有冲突和矛盾。但假以时日，我相信它们一定会在某一时空融合于一体，就像我们的三维重建技术一样。正如英国诗人威廉·布莱克的一首诗：一粒沙里可以看到一个世界，一朵花里可以看到一座天堂，把无限放在我们的手掌，让永恒得到收藏。

长牙野猪的成长

□程　刚

西非大草原上有一种长牙野猪，它们对幼崽的磨炼非同一般，动不动就要追咬它们，把它们咬得嗷嗷叫。

成年野猪追咬小猪崽归纳起来有三种情况：第一个是它们用嘴拱地时，有一些偷懒的小猪会遭到成年野猪的追咬。第二个是它们啃食树皮时，有些小猪崽很冲动，也不注意方法，嘴磨得出了血，当它们停下来不再啃食的时候，成年野猪也会强迫它们继续啃。第三个是在草原上狂奔是它们每天的必修科目，总会看见成年野猪狂奔追逐小猪，有些时候甚至看见小猪累得痛苦地趴在地上满嘴吐白沫，任凭成年野猪怎么咬它们都不起来。

小野猪被成年野猪追咬的情况会慢慢改善，随着它们渐渐长大，被咬的情况越来越少，这是因为，它们奔跑变快了，长出来的长牙越来越尖了，嘴巴的力量也越来越大，有时头一甩，就会有一大片草皮被拱出来。

猎豹是大草原上的强者，所有动物都有可能被它攻击，但只有长牙野猪，总会逃离虎口，而且会将猎豹搞得伤痕累累，有的猎豹甚至会失去奔跑的能力。原来，这一切都是成年长牙野猪在小猪崽幼年成长的过程中培养的结果，它们追咬小野猪就是培养它们奔跑的能力、拱地的力量，以及磨砺长牙的锐利，有了这些法宝，豹子来袭的时候，它们会轻轻松松将豹子击伤。

长牙野猪的成长过程，就是一个励志的过程，它们虽然没有一个幸福的童年，却有一个安稳的成年，这对于我们有很多启示。

有些时候，奋斗就是每一天都很难，但一年比一年容易。

宋朝：吃货的天堂

□刘 凯

宋朝是中国古代历史上的黄金时期，尤其是北宋时期，天下安宁，百姓安居，社会安定，呈现出政通人和、四海静宁的盛世局面。身逢盛世，宋朝人不忘舌尖风景，让我们跟着《东京梦华录》，看看宋朝人都有啥“口福”。

黄金粟成白玉花

据《东京梦华录》记载，北宋时期，市面上有一种名曰“孛娄”的风味小吃，这便是中国最早的膨化食品——爆米花！

北宋时期，每年的春节、元宵节（上元节）期间，全国各地都传出嘭嘭的爆炸声——别误会，那不是战争，也不是放爆竹，而是在“炒糯谷”，即崩爆米花。宋人为何将爆米花称为“孛娄”呢？“孛娄”是个象声词，即崩爆米花时发出的巨大声响。宋朝的京城——东京开封，把打雷的声音称作“孛辘”，而崩爆米花时发出的声音恰似“孛辘”，于是时人干脆将爆米花称为“孛娄”。“孛娄”虽曰寻常吃物，但名声很大，居然有一首赞美“孛娄”的诗——《爆孛娄诗》：“东人吴门十万家，家家爆谷卜年华。就锅排下黄金粟，转手翻成白玉花。红粉美人占喜事，白头老叟问天涯。晓来妆饰诸儿子，数片梅花插鬓斜。”原来，在宋朝，爆米花不光入口，还是一种占卜工具，占卜的内容更是五花八门。老人占卜寿命，女人占卜终身，男人占卜财运，孩子占卜健康。占卜结束后，“孛娄”的去处只有一个：填入腹中。

鹅黄豆生登宴席

我们现在常吃的豆芽菜，也是宋朝人发明的。宋人林洪在《山家清供》中载：“以水浸黑豆，爆之及芽，以糠秕置盆中，铺沙植豆，用板压吸长，则复以桶，晓则晒之……越三日出之，洗，淖以油、盐、苦酒、香料可为茹，卷以麻饼尤佳。色浅黄，名鹅黄豆生。”这段文字不仅写出了豆芽菜的整个生产过程，还写出了烹调方法及吃法：“卷以麻饼。”现今，北方一些地区依然有以春饼卷豆芽菜来吃的习俗，谓之“吃春”“卷春”“咬春”。《东京梦华录》中对豆芽菜的记载也较为详细：“以绿豆、小豆、小麦，于瓷器内，以水浸之，生芽数寸，以红篮彩缕束之，谓之‘种生’。”宋人所著《图经本草》中还记载了生绿豆芽的过程。查阅典籍得知，宋朝人已会生产五种豆芽菜：黄豆芽、绿豆芽、豌豆芽、芽蚕豆、赤豆芽，宋朝人真的很伟大！

风翻晚霞涮春秋

提到涮羊肉，人们都知道那是元世祖忽必烈发明的，不过火锅却是宋朝人发明的。宋朝人给火锅送了一个很美丽的名字：“拨霞供”！宋人林洪在《山家清供》一书中详细记载了他和朋友吃火锅涮兔肉的情景。某日，林洪去武夷山拜访隐士。天降大雪，一只兔子从山岩上滑了下来，让林洪给逮到了，于是，他就和隐士涮起了兔肉片。在桌上放个炭火炉，上面架个汤锅；把兔肉切成薄片，用酒、酱、椒、桂做成调味汁，等汤烧沸了，夹着肉片去汤中涮熟，然后蘸

你要做东非的猴子还是西非的猴子

□柴 可

为什么跑得快，资本也融得快的企业，最后好像并没有变成赢家？

答案是：节奏可能更重要。以前我们说“大鱼吃小鱼”或“快鱼吃慢鱼”，但是当我们真正做一个企业很多年后会发现，找准自己的节奏，远远比单纯的快慢更重要。

大家如果看过《人类简史》，应该会发现里面有一个很有意思的故事。十几万年前，东非大裂谷居住着一群特别快乐的猴子，它们都生活在果树上，树非常高，果树周而复始结出新的果子，猴子不用下树，就可以在树上生存得很好，猛兽是攻击不到它们的。

忽然有一天，全球气候大变化，发生了一次巨大地震，于是产生了今天很著名的东非大裂谷。大裂谷把非洲大陆分成了两块：西非和东非。

大裂谷西边依旧是雨林环境，有很高的面包树，也有丰富的果实；东边的大陆，很多地方只有比较凶险的灌木林和一些不毛之地。

猴子也被强行分成两拨，一拨留在西非大陆，和以前一样，只要待在树上就有果子吃；一拨留在东非的猴子却面临着凶残的生存环境，不仅常有猛兽出没，而且没有大树，只有灌木，它们要学会制造工具，学会用更复杂的语言交流。久而久之，它们变得更聪明了。

最后，东非的猴子慢慢进化成为今天真正的智人，西非的猴子呢？

还是西非的猴子。

在创业的这些年，我发现做互联网和东非西非的猴子一样。在互联网上获取流量，就像猴子获取果实一样简单，只要投资人给钱，就会有源源不断的流量。

有了流量就会有用户，有了用户，就会继续有人给钱。周而复始，好像生存的规则非常简单。

但是东非大裂谷产生了，资本寒冬到了，大家在融资的时候会发现，以前给1000万元都不要的，现在100万元也求着别人给。

资本环境冷却，流量慢慢开始产生更多的成本，对企业造成新的负担，这个时候你要去拿新的钱，就必须要有商业模式。就像“东非的猴子”一样，要开始制造把用户变成消费者的工具，需要学会更复杂的沟通模式。

着调料吃。那顿饭林洪吃得特别美，回到家后又吃了几次，感觉非常不错，于是给这种吃法取了一个极好听的名字：“拨霞供”——取那晚涮兔肉片的场景：“浪涌晴江雪，风翻照晚霞。”据科学家考证，宋代的火锅除了名称不同外，其造型、结构、功能，与现代的火锅毫无二致！

味美香醇东坡肉

宋代大诗人苏轼（号东坡）发明的“东坡肉”，可谓无人不知，无人不晓。苏东坡对吃很有研究，他给后世留下许多美食：东坡鱼、东坡肘子、东坡豆腐、东坡饼、东坡羹、东坡芽脍、东坡豆花、东坡酥、东坡玉糁。当然，最有名气的还是东坡肉。苏东坡贬官黄州后，发现当地猪肉很便宜，于是自己下厨，经多方“研制”，终于发明了享誉后世的“东坡肉”。东坡肉由于“慢著火，少著水，火候足时它自美”，因此肥而不腻，入口即化，酥香味美，令人食欲大开：“原来肉制贵微炊，火到东坡腻若脂。象眼截痕看不见，啖时举箸烂方知。”

时令美馔不胜数。通过《东京梦华录》《都城纪胜》《西湖老人繁胜录》《梦粱录》《武林旧事》等两宋典籍得知，宋朝人口福多多：面食有环饼、油饼、白肉胡饼、莲花肉饼、炊羊胡饼、天花饼、烙饼、馒头、素饼（面条）、焦碱水锥（炸元宵）、浮团子（汤圆）、角子（饺子）；肉食有连骨熟肉、爆肉、肉脯和干肉；羹汤有缕肉羹、肚羹、玉糁羹和各种各样的“汁水”等。繁华的宋朝，真是让老饕羡慕嫉妒恨的时代！

□凌仕江

喜马拉雅的雪猪，一直在神的手掌里

这么多年，我在藏族地区遇见的所有动物中，萌萌的非雪猪莫属，只是它有一个我极不喜欢的学名——旱獭。这样的学名非常影响它在我眼中呆萌的形象，或者说我是讨厌旱獭这个名字的。

原本这仅仅属于个人观点，哪知有天在人多的时候，不小心说漏嘴，迅即被在场的动物专家反驳。

“先生，你或许可以保留你的观点，因为你不喜欢的动物名字可能还有土拨鼠、哈拉、齐哇。”在我们一起徒步通往神山冈仁波钦的路上，动物专家詹姆斯用十分诧异的眼神纠正我的动物观。

对雪猪没了解的人，肯定以为他说了很多动物的名字。但凭我对这种能够像人一样直立行走的动物的了解，知道这个英国人只是在强调一种动物——雪猪。

结伴同行者，背包客居多，还有一些是从事科考与探险的爱好者。这其中就有泰国的八岁少年柏朗依林和他的父亲托尼·贾。他们是家庭旅行爱好者，因为几年前到西藏游历，便爱上了喜马拉雅的雪猪。柏朗依林说他去过很多地方，遇见过很多动物，最忘不了的还是喜马拉雅的雪猪。这里的雪猪每次见柏朗依林，不仅愿意接受他的食物，还会对他拱手作揖示谢，这也成了父子俩每年返回西藏的理由。

在茫茫旷野的喜马拉雅腹地，雪猪是所有凡人神奇相遇的最好见证者。很多时候，它听到大自然发出的声响，先独自从洞口探出一个脑袋来，若发现不是其他庞然大物的侵略者，而是人类，马上就会蹦到地面上，立起身子，向同类击掌发出热烈的欢呼声，几乎用不了五分钟，一群雪猪便向你围过来了。

那些手脚短小、身体肥嘟嘟、向着人拱掌直立行走的家伙，眨着小眼睛，活脱脱像动画片中的熊大熊二。柏朗依林说在阿里以西的那片草原上，曾有七八只雪猪对他拱掌，等着他奖赏食物，他在它们中间旋来转去，两眼放光，却犹豫着，不知应该先抱起哪一只。在他眼里，雪猪一只比一只可爱。

“你们与哈拉居然有这样的约定，喜马拉雅真是一片圣洁的土地呀！”詹姆斯知道托尼·贾父子来找寻早年遇见的那只雪猪后，备受感动。

“哈拉是谁？”柏朗依林将目光锁定在我身上。

我悄悄拉过柏朗依林的手告诉他，詹姆斯所说的土拨鼠、哈拉、齐哇、旱獭，都是同一种动物，而且都是你最喜欢的雪猪。柏朗依林搔搔自己的头，歪着脑袋懊恼地问我：“那你不喜欢旱獭，就是不喜欢雪猪对吗？”我向他“嘘”了一声，示意他把这个问题打住。可他一脸桀骜不驯：“你们讲的这些名字都不好听，我只叫它雪娃。”

此时，我们一行人已来到一片宽阔的阳坡上。远处的冈仁波钦若隐若现。詹姆斯建议大家坐下来歇一会儿。

一路闲不住的柏朗依林在草地上奔跑，找寻着他渴望的奇迹。忽然，一声慌乱的尖叫，惊扰了每一个人。柏朗依林喘着粗气，像中了邪一样跑回来，说他刚刚看到一只大雪猪从他身边经过。他蹲下身给它喂饼干，遗憾的是那只雪猪并没有用鼻子问候他，他失落地抽泣着，“它不是我的雪娃，我说过今年还会回来看它，可是我的雪娃，它究竟去了哪里？”

“依林别哭，我们再等等，说不定它还会出现呢！”托尼·贾安慰儿子。

詹姆斯拉过柏朗依林坐到自己身边，给他讲了一个故事：以植物根茎为主食的雪猪，它最致命的敌人叫马熊。马熊喜欢挖地洞在里面睡觉，只要遇上雪猪就免不了一场搏斗，甚至杀害它。尤其在冬天，它挖洞的过程中，经常会挖到正在冬眠的雪猪，马熊看到雪猪一家都在睡觉，就特别生气，于是把一只挖出来，狠狠地打一拳，放在屁股下，又继续挖另一只。因为前面那只已被打醒了，所以它抓住另一只时，前面那只又跑了……这样一来，马熊不管挖了多少只雪猪，到头来只能得到一只。

我们笑了，为得不偿失的马熊，也为逃过马熊之手的雪猪。

我们打起精神，拍拍尘土，准备上路，这时奇迹出现了。

一只体形硕大的雪猪，像是披了一件毛茸茸的灰风衣，从狮泉河边朝着人群直奔而来。它跑在路上的憨态惹人怜爱，那调皮的尾巴和短短胖胖的手脚煞是可爱。柏朗依林一个箭步飞冲出去，眨眼之间，它一个猛扑投入柏朗依林怀里。“雪娃，我的雪娃。”

像家中饲养的小萌宠一样，他唤它雪娃，只有他赋予它这个独有的昵称。他掏出一块夹心饼干，它为他拱起了双手，屁颠屁颠地伴随在他前后左右。

“说好的，我们明年还会来。”托尼·贾忍不住抱起柏朗依林和雪娃，在野花拂动的长风中，他们快乐地旋转，相亲相爱。世上不少地方视雪猪为有害动物而展开捕杀，但喜马拉雅的雪猪，一直在神的手掌，在灵的怀抱，在风的眼里，被爱暖暖地呵护着。

胸怀是最美好的东西 □马　德

自己做不到的事，尽量不要苛求别人去做。即使是自己能做到的事，也不要苛求别人一样做到。

毕竟，别人不是你。用自己的标准去衡量别人，本身就是特别自我的一种做法。

这种自我，其实是自私的一个延伸。它用一种貌似合理掩盖着本质的无理，进而，以道德劫持人绑架人。对方做到了，算作自我高明，对方做不到，又以这种对比，体现自己的高尚。

真正高尚的人都在做自己。他们从自己这里出发，抵达世界的未来，而不是通过要求别人来领受未来。在他们看来，自己这里做不好，一切都是空谈，都是虚妄。

我觉得，人性中最伟大的部分，就是慈悲。因为，在慈悲那里，包含平等意识。平等意识的最核心部分，是尊重，而尊重的最核心部分，是包容。所谓“君子和而不同”，说的就是这个道理。

通俗地说，就是要看别人顺眼。也因此，胸怀是这个世界上最美好的东西。有胸怀的人，他自身散发出的平和气韵，是最令人舒服的东西。一个人，无论认识的还是不认识的，都说和他相处得舒服，那他真是活到极致了。

这境界，不是谁都能达到的。有的人，差不多活完一辈子了，还是看谁都不顺眼，还是喜欢指手画脚，时不时气不打一处来。唉，这样的人，曾经几十年的光阴，也就真的白过了。

知识何以重要

□陈思呈

信念不能依靠空谈，必须由知识和技能来打出真正的根基。

最近重看了电影《肖申克的救赎》，同时又在看老舍的小说《骆驼祥子》。两者一对比，突然有了新发现。

《肖申克的救赎》里的安迪被冤入狱，在狱中遭受凌辱，但他没有疯掉或垮掉，甚至还匪夷所思地逃了出去——这一切靠的不仅是信念，还有知识。在狱中，作为一个无期徒刑犯，之前的阶层、地位、金钱……都不再有用处。赤条条地进来了——影片开头脱衣喷洗那一段，大概是一个隐喻。但是有一种东西不会被剥夺，那就是知识。

安迪用自己作为银行家的业务知识，教狱卒们逃税避税、洗钱，又用自己的地质学知识，一方面掩人耳目地买到了鹤嘴锄，雕刻出小棋子，另一方面又挖通了一条通往狱外的通道。

可以设想，如果没有知识，他不会获得监狱里的种种便利和特殊待遇，就连精神上的信念都难以依托。

祥子的境遇虽然也不幸，但起码他还是一个自由人，虽然贫穷，但他还健康，有力气，这都意味着希望。

祥子刚进城时，也是饱满上进的一个人，他不怕吃苦，他的聪明和努力都足以使他的愿望成为现实。三年后，他凑够了一百块钱，买了一辆新车。

他第一次遭受命运的打击是因为战争，贪图两块钱冒险出城，结果连人带车被十来个兵捉了去。他没被打垮。

但命运给了他第二次打击，他省吃俭用存下来的三十几块钱，在拉包月的曹宅里被侦探抢了去。

第三次打击是虎妞的逼婚和怀孕，接下来的打击越来越多，每次他都来不及喘息，到最后，虎妞难产死了，孩子没了，祥子甚至染了病，开始抽烟喝酒。

他变了，变成了一个自怜自私惜力气的人，但是，命运摧垮他的最后一次，是小福子的死。从此，他彻底成为“还有口气的死鬼”。

祥子在前几次的命运摧残中，一次一次地重新振作起来，但是，仅仅靠着个人的信念去与命运抗争是争不过的。老舍说：“人把自己从野兽中提拔出，可是到现在人总把自己的同类驱逐到野兽里去，祥子还在那文化之城，可是变成了走兽。”

很多鸡汤文章叫我们做人要有信念，要有坚持，可是祥子能用什么去坚持呢？他是孤儿，没受过教育，只有一身力气，但赚的钱突然间被抢走，买的车突然间没了，爱的人突然间死了，家瞬间也可以毁了，他还能坚持对明天的希望吗？

“经验告诉了他，明天承继着今天的委屈。”他卖掉棉衣，拿着现钱得乐且乐，何必留着等冬天？

祥子连一个季节都懒得等了，安迪却用几十年挖了个地道。

他们的区别，不是坚持不坚持，而是在于知识。安迪打不垮，因为他凭自己的知识就可以为自己创造命运。

所以安迪坚持办监狱图书馆，也是因为他知道，信念不能依靠空谈，必须由知识和技能来打出真正的根基。空谈信念，真不如劝人苦学一门技艺来得实在。

女性比男性的方向感差吗

□贝小戎

迈克尔·邦德在《寻路》一书中讲了一件令人心疼的事：66岁的杰拉尔丁是田纳西州一位退休护士，她在2013年7月徒步时因为迷路而丧生，两年后才被发现，而她偏离得并不远。2015年10月的一天，美国缅因州一位森林调查员在一个树丛里发现了一顶倒塌的帐篷，他看到睡袋里好像有一个人。搜救协调员得知其位置后，就猜到遇难的应该是杰拉尔丁。

杰拉尔丁的方向感是不强，但她出发前做了详尽的计划，知道去哪儿找水和庇护。她丈夫乔治还开着车照应她。但7月22日，她没有出现在跟丈夫约定的碰头地点。乔治等了一天后报了警，之后几周，几百位职业救援人员和志愿者展开搜寻，但没有任何发现。

后来搜救人员翻看了她的电话记录和日记，得知她当天在出发几英里之后离开山道去找卫生间，走了八十余步就在树林里迷路了。11点她给丈夫发短信说迷路了，让他打电话通知山道的维护人员去帮她。不幸的是那里没有信号。当晚她在她能找到的最高的地方扎起帐篷，她还听到了寻找她的直升机的声音，她生了火想让自己被发现。

8月6日，她最后一次用了手机。那时她知道自己获救的希望已经很渺茫了，她给救援人员留了一张便条："找到我的遗体后，请通知我丈夫乔治和我女儿克里，把包里的东西寄给他们。"她在被冻死、饿死前活了至少19天。她不知道的是，曾经有一个带搜救犬的队伍从距她不到一百码的地方走过，她的营地距离山道只有半英里，如果她往山下走，会看到一条废弃的铁路，沿着铁路无论往哪一头走，都能走出树林。

杰拉尔丁的运气也有点差。阿巴拉契亚山道上每隔二三十米就有贴在树上或石头上的长方形的路标。她之所以迷路，是因为那个地方树下灌木太浓密，各个方向看上去都一样，走的时候一不注意观察就回不去，没有任何地标、分界线和路牌。美国海军的SERE（生存、躲避、抵抗和逃脱）训练学校就设在那里，因为它很难逃脱。

有研究人员认为，女性没有男性的认路能力强，进化心理学家说，这是因为史前时期，男人打猎，女性采集，男性要往外走很远。但对现存部落的调查发现，女性一样会长途跋涉去寻找水果、蜂蜜、木柴，一样善于认路。研究者说，女性认路往往借助地标、注意周围环境跟自己位置的关系；男性更有可能借助太阳或基本方向，或想象鸟类的视角。如果向男性问路，他们会说到距离、方位，女性往往会描述一路上会看到什么。

在市区迷路虽然不危险，也会让人着急。2008年有调查说，伦敦是最容易让人迷路的城市。伦敦比较乱，是因为许多生活区都有独特的布局，街道是弯曲的。如果我们周围缺少路线、边界、节点和地区，我们的大脑就会觉得很难描绘其地图。如果一个城市的街道是网格状的，人们就很容易在头脑中构建出地图。但网格太多也不好，到处都太相似，也辨别不出方向。使用地标导航时，地标不是越大越好。伦敦最高的建筑碎片大厦对认路帮助不大，因为它位于市中心，从哪个方向看上去都一样。纽约的双子塔就比较理想，因为它位于曼哈顿的南端，需要往南走的话，盯着它就行了。

大部分医院都不好认路。在一些医院，病人因为害怕迷路而不太敢离开自己的病房。对医生来说，在密集的走廊和手术室之间穿行也很头痛。1990年对美国一家医院的研究推断，医务人员经常要给访客指路，每年损失的时间相当于22万美元。

人类为什么要花1／3的时间睡觉

□姚乃琳

睡眠差不多占了我们人生的1／3，可是为什么我们要浪费这么多时间来睡觉呢？

要知道，在动物进化的历程中，不是所有动物都会睡觉。只有神经系统具备一定复杂程度的动物才会有睡眠这种行为。到目前为止，科学家还没有在单细胞动物（如草履虫）、没有神经元的动物（如成年海绵）或没有中枢神经系统的动物（如水母）中发现睡眠这种行为。

睡眠的一个最原始的功能就是促进发育。比如，一种非常低等的动物线虫，它的睡眠发生在每一次蜕皮之前；如果剥夺幼年果蝇的睡眠，会导致它长期的认知和行为缺陷。对人类而言，人类婴儿的睡眠质量比成年人高很多，胎儿在子宫内的睡眠是大脑发育的重要阶段，这也是为什么我们常常把一个人睡得很熟形容为“婴儿般的睡眠”。

在动物进化的早期，睡眠还能帮助动物应对外界环境压力和机体的自我修复。比如，线虫进入睡眠状态后，可以更好地应对热、冷、渗透压等来自环境的压力，以及促进组织损伤的修复；苍蝇需要更多的睡眠才能从细菌感染中恢复；人类在身体受到病原体感染或者免疫系统有应激反应时也会睡得更多，所以当我们感冒的时候会特别想睡觉，好好睡了两三天之后，身体状态就会恢复不少。

随着大脑变得更加复杂，动物们逐渐进化出学习、记忆和选择性注意等高级认知功能，大脑也随之进化出新的睡眠功能，即睡觉时大脑的突触可塑性会得到恢复。换句话说，睡一觉可以增强大脑修改回路的能力，也就是快速学习和整合信息的能力。

总之，在进化早期，睡眠可能仅作为一种“低能耗状态”来节省发育所需的能量。后来，随着神经系统进化得越来越复杂，这种“低能耗状态”逐渐受到大脑的控制，发展出更高级的辅助功能，包括促进学习、注意和记忆等。实现这些高级功能的基本前提是突触可塑性，也就是说，睡眠后期进化出来的高级功能更多是帮助大脑恢复可塑性。

你的办公室有垃圾桶吗

□罗振宇

话说，松浦弥太郎在《去生活》里面提到，他自己的办公环境中不放垃圾桶。那要扔垃圾怎么办呢？他就自己拿着垃圾到外面扔进大垃圾桶喽。听着很奇怪。

那为啥呢？松浦弥太郎说，有这么几个好处。第一，这样可以减少垃圾。因为费劲嘛，有些容易产生垃圾的事，能不做就不做了。比如说在办公室吃零食。

第二，拿着垃圾走出去的过程中，就有机会慎重地想想，跟自己确认一下，这玩意我真的要把它当垃圾扔掉吗？

还有第三个好处。你想，其实从工位走到外面的垃圾桶，来回可能一两分钟。

如果你真的是在集中精力工作，这一两分钟，这段路程的走动，其实是很好的调节心情的时间。

你看，我们总是觉得一切的演化都是往提高效率的方向走。其实这个例子说明不一定。

围绕人的东西，慢下来，往往也是提高效率的一种方式啊。

5 改变心路，才能改变出路

每个人的情绪按钮都很独特。有的人怕被冷落，有的人怕被质疑，有的人怕被拒绝，有的人怕无法做到完美。时间让我们自以为已经变成百毒不侵、不再矫情和脆弱的大人，只是某些时刻却不得不承认，我们心里还住着一个小孩，一点也没有进步。我们有无数需要默默消化的脆弱与难堪，有些笑笑就能过，有些种在心里，从未痊愈。但是很多时候，我们一旦摁住自己的情绪按钮，治愈模式就开启了。

每个人都有一个独特的情绪按钮

□星 一

我在学校实习的时候，有一天清晨在路边排队买早餐。我前面排着一位穿着校服的小女孩，小女孩原本安静地排着队，忽然侧过身，朝着马路对面喊某人的名字。我顺着她喊话的方向望去，马路对面是另一位穿着校服的学生，我猜想应该是她的同学吧。

但是这位同学似乎没有听到她的呼喊，自顾自地往前走，进了校门。

“距离太远了，她没听见。”

我朝面前的小女孩脱口说出这句话，她没有回应我，买好早餐就走了。

我有一丝尴尬，但不十分强烈，取而代之的是有些好奇：我为什么会对小女孩说这样的话？

经我分析，是我认为这个小女孩会因为这位同学没有理会她而感到沮丧。我对她说“距离太远了，她没听见”是想安慰她，当时我甚至想帮她喊对面的同学。但我想安慰的真的是眼前这位小女孩吗？

不，是我自己，那个曾经害怕被冷落的小孩。

内向如我，从小到大我的朋友都不多，对来自同学和朋友的关注，我总是小心翼翼，生怕会被冷落。

以致于我一直害怕：我与别人打招呼时，别人不理我，或者别人与我打招呼时，我没听见，对方会以为我不理他。如果我像那位小女孩一样向同学打招呼，无论对方听没听见，如果他没有理会我，我都会很受伤，认为对方是故意不理我。

反之，别人和我打招呼时我没有回应，事后对方问我：“我那天叫你，你怎么没理我啊？”我也会紧张，怕他误会我故意不理他而赶忙解释。

“别人不理会我”和“别人误会我不理他”算是我的情绪按钮。我也渐渐地发觉，在人际交往中，如果我们常被别人不经意地激怒，很大程度是别人恰好按到了我们的情绪按钮。

我有一位高中同桌，刚开始同桌时我们的关系很要好，后来变成坐在一起也不说话的陌路。因为有一次上语文课，老师说：“多数人会给他们的理想和抱负加一个前提‘等我有钱了’，其实……”

“等我有钱了，我买两个棒棒糖，一个你看着我吃，一个我吃给你看。”他对我说。我们那会儿关系还很好，以为可以随便开玩笑。

“等你有钱了，还是先去把腿扯长点吧。全班第一矮的小短腿。”他听到后转过头，板着脸不说话了。

事后我也没有道歉，为什么一句玩笑就当真了？我甚至觉得我说的就是事实啊！

那时我不懂其实腿短是他的硬伤，在他整个读书过程中，一定因为身高问题遇到过一些挫折，被同学取笑，被喜欢的女生拒绝，而我随意地“取笑”了他的身高。个子矮就是他的情绪按钮，如果不经意按到，他就容易愤怒，难以控制自己的脾气。只是那时的我还不懂“己所不欲，勿施于人”。

每个人的情绪按钮都很独特。有的人怕被冷落，有的人怕被质疑，有的人怕被拒绝，有的人怕无法做到完美。时间让我们自以为已经变得百毒不侵、不再矫情和脆弱的大人，只是某些时刻却不得不承认，我们心里还住着一个小孩，一点也没有进步。我们有无数需要默默消化的脆弱与难堪，有些笑笑就能过，有些种在心里，从未痊愈。但是很多时候，我们一旦摁住自己的情绪按钮，治愈模式就开启了。

直面情绪按钮，你会发现其实它并没有想象中那么可怕。我们就是靠这样不断地自我修炼，变得成熟自在。

现代式『社恐』患者痊愈案例

□周 晓

本着“这门课看起来学分特别好拿”的原则，我笃定地按下了选修戏剧课的确认键。迈着轻快的步伐，我来到了表演厅。看到老师正积极地张罗着大伙来到开阔的活动室围成一圈时，我忽然意识到课程内容似乎与课程名称“世界经典戏剧观摩”不太相符——它要求我们参与其中。

在大脑识别了这一重要信息后，我的身体做出了反应。是的，上了一年大学，习惯了在熙熙攘攘的大教室里，做一名安静的观众看着台上的老师表演，我根本不习惯成为一名参与者。我开始本能地拒绝——手心冒汗，心跳加速，呼吸急促。

“来，大家拉起手围成一个圈吧。”“男生女生交叉站，别分成男半球、女半球啦。”老师轻松地布置了一项一项的任务，对于幼儿园的小朋友来说都很容易。但是，作为一名大学生，完成这几个动作是多么困难啊！我感到自己是一个常年躲在黑暗里窥探光明世界的人，忽然被别人推了一把，赤裸裸地暴露在世人面前。

所有人都犹豫不决。

围成圈？为什么没人带头？那我要不要移动？会不会很突兀？人群开始像一堆蠕虫一样蠕动，扭扭捏捏，圈终于围好了。牵手？上了高中之后，我还与谁有过“肌肤之亲”吗？我上一次拥抱母亲是什么时候？我上一次挽着父亲的手臂是多久之前？我跟陌生人握过手吗？现在要我和身旁素不相识的异性牵手？“不！”我在心里呐喊，仿佛一名患了自闭症的小孩。理智让我的大脑发送了信号给感受器，我最终缓缓地抬起了手。旁边充满朝气的男生对我笑了笑，一把握住了我的手。刹那间，有一道电流通过了我的全身。此时的我，像是一只奓毛的猫咪，被不知道什么东西安抚下来，渐渐变得温顺。

嗯，我的心开始不那么慌了。好像做出一点改变，和世界进行接触，也不那么难了！

下一秒，我被打脸了。非常难！因为老师说：“接下来的3小时里，你们需要把手机锁在小黑屋里。”自从上了大学，除了洗澡睡觉，我几乎手机不离手。我真的打心里认定自己不可能离开手机3小时。我心里发毛，忽然意识到这跟瘾君子好像没有什么区别。

在接下来的3小时里，我的注意力前所未有地集中。到底集中到了什么程度？高考的时候，最令我紧张的理综考试上，我也并不是所有时间都精神集中。然而，在这3个小时里，别人说过的话、脸上的表情、肢体的动作，我一点也没落下，尽收眼底。为什么会这样？因为老师说：“我们玩几个热身的小游戏，谁出错了、反应慢了，就学狗撒尿。”好一个狗撒尿，我一个女孩子形象何存？好一个热身游戏，玩完以后冒了一身冷汗。

3个小时的活动结束，我还沉浸在课堂中缓不过神来。我惊讶于自己的接受能力，3小时内我从害怕交流、害怕接触、害怕陌生环境、害怕犯错，迅速变得可以随意交流、自然接触、肆意在地上打滚加模仿狗撒尿……我忽然意识到，这应该就是大家常说的戏剧的魅力吧！完全专注，完全沉浸，完全释放自我……这是一种艺术，也是一种生活态度。

我，一个现代式“社恐”患者，在一节戏剧课后痊愈了。

心智上的成年

□巫小诗

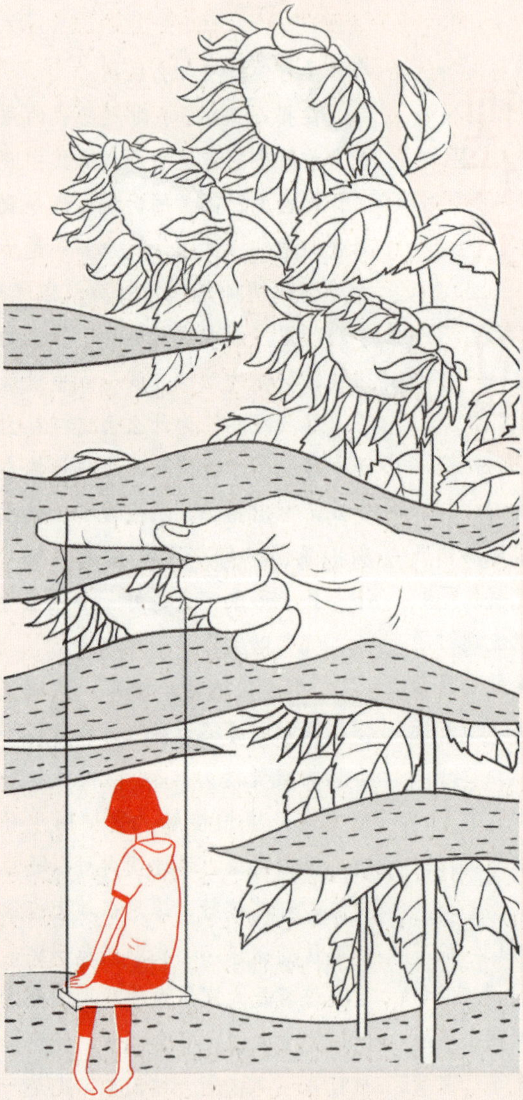

高考结束的那个暑假，我刚成年不久，骨子里迫切想要做一些事情证明自己已是大人。于是，我有了人生的第一份兼职，也经历了状况百出又充满能量的一天。

我在一家小旅行社当助理导游。我所在的县城太小，没有直接全程的导游服务，需要助理导游把游客护送到旅行的城市再交接给当地的旅行社。

前两次的跟团工作，过程都非常顺利，数数人头、收发证件、看看风景、侃侃大山，好不清闲自在，我一度觉得自己的第一份工作简直是开门红。可在我第三次跟团的时候，发生了旅行社创办以来最大的事故。

那一天，我带领一行19人的旅游团赴西安，这是我第一次带出省的长途旅游团。我需要领全团游客先坐汽车去武汉，再坐火车去西安。我们只需要准点到达火车站，在一个龚姓先生手上拿我们全团的火车票即可。

可没想到，非节假日的高速公路，那一天堵得地老天荒，时间原本计算得很宽裕，可眼看着就完全没有赶上火车的可能了。在得知误点时，乘客们开始牢骚满腹，原本亲切的叔叔阿姨开始围着我喋喋不休：“你们旅行社干什么吃的？”“我们不去了！双倍退钱！”甚至有人爆了粗口。

我慌乱了，这种情况还是第一次遇到，没有人告诉我接下来应该怎么做，甚至没有一个人把我当小孩，哪怕一点体谅都感受不到。

我问司机师傅应该怎么做，他尴尬地说，他只负责开车。我的泪水在眼眶打转，强撑住没有流下来，只是在心里告诉自己：不能哭，哭了会很丢脸，我是他们的服务人员，我哭了解决不了任何问题，还让人笑话，也让旅行社丢脸。我拼命让自己冷静，想着怎样将损失降到最低来安抚大家的情绪和弥补旅行社的损失。

虽然注定赶不上火车，但火车那时还没有开。我打电话给已在车站等候的龚先生，让他看能否改签合适的车票，改签不了就只能退票，不然火车开出后损失会更大。可是，暑期车票紧俏，改签已是不可能的事情。滞留武汉？不，一群人的住宿将是一笔巨大支出。原路返回？当然更不行，旅行社将面临投诉以及经营诚信等问题，旅行社在小小的县城里更是会因为这事砸了招牌。无路可退了，当晚必须走，退了火车票，想别的法子。

旅客们情绪依然很激动，我鼓起勇气，擅自做主，以旅行社的名义掏钱请大家吃晚饭以表歉意。大巴开到高速公路边的一家不错的餐厅，旅客们进去用餐的时候，我开始疯狂地打电话。我决定当晚坐汽车走，联系了几家客运公司，要么没有合适规格的车，要么价钱太贵。终于，一连串的电话打下来，联系到一辆中型长途客运巴士，价钱也可以接受，能连夜将旅客送至西安，也是卧铺，旅客不会劳累。

但是，这辆巴士只有19个位置，而旅行团加上我一共有20人，高速严格限制不许超载。怎么办呢？我决定自己不去了。我通过旅行社联系到了一名西安当地的导游，她会在车站接应他们。谢天谢地，一切妥当了，我绷紧的神经瞬间松弛，整个人简直要瘫软在地上。送旅客们上车时，一个阿姨问我："姑娘，你真的刚刚高中毕业吗？"

"是啊！"

"我的女儿跟你差不多大，她如果碰到今天这样的情况，绝对会吓傻的，你干得好呀！"

"谢谢！"我笑了笑。

车开远了，我还在原地愣着。

送游客来的那辆大巴，晚饭前就走了，他没有义务陪我一起想办法。当时已经是晚上十点，没有回家的车了，要在武汉滞留一晚吗？掏了两桌饭钱，我身上的钱不多了，住了就买不起车票，而我也不想独自在这儿住一晚。我放眼看了看，我站的地方似乎离高速公路不远，我决定搭车。

高速路口堵车，我一路走过去，找我家乡的车牌号，赣G，是的，就是这辆。我太累了，不想把很长的故事复述一遍，我大声朝驾驶座上的师傅说："我通宵跟您说话，防止您瞌睡，您让我搭车回家好不好？我走不动了，也没有钱。"很幸运，他爽快地答应了，挥手示意我上车，这一切顺利得跟电影情节一样。然后，我拖着疲惫的身子，几乎整宿都没合眼，跟一位不相识的货车师傅唠了一宿的嗑，从他小孩的成绩，聊到了国家大事。凌晨两点，他还请我吃了碗泡面，那面汤夹杂着泪水，有点咸。

凌晨五点到家的，旅客几乎跟我同时抵达西安，我如释重负，瘫倒在床上，一觉睡到傍晚。回想着前一天发生的一幕幕，我感到不可思议，天哪！那是我吗？我居然独自摆平了那么大的烂摊子，我简直要被自己感动了。

凯鲁亚克说："人在一生当中应该体验一次健康而又不无难耐的绝对孤独，从而发现只能依赖绝对孤身一人的自己，进而知晓自身潜在的真实能量。"这句话，放在那天的我身上，该是多么贴切。十八岁那天，是我年纪上的成年，而这一天，是我心智上的成年。

鸟笼效应

□麦舜嗣

1907年，心理学家詹姆斯从哈佛大学退休，同时退休的还有他的好友物理学家卡尔森。一天，两人打赌。詹姆斯说："我一定会让你不久就养上一只鸟的。"卡尔森不以为然："我不信！因为我从来就没有想过要养一只鸟。"没过几天，恰逢卡尔森生日，詹姆斯送上了礼物——一只精致的鸟笼。卡尔森笑了："我只当它是一件漂亮的工艺品。你就别费劲了。"从此以后，只要客人来访，看见书桌旁那只空荡荡的鸟笼，几乎都会问："教授，你养的鸟什么时候死了？"卡尔森只好一次次向客人解释："我从来没有养过鸟。"然而，这种回答每次换来的都是客人困惑而不信任的目光。无奈之下，卡尔森只好买了一只鸟，詹姆斯的"鸟笼效应"奏效了。

生活中，鸟笼效应屡见不鲜。买了一件新衣服后，会继续买一堆搭配的服饰；获赠一瓶红酒，继而购买红酒杯、蜡烛、西餐具等。人们常常会因为意外的得到，而形成思维定式，做出不合理的行为。这是由于人们厌恶损失，面对不平衡的情况，更喜欢通过增加获得来解决。另一方面，人们心理上更趋向完整和完成的状态。因此，如果有了一件新物品，人们往往希望它能变得更完整，并期望能够使用它。

从好的方面看，鸟笼效应会使人追求更有品质的生活，获得更多的生活乐趣。但这也会让我们做出非理性消费，不需要的东西越来越多，造成资源浪费。因此，我们在生活中需要及时觉察，冷静分析，适当时要学会"断舍离"，避免被鸟笼套牢。

你一定得让我后悔

□丘艳荣

开学的第一天，主任领着一个学生过来：“杨老师啊，这个学生是转学生，校长说就分在你们班吧！家长特地请求放在你班上的。”我为难地说：“主任，您也知道我们班上是超编又超编的，再摆张桌子，最后排的学生就靠着墙了。那个（5）班和（7）班不是人数稍少一点吗？您跟（5）班和（7）班班主任商量一下行吗？”

主任望向教室，教室里真有点“人满为患”的感觉。他叹口气说：“那好吧！我带到（7）班去。”那孩子突然开口了，说：“老师，你会后悔的！”我愣了下，看着这个孩子，然后我笑了。这话说得好有个性！孩子长得虎头虎脑的，一双眼睛甚是机灵。我还没来得及跟这个孩子说点什么，上课铃响了，我赶紧进了教室。

很快，开学三个星期了。我突然想起那个孩子，我在级组会结束后跟一旁（7）班的班主任聊了一会儿，顺便问起了那个孩子的学习情况。

“你说山子啊？那孩子一来看上去就有点自以为是的样子。还说他在以前的学校总是考第一，年年三好。结果第一单元一考出来，数学、语文、英语都一塌糊涂。乡下的教学水平大多相对低下！”（7）班班主任的最后一句话有满满的优越感。

我听了，心里突然有种说不出的感觉。农村教育自然是有农村教育的短板，可乡下孩子也自有乡下孩子的优势。我的脑海浮现出山子机灵的眸子和他那有点倔强的神情，我就是从乡下调到城里的老师，我了解乡下孩子的韧性和潜力。

放学，我特意在校门口等山子。山子出来了，我装作不经意看到他的样子：“嗨！山子，还记得我吗？”“杨老师！我知道你是五年级的级长。”

“来到这个新环境适应吗？第一单元考得怎样，班上前三名？”山子摇了摇头。

“前五名？”山子还是摇了摇头。“那就是前十名了？”山子咬了咬嘴唇说：“杨老师，你在羞辱我吗？”这时候的山子很像一只“小刺猬”。我笑着说：“你一定得让我后悔！”说罢，我按了下“小刺猬”的头，然后一转身，先他一步走出了校门。

中段考试，我特地去翻山子的成绩，全班第十五名。期末考试，我还去翻山子的成绩，全班第四名。（7）班班主任说：“奇了怪了，第一单元以后，这个山子夹起尾巴做人了。感觉像是憋了口气在学习，成绩提高得很快。还有啊，他在学校举办的各类竞赛中也频频获奖，属于全面发展的类型。”

散学典礼的颁奖仪式上，是我给山子颁的“三好学生”奖，我对他说：“祝贺你！山子，杨老师真的有点后悔了。”山子很庄重地给我敬了个队礼，他说：“杨老师，我要谢谢您！”

这一次，我听到山子对我说“您”。隔天，我收到了山子的信，他在信里说：“杨老师，这个学期我收到过几次匿名寄来的信和辅导资料，信里一再说到，我相信你的韧性和潜力。这给了我莫大的鼓励。我核对过笔迹了，是您！”

望着窗外的一树繁花，我轻轻地笑了。

太舒服的事情，是危险的

□Lachel

我平时刷知乎，都是默认选择“关注”页，看我关注的用户。但有一次，我试着调成了“推荐”页，看算法给我推荐的内容。然后，我大致估算了一下自己在那几天刷知乎的时间。结果很有意思：尽管我有意识地控制时间，尽管算法推荐的内容质量不如我关注的用户，但前者所消耗的时间，仍然要比后者多。

为什么呢？一个最重要的原因是：我关注的用户不多，所以很容易刷到末尾。

理论上来说，哪怕我刷到了末尾，我也可以去看看别的东西，比如同一个问题下的其他回答、相关问题等。但这个进入意识的念头，就会给我一个信号：已经刷了很久了，该去做点别的事情了。

作家Adam Alter把它叫作“停止信号”。你也可以理解为，它是一种“心理边界”，会提醒你“该停下了”。不要小看这个东西，很多时候，它的影响是超乎想象的。

你一定有过这样的体验：本来只是想查个资料，但一发不可收拾，一个个链接点击过去，一个个页面不断跳转，醒悟过来时，已经花费了大量时间。但究竟都看了什么内容？却说不出来。这就是互联网所带来的“时间黑洞”。原因就是它屏蔽了给你的“停止信号”。

再往后，社交网站发明了信息流，连跳转链接也省去了：你只需要往下滑动，新的信息就会源源不断地送到你面前。信息流的模式，进一步降低了获取信息的阻力。

这种对于边界的模糊和淡化，在心理学上，就叫作“沉浸感”。具体来说，就是当你进入某个情境时，尽可能减少其他因素对你的干扰，降低你的认知负荷和注意力负担，让你无须去反复思考，得以全身心投入这种情境之中。它的目的是什么？就是让你舒服。这种做法，其实很常见。比如你在商场购物，是永远看不到时钟的，也看不到能够望到天空的窗户，目的就是让你注意不到时间的流逝，多逛一会儿，多贡献下单数。

媒介内容不断走向多媒体化，从文字到图文、音频、视听……这也是一种提高沉浸感的方式。通过全方位刺激你的感官和脑区，让你感到舒服，降低获取和理解信息的成本，从而让你“留下来”。电子产品不断走向智能、大屏、便携，不停推出适配的App，各种“游戏化”的教育软件、学习软件，都是为了能够让你更轻松、更舒服地使用它们。

越方便、越舒服的事物，往往就意味着“边界”的缺失，也就越容易使你沉迷。但这不能怪你。消费社会有一个特征，就是让你卸下防备，放弃警惕，沉浸在外部的一切为你营造的“满足的幻觉”之中。然后，老老实实去投入你的时间、注意力，以及金钱。所以，我有一个习惯：下意识警惕一切试图让我“沉浸”的事物。除了创作，我不喜欢一切沉浸。因为沉浸，往往就意味着，它试图卸下你的防备，松弛你的控制，掌握你的情绪、行为和心智。

很多时候，沉浸于舒服之中，未必是一件好事——它也许意味着，你对自身的掌控能力正在被取代。你要做的，就是让自己随时保持“重拾警惕”的能力。

历史上的“斜杠青年”

□娜　总

从古至今，人们对有趣灵魂的追求从未间断，而一个有趣的灵魂哪能满足于自己的履历表上只有一个身份，于是，“斜杠青年”应运而生。

“斜杠青年”是指不再满足于“专一职业”，而选择拥有多重职业和身份的多元生活的人群。古人之所以踏上“斜杠青年”这条路，有的是因为兴趣使然，有的是因为仕途坎坷，有的是因为职业发展需要。

王维：差一点儿就凭唱歌出道了

王维在成为诗人之前，其实是一位唱作俱佳的音乐人。

当年，他经人引荐，参加了一场皇家举办的名流盛宴，在场的都是当朝有头有脸的大人物。王维自弹自唱了一曲自己作词的琵琶曲，独特的嗓音、文艺的气质，立马让现场的来宾为之折服，在场的玉真公主当即就为他“爆灯”！

公主决定力捧这个新人，马不停蹄地带着王维去参加各种名流局，而王维也没有让她失望。有一次有人出题让大家写一首跟酒有关的诗，王维便在那时写下了他的代表作《送元二使安西》：“渭城朝雨浥轻尘，客舍青青柳色新。劝君更尽一杯酒，西出阳关无故人。”

从此王维一夜成名，很快就在朝中谋了个一官半职，也开始了自己的诗人生涯。

最怕比你优秀的人比你还努力，在外人看来已经是“人生赢家”的王维，居然还会生怕自己哪天失业，默默跑去学了画画，硬是让自己成了诗人里面最会唱歌的，歌手里面最会画画的，画家里面最会写诗的。

袁枚：开营销课一定火爆

在古代的文艺青年里，多的是受不了官场黑暗辞官回家的，但大多数过得比较惨淡。不过袁枚就不一样了，凭借着出色的商业头脑，辞官后的他依然过得风生水起。

24岁中了进士的袁枚，在上了9年班后彻底厌倦了苟且的生活，于是果断辞官。33岁的他，拿着3600两银子，开始了自己的创业之路。

他首先把目光转向了投资买房，买下了大观园旧址并改名为“随园”，花重金重修，把随园打造成了当时的“网红景点”，还不设门票，引得文艺青年和平民百姓都前去打卡。

他还会邀请名人政客、“网红”等参加私家食宴，

设宴在室外的亭榭，还安排歌舞表演，慕名前来赴宴的人一度络绎不绝，对随园的美食也是赞不绝口。

袁枚发现这个商机后，决心将随园的饮食生意做大，于是一边继续扩大食宴的规模，一边亲自撰写了《随园食单》，教别人如何做菜，一时间赚得盆满钵满，实现了口碑金钱双丰收。

流量有了，名气有了，业余时间老袁还干起了老本行，接些文案工作。后期还在园内开设学堂，开班授课；将园内的田地、山林、池塘出租，坐收租金。这经商头脑真的是让人膜拜，营销方案可以说是教科书级别的了！

宋徽宗：喝茶喝出国家一级茶艺师水平

宋徽宗做皇帝没做出什么名堂，喝茶倒是喝出了

门道。他的代表作《文会图》，描绘的就是北宋时期文人政客品茗雅集的场景，可见在当时，宋徽宗最喜欢的雅事便是以茶会友，组局品茶了。

他还尤其爱斗茶，兴致高时还亲自参与表演斗茶，用茶匙在茶汤中画出山水画的花纹，茶艺之高超，简直是拉花界的大师。

为了进一步宣扬茶文化，他潜心研究茶道，针对宋朝的茶叶发展情况，著成茶书《大观茶论》，成了古今中外第一个著茶书的皇帝。

他不遗余力的推广，也让宋代成了茶饮活动最盛行的时代。

在艺术方面，宋徽宗有着极高的造诣，乐律、书画、茶艺无不精通。也许比起做皇帝，做个艺术家才是他的正确打开方式。

韩愈：靠副业赚回体面

作为“唐宋八大家”之首的韩愈，在刚做官那会，俸禄低微，再加上他还要养家糊口，也是压力很大，只能硬生生靠副业维持生计，而他的副业就是帮人写墓志铭。

唐朝时期流行一种“连墓志铭都要攀比”的坏风气：对有钱有权的人来说，写给亲人的墓志铭也是炫耀家世的重要机会。

韩愈虽然官位不高，但好歹手握《师说》等点击量10W＋爆文，再加上这活儿门槛较高，需要名气，还需要文笔和书法加持，所以，当时的达官贵人都喜欢请韩愈执笔，有的甚至非他不可。这样一来，他就成了墓志铭金牌写手。

他接到的最大一单，是在50岁的时候给唐宪宗李纯立碑，写下了《平淮西碑》，得到了相当于人民币20万元的润笔费。

不同于别人的跨界副业，韩愈可谓是把正业和副业做到了完美结合，虽然写的是墓志铭，但也提升了写作水平，对自己的文学事业也是颇有助益的。

“斜杠”要使对力

历史上的“斜杠青年”不胜枚举，比如大家都熟知的美食家苏东坡，设计师兼时尚达人鲁迅，会写诗的建筑学家林徽因，等等。

但真正的“斜杠力”，不是说一个人会很多技能而已，只有把每一样技能都发展成自己的事业，或让副业辅助自己的主业，这才是有用的“斜杠力”。

虽然说，技多不压身，但如果只是玩票性质的“斜杠”，反而耽误了正业，那就有点儿本末倒置了。科学撬动杠杆，才能给生活创造更多的可能性。

一生的学习

□罗振宇

话说，原来你要是想了解其他人的想法，方法很简单，就是推己及人、将心比心。一件事，我不知道别人是怎么想的，但是反过来想想，我自己要是在这种处境下，我会怎么想，基本上也就可以推断出别人的想法了。

这个方法，我们这代人用了很多年，一直很好用。但是这几年，不知你有没有发现，这个方法不灵了。两个原因：第一，社会更多元化了，人和人的差异变得越来越大。第二，其实也是因为我们自己在一个领域扎得越深，就越不知道不在这个领域的人是怎么想的。

有一个词叫“知识的诅咒”。你没有专业知识是不行的，因为你没有竞争力。但是，如果你过于强调某种专业知识呢？你也就为自己打造了一个认知牢笼。

这么说来，人一生的学习，就要分成两个阶段了：第一个阶段，是学习知识，建立竞争力；第二个阶段，是走出知识的牢笼，重新建立同理心。

朋友圈的陌生人

□马亚伟

那天浏览微信朋友圈的通讯录，竟然发现有多半都是陌生人，很多不过是一面之缘。有的在一起吃过一顿饭，之后再无交集。有的是文友，问了个问题之后就永远潜伏了。有些是商家，其存在仅相当于一个商标。还有的纯属路人，比如那次坐公交车，有个小姑娘没零钱投币，我给她两元钱，她执意要加微信还给我。

其实手机电话本里也有很多陌生人，但那些人基本不会打搅你的生活。他们就像石子一样，沉入大海就安静了，如果你不翻动，他们会永远沉寂。而微信朋友圈的陌生人，就像鱼一样，时不时吐个泡泡，不请自来闯入你的视线。他们经常发朋友圈，有时也会群发消息，存在感都非常强。被某些人打搅烦了，我会悄悄点“不看他的朋友圈”。有时我发个动态，看到有陌生人点赞，但这人是谁真的想不起来了。本着“赞而不回非礼也”的原则，也想给他点赞，却发现他的朋友圈已经被我屏蔽了。

我没有删微信通讯录的习惯，并且觉得十年修得同船渡，擦肩而过也是缘分，所以几年时间我的微信好友激增到800多个。点开看时，颇有“茫茫人海”之感，这弱化了亲朋好友之间的亲密沟通。每次想刷下朋友圈，关注一下他们的动态，都有大批陌生人争先恐后地来捣乱，他们混杂其中，致使你看不到真正想关注的人。

更多朋友圈的陌生人，彼此没有丝毫互动，这算是擦肩而过后就相忘于江湖吧。可又不能真正相忘于江湖，他们经常制造点遥远缥缈的“刀光剑影”，搅乱你的视听。

很多人的生活，你本没有兴趣，但一次次被曝光在视线之内。而且每次我发朋友圈时都会有顾虑，发这些东西会不会被某个陌生人盯上？安全吗？我们发的一些生活片段、感悟、心情等，会不会被人偷窥？

我觉得，如果朋友圈是一个大圈，那么这个大圈中有多半是空白地带。这个空白地带，被陌生人占据着，与你的生活毫不相干，根本就是占用你的“资源”。

朋友圈人太多，分组管理真的是个大工程，所以很多人懒得管理。如果要来一次彻底清理，也是耗费精力和体力的事。那天看到同事小媛正在删微信通讯录，她一脸无奈地说：“我的手都酸了，脖子也疼，还有好几百个没处理的陌生人。唉！你把谁请进来，还得把他请出去，真够烦的！”

同事老李听了小媛的话，说：“为啥要把人请出去呢？我觉得朋友圈就是大千世界，各色人等都有，形形色色的生活也很有趣。平日里上街，我还喜欢看个热闹呢，有个啥新鲜事就去围观。朋友圈也一样，我喜欢的就看看，不喜欢的就略过，看与不看全凭兴趣，屏蔽不屏蔽全凭心情。朋友圈人再多，做主的都是你自己。再说了，咱们发朋友圈，不是都有晒的心理嘛，既然是晒，看的人越多越好，还怕人看吗？”

老李这样一说，我再看朋友圈，竟然不觉得那么拥挤堵心了。陌生人也是风景，每道风景都有可观之处。因为朋友圈，大家都成了一道风景。

发出声音永远是有用的

□毕淑敏

有一年，我应邀到一所中学演讲。北方的农村，露天操场上围坐着几千名学生，他们穿着翠蓝色校服，脸蛋呈现出一种深紫的玫瑰红色。冬天，很冷。

我从不曾在这样冷的地方讲过这么多的话，吸进冷风，呼出热气，在腊月的严寒中，我面对着一群眼巴巴的农村少年谈人生和理想，口中吐冒一团团的白烟，像老式的蒸汽火车头。

演讲结束时，我说："谁有什么问题，可以写个纸条。这是演讲的惯例，我有什么地方说得不妥当，请大家指正。"孩子们掏出纸笔，往手心哈一口热气，纷纷写起来。老师们很负责地在操场上穿行，收集字条。

我打开一张纸条。上面写着："我很生气，这个世界是不平等的。比如，我为什么是一个女孩呢？我的爸爸为什么是一个农民，而我同桌的爸爸却是县长？为什么我上学要走那么远的路，我的同桌却坐着小汽车？为什么我只有一支笔，他却有那么大的一个铅笔盒？"

我看着那一排钩子一样的问号，心想这是一个充满愤怒的女孩，如果她张嘴说话，一定像冲出了一股乙炔，空气都会燃起蓝白色的火苗。我大声地念出这张纸。那一瞬间，操场上很静很静，听得见遥远的天边有一只小鸟在嘹亮地歌唱。我从台子上望下去，一双双乌溜溜的眼珠，在玫瑰红色的脸蛋上瞪得溜圆，还有人东张西望，估计他们在猜测纸条的主人。

据说孩子们在妈妈的肚子里，就能体会到母亲的感情。很多女孩从那个时候，就感受到了这个世界的不平等，因为你不是一个男孩，你不符合大家的期望。

有什么办法吗？没有。你只有认命。我在这里说的"命"，不是虚无缥缈的命运，而是指你与生俱来的一些不能改变的东西。比如你的性别、相貌、父母、你降生的时间和地点……总之，在你出生以前就已经具备的这些东西，都不是你所能左右的，你只能安然接受。

世界已经渐渐地在向平等的灯塔航行。比如一百年前，你能到学堂里来读书吗？在争取平等的路上，我们已经出发了。记住，没有什么人能承诺和担保你一生下来，就享有阳光灿烂的平等。

平等是人类智慧的产物，是维持大多数人安宁的策略。你明白了这件事情，就会少很多愤怒，多很多感恩。你已经享受了很多人奋斗的成果，你的回报就是继续努力，而不是抱怨。

身为女子，你不要对这样的不平等安之若素，你可以发出声音。说了和没有说，在暂时的结果上可能是一样的，但长远的感受和影响是不一样的，对你性格的发展是不一样的。而且只要你不断地说下去，事情也许就会有变化。记住，发出声音永远是有用的，因为它们可能会被听到，并引发改变。

说实话，让一个受到忽视的女孩子，很小就发出对于自己不公平待遇的呐喊，几乎是不可能的。但我思索再三，还是决定保留这个期望。因为今天的女孩，也可能变成明天的母亲。如若她们因循守旧，照样端起了不平等的衣钵，如若她们的女儿发出呼声，也许能触动她们内在的记忆，事情就有可能发生变化。当然了，如果女孩长大了，到了公共场合，这一条就更要记住并择机实施。

记住，呐喊是必需的，就算这一辈子无人听见，回声也将激荡久远。

在《史记》中，“战国四公子”分别占了四篇列传。其中，信陵君魏无忌是被特别优待的：其他三位的列传篇名都是以封邑系，如孟尝、平原、春申；只有信陵君魏无忌的这篇被命名为《魏公子列传》，系以国名，以示尊重。在全篇中，“公子”一词凡147见。或许在司马迁心目中，要做到魏无忌这个程度才真正够得上“公子”吧。古人所言不差：“信陵君是太史公胸中得意人，故本传亦太史公得意文。”

魏公子的谦卑与骄傲

□李宏昀

本传中第一个场景，是魏公子和魏王在玩桌游。当时边境传来烽火，说赵国军队来犯。魏王沉不住气要召大家来商议，魏公子淡定地说：“没事，赵王只是在打猎。”魏王惴惴不安，无心游戏。过了些时候，边境传来消息：“赵王是在打猎，并没有来犯。”魏王大惊失色，问：“公子你是怎么知道的？”魏公子说：“赵王那边有我的门客，有事就报告我。”就这样魏王领教了公子的实力，并且“不敢任公子以国政”。

魏公子人生的结局，就在这里埋下了伏笔。

有一位隐士名叫侯嬴，七十多岁了，在魏国国都大梁城做看城门的小吏。魏公子有心结交他，侯嬴爱理不理。于是魏公子在家里宴请魏国的军政要人，满屋的宾客坐定之后，魏公子亲自驾车，车上空出尊贵的座位，直驱城门邀请侯嬴。侯嬴大模大样坐上车，魏公子恭恭敬敬驾车，没走多远侯嬴说：“我要去市场见一位杀猪的朋友，希望借你的马车一用。”魏公子就驾车赶往市场。侯嬴下车见到屠户朱亥，两人旁若无人，谈笑风生。时间一分一秒地流逝，魏公子的神情越发愉快。市场上的人都看到魏公子手握缰绳和马鞭静静等候侯嬴先生，而此时满屋的军政要人正等着公子举杯开宴。侯嬴看到魏公子脸色始终不变，这才告别朱亥上了车。

到家后，魏公子领着侯嬴坐到上座，并向全体宾客介绍这位高人，满座皆惊。酒酣，魏公子向侯嬴先生敬酒上寿，侯嬴说：“今天我可没少难为公子啊！我一个看门老头，委屈公子亲自驾车到大庭广众之中来接我；这还不算，我还让公子屈尊陪我去看朋友。其实我是想成就公子的大名，所以故意让公子久久地站在市场中等候我，结果公子越发谦恭。这下可好了，满街的人都认为我侯嬴是小人，都见识到公子您是位礼贤下士的大人物啊！”酒宴之后，侯嬴就成了魏公子的贵客。

《魏公子列传》行文至此，信陵君魏无忌的人设已经完成。以下“窃符救赵”的故事，是预定剧本的展开。从此以后，魏公子的传奇借助太史公的手笔穿透了重重历史，被一遍又一遍地传诵。比如李白的《侠客行》：

闲过信陵饮，脱剑膝前横。将炙啖朱亥，持觞劝侯嬴。三杯吐然诺，五岳倒为轻。眼花耳热后，意气素霓生。救赵挥金槌，邯郸先震惊。千秋二壮士，烜赫大梁城。

司马迁把魏公子的美德归结为“不耻下交”四个字。我们不妨简单地把这个理解为谦虚或谦卑。但是要记得，你总得先有一定的高度，才有可能“谦”得下来；正如“平易近人”这样的词，是用不到真正“平易”的普通人身上的，除非是为了讥讽。当然，有高度的人也未必做得到“谦”。能量越是足，才越有底气把自己放低——魏公子的可贵之处，就在这里。

“窃符救赵”之后，魏公子在赵国又结交了两位朋友，一位是“藏于博徒”的毛公，一位是“藏于卖浆家”的薛公。赵国的公子平原君知道了这件事，就对他夫人说：“我原以为魏公子有多了不起，现在看来，他和博徒、卖浆者一起玩得这么开心，只不过是个妄人罢了。”这话传到魏公子那里，魏公子说：“我原以为平原君是个人物，所以看在他的分上，我违背魏王救援赵国。现在看来，平原君结交朋友只不过是故作豪迈，并没有什么眼光。我当年在大梁的时候就听说过毛公、薛公的大名，到了赵国唯恐见不着他们。凭我这个人跟他们交往，还怕这两位看不上我呢。如今平原君竟然把跟他俩交往视为羞耻，可见他的器量不过如此罢了。”

在这段描述中，魏公子和平原君高下立判，“能量足”和“故作豪迈”的差别也是一目了然。

多年后，魏公子为解救魏国的危难回了国，一时威震天下。然而魏王中了秦国的反间计，剥夺了魏公子的兵权。在此之后，魏公子的日子就是日夜“饮醇酒，多近妇女”，四年后在酒色中去世。

魏公子的结局，固然是形势所迫，却也是他自己的选择。作为一位骄傲的公子，他可以“不耻下交”，却无法甘心于平淡甚至平庸的生活（所以大概也不会想到在魏王面前收敛锋芒）。与其无所作为地活过下半辈子，他宁可把自己的人生华丽丽地挥霍掉。魏公子去世后又过了十八年，秦军攻破了大梁城。

骆玉明老师的《败家之乐》中有这样一段：

明朝袁中郎曾数说人生几种绝妙境界，前面的我都忘了，只记得最后一种，是历经荣华，沦落风尘，沿门托钵，乞讨为生。

我曾经很喜欢这段文字（现在依然喜欢），想来也是因为这话里面透出的傲气。能够把人生中的大起大落、遍历沧桑当成绝妙享受，当然是能量足的表现。骄傲的魏公子或许足以做到这一点。然而对他这样的人来说，接受平凡，需要的是更加强大的能量。

在《魏公子列传》即将结束之际，司马迁提到，汉高祖刘邦少年时是魏公子的迷弟，即天子位后“每过大梁，常祠公子”。我想，少年刘邦在仰慕魏公子的时候，多半是期望自己能够被这样的贵公子赏识、结交，好一道叱咤风云。那时何曾想到，历史竟会把自己推到比魏公子更高的位置？都没法跟历史客气一句“另请高明吧，我实在也不是谦虚”。不过，刘邦在分享自己成功经验时说出的这么一段话，还真看得出几分魏公子的神韵：

运筹策帷帐之中，决胜于千里之外，吾不如子房；镇国家，抚百姓，给馈饷，不绝粮道，吾不如萧何；连百万之军，战必胜，攻必取，吾不如韩信。此三者，皆人杰也，吾能用之，此吾所以取天下也。

无论贵公子，还是老流氓；也无论市井小民，还是帝王将相——善于观察的你，可以在各种人身上发现某种共通的东西在变幻，在闪光。这就是美好德行在历史长河中的不绝如缕、薪火相传。

话说回来，刘邦这话说得固然漂亮，但作为“成功经验”能否成立，就是另一回事了。成功者自己未必清楚自我奋斗与历史进程这二者所占的份额，当这些人在介绍经验时，即便用心真诚，也无须全信；至于如法炮制，“复制”他们的成功，就更属妄想。

况且，和美好德行的传承相比，天下的得失还真算不上多大的事儿。

切莫被表象蒙蔽

□羽 辰

1988年，史蒂夫·詹宁斯大学毕业后，去肯尼亚度假。一次徒步旅行中，他与一头未成年大象不期而遇。

当时，大象抬着一只前脚，不敢着地，好像很疼痛的样子。

史蒂夫动了恻隐之心，决定施以援手。他非常小心地靠近大象，单膝跪地，仔细察看它的脚，发现一大块木屑深深地扎在脚掌里。

史蒂夫取出猎刀，极其小心地轻轻剔除木屑。大象的伤脚终于可以落地走路。

得到救助的大象转过头，好奇地盯着史蒂夫看了好半天。史蒂夫惊恐地站在那儿，一动也不敢动，生怕会成为它脚下的牺牲品。

最终，大象仰天长啸，转身离去。

史蒂夫永远忘不了这头大象，忘不了这段离奇的经历。

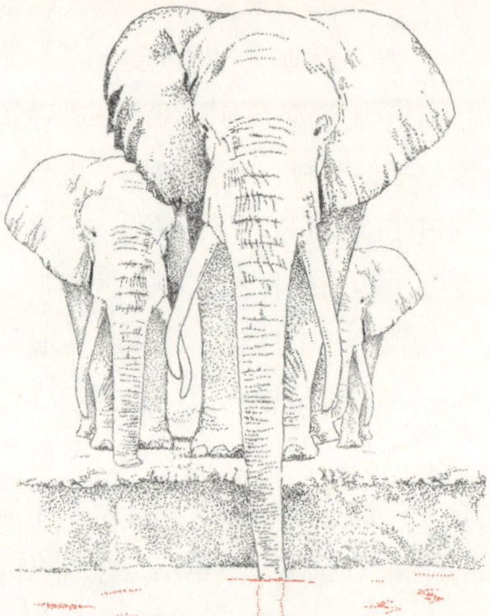

20年后的一天，史蒂夫和他十几岁的儿子尼古拉斯游览亚特兰大动物园。他们来到大象展馆，一头大象走近他们。它直视着史蒂夫，将一只前脚抬起然后放下，接着又抬起放下，反复数次，随后大声嘶叫。

做这些动作时，它的眼睛始终紧紧盯着史蒂夫。

史蒂夫心中一颤，猛然想起1988年的偶遇，怀疑它就是当年那头大象。

他鼓足勇气，爬过栏杆，进入围栏，径直走到大象跟前，满眼期待地看着它。

没想到，大象咆哮数声，用鼻子缠住史蒂夫的一条腿，把他狠狠地摔向围栏，史蒂夫当场丧命。

事后，人们猜测，它可能不是当年的那头大象，切莫被表象蒙蔽。

“要想甜加点盐”科学吗

□王海山

糖是甜的，盐是咸的，醋是酸的，这些是连孩子都知道的常识。谁都知道，想吃甜的就多放点糖，想吃咸的就多放点盐。但是，最近有消息称，我们喜欢吃的冰激凌竟然是含盐大户。还不只是冰激凌，蛋糕、面包、话梅等我们习以为常的甜食，竟然也都是含盐大户。这些可都是甜食呀，往甜食里面放盐，难道不会使甜味变淡吗？这则消息表明，往这些甜食里加盐是为了提升甜食的口感，加适量的盐在甜食里反而会使食物变得更甜。难道这种说法是真的吗？

事情的真相就是，这种说法确实是真的。这又是为什么呢？要理解这里面的科学道理，我们得先从糖分子和盐分子的大小说起。因为糖分子比盐分子大，所以糖的溶解性要弱一些。也就是说，跟糖比起来，盐更加容易溶解在液体里。在糖的溶液里放入盐之后，溶解性更强的盐会使得溶液的渗透压增强。这样一来，人感知液体味道的速度就加快了。

所以当甜食中加入盐时，在更小的盐分子的带动下，糖的甜味会更快地被我们的味蕾所感知。这就是在甜食中加盐不仅感觉不到咸，反而会觉得更甜的原因所在。不过，要想起到这样的效果，盐的分量要掌握好，如果在甜食中加入了过量的盐，让盐的味道盖住了糖的味道，那可真的就要变成咸的了。

昂贵的感情税

□杨　杨

近来，我路过朋友家，发现她瘦了一小圈，原来，她家养了十几年的狗因年纪太大，不知什么时候有了血栓，大半个月前忽然患了脑卒中。一家人赶紧把狗送到医院，经过一番抢救，好不容易才把狗从“鬼门关”拉回来。祸不单行，她家的老猫耳朵又发炎了，带它看医生又是一番劳心劳力加花钱。

爱尔兰的宠物能享受的照顾挺多的。朋友的猫有一颗牙坏了，兽医要价450欧元（1欧元约合人民币7.6元），还说最好能坚持给猫刷牙，实在不行就把牙拔掉。我惊讶地问：“给猫怎么刷牙，买个电动牙刷，在它泡澡敷面膜时帮它刷吗？”“应该是买磨牙棒让它自己解决吧。”朋友回答。

围绕宠物的消费中，医疗费用最昂贵。比如打疫苗，朋友把猫送去打针，第一针45欧元，3周后的第二针又是45欧元，此后每年还要交65欧元的疫苗费。养狗也不省心。一个朋友的狗得了肿瘤，主人花了2500欧元为它开刀，最后也没治好。另外一只狗的主人更郁闷：狗吞了一根玉米棒子，主人带狗去照了X光，花了2000欧元才把玉米棒子取出来。

由于给宠物看病太贵，人们发明了宠物险，一个月花个一二十欧元，就可以“免费”或者“以优惠价”带宠物看兽医。朋友家的狗一年要花240欧元的保险费，已经缴纳了7年。保险里面包括宠物医疗、不慎丢失赔偿、宠物葬礼、咬伤人或者别家狗的治疗费用等。

我有时候觉得爱尔兰人对宠物的呵护过头了。在猫小的时候就给它植入芯片，以便猫发生意外时可以帮主人定位——有时候也许还能找回尸体。超市里给幼猫喝的奶粉，200克标价十几欧元，标着同样价格的婴儿奶粉却足有900克。各种猫狗零食更是五花八门，有的产品还打出“营养均衡、控制体重”的广告。围绕着宠物已经形成齐全的产业链。除了宠物的口粮，餐具、药物、除虫、卫生、寝具、项圈、玩具、衣服、口罩，还有兽医和保险，真是好大一片商业版图。

欧洲人喜欢度假，度假时宠物怎么办？送到专门的托管旅馆，3周的托管费是700欧元。旅馆的环境和设备都很好，跟蒙特梭利幼儿园似的，“让狗在你度假时，跟别的狗玩耍”。旅馆的工作人员每天定时遛狗，还会把狗的照片发给主人看。

有位兽医告诉我，大家愿意花钱，是因为把宠物视为家庭的一分子。人和动物之间是相互陪伴、心意相通的。在传统农业时代，动物是人忠诚的工作伙伴。现代人饲养动物，很多时候是出于情感需要。兽医的工作也相应发生了变化。几十年前他们围着牛、马、羊转，现在，兽医将更多精力放在了宠物身上。

英国的畅销书作家吉米·哈利记录了一对老夫妇的故事。这对老夫妇70多岁，他们养了12年的狗被车撞死后，两个人非常伤心。后来，他们发现邻居家有一条疾病缠身的老狗，在邻居打算给狗施行“安乐死”时，老夫妇救下了它。他们说：“我们很老了，而且狗也老了，我们三个可以一起老死。”收养邻居的老狗之后，他们一起度过了许多快乐的时光。哈利用英国诗人勃朗宁的诗来形容他们：“与我同老，欢乐时光，犹有未尽！”

的确，宠物能给孤独的现代人带来幸福感，人和宠物间便有了感情。只不过，感情这东西，有点儿贵。

“煽情恐惧症”，其实是件好事

□贾小凡

最近，网络上兴起了一阵关于“煽情恐惧症”的讨论。事情是从人们对《流浪地球》的讨论开始的。很多观众看完不无遗憾地说，要是少点那些尴尬煽情的桥段，我还能再多给它半颗星。

不得不承认，“感动”是一种难以捉摸、无法操控的情绪。越是努力想激发你强烈的感情，力气使不对，越容易适得其反。

就像这些年的各路小品，越来越执着于结尾要走煽情流。无论前面怎么嬉皮笑脸，只要一听抒情中带着一点悲伤的背景音乐响起，演员语速放慢、姿势起范儿，大家就知道，大道理和大团圆结局还有5秒到达战场，观众请准备含泪鼓掌。

不仅是电视节目总想拉着你一起哭，其实生活中也处处是强行煽情的坑。比如，中学成人仪式、高考誓师大会、毕业典礼、过年走亲戚、毕业散伙饭等大场合。

按理说，我们应该早已对这些场景习以为常了，为什么现在却越来越对煽情心生抗拒？或许是因为，试图煽情的人低估了“感动”二字的分量。

就像那些简单粗暴的综艺或粗制滥造的电视剧，简单地认为“卖惨=别人会同情”“演员浮夸地哭天抢地=观众会跟着一起哭”。这种算计着别人的心弦又不够认真和聪明的做法，本身就是在让人们的感情贬值。

现在注重个人情感边界的年轻人非常害怕情感未能发生共鸣后的尴尬：看你煽得那么费力，我心中却毫无波动，真是尴尬啊！

其实很长时间以来，我们不就是被教育“对待什么事应该有什么样的情感”吗？从小写到大的作文就可见一斑：必须有个高尚的立意，于是绞尽脑汁歌颂、赞美，在周记的每一件小事里都恨不得升华出一个感人肺腑的立意，甚至为了煽情，抛弃真实也是可以被容忍的。

有一种煽情，煽起的是对情感的单一刻板认知。好比一说到亲子关系，关键词一定是感恩、伟大、付出、牺牲，不问具体情况。永远都说着差不多的故事，流着差不多的眼泪，时间长了要么让人觉得无趣，要么让人逐渐习惯，这就是我该有的情感。尤其当下，道理说不动的时候，煽情带来强烈的感官刺激，成了最好使的迷魂药。

因此，如今对刻意煽情的警惕，大概也是蕴含着对这种“霸权”的反叛：并不想被如此裹挟，我想拥有自己的判断。

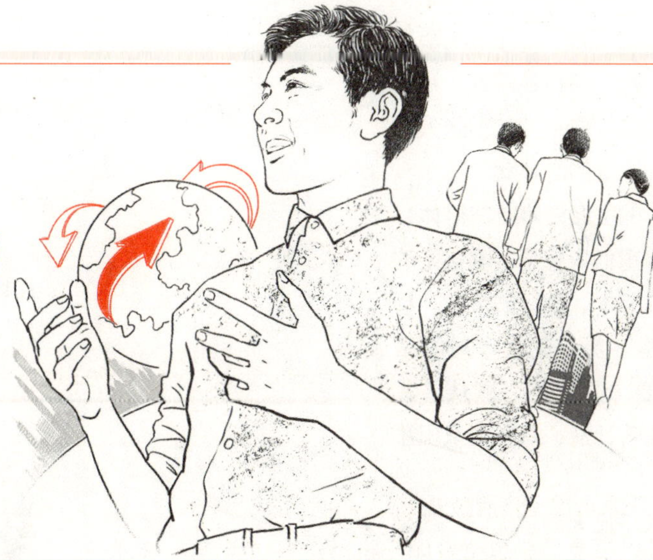

没有发出的声音

□岑　嵘

在柯南·道尔的小说《银色马》中，有这样一段情节。

夏洛克·福尔摩斯说：“在那天夜里，狗的反应是奇怪的。”巡夜人的报告说“那天晚上，狗没有什么异常反应”，福尔摩斯指出：“这正是奇怪的地方。”狗向入侵者咆哮是很正常的，但是它没有咆哮，这并不是说明没有入侵者，也有可能入侵者是狗熟悉的人，因此，福尔摩斯进一步缩小了调查范围。

我们在生活中，通常会关注那些听到的声音和看到的事件，而很少去关注那些没有发出的声音：没有看到的事情，这就会造成我们错误的决策。

在打字机刚刚普及的时候，美国一家报社刊登了这样一则整版广告：“调查显示，购买一台打字机可以提高一个人的学习成绩。”我们即便假设这个广告中的调查是真实的，它仍然存在我们没有看见的一幕：在美国，购买打字机而后获得了较高学业成绩的学生，往往来自比较富有的家庭，而这样的家庭对学生的学习更为关注。家境普通的孩子在这个调查中并没有发出声音。

人们常说猫有九条命，于是有人对纽约市宠物医院接收的从高层公寓楼坠落的 115 只猫咪进行了调查，发现从 9 层及以上楼层坠落的猫咪死亡率为 5%，从不足 9 层的楼层坠落的猫咪死亡率为 10%。

很多医生推测，这是因为从较高楼层坠落的猫咪能够将身体展开，形成一种降落伞效应。这种解释听起来颇有道理，我们似乎看见了猫咪拉伸四肢滑翔的画面。然而这不是真相，真正的原因是坠落后死亡的猫咪不会被送到医院，许多人会放弃那些从高层坠落后奄奄一息的可怜猫咪，而从较低楼层坠落的猫咪的主人往往更加乐观，更愿意花钱把它们送往医院。

同样，如果在战争中你去战地医院看看，就会发现腿部受伤的病人比胸部中弹的病人多，如果你以为士兵的腿部最容易受伤，那你就错了，真相在于那些你没看到的士兵——当胸部中弹后，士兵很难存活。

我们在书店能看到成百上千个作家的作品，于是你对写作成功有一种乐观的想法。其原因是我们所能够看到的都是成功的作家，却无法看到更多失败的写作者。一家著名书摘网站的创始人罗尔夫·多贝里说：“每位成功的作家背后都有一百个作品卖不出去的作家，每个作品卖不出去的作家背后又有一百个找不到出版社的作者，每个找不到出版社的作者背后又有数百个抽屉里沉睡着刚动笔的手稿的写作爱好者。”

事实上，那些没有发出的声音往往才是最重要的。当我们的父母满怀希望地花重金让孩子学习钢琴、网球，他们往往只看到了李云迪、郎朗、李娜，却没有看到金字塔庞大的塔身，成千上万的孩子在这些道路上半途而废，而另一些人穷尽一生也无法站在顶峰。而这些人，很少发出声音。

不可以坏，但是千万别太乖

□陈粒初

这一年我接触了十几个不幸福的女读者，她们来找我倾诉，开场白总是惊人的相似：“从小到大，我就是那种典型的乖乖女。”

如果乖的层面只停留在得体、有教养、尊重他人，那么乖孩子的确是完美的范本、教育的目标。不过可惜的是，更多的父母对乖孩子的标准要求是安静、顺从，甚至对长辈言听计从，从不给家里添麻烦。

这类孩子最大的“优点”就是“省心”，不顶嘴、不抬杠，家长绝不会担心放学被老师留下，考大学、挑专业、选工作全听你安排，甚至嫁人都是你亲自把关过的。你摇头的事，他们绝不敢提第二次。

孩子太乖、太懂事，甚至连叛逆期都没有过，真的是一件好事吗？当然不是。

人一生会有两次叛逆期，一次是幼儿期叛逆，一次是青春期叛逆。

处在两个叛逆期的孩子都会出现成长和发展的超前意识，第一叛逆期的儿童具有“长大感”，第二叛逆期的少年具有“成人感”。

一次是从身体上觉得自己长大了，一次是从心理上觉得自己独立了。第一次叛逆让孩子学会对自己身体的掌控，第二次叛逆让孩子拥有独立的人格和思维能力。

叛逆期的孩子，可能会做出很多“出格”的事情。你需要做的不是否定孩子的叛逆，而是聚焦叛逆期出现的不良行为，并加以纠正引导。有些家长不能正视叛逆现象，毫不掩饰地表达失望：“你以前很乖的，现在怎么变成了这个样子？”这才是对孩子最大的伤害。

叛逆期不是洪水猛兽，而是成长的必经阶段。

孩子叛逆是因为他们想成为大人，想要证明自己，追求和大人一样的平等、独立和被重视。只有经历过迷茫、冲动、挣扎、反抗，才能成长。

再回首，我们甚至会讨厌那个时期的自己，没钱又没脑，空有一腔热血，但也正是曾经的那个“我”，成全了今天的这个“我”。叛逆是茧，破茧才能成蝶。一个孩子跳过了叛逆的阶段，就失去了真正成长成熟的机会，早熟的人最晚熟。

乖孩子的养成大概分两类。第一类是被强行纠正的。当孩子想要一件在父母看来不应该得到的东西时，多少父母是用暴力解决问题的？不服气，一巴掌抽过去。还不改？再来一巴掌。这是最传统的中国式教育。棍棒底下出的不是孝子，是顺子。恭喜你，成功培养出了“乖孩子”。

蒙台梭利女士就专门写过文章：

如果孩子们给你的回应是愤怒、反抗，结果反而更好一些，至少表示他们已经具备自我保护的能力，今后的发展也许就会很正常。可如果他们以改变性格或非正常的方式来回应，就可能是受到了比较严重的创伤。

这类孩子长大后往往畏惧权威，胆小怕事，缺少反抗能力，习惯性取悦讨好别人，心理承受能力很弱。

《芳华》里的何小萍就是典型，她在家被欺负，到了部队被排挤，但是不敢发声，不敢反抗。她顺从了20多年，后来突然被树立成了英雄，精神世界一下子崩塌了。

第二类是从小被忽视的。这样的孩子天生安静、迟缓、守纪律，喜欢默默待在角落，不擅长表达自己的内心。他们是最容易与家长和老师建立良好互动关系的对象，但他们的感情需求最容易被忽视，使得其内心的冲突得不到关注与解决，更容易导致心理问题。

可是偏偏对这些“省心”的孩子，老师和家长却浑然不觉，甚至以此为傲。

上海“冰箱藏尸案”轰动一时，朱晓东将妻子杨丽萍杀死，残忍地将其分尸并藏匿于冰箱中超过三个月。杨丽萍就是这样一个乖乖女，安静温顺，没和谁大声说过话，也没和谁红过脸，受了委屈就自己躲起来偷偷地哭。

朱晓东是个不折不扣的人渣，花心、冷漠、无情，没有正式工作，但是长得帅，会玩音乐，养冷血动物。这样的人设看上去是不是特别眼熟？没错，这不就是最受青春期女孩欢迎的男生类型吗？十五六岁的少女，心中总有些坏男孩情结。

这类男性踏入社会后并不会太受欢迎，因为我们有了更成熟的择偶观，男人的责任感是比皮囊重要得多的东西。但是杨丽萍的爱情观显然停留在小女孩时期，因为她从来没有真正长大过，她内心对独立和自由的向往被严重压抑了，这样的坏男人对她有着致命的吸引力。

看到这个新闻的时候，我特别难过，多漂亮的女孩啊！工作也出色，曾经是学校里的优秀老师，原本应该有大好的前程。她的父母大概就是对女儿太放心了，才没能从女儿的神态里捕捉到她婚姻不幸的蛛丝马迹，才会发生不见女儿三个月之久还没有警觉的事。

不怕孩子调皮叛逆，就怕他太乖。教育决不能够“会叫的孩子有奶吃”，越乖的孩子越不容忽视，要给他们充分表达的空间，鼓励他们打开内心世界，拥有独立的人格。我很乖，不代表我不需要被爱。每一个乖孩子的内心，都有一个被困住的灵魂等待你去解救。

孩子，你不可以坏，但是千万别太乖。

与自己谈话的能力 □周国平

有人问犬儒派创始人安提西尼，哲学给他带来了什么好处，回答是：“与自己谈话的能力。”

我们经常与别人谈话，内容大抵是事务的处理、利益的分配、是非的争执、恩怨的倾诉、公关、交际、新闻等。独处的时候，我们有时也在心中说话，细察其内容，仍不外上述这些，因此实际上也是在对别人说话，是对别人说话的预演或延续。我们真正与自己谈话的时候是十分稀少的。

要能够与自己谈话，必须把心从世俗事务和人际关系中摆脱出来，回到自己。这是发生在灵魂中的谈话，是一种内在生活。哲学教人立足于根本审视世界，反省人生，带给人的就是过内在生活的能力。

与自己谈话的确是一种能力，而且是一种罕见的能力。有许多人，你不让他说凡事俗务，他就不知道说什么好了。他只关心外界的事情，结果也就只拥有仅仅适合与别人交谈的语言了。这样的人面对自己当然无话可说。可是，一个与自己无话可说的人，难道会对别人说出什么有意思的话吗？哪怕他谈论的是天下大事，你仍感到是在听市井琐闻，因为在里面找不到那个把一切联结为整体的核心，那个照亮一切的精神。

墙上的『猪』

□王悦微

下午，校长来找我，说不知哪个学生在三楼走廊的白墙上写了一个大大的“猪”字，请我实地去查看一下，力争“破案”。

校长说的是力争，而不是确保，因为他知道，要在全校上千个学生中揪出这个搞破坏的小孩，实在无异于大海捞针。

也难怪，暑假里，学校刚进行了翻修，刷得雪白的墙壁让学生们跃跃欲试，谁让他们正是“猫狗都嫌”的年纪呢？

我来到三楼，仔细查看了墙上的那几个字，“301，猪”。嗯，字迹粗犷豪放，多半是出自男生之手。字写得很粗，我又凑近看了看，基本判定是用毛笔蘸上颜料后所写。学生不会平白带毛笔来学校，可见该同学所在的这个班今天应该有美术课，而且必须得上色。

下课的时候，学生们一般就近在自己班所在楼层的走廊活动，不太可能去其他楼层，所以我又把范围缩小到三楼的几个班级。这个楼层一共有3个班，分别是301班、302班和401班。我去教导处查看了一下各班的课表——今天只有401班在上午上过一节美术课。

我为自己的推理暗自得意，与学生斗智斗勇的乐趣让我兴致勃勃。这种得意，全然不是发动全班相互检举、写告密信那种权威式窥探所能比的。我憎恶那种让学生之间充满警惕和怀疑的方式，虽然也许那样能更便捷地揭开谜底。当一个老师始终能够意识到“孩子只是孩子”，并且不轻易以恶意去推测孩子们的动机的时候，就不会那么容易生气了。

我到401班的教室一看，空无一人，学生们都下楼去活动了。秋风很凉，从敞开的窗口滑进来，哗哗地翻动着桌上的书。我一边等他们回来，一边盘算着等会儿要以怎样的方式层层揭开谜底。在这个侦破的过程中，每一个眼神都要细细酝酿好，拿捏到位，一着不慎，就可能满盘皆输啊！

上课铃声响了，学生们陆续回到教室。我微笑着扫视了一下他们，和蔼可亲地问道：“同学们，今天的美术课，哪些人带了颜料来上色啊？”

台下呼啦啦举起了七八只小手，他们七嘴八舌地告诉我，大部分同学还在给美术作品打草稿。“我还没来得及上颜色呢！”前排的小个子男生大声说。

我继续微笑着，未加解释，请这几个举手的学生上台在黑板上写一个偏旁。

当然得不动声色，让学生摸不着头脑，老师才好做文章。

写什么偏旁呢？很简单，就写一个反犬旁。

请各位注意“猪”字的反犬旁，它的正确笔顺是：撇，弯钩，撇。然而，白墙上的这个“猪”字，它的反犬旁笔顺是：撇，弯钩，提。这是一个很特别的书写习惯！

那几个学生疑惑地走到黑板前，按我的吩咐，每个人都写了一个反犬旁。其他人的笔顺都对，只有一个男生，他的笔顺是：撇，弯钩，提。

我不动声色地把他带到走廊

上，指着墙上的那个“猪”字，问道：“这是你写的？”

我在问话的时候，紧紧盯着他的双眼，透露出一种坚定而自信的气场。虽然在最后的结果出来之前，我对自己的推测并没有十足的把握。

他的目光顿时慌乱起来，“不是”二字已脱口而出，但一抬头，马上就在我的目光中败下阵来，垂头丧气地点了点头。他慌乱地求饶道：“老师，我知道错了，我以后再也不敢了……”

我又问了他的动机是什么。其实很简单，就是出于无聊。如我所料，这几个字都是用毛笔蘸上颜料写的。

校长毕竟是宽厚的，说让他做一天义工，第二天在学校打扫卫生，记住这个教训。至于那面白墙，就让总务老师去粉刷，免去家长出工出钱了。我带着这个男生到总务老师的办公室，让他恭恭敬敬地给老师鞠了一个躬，请老师原谅他带来的麻烦。

我没有把这个孩子带到班里进行公开批评。我还记得，当年刚工作不久，为一点儿小事而斥责学生的时候，一个老教师曾告诉我：“当面表扬，私下批评。小孩儿再小，也有尊严。”因一念之差而让一个孩子站在全班同学面前接受批评，那种屈辱又羞愧的感觉，单是想想就觉得太残忍。所谓“因为懂得，所以慈悲”，大概就是这个意思吧：因为他是孩子，所以理解他的淘气就像打喷嚏那样，是忍不住的。

教育，就是耐心地等孩子们慢慢成长，让他们在爱和宽厚里学会控制自己的淘气，最终长成美好的人。

航班延误太棒了

□[美]汤姆·齐格勒　译/看门人

我乘飞机前往世界土豆之都爱达荷州的博伊西，做一场演讲。

在回程的时候，我经历了一次意外的事情：我飞往达拉斯的航班延误5个小时！

此时，我立即想起了父亲在航班被取消时说过的话：“太棒了！”

登机口那位困惑的值班员（以及她身边的人们）都不知道他为什么会有这种反应。

所以她和那些排队的人们都认为父亲已经崩溃。她不敢确定这位励志大师是否理解，于是又加了一句：“那班飞机不能保证马上起飞，有可能会延误更久。”

父亲再次说：“太棒了！”

此时，值班员已经是受不了了，于是她说：“你没听到我说的话吗？你不明白我对你说的话吗？”

父亲很有尊严很有礼貌地回答：“你说的每一个字我都听到了。航班延误了，下个航班最早要在7个小时之后，而且还有可能会继续延误。”

这时，她打断父亲的话说：“为什么你对此感到这么高兴？”

父亲回答：“我对此并不感到高兴，夫人，但我能够想象得出航班延误是因为这两个原因之一：飞机有问题了，或者天气有问题了。无论哪种情况，我都情愿待在下面而不是在天上。再说，你们有一个漂亮的机场，而我随身带着我的文案。你们附近有电话，还有一家豪华餐厅。

亲爱的，那不是爱情

□玄增星

拥有高级情感的人类迷恋所有恩爱的“CP”（英文couple缩写，意为“爱侣”），连鸟都不放过。

在过去的17年里，一只雄白鹳每年3月从南非出发，跨越8000多公里，飞往克罗地亚一座小镇，与一只雌白鹳相会。雌鸟的腿和翅膀受过枪伤，无法飞行，被一位当地老人收养。冬季漫长，它只能在枯木堆成的巢中来回踱步，四处张望。

雄性归来，这对眷侣会把细长的红色鸟喙凑在一起，为彼此梳理羽毛，交颈相依，互相喂食，养育后代。即使它们什么也不做，只是临风并排站在屋顶上，也被看成“秀恩爱”。

人类热衷于看到这一幕。收养雌白鹳的老人给它们起了名字，雌性叫Malena，雄性叫Klepetan。17年来，每当春天降临，老人的屋顶上会有无数相机跟Malena一起等待伴侣归巢。大批游客从城市中心骑着单车而来，所有人都仰头看着屋顶，期待见证爱情。视频网站上每一条关于这对白鹳的视频都有上万点击量，上传者会截取它们终于相聚的那几分钟，配上唯美的音乐和煽情的标题。

它们的故事甚至被画成漫画——雄白鹳展开双翅，飞向正立在巢里等候它的伴侣。还有的明信片底下写着：“我飞翔上千英里，只为与你片刻相聚。”图片还被投上城市广场的大屏幕，恋人在屏幕下拥吻。这对“白鹳夫妇”永远不会知道，自己已经成为人类世界的“流量IP”，抚慰着无数寂寞心灵。

鸟类可以被看作动物界忠贞的代表，90%的鸟类都实行一夫一妻制，它们分享食物、信息，共同抚养后代。有研究者用了10年时间观察近千只企鹅，发现其中82%对伴侣忠诚。有一对企鹅共同生活了11年，一方死去后，另一方试图自杀。有人曾在自家阳台发现一只断腿的鸽子，在照料它期间，它的伴侣每天都会陪在一边，直到它康复放归。一只配偶被狐狸咬死的雄鹅，会在已经死去的伴侣身边弓着身子，垂着头，不抵御其他雄鹅的攻击，守候时间长达1年。

“我猜想，它们对彼此的确有眷恋之情。”专门研究乌鸦社会行为的康奈尔大学鸟类学家凯文·麦高文说，他观察过相伴超10年的乌鸦伴侣，“鸟类的感情不会和人类的感情一模一样，但我认为二者足够相似”。

从爱情的生物学本质上来看，催产素和抗利尿激素是两种与哺乳动物的感情纽带关系最密切的激素，而在鸟类中有几乎相同的对应物——8-异亮催产素和8-精催产素，它们催生了鸟类伴侣之间的互动。此外，鸟类也拥有神经递质、5-羟色胺和多巴胺。麦高文觉得，“没有理由认为人类所拥有的是某种全新的东西”。

在《动物的情感生活》一书中，作者马克·贝科夫斩钉截铁：“一些哀鸽比我认识的许多人都要相爱得多。”

它和它真的有爱情吗？

“爱情是人类最受尊崇的特质，将这一感情授予动物便会遭受强烈质疑。”过去几个世纪以来，科学界有很大一部分观点认为动物相爱的想法是荒唐可笑的，它们对伴侣的“忠贞”，更多只是某种直觉性、无意识的冲动，这种冲动带来的情感冲击并不比身上发痒大多少。

在一本名为《鸟类的伴侣关系：对鸟类一夫一妻制的研究》论文集中，没有一处提到鸟类之间的“感情”。在提及配偶间所谓“伴侣纽带”中的“依恋感”时，“喜爱”出现了一次，但作者立刻出来提醒读者，对这些词的理解并不需要带有任何倾向性。

科学家担心人类把自己的特质投射到某种简单得多，甚至完全不同的事物上。他们很难相信，脑子只有豆粒大小的物种能够体会罗密欧与朱丽叶之间那种深刻的感情。

一位美国动物基金会的专家曾提醒人们：“请注意，动物不是在表达真诚的爱，它们不过是在执行基因的指令。”

这种言辞至少不太自以为是。动物界的“恩爱夫妇”，或许只是人类的一厢情愿罢了。

回头再看Malena和Klepetan的故事，两只白鹳相伴17年，而老人已经照顾Malena25年了。他踩着梯子为它在屋顶上搭巢、架雨棚。每天傍晚，老人要驱车30公里，去河边为它钓鱼。冬天，老人抱着它窝在沙发上。春天，他带它出去散步，背着双手，腆着啤酒肚。“它就像我的女儿一样。”老人的3个孩子都不在身边，妻子也已经去世，这只白鹳是他唯一的伴儿。

同为人类，这个故事更打动我。

你的衣服穿反了

□德琨若鱼

有人在身后用手指轻点我的肩膀，回头一看，是一位年近七十的女士。“衣服穿反了。”她轻声说。我这件亮黄色的上衣，肩胛连接处故意做成明边，鼓了一圈出来，已令许多人产生误会。我撩开左下方衣襟，把标签翻出来给她看：“没穿反。”她“哦、哦”地倒退几步，返回座位。

我们都是图书馆的常客，面熟，但没交流过。我突然有些后悔，何不干脆承认穿反了，何必非要指明她错了？日本歌伎大师勘弥曾扮演徒步旅行的百姓，正要上场，门生眼尖，说：“师父，您的鞋带松了。”“谢谢你。”他系紧鞋带，走到门生看不到的舞台入口处时，又蹲下把鞋带弄松——松垮的鞋带，可以表达长途旅行者的疲惫。有人问：“您为什么不当场教那个门生呢？”“别人的亲切必须坦率接受，要教导演戏的技能，机会多的是。”

女性在夏天穿衬衣，也多烦恼，比如胸部易将纽扣间的门襟撑开。有长者曾善意提醒：这里加一颗纽扣就好了。我低头一看——忙碌了一天，衬衣不再周正——顿时脸红，旋即回忆今天和哪些人近距离接触过，恼恨连连。倘不自知，一切似乎自然、正常，但被提醒后，对方以为是佑护，本人却多少感受到一种被“戳穿”的窘迫。

是善意回避还是揭穿？若是可以纠正的失误，有人及时指正、避免出错，这是善意；但对已经发生、无可挽回的失误，是否该保守“公开的秘密”？

是接受还是否定？若勘弥当即表明，松开鞋带是刻意的艺术创作，门生肯定认为自己造次、愚笨，逐渐藏愚守拙，失去主动性和质疑的勇气。大师在做人的教育和技艺的传授间，认为做人更重要。

正当我左思右想之时，那位女士在离开图书馆之前来到我座位边，悄悄说了声“对不起啊”。唉，我否定了她的关心，我赢了吗？

『聊天就聊天，别把我截图发到朋友圈』

□贾小凡

我拿你当朋友，你却把我“挂”出去

如今，把私人聊天截图晒到朋友圈、微博等公共社交网络的行为，其实很常见。

甚至它构成了一种“集思广益”的网络文化——网络上有无数段子都是来源于网友自发的截图，有的是搞笑的聊天记录，有的是朋友圈里那些比段子还好笑的亲身经历。

微博上的各种投稿类博主更是以网友投稿的聊天截图为生，要么用争议的话题挑起口水战，要么靠甜甜的爱情炸出一堆柠檬精。

大多数时候，以搞笑为目的的晒截图还是善意的分享，不会引发什么矛盾。

但好朋友之间也可能有因此翻车的时候。

娱乐圈最知名晒聊天记录爱好者苏醒，曾经一不小心晒出了何洁生了第三胎的事情。

其实何洁生不生三胎本不是什么大事，但没主动向公众公开的隐私这么猝不及防地被好朋友晒出来，就有点尴尬。

被网友骂坑朋友之后，苏醒倒也没有“悔改”，后来的澄清和道歉还是通过晒出跟何洁的聊天记录来完成的……

这种，属于粗枝大叶，晒出来了才发现里面有细节不妥。

比这更尴尬的是，晒截图的那方压根没觉得有任何不妥，被晒的那一方却不这么觉得。

确切地说，不管聊天时说了什么，没经过允许就把私人的聊天记录公开，本身就会让一些人觉得很被冒犯。

说白了，是触犯到了当代互联网社交礼仪中最重要的边界感。

要想不发生这种尴尬的情况，聊天双方得具备一种无法被量化的默契，不用询问对方“我能截图发朋友圈吗”就知道，哪些能晒，哪些不该晒。

然而这种默契比较稀缺，最终引发的都是一方“突然发现自己被挂”的不快，并且心里默默给对方的可靠程度打了个×：

你这样随意地晒我私下跟你说的话，以后谁还敢跟你掏心掏肺地聊天啊？

我们当中出了一个“叛徒”

如果说晒截图这件事社交层面的矛盾，还主要是被对方的粗线条或者虚荣心踩中了雷点，那么有些晒聊天截图的行为则像是一种主动的示威和嘲讽：我就是看不惯你说这些话，非得发出来让大家评评理不可。

不只是私聊记录，群聊内容被曝光更容易引起血雨腥风。许多次舆论争吵的源头，都是因为群聊中出了一个“叛徒”。

这几年逐渐成为表演舞台的学校家长群，也常常因为聊天记录流出而站上风口浪尖。

家长们或者暗自较劲攀比，或者飞扬跋扈、颐指气使……许多令人诟病的现象都是从群聊截图里被曝光的。

毫不意外地，像这样的截图往往都会引发舆论的强烈反扑，因为里面恰巧藏着一些“局外人”平时难以了解，一旦了解了就很看不惯的现象。

这种聊天记录之所以会流出，也许是因为截图之人也很对这种“抱团”或是心照不宣的潜规则嗤之以鼻，发出来批判一下。

也或许他们压根没这个意思，只是无心插柳，但其中的内容无法避免地成为舆论场抨击的对象。

无论泄露聊天记录之人意图如何，这终究是打破了一种小圈子内关于默认某种价值观或是游戏规则的默契，不管这种默契是对是错。

有人觉得把聊天记录发出来的人是众人皆醉我独醒的勇士，也有人并不想为这种截图的流出叫好——

谁也不知道舆论的评判标准会突然刮起什么风，那是不是任何言论都有可能被当众处刑的隐忧？

"大瓜"，从聊天截图开始

在聊天截图能不能传播这件事上，还存在一个悖论：

大多数人不喜欢私人聊天言论被随意传播，其实仅限于发言人是自己的时候。

等到事不关己，劲爆“大瓜”在各个群里传来传去时，倒也没人在意别人的私人言论突然成了茶余饭后的谈资。

这几年，“群聊产瓜”的趋势越来越明显：许多震惊全网、发源于民间爆料的大事件，起源都是聊天记录的截图，或是在群聊中对某些消息的转述。

个人恩怨中一旦甩出了私人聊天记录互相证明对方有污点，那基本上意味着彻底撕破脸了，姿态相当难看。

也正是这些最私人、最狗血的东西，成了滋养吃瓜群众最好的养料。

而如今网络上更奇怪的一种生态，反而是随着私人的对话被曝光，有些公共话题的蛛丝马迹才被挖掘出来。

或许也是诸如此类的事件，让网友参与一些社会话题的时候，越发依赖与信任聊天截图在其中担任的作用，容易被其中传递出的情绪感染。

这就又牵出了另一种让舆论波动的可能——

聊天记录不过也是被任意打扮的小姑娘，轻则有心之人对文字断章取义、引导舆论抨击的风向，重则有“开局一张聊天截图，其余全靠编”的闹剧发生。

当我们时刻通过聊天软件与他人交流，这些内容又轻而易举就能被广泛传播给公众时，那些截图有时只是无关痛痒的废话，有时又绝对不是。

随口一句聊天就可能引发地震的时代，或许才刚刚开始。

读书只是给你一个机会

□押沙龙

读书到底有什么用呢？

作为一个热爱读书的人，我有点遗憾地说，读书恐怕没有什么神奇的魔力，读书无非是一种交流。书籍就像一个个漂流瓶，作者把他的感受、经验、思考放到这个瓶子里，然后你把它打捞起来，满足你旺盛的好奇心、贪婪的求知欲，驱散你特有的孤独感。它们也许能让你在现实中做决定时更聪明一些，也许不能。

读书能否让你变得更聪明，往往取决于你的一些其他特质。我见过很多聪明的读书人，也见过不少愚蠢、偏执的读书人，还见过不少如果少读点书也许会更好的人。

读书只是给你一个机会，让你有可能活在一个更大的世界里。

『翻白眼』后面的文化信息

□徐贲

蔑视可以分为两种，一种是用语言表示的，运用的是嘲讽、挖苦和讽刺的修辞手法，如非人化、贬损、极度夸张甚至谩骂等；另一种是非语言的面部表情，不说话，但清清楚楚地写在脸上。

1988年，美国心理学家保罗·艾克曼和卡尔·海德在关于人的脸部表情的一项研究报告中说，蔑视表情的特征是“嘴角收紧，朝脸的一边上翘，或者歪着嘴”。他们观察到，10种不同文化中，都能准确地辨识出蔑视这种表情。他们让美国人、日本人和印度尼西亚人显示出蔑视的表情，然后让印尼的西苏门答腊人看，正确辨认率高达75%。

蔑视还有做怪相、翻白眼的。得克萨斯大学行为和脑科学教授马里恩·K.安德伍德就把不理睬、“翻白眼”作为女孩子表示蔑视的常见表情。

美国心理学家米歇尔·梅森编过一个讨论蔑视的文集，叫《蔑视的道德心理学》，提出了人际交往和社会生活中应该如何看待蔑视的社会伦理问题。一种意见认为，蔑视包含一种社会性的是非和对错判断，对于维护道德规范是必要的；另一种则认为，蔑视是一种无声的侵犯行为，在公共行为中，我们应该避免，至少是疏远蔑视。

应该说，这两种看法都有相当的道理。美国心理学家梅卡莱斯特·贝尔在《敌意：蔑视的道德心理》一书中令人信服地证明，蔑视经常包含对不当行为者及其所作所为的道德判断。被蔑视者自私、虚伪、口是心非、说一套做一套，虽然不触犯法律，但造成了他人情绪上的极大不快，他人自然而然就会流露出看不起和鄙视来。

大多数时候，蔑视是一种不作声的冷批评。人们心里蔑视，但不一定说出来。这也是蔑视的一个特点，蔑视一个人经常是干脆不理他，只当他不存在。他自尊自贵，起劲地表演，你只当他是在耍宝，只当没看见，这才是最大的蔑视。因此，蔑视是一种不寻求对抗、懒得去纠正的冷淡和鄙夷，这样的蔑视经常是一种相当无奈的选择。

在公共场合，不加掩饰地对一个人表示蔑视，是对他的一种公开敌意。“竹林七贤”之一的阮籍以善翻白眼著称。在他为母亲举丧的时候，品行高洁的嵇康来吊丧，阮籍迎接他，投以青眼。嵇康的哥哥、追名逐利的嵇喜来吊丧的时候，阮籍则十分冷淡，投以鄙夷的白眼。

但是，在公开场合，蔑视的表情，比如翻白眼，是无礼的，不符合教养的规范。对低龄的孩子就应该给予这方面的教育。英国伟大的思想家约翰·洛克在《教育片论》中讨论到教养问题时说，良好的教养要求我们在言行举止中避免“无礼”，对别人要表示“善意”和“尊敬”。要做到这一点，有赖于两件事：首先，从心底要保持一种不去侵犯别人的心思；其次，要学会以为人接受、令人喜悦的方式表达这种心思。做到其一，人可称得上是彬彬有礼；做到其二，则可称得上是优雅得体。

不自觉地出卖自己的人

□张佳玮

司汤达每次写作前，必须读一页《罗马法》，以便找到简洁的语感。所以《红与黑》字句明晰。或者是家传的缘故：他爸爸是律师，他自己当过政府书记员，跟随拿破仑向意大利进军，目击过马伦哥战役。所以他写拿破仑战争的段落，被海明威誉为天下前二——另一段来自托尔斯泰不朽的《战争与和平》。

职业对写作风格，是有影响的。海明威在巴黎混日子时，还兼职记者，给北美的报社写稿；一边写短篇小说，一边偶尔出差去采访，来篇特写。多年后，他认为，记者生涯有利于他塑造自己的冰山风格。加西亚·马尔克斯也有同感：他老人家也当过记者，而且坚信自己最想做的就是记者，虽然他以魔幻著称。

所以美国作家辛格先生也认为，对一个作家来说，当记者比教书更健康。他说过，曾经有位评论家告诉他，“我从来不能写任何东西，因为我刚刚写下头一行，就已经在想写一篇关于它的文章。我已经在批评我自己的作品”。职业上最习惯的写作手法，总是会不经意地联系到作者自己。

除了笔调，当然还有笔下的人物与历程。福楼拜的父亲是医生，所以《包法利夫人》里，包法利先生也是医生。

巴尔扎克进过法学院，给诉讼代理人和公证人当过实习生，非常熟悉民事诉讼流程。所以在伟大的《人间喜剧》里，对种种金融投机和法律程序了如指掌，以及，当然，他笔下最丰富多彩的就是各色贪婪的金融吸血鬼。

村上春树年近而立在自己开的爵士乐酒吧餐桌上，写自己的处女作《且听风吟》，小说的大多数故事就发生在爵士乐酒吧；几年后，在他的小说《国境以南·太阳以西》里，主角开了个爵士乐酒吧。

李碧华的第一本小说《胭脂扣》，叙述人及其女友都在报社工作，女友更是采访港姐的勤快记者，所以才能顺藤摸瓜，一路寻找如花与十三少当年的冤孽感情——而当时，李碧华就是人物专访记者。

世上自然有从历史选材，天马行空的作者，比如博尔赫斯，比如大仲马。但大多数作者总是会情不自禁地写到一点自己。比如曹雪芹写大观园，我们都知道他在写自己。比如，金庸先生为什么酷爱写趁乱劫掠的无耻兵卒？用他自己在《月云》里所写的原话：“宜官上了中学。日本兵占领了这个江南小镇，家中长工和丫头们星散了，全家逃难逃过钱塘江去。妈妈在逃难时生病，没有医药而死了，宜官两个亲爱的弟弟也死了。宜官上了大学，抗战胜利，宜官给派到香港工作……金庸的小说写得并不好。不过他总是觉得，不应当欺压弱小，使得人家没有反抗能力而忍受极大的痛苦，所以他写武侠小说。”

《水浒传》文笔如此简洁精确，杀人场景如同罪案报告，所以我经常怀疑难道施耐庵做过师爷，在衙门里干过活吗？不然，何至于把朝堂之事写得粗粗疏疏，却对县官孔目、公文刺配、差拨解差、牢城节级如此娴熟呢？

一个人写东西时，最流畅细密的部分，总是会自然而然地泄露自己最了解的事。

就能帮到这里了，企鹅们，加油

□益美君

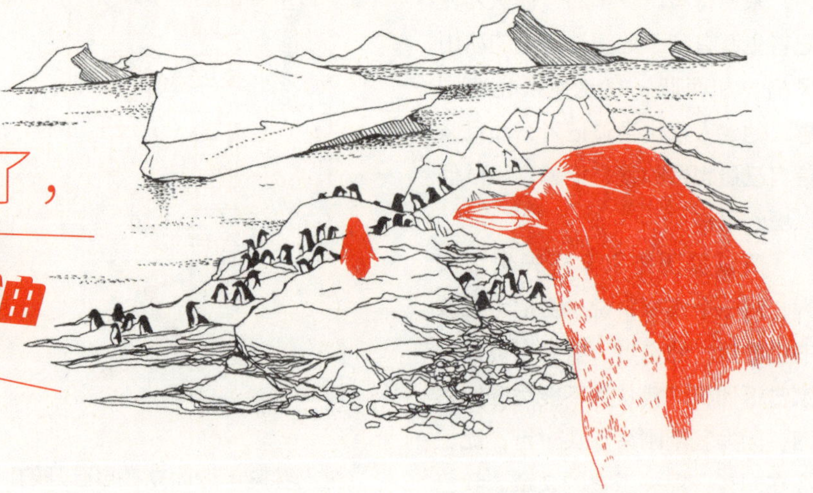

BBC（英国广播公司）的自然纪录片是很多人必追的剧集，今年最令人期待的肯定就是历时四年拍摄的《王朝》。影片的主角是帝企鹅。不过，片子还没播完，博客上就吵翻了天。

原来，摄制组在拍摄过程中发现，在企鹅大部队的一侧，大约50只帝企鹅被困在一个冰坑里。想要从坑里出来就必须爬上周围的陡坡，可是面对又滑又陡的斜坡，刚向上爬两步，就往下滑三步。

平时看到企鹅脚底打滑摔倒时，你可能会被它们滑稽的样子逗笑，但如今看到它们歪歪斜斜地滑下斜坡，会觉得莫名心酸，更让人揪心的是，当时的气温有零下60摄氏度，企鹅父母们为了奋力向上爬，不得不将宝宝留在冰天雪地当中，无助的企鹅宝宝们用不了多久就会被冻死。

摄制组一边为受困帝企鹅的处境担心，一边又不得不继续拍摄，自然纪录片行业中有一条规定，即“永不干涉”原则。简单来讲就是尊重大自然环境下发生的一切，不得对自然环境下物种的活动进行干预。从这一点出发，摄制组决定暂且观察一段时间，希望天气赶快转晴，也希望企鹅们能够自己找到出路。

别说摄制组人员为受困企鹅揪心了，观众们看到这里也都坐不住了，纷纷到官方博客下留言：

企鹅妈妈把可怜的宝宝丢下受冻可不行呀！

不知道那些摄影师为什么不过去把宝宝送还给企鹅妈妈。

我是一个23岁的男子汉，现在坐在这儿为企鹅们痛哭失声，简直是疯了。

……

两天后，天气终于好转，摄制组回到冰坑附近查看情况，发现帝企鹅仍没有爬出冰坑，还出现了更多伤亡，如果再不采取行动，情况会更糟。他们的心情就和观众们一样，认为不能看着如此美丽又顽强的生灵一步步走向死亡。

摄制组经过深思熟虑，最终决定对被困帝企鹅出手相救。

在纪录片拍摄过程中，摄制组对自然物种进行干涉是少之又少的情况，他们非常理智地采取了折中的措施——间接干预：几名工作人员用带来的铲子在冰坑周围的斜坡上挖了一条浅沟，就像给企鹅们在雪地上铲出一条楼梯，让它们踩在浅沟里向上爬。

很快，摄制组的救援工作就看到了成效，先是几只求生欲强的被困帝企鹅发现了那道救命的“楼梯”，一步一步向坑外爬去，看到先遣部队成功脱险了，其他企鹅也跟随它们的脚步排着队从浅沟里向上爬，最终绝大部分被困企鹅都逃过一劫。

看到圆满的大结局，不但摄制组的工作人员感到欣慰，观众们的情绪也像坐过山车一样，由悲到喜，大起大落。这次破例的救援行动一下子成了人们热议的话题。《王朝》的执行制片人迈克·冈顿谈到这件事时说，他理解摄制组的决定。“我们有相应的原则，干预自然是危险的行为。但如果什么都不做，那些帝企鹅会因为自然界营造的特殊情况而死去。在这种特殊情况下，就没有什么规定、原则了，你只能就眼前的情景做出判断。”

6 做自己的光，带着爱前进

当一个人心灵的宁静与世界的大寂静相通，你的心灵自会形成澎湃的福流。人生真实的意义，不是财富、地位和权势，而是心灵的寂静、敬畏和快乐。

我终于与自己握手言和

□凌美渔

1

因为肥胖，走到哪里，我都是被打趣的对象，“憨坨”“胖坨”的外号不绝于耳。

我爱慕着楼上某个班的一名男生，却从不敢出现在他的视线范围内。所幸，还有一个特长能让我在自卑的泥潭里稍稍得到喘息，那就是演讲。

托演讲的福，语文组的老师对我青睐有加。那年秋天，老师推荐我作为全校三名选手之一，去参加全区的演讲比赛。我也格外争气，在那次比赛中取得了个人最好成绩——全区第二名，这也是学校在全区演讲比赛中取得的最好成绩。

比赛取得成功的那一针“鸡血”，让我在小半个月里都有些飘飘然，并促使我做了一个大胆的决定——当又一节体育课来临时，我等在那个男生去操场的必经之路上，鼓起勇气跟他搭讪：“你好，我是楼下班级的许静，周末美术馆有画展，一起去看好吗？”

一瞬间的寂静像一个结界，笼罩在我和他的身上，静得连操场上刮过的风都听得见。

“我周末要去补习数学，不能和你一起去看画展，对不起。”在他开口的一瞬间，结界消失了。他的拒绝礼貌得无可挑剔，于我却如同当头棒喝，惊醒之后是无地自容。不争气的眼泪模糊了我的视线，我依然是那个被打回原形的胖姑娘。

2

我缩回自卑的阴暗角落，连演讲都变成了提不起兴致的事，但这种消沉只有我自己知道。

一直对我期望颇高的语文老师察觉出了我的异样。因为，当又一次演讲比赛到来时，我失去了参与的兴趣。语文老师要求我必须参加，我却只对同桌谈了谈关于肥胖的苦恼。她说：“既然必须参加，你为何不就肥胖的问题谈一谈呢？”

这真是个令人啼笑皆非的提议。

于是，我把演讲稿题目定为“一个胖子的幸福和忧伤”。那是一次放飞自我的演讲，我想到哪里就说到哪里，整场演讲没有任何设计和竞赛的痕迹。我把自己在青春期对于肥胖的惧怕和自卑，为之懊恼和纠结的种种，像竹筒倒豆子一般倒了出来。

自嘲、调侃，我像聊天一样讲完了“胖”所带来的真实体验。讲完的那一刻，台下有持续5秒的静默，然后掌声响了起来。

长期以来，我需要靠演讲这副漂亮却虚假的面具来掩盖“胖”所带来的惶恐与自卑，却没有想到，卸下面具的那个真实的自我，并没有我想象中那么令人讨厌。那场演讲让我收获的还不只这些。比赛结束后，好几个听说了消息的隔壁班的男生女生都来和我说：“许静，其实你没有你想象中那么胖，也没有人觉得你是个讨厌的胖子啊！当你一脸严肃演讲的时候，我们还觉得你挺可爱的。”原来，一个开朗、乐观、自信、幽默的胖子，是值得被别人喜爱的。

3

在高二下学期快要结束的时

候，我已经告别了胖子生涯。

我和我曾经爱慕的那个男生在体育课上“再续前缘”。一节体育课上，我在球场上练习投篮，他与他的同学经过。当听到我的同桌高喊我的名字时，他回过头来看了我一眼。目光相交的那一瞬间，他眼里的讶异藏也藏不住。

我脑海中恶作剧的念头也在这一刻冒出：“怎么，认不出我来了？我是那个只会演讲的胖姑娘许静啊！”他显然想起了那次被他拒绝的邀约，有些不好意思地笑笑说：“怎么会不记得啊？只是……你竟然瘦了那么多！”我继续厚颜地调侃着：“上次你拒绝了还是胖子的我，对我的打击真的很大。”

他愕然，继而不顾形象地大笑起来：“你误会了，我那一次是真的要补习数学。而且，那时候我和你根本不熟，你的邀请太突然了，你也要允许我做好心理准备嘛！”

那一刻我突然发现，纵使我再也不是那个需要惶恐地节食和锻炼的胖子，纵使我已经走出了肥胖带来的阴影，但在内心深处，我还是愿意做那个选择放飞自我、敢于诚实面对自己的胖姑娘。

那个夏天，我终于与旧时光里胖乎乎的自己握手言和。

巨杉为什么不怕火

□赵盛基

美国加利福尼亚州内华达山脉西部生长着一种所有树中体形最大的树，无论高度还是粗度，其他树都无法比拟。这种树高达100米左右，足有20层楼高，胸径可达10米，树干上挖洞汽车都可以通过。而且，它的寿命很长，树龄在3200年以上，有的已达4000多年，至今还健在。这种树的名字叫巨杉，被形象地称为老爷树。

山区难免发生山火，内华达山脉也不例外，多有火灾发生。然而奇怪的是，火灾过后，一些植物被烧死了，但巨杉却生生不息。有的巨杉已经经历了80多次火灾，至今依然蔚然挺立。

大火不但没让巨杉受损，反而让它们受益，那些与之争夺养分的其他树种和灌木以及落叶被付之一炬，为它们营造了得天独厚的环境。

那么，巨杉为什么不怕火呢？植物学家在现场进行了讲解。

植物学家说，巨杉的树皮非常厚，差不多有60厘米，而且不像其他树种的皮那样干燥、坚硬，而像海绵体，非常柔软。

说着，他用手指摁了摁树皮。随着他手指的按压，树皮起起伏伏，很软，很有弹性。而且，当他的手指按下去的时候，树皮里有水渗出。

他说：“看到水了吗？这就是巨杉不怕火烧的关键。无论是严寒的冬季，还是酷热的夏天，它们很喜欢吸收雨雪，并将它们储存在树皮里。由于它厚厚的树皮里储存了大量的水分，起到了很好的保护作用，大火自然就烧不到树心了。还有，由于烧掉了竞争者，它们得到了更多的养分，进而更好地生长。所以，它们能屹立不倒，浴火重生。”

可见，平时的储备和积累是多么重要，不仅能在关键时刻抵御致命的风险，还能确保一生可持续生长。

你喜欢我的样子多美好

□虫小扁

我们总是这样，喜欢一个人，便会在他面前竭力展现最美好的样子。

只是往往事与愿违，我们或多或少会因为不可预料的事展露出狼狈的那一面。L同学便是如此，但她不避讳这些，说起她和X君相知过程中的那些窘迫事，她总是眉飞色舞、神采飞扬。

在喜欢的人面前出糗，是难堪，但在相爱的人面前，回味起来，倒别有一番情趣。

L同学入学的时候对X君几乎是一见钟情。

她大学寝室在七楼，没有电梯这件事让兴致勃勃的她当时情绪有点小崩溃，在与娇小的师姐面面相觑片刻后，她选择在现实面前低头，打算以一己之力征服阶梯。

这时，一个瘦高的男生特别帅气地拎起她巨大的行李箱，不带喘气地帮她运到了寝室，L同学眼带星光地跟了他一路，内心如小鹿乱撞。当然她也承认，主要还是因为那位同学英俊的侧脸。没错，那便是X君。

L同学“娇羞”地试图把手中握了一路的汽水递给他解渴，然而大概是摇晃过度，她拧开瓶盖的那一瞬间，泡沫如火山喷发，四处喷射……

L同学算是以独特的方式给X君留下了深刻印象。此后很多场合，L同学都故意和X君不期而遇，大多时候只敢远观而不敢“亵玩”。暗恋的日子是七月艳阳揣着小雨，明媚中带点阴郁。

L同学还是不遗余力地打听着关于他的种种，走他走过的路，点他常点的菜，坐他坐过的自习室靠椅。就这样熬到了五一劳动节前夕，L同学喊着“劳动最光荣”的口号，加入了X君也报名参加的学生会组织的相关活动。

L同学私下其实特别女汉子，盛满水的红色大水桶，她单手就能拎起来走。基于宝贵的时间得留着忙完后在人群中寻觅X君，L同学直接提起大水桶打算指哪冲哪，却眼尖地看到X君在她面前路过……

L同学心里一慌，手里提着的大红水桶一滑，重重地落在地上，满满的一桶水在力的反作用下，往上溅起老高，泼了L同学一脸，她特地修剪出来的空气刘海被浸湿成两三缕，狼狈地挂在脸上。

旁边好几个同学一时没反应过来，静默了两秒后，毫不客气地发出爆笑声，L同学一脸尴尬地看着有些错愕的X君，突然尖叫一声，落荒而逃。

L同学说起这事也是嘿嘿嘿地笑眯了眼，又说同寝室的妹子实在看不惯她这种迷恋得不要不要，偏要在X君面前装矜持的行径，付出了贡献微信号的代价，联合X君的室友，几经波折地把X君约了出来。

整个过程中，L同学内心之澎湃难以言表，却只能压抑着，挤出最淑女的笑。因为不熟，X君基本保持着沉默，只有他们俩的室友为了活跃气氛尬聊着什么。后来走了一路，有点渴，大家一起去买奶茶，结果这边L同学刚选完，那边X君就主动埋了单。

一想到手里这杯奶茶是X君请的，她心里激动得不行，以至于接

作画如做人

□莉 莉

刘蟾是画家刘海粟的小女儿，她 51 岁时才开始系统地学画。

正式学画后，刘蟾拿小纸画，用钢笔临摹画册。一天，刘海粟拿了一张大纸对刘蟾说："画和人一样，出来的气质不同，风格也不同。你要画大画，不要老是缩缩缩。缩得格局太小，没气魄。一张画主要看精气神。你是我刘海粟的女儿，怎么画画格局那么小？要有大气魄。"

刘蟾去南京艺术学院进修，老师对她说："你是刘海粟的女儿，应该有傲气，你父亲是大师啊！"刘蟾说："那是我父亲的成就，不是我的成就，我有什么资格可以傲气的？"

刘蟾认认真真在学校里学了四年画。那段日子，她时常想起父亲讲过他在法国办画展时的一件事。当时，刘海粟每天早晨学法语，慢慢就能和邮差对话了。

一天，经常打交道的那个法国邮差告诉刘海粟："今天很高兴，儿子来看我，我儿子现在是法国文化部部长。"刘海粟惊讶地问："你儿子已经是部长，那你可以不用做邮差了啊！"

邮差说："我很喜欢自己的工作，我为儿子骄傲，但我喜欢这份工作，不会因为儿子怎样，就不做自己的工作了。"

刘蟾感慨道："父亲对我说，家里再有钱，堆成山也没有意义。孩子自己没本事，只能坐吃山空。一定要靠自己，这是谁都夺不走的，是自己的财富。我牢牢记住了父亲的教诲，并常常告诫自己，要写大字，要画大画，这和做人一个理，要大气大度，要以最真实、最朴素的态度对待人生，才能成为一个大写的人。"

下来的话题她迫切地想插话以寻求点存在感，只可惜事与愿违，一颗珍珠呛进她的喉咙，呛咳了两下后，居然像《植物大战僵尸》里的豌豆射手一样，连着几滴奶茶，喷了出来，直接喷到了X君脸上……

很好，很精彩。L同学再度狂笑不止，尽管当时她很窘迫，此刻她的笑却满是甜蜜。

说起被告白的那会儿，那个十月末的夜晚，她被一群不算很熟的女同学簇拥去了学校足球场的草地上，那里用红色蜡烛拼成了一个大大的"心"形，火光跳跃，随后所有人开始拍手起哄。她还在构思着如何拒绝，X君走了出来，踢翻了好几根蜡烛。他直接攀着L同学的肩膀，承诺以后L同学的奶茶都由他埋单。

L同学甜丝丝地继续细数着她在他面前的那些"趣事"，而故事的主人翁已叹着气为我们的小聚结了账。

我想，当我们能无所畏惧地在所爱之人面前，展露最难堪、最脆弱、最无助的一面，而对方能回以梨涡浅笑，那大约便是爱情。

我所不知的岁月温柔

□葛 扬

Part.1

涛爷，我初中班主任。涛爷从来不用粉笔，他总抱怨说：“用粉笔伤肺，用电子白板伤眼，用扩音器伤耳朵，不用扩音器伤嗓子。”一通抱怨之后往往还要加上一句“我到底为什么要来当老师！”听他抱怨的次数多了，我们以为涛爷不喜欢教师这份职业，和我们自然也没有什么“师生情”。

可事实证明了我们的浅薄无知。

刚进入初三的第一个学期，邻班已经辍学的小混混来找我们班学生闹事，说是我们班学生打篮球的时候砸到了他们班的人。

班里有人被拉出去“评理”，大部分同学知道有同学被小混混欺负这件事时正在数学考试，涛爷脚下生风摔门而入，“班里这次发生这样的事情，班长能及时拉架并通知老师，处理得很好。只是，”涛爷忽然激动起来，“我不允许我们班的孩子被欺负！下次，如果有人欺负我们班的人，班里所有男生给我把门锁上，手里能抄到什么抄什么，把人给我堵到班里，我来收拾！班里男生如果有在场的不保护自己班同学的，以后就别说你是我们班的学生！”说完又摔门而出。

当时也顾不得是数学考试了。涛爷摔门而出的一刻，班里爆发出欢呼声和掌声，楼道里的声控灯被一群疯狂欢呼的人惊醒，照亮仲秋微凉的傍晚。我却在沸腾的气氛里湿了眼眶，正觉丢脸时，同桌凑到耳边说：“涛爷出门的时候，眼睛红了。”

Part.2

老范大概是我的伯乐。啧，怎么有点儿往自己脸上贴金的意思？

初一的时候，我语文成绩极其不稳定。考过年级第12名，也考过年级第220名。初一下学期，我的铁哥们儿被选成语文课代表，我就顺带着每天要和老范打交道。既然混成了脸熟，我的语文也不好意思考太差，加之偶尔在课上能接出老范所问的诗句，我和老范终是熟络起来。

你见过和老师聊“退休后人生理想”“十大必须知道的养生习惯”以及“哪家医院的皮肤科好”这种话题的吗？

这是我和老范的日常。

某天大课间，老范坐在办公室里畅想未来：“我跟你说啊，等我以后退休了，我要找块儿地，种点儿菜，养几头小黑猪，再收藏几本书——简直是人生之最大乐趣。”我看着老范自我陶醉的样子偷乐：“范老师，我老家那有几亩地，要不要让我大爷租给你点儿？”老范顿时来了精神，一下坐直身子：“真的？你家地里种了什么啊？”“梅子金黄杏子肥，麦花雪白菜花金。日长篱落无人过，唯有蜻蜓蛱蝶飞。”我扔给老范一首诗，蹿出办公室。

梅子泛青时，总想起青梅煮酒论英雄的故事，因为如此连带着我看青梅酒的目光都多了三分尊敬。想着老范作为语文老师应该会很喜欢这种背后有着历史典故的酒，我就用酸奶瓶把外婆送给我家的青梅酒装了一瓶送给老范。酸奶瓶递到老范面前时，老范看着那个琥珀色的瓶子呆滞半刻才问道：“这是什么？”“青梅酒。”老范笑起来：“你是想表达‘青梅煮酒论英雄’的典故吗？”此时正值晚自习下课，老范温和的语调湮没在学生们的吵闹声中，“我论不了英雄啦。”老范把酒放在办公桌上，“我这辈子，就只想教书育人，只希望我的女儿、我的学生都能成才。将来你们能够阔行千里，高谈英雄。”

那时，忽然想起有一日下课，老范坐在讲台边休息，他敲着手中的粉笔对正巧路过讲台边的我说了一句“闲敲棋子落灯花”。我微怔，并不懂老范在干什么。老范的脸上有些许失望的神色，对我说：“读书要积累，知不知道？”老范，现在我知道了，宋朝赵师秀诗曰：“有约不来夜过半，闲敲棋子落灯花。”

Part.3

还有？还有什么呢？我曾读过一篇名为《感谢你们盛装位临我的成长》的文章，作者对于老师们的感谢只源于件件小事。初读时不甚理解，如今我却想把这句看似矫情的话送给我的老师们。

送给拿着锅铲说要揍我们，但是从没下过手的生物老师；送给带着我们剪拼图、背省份轮廓图的地理老师；送给为了我们中考能够旗开得胜特意穿着旗袍去送考的英语老师；送给听路边的算命瞎子说自己去剃个“板寸”我们班物理就能考好，虽然不迷信但也真的去剃了个“板寸”的物理老师……

还有无数个像这样一般微小却感人的瞬间，常恨自己没有早一点拿起笔去记录下这一瞬间，如今只能坐在桌前搜索枯肠而不得。暂搁笔时，帘幕初染夜色，从窗外望去，整个城市就像一座巨大的已经开场的电影院——天光将尽、华灯未上，只剩夕阳如电影银幕一般散发着星点光亮，脑中的一幕幕如浮云，聚了又散。又想起，终于又想起些什么了。两年前，大约也是这般光景，晚自习结束后我和老范在教学楼下相遇。望着头顶被湛蓝和橘红浸润铺满的天空，老范出题考我：“用一句诗来形容现在的天空。”我苦思而不得，正想向老范寻求答案，老范却已经开口：“悟，要学会自己去悟。不仅是在学习上，在生活上也是如此。只有你用心悟了，生活才会用心回馈你。”说完这样一句话，老范骑上他的小电驴，挥一挥衣袖，不带走一片云彩，走了。

忘了谁说过，人生本是一场修行。万幸，我遇见了这样一群有能力、有温度的老师。道行浅时，不懂师父们之情深。唯愿以余下的时光作舟，渡我去懂彼时你们的岁月温暖。

更幸福的事 □蒋晓飞

经过漫长的跋涉后，精疲力竭的我们终于抵达了守林人建在路边的一座老旧木屋。热心的守林人为我们烧起壁炉，大家围绕着壁炉席地而坐，喝起了热茶。

水壶在火炉上咕嘟咕嘟地响，柴火在壁炉里噼啪噼啪地跳。我们惬意地享受着这份舒适和安宁，直到有一位朋友打破沉寂：“还有比这更幸福的事吗？”

有一个人答道：“当然还有，如果此时外面来场大风雪，待在屋里的我们说不定会感觉更幸福。”

世上哪有绝对的幸福？幸福是一种比较，更是一份比较后的满足。

那年被我扔掉的一抽屉玩具

□挂挂釉

我小时候拥有过一抽屉的玩具。

这些玩具既有传统意义上的玩具，比如变形金刚、塑料兵人、弹球，也有一些我自认为是玩具的杂物，比如，一枚桃心样式的灯绳坠子，一颗能在夜晚发光的塑料珠子，或者诸如此类的其他破烂儿。大多数玩具已经旧了，还有一些甚至已经损坏，但无论好坏，它们都是我当年引以为豪的资产。

当年我最喜欢的一种玩法就是在脑子里建构故事场景，编排一些人物关系和情节。我耗尽自己的认知去为每一个有名字的角色设计最厉害的招式，比如“流星能量冲击波”，“流星”来自圣斗士，“能量”是变形金刚的生命源，“冲击波”则隶属七龙珠。

人物丰富，剧情多变，再加上混搭的招式，可以让我的故事拥有无穷无尽的可能，最关键的是，所有的剧本都需要用我这一抽屉的玩具来实现。

对每一个独生子女来说，学会如何跟自己玩是一项必要的技能，所以这些玩具对我来说非常重要，是打发孤独的最好手段。

当年的电视剧里经常有一个演员饰演两个角色的情节，很多人说这相当考验演员的演技，但在我看来这就是“毛毛雨”，因为我可以在一天内饰演30多个角色。每一个人都有自己的语言、声调、情绪、立场、出场语、口头禅，发出的招式还要有不同的“音效”，魔法枪炮要有风雷之响，刀枪剑戟必须是金属锵锵声。

但我妈对此有不同的意见，她眼里看到的是一个已经十一二岁的孩子没事就坐在床上自己跟自己胡叨叨：一会儿梗着脖子争论，一会儿捏着嗓子装柔弱，一会儿哀号“饶了我”，一会儿怒吼“受死吧”，再过一会儿可能连人话也不说，满嘴怪声，还时常有用力连续喷两分钟唾沫星子的情况。

她觉得我一把年纪了还在玩那些幼稚的玩具，是它们拖慢了我成长的步伐。她越来越无法接受下班一进家门，就看到我把这些东西摊满一床的样子。

于是在某一天，她决定清理掉这些她觉得没用的东西。

在我正忙着拯救世界的时候，我自己的世界却崩塌了。现在想起来，我妈还是很讲理的，因为她并没有上来就一锅端，她给了我时间去收拾，允许我把那些“该留下的”挑出来。

但正如我所说，这个抽屉里的每一样东西能被留下来，都有它们的理由。有一些置换卑躬屈膝，有一些积攒耗费身心，有一些收集得来不易。经过长达一小时的收拾后，我举着一手掌的玩具来到我妈面前。

我妈非常惊喜：“嚯！就留这么点儿？”

我回答她：“就扔这么些。”

这个“惊喜”终于让她决定亲自替我收拾。以她的标准，最终结果是我可以预见的，那就是这一抽屉东西基本都保不住。于是当时的我尽可能运用了自己的聪明才智去与她周旋。

我妈问：“这小人儿要不要？”

我说：“这是大黄蜂，在百货大楼的玩具商店买的，19元钱呢。”

我这么说是很有策略的。19元钱在当年是一大笔钱。果然，大黄蜂被放一边。

我妈问：“这小人儿扔了吧？”

我说：“这叫公爵，特种部队队长，这也是在百货大楼买的呢。”公爵也被放到了一边。

我妈问：“这小人儿扔了吧？都掉色了。”

我说：“这绝对不能扔啊，这是孙悟空！”

我妈说：“你别以为我傻，孙悟空是猴子，这是猴子吗？”

我说：“这是《七龙珠》里的孙悟空，不是《西游记》里的孙悟空。他特别厉害……”

我妈怒道：“一边儿去！我这儿跟你学习知识哪？这一叠是什么？”

我恳求说：“这是零食里带的，不好攒呢。”

我妈怒道：“你就说你吃了多少零食吧……”

很多东西我都舍不得扔掉，它们的来历我一清二楚，它们的作用我了如指掌，哪一个也不是等闲之辈，无论要扔掉哪个都是很痛苦的。而在我妈看来，它们都是可以扔的。

这一过程在我妈要做晚饭时匆忙结束，结局很惨烈，三分之二的玩具都得扔。

那些被迫舍弃的玩具是如何被端到我们那栋老楼每半层设置的垃圾口倒掉的，我现在已记不太清楚，我只记得我心里充满愧疚。我认为扔掉它们是一种背叛，它们曾经在我生命里扮演了无比重要的角色，在无数个无聊的日子里陪着我。然而，因为我“长大了”，它们就成了无用的垃圾，被弃如敝屣。

那些玩具顺着垃圾道滚落下去后不到十分钟，就吸引了好几个孩子跑过来捡。当发现这群孩子聚过来的时候，我毫不犹豫地冲下楼去。

其实我心里很清楚，这些东西从道理上讲已经不属于我，但我还是不能接受自己的所爱在我的眼皮底下被别人拿走。

我当时的心态就是，宁可这些玩具被垃圾车拉走，也绝不能让它们落入他人之手。

我守在垃圾道前，不时有楼上的垃圾滚落下来，砸出一阵臭气，熏出我几滴眼泪。每滚落出一袋垃圾，他们就嘲笑我一次。

但我既然站在那里，就没有退缩的道理，直到那些玩具被不断滚落下来的垃圾掩埋。

若干年后，当我想起那个悲壮的傍晚，一个画面永远定格在我脑海里：夕阳西下，一个执着的少年坚毅地站在垃圾道前，他目光坚定，双手攥拳，身体前倾，微微弓着腰，橙色的夕阳把他的影子拉得很长。

我不知道我给这个画面增加了多少带有感情色彩的渲染，但我可以肯定的是，在那一刻我头一次对长大这件事有了困惑。

在那天以前，我一直认为长大可以让我具备更强的能力，做更多的事情，是一件天大的好事，然而在玩具被扔掉的那一瞬间，我隐约感觉长大也许并没有那么简单——长大可能仅仅只是一个不可逆的过程，而且远远算不上有趣。它的“得到”大多是未知的，然而它的“失去”是可以预见的。

在我后续的所谓成长中，很多我认为重要的东西就像那一抽屉玩具一样，不断因各种理由被扔掉，而我心里的一些东西，也随着它们一同被扔掉了。

在成年人看来是垃圾的东西，我相信它们被留下来，在孩子心里一定有其意义。直到今天，我仍然坚持，很多“垃圾”，要留给孩子自己扔掉。

保时捷里的自卑

□甘北

跟一个00后画手聊天，差点儿没惊掉下巴。她说自己的童年很自卑，跟家人住在一个大院子里，有一群年龄相仿的小伙伴，上同一所学校。

每天清晨，大家洗漱完，就陆续出门等车。大人和小孩站成一排，站在大院门口，热热闹闹地讲昨晚的趣闻，你一言，我一语，亲昵劲儿十足。没过一会儿，校车来了，小朋友们背着书包，排队上了车。大人也一窝蜂散去，买菜的买菜，上班的上班。而这个时候，她，一个孤独的小女孩，小心翼翼地爬上了妈妈的保时捷，带着落满眼底的寂寞，一骑绝尘……

怎么样，听这个描述，很想拉黑她对吧？我也是这么想的！

但她跟我发誓，真没有炫富的意思，这事令她自卑了整个童年！坐保时捷去上学的她，特别想坐一回校车，跟小朋友们一起等车，一起聊天，一起叽叽喳喳地去学校。

在她的记忆里，那辆校车是一个魔盒，里面发生的一切，都是她难以触及的秘密。小朋友聊过的天，分享过的零食，交换过的玩具，所有的欢笑，都与她无关，那错失的十五分钟，让她成了一个“边缘人”。她甚至会刻意带一点零食，去讨好那些坐校车的小伙伴。因为她总隐约感觉，那一个个清晨，她们一定交换过什么重大秘密，却没有告诉她……

虽然还很想拉黑她，但我隐约能理解她的感受——那是一个敏感的孩童，担心自己会被小伙伴孤立排挤。那辆保时捷，一定曾给她带去过忧愁。至少在漫长的童年时光，那并不是什么值得炫耀的事。

如今说来一笑置之，但谁的过往里，又没有一点莫名其妙的自卑呢？

朋友告诉我，整整四年，她都不太敢在寝室说话。因为普通话不标准。

一个南方人去了北方，总是因为平舌或者翘舌，前鼻音或者后鼻音，被宿舍的同学一次又一次纠正。她知道同学们没有恶意，可她们每纠正一次，她对自己的信心就弱了一分。

久而久之，她不太敢开口说话了，生怕又把“肉”说成“漏”，把“日”说成“意”，引得哄堂大笑。这种自卑支配了她整整四年，原先活泼开朗的性格，变得内敛又安静。

一直到毕业多年，同学婚礼邀请她参加，大家在KTV里唱歌，有人非要起哄，叫她唱粤语歌，她推托不过，就硬着头皮来了一首。这一次，竟赢得满堂喝彩。

大家告诉她，其实她们也看TVB，也爱听里面的人讲粤语，甚至曾一遍遍对着MP3，练习过粤语歌……有人遗憾地说：“其实当年我们都想让你教点粤语，但是看你不怎么爱说话……”那一刻，朋友才陡然释怀。原来一直以来，折磨她的东西，都不过是自己的敏感和自卑。分不清平舌和翘舌，前鼻音和后鼻音，多小的一件事啊，怎么她就介怀了那么久？

时过境迁，那些难堪和自卑，都变得微不足道。但在当时，却是一道无法跨过的坎儿。

我理解这种心情，因为我也有过这样的时刻——因为胖。

一米六的个子，不到90斤，如今看来，简直是瘦得不能再瘦的身材。可不知为什么，在十几、二十岁那几年，我就是介怀得要命。

看哪里都嫌太多肉。跟朋友去买衣服，我总是要试最大的码，哪怕导购小姐再三告诉我，穿小码或者中码就行了，我还是不敢相信：“我这么胖，小码怎么穿得下？”

不敢穿紧身的衣服，更不敢穿泳衣，大学的游泳课，我总是包裹得严严实实，连浴巾都不敢摘掉，生怕露出那一圈肚子，惹人嘲笑。

唉，如今回首，多想抱抱当年那个围着浴巾，站在游泳池边，小心忐忑的姑娘。你哪里胖啊，你一点都不胖。相反，那说不定是你一生中最瘦的时刻了。过去了，都过去了。

那个戴牙套的姑娘，终有一天会在众人面前开怀大笑：“瞧，我只是现在做矫正，以后牙齿会很整齐哟！”那个长斑长痘的女孩，也终将正大光明地跟男生约会：“青春痘怕什么？那是青春的标志。”还有那些因为身高不高、家境不好、眼睛不够大、鼻子不够挺而闷闷不乐了一整个青春的女孩，不用怕呀，迟早有一天，你会开心地接纳，那个并不完美却很真实的自我。

因为岁月本身，就是最好的治愈良方。我们终会渐渐明白，比体重更重要的，是健康和快乐。比脆弱的自尊更重要的，是仅有一次的青春。那些漫长的忍不住要浪费的青春，哪里需要完美地呈现，寥寥几笔，同样美得惊心动魄啊！

曾听人说，原先总讨厌爸爸那辆三轮车出现在学校门口，可如今才发现，那些坐在父亲三轮车上的午后，就是她此生最好的时光。终有一天，我们都会发现，那些因介怀众人目光而受过的苦，其实，压根没有落在众人目光里。

谁会注意你鼻尖那颗痣呢？谁会注意你又胖了一两斤呢？谁会注意你穿了一双很便宜的鞋呢？只有你自己啊！这篇文章，写给所有不那么快乐的朋友：那么多年，你受苦了。往后余生，请多快乐一点啊！

尊重情绪 □桃知了

我们从小就被教导要尊重他人的信仰、爱好，但很少有人告诉我们，尊重别人的情绪，尊重那些恐惧和悲伤，同样重要。

可能每个人都遇到过这样的时刻：生来就害怕某样东西，结果被人嘲笑——“这有什么好害怕的”；因为某件事情而感到悲伤，结果被人讥讽——“这有什么值得难过的”。

可生而为人，不可能无所畏惧，也没有人会永远斗志昂扬。在不影响他人的情况下，任何人都应该拥有情绪自由的权利——我可以快乐也可以消沉，我可以勇敢也可以害怕。

我可以因为甜筒掉到地上而伤心落泪，也可以因为看到毛毛虫而恐惧发抖。每个人都有不同的性格与经历，若完全站在自己的立场去揣度别人，然后指责别人小题大做，是一种无礼和傲慢。

曾经有很要好的朋友对我说：“如果你感到恐惧，或者想要哭泣，我永远默然在旁。”对此，我感激至今。

所有的故事该从何讲起呢？数不清的人，说着数不清的话。我告诉你，我不知道是不是一切都是一样，有迷人的开始和平淡的收场。

阿陆，我有一场暗恋，想告诉你。

两年前的11月，在画室内部举办的画展里，我第一次看见你的画，另类独特，只一眼，是我喜欢的样子。我忘了这一天里发生的所有事，可我不会忘记画里的这座木桥和你的名字。

我加了你的微信，来自朋友推荐。

我说，你的画很特别，你难以置信。三言两语开场算作认识，而这一夜，我捧着手机难以入眠。有着小心翼翼的悸动和不为人知的窃喜，半糖的奶茶都不及我心里万分之一的甜。

那个星期的某一天，画室和平日一样，日光灯照亮每一个课室。

暗恋

□陈　一

而我，开始有意无意地寻找你的身影。

凭借你朋友圈里的一张照片，我想，我可以认得你。

大雨，你未出现。

我于是，轻轻地失望了一下。那种感觉像什么呢？就像石子投入湖中荡起一圈涟漪，却杳无踪迹。怅然若失，可我明明不曾拥有。

我们第一次聊天，断在我加你微信那个夜晚，我说的“晚安”。

我开始想，你会是一个什么样的人呢？安静的，开朗的，爱笑的，还是全身散发着“生人勿近”的气息的？我每次拿起画笔，都想起你。而我不敢告诉任何人，如此荒唐的事情。

连绵的阴雨总是给人带来低落的情绪，不似狂风暴雨的袭击那般猛烈，却如同木鱼那样，一声一响地叩着，让人无法凝神。

圣诞节那天出了太阳，很难得。

我想，如果我遇见你，心情会比见着这微小的阳光还要雀跃几分。

喜欢是什么呢？

最初我也不知道，可能有些事情还是要亲身经历过才会懂得。

也许，是那一瞬间你给了我别人给不了的感觉。也许，是等一个人，忘却门楼外的尘世与流年。也许，是你，今夕隔世百年一眼忘却。今晚的夜空星罗棋布，却不及你眉眼万分之一。

我们聊过三次天，在画室里正面遇见过七次。你喜欢穿黑白的格子衬衫，喜欢笑。听说你理科成绩很好，有喜欢的女孩子。

遇见你的时候，你曾有三两次和我眼神对视。你的眼睛，星辰一般。

你听过一个故事吗？

很久很久以前，在某个小小的地方，住着两个小小的人。这两个小小的人，一直在这个小小的地方，大大地幸福着。一个很美好的童话，出自歌词里的日语。

今夜月光又抱着你和我，照进心中那遗忘的光。仿佛时间停留在你脸上，不声不响。

042号是你的储物柜，你从来不上锁，里面只放一本静物照片书和一袋老人头的素描纸。我曾经偷偷在里面放了两个苹果。我想跟你说，以后静物台上写生用过的水果不要抓起来就吃了，不卫生。如果可以，我也想每天给你买苹果，每晚和你说“晚安”。

我认得你的技法。素描整洁又张扬，速写的线条干净利落且不失凌厉，色彩配色斑斓丰富。地中海的天晴，西伯利亚的阴雨，每一处风光都旖旎。直到你换了画室，那些作品都还贴在优秀作业栏的展板上。

我每一次路过，每一次驻足观看，阿陆，人山人海里，我是你的过客，你是我的风景。

画室组织去艺术村写生那天，我们的素材选景意外地巧合，同样是深巷。我画钢笔速写，你画墨色水彩。

因这意外的巧合，我在心底悄悄地欢喜了一下。

你喝了两瓶百岁山的矿泉水。原来你不爱喝饮料，那我以后也不喝了。

我们同一天穿了同色系的衣服，考试的时候刚好分在同一排，我削笔的时候你恰巧要洗调色盘……这些小小的事情都会让我觉得幸运。

喜欢的人就像太阳一样，闪闪发光又充满正能量，会指引着你前进，是你所有的动力、目标和梦想。

阿陆，我那时每天画画想的都是，要努力追上你，成为你那样优秀的人。我想和你匹配，我想站在你旁边，我想每次你的名字后面，是我。

2月，草长莺飞的季节。我印象深刻，因为那是我们最后一次遇见。

有雨。我从奶茶店匆匆跑进画室撞见你。你抬头一怔，然后冲我微笑。我的半杯奶茶拿在手里，居然不知所措起来。

你掠过我离去。后来我设想过很多次，如果回到那个场景，我一定会回以我练习了无数次得体又优雅的笑容。也许我会鼓起勇气开口，你好，阿陆。

你换了画室。我得知时，有些黯然，并且遗憾没有和你道别。想了想又觉得，我们好像没有正式认识过。于你而言，我是同窗，萍水相逢后各自离散。关于你的消息渐渐变少，然后消失。042号的储物柜换了主人，上了锁。而我再也没有打开它，往里面放苹果。

我再也没有联系过你。

只是偶尔上课，抬头看到展板上你的作品会出神。只是觉得，再也没有人能把墨色水彩也画得那么好看。只是遗憾，我还没有认识你，天青色再也等不来烟雨。偷偷喜欢着的，不敢露出蛛丝马迹的，万分期待又小心翼翼的，隐藏着不为人知的，都称之为暗恋。

暗恋是一场礼貌，暗地里，筑起一座城堡。

敲门的背后是成长 □仙　因

上个周末，听完远在美国的堂姐讲的一个故事，我内心颇为触动。

一个小男孩帮他妈妈卖小饰品，他总是挨家挨户地去敲门。

每次，他会敲10户门。其中有6户会拒绝，4户会听他讲，2户会买。

成交的这两户，会让他赚4美分。即每一次，他能赚4美分。

按照这个概率，他考虑的不是这次敲门是否会被拒绝，也不是结果的好与坏。而是想，一整个下午，他能敲多少户门……

在孩子眼里，销售就是这么简单，根本没有复杂的套路。

而大多数失败者，都是特别在意别人的眼光，怕被小看，怕不能成功。

我那上不了台面的小人物妈妈

□晓 蕙

1

高二文理分班，我不负众望考上了文科尖子班，我满心期许地出现在你跟前，看到你被生活折磨得无神的双眼霎时有了光。这一天，你难得跟主管请了假，提前下班带我去吃好吃的。

一路上，我能感受到你的喜悦，你那种喜上眉梢的快乐，藏也藏不住。你反复念叨着你这辈子最大的骄傲就是我成绩好，将来能考上一所不错的学校。末了，你呢喃道：“读书能带给你体面。”

璀璨的星光像碎钻般，洋洋洒洒落下来，一如我的前程，光明透亮。

但那只是我未来可期的生活，而你眼前的现实，则显得暗淡无光。你原本是一个小公司的会计，不太轻松却也不至于生活窘迫。但为了支撑我高昂的学费和开支，你特意在晚上还做了份兼职——在超市当促销员。

遭尽白眼的日子，一定很苦吧？可你只字未提。

回到家，你从背后掏出一个礼品盒，郑重其事地递给我。竟然是我梦寐以求的Kindle，我激动得语无伦次，抱着你亲了一口，你明明心里很甜，却一个劲儿地推开，假装严肃地教训我要把心思放在学习上。

我如领圣旨般点头，心里甜蜜又酸涩，你勒紧裤腰带过日子，却始终不曾亏待我，任我花开遍野，灿烂满枝。

2

有天放学后苗苗刚好来咱家拿书，你也在。你热情地把她招呼进来，然后下了你最拿手的牛腩汤粉。

你的热情好客让我有些无所适从，一句句“不要浪费”更让我如坐针毡。我在这一刻有点羞耻你一副油腻的中年大妈样子出现在我同学面前，但是你丝毫未察觉，还在嘱咐我们快点吃，等会儿要去跳广场舞。

我看到苗苗眉头轻蹙，她眼前的一大碗汤粉纹丝不动。你觉得她只是不合胃口，也没顾得上屋内尴尬的气氛，注意力全部集中在浪费了的汤粉上面。

隔天上学，苗苗就因为一些小事跟我闹别扭，不知道怎么的就扯到你身上了。她数落着你的不体面、不精致，嫌弃你把一个最好的自己活成了乱糟糟的大妈样。她还说家庭氛围很重要，一个没有书香气的妈妈怎么能指望她教育出好的子女呢？所以她才不要跟我做朋友。

我死咬着嘴唇，百口莫辩，眼泪不争气地流下来。

那一刻的羞辱砸昏了我的头，回到家后，我把一肚子气一股脑儿发泄在你身上。你本来在倒水，停了会儿又放下了。你叹了口气，最终还是蹲下来安抚像愤怒的小狮子一般的我。

那一晚，我们相顾无言了很久。你捏了捏膝盖站起来，临关门前我看到你顿了一下，回过头跟我说了句“对不起”，然后把门带上了。

那句“对不起”，轻飘飘地飘进了我的梦里，却压得我喘不过气来。

3

我的生活按部就班地进行着，和苗苗的争吵，只不过是年幼无知衍生出的一个插曲罢了。但是你不一样了，你用我肉眼可见的速度改变着。

一向不爱看书的你，买了一堆书放在墙角，用夜读代替了广场舞。你还有模有样买了道具，学起了插花，还有下棋，还有做精致的糕点。

小小的屋子里，俨然有了文艺的气息。我百感交集，又惊又喜。

甚至，你还学着在微信上给我发一些得体的话，那些鼓励，那些鸡汤，让我觉得你都不像我妈了。

有一次，我终于按捺不住好奇心，诧异地问你干吗呢。你也只是淡淡地说想换一种生活方式。可我明明好多次，推开房门看到你轻悄悄地摆弄着广场舞的步子，看到我又慌张地收住手，扯扯衣角，若无其事地去干活。

你以前会跟我抱怨腰疼，抱怨客户的刁难，跟我分享真实的生活；可现在，你连沮丧都变得小心翼翼，担心给我带去负面情绪。你慢慢变得高雅、潮流，可我知道，你并不快乐。

4

高三那年的寒假，我和你去买鞋子。我在商城里精挑细选了很久，终于看中一双褐红色的鞋子，是那年最流行的款式，有着赫本的复古风的味道。我穿上它在镜子前旋转了很久，开心到快要飞起来了。当我转身叫你去结账的时候，却有点扫兴地发现你不见了。

我在商城转了几圈，没找到你，却遇到了邻居张阿姨。

她跟我打招呼，然后神秘地凑上前来说：“你妈真不跳广场舞啦？”

我回答不上来，我说：“可能不喜欢了吧？我也不知道我妈最近怎么回事，跟变了一个人似的。”

张阿姨一语中的：“臭丫头，还不是因为你，你妈说什么你那代人不喜欢广场舞。说她不能因为你有个不体面的妈，影响你交朋友，害你不能过上有档次的生活。我也不懂你们年轻人那一套，反正你要好好孝顺你妈……”

我呆在原地，眼泪落了下来。我逃似的跑出商城，却意外在斜对面的鞋摊前看到你，你背对着我在一家不起眼的小摊前挑选着那些过时的鞋子，偶尔还不依不饶地还价。

你蹒跚的背影，让我的眼泪猝不及防地再次流下。我没有叫你，我深知你的倔强。想到你无数个下班累倒在沙发上的日夜，那些因为学费、因为各种钱而发愁的叹息，我还能懂吗？可我又做了什么呢？妈妈的世界那么大，能容下我所有的不懂事和任性；可我的世界却那么小，容不下你一丁点儿的“不体面。”

很久以后我才知道，所谓的体面，不过是有人替你负重前行的幸福假象；而那些不体面的瞬间，恰恰是平凡人生中融入柴米油盐的真实。

我站在原地想努力憋住眼泪，可我却做不到，对不起妈妈……

5

回到家，我撒娇地跟你说我要吃牛腩汤粉。你转身忙活的时候，我翻出你跳广场舞的鞋子跟扇子。

我说：“等会儿陪你去跳广场舞，张阿姨说可想你了。”

你摇摇头拒绝了：“广场舞有什么好跳的？不跳了。”

我死缠烂打把你推到了广场，架不住张阿姨的热情，你扭捏着加入了广场舞大军。没多久，我看到你轻车熟路地扭动着身姿。

话说，我好久不曾看到你这样笑了。

因为同学无知的一句话，我那么真切地伤害了你。你为我操持了半生，往后余生，却因为我徒添了太多的束缚。而原本，你就应该拥有自己喜欢的生活啊！

我举起手机，拍下了你跳广场舞的笑容。妈妈，如果你快乐，我更愿意你是原本那个买东西会讨价还价，斤斤计较不浪费粮食，偶尔搓麻将，跳跳广场舞的“上不了台面”的小人物。因为，这才是我们真实的人生啊！

脑子进塑料了

□范夕河

如果有人说“你的脑子进塑料了”，这绝对不是句骂人话。死去的抹香鲸、海豚、鹈鹕、羊的胃里发现塑料袋已不是新闻，人们只能哀叹这些生灵不懂得分辨食物——它们以为在水里舞得漂亮的都是水母，地上能磨牙的都可以当菜。但最近一则新闻引起了人们的不安：据欧洲的科学家研究确认，从人类的大便样本中发现了塑料微粒。其实这也不奇怪，每天用塑料筷子、塑料碗、塑料饭盒吃饭，拿塑料袋装饭，还能不带点塑料微粒到肚子里？然而，问题并不如此简单，据进一步研究表明，根据五大洲14个城市的150份检测的自来水样本，83%带有塑料微粒，从中国超市购买的15种普通食盐里发现塑料微粒，一人一年通过海产品就可摄入塑料微粒1.1万个！于是，人们想起了英国著名物理学家霍金的话：“我们现在有了摧毁我们所居住的地球的技术，但还没有发展出逃离它的能力。”

从青藏高原澜沧江河道两侧挂成水位线的塑料袋，到太平洋上漂浮的垃圾岛，再到马里亚纳海沟里的塑料，污染已无处不在。塑料发明于20世纪初，不过百余年历史，其类似制品走进中国老百姓的生活，也就区区几十年时间。给我们印象最深的就是化学纤维面料“的确良”（涤纶），在20世纪70年代风靡一时。而现在的化纤服装早已充斥衣柜，甚至垃圾箱。研究人员说化纤衣服一次机洗，就会产生至少70万个塑料微粒，这些微粒会随着水流进入人类的食物链。另外，世界上还有一千多种牙膏、沐浴露、洗面奶等化妆品含有塑料微粒，每一瓶都会有几十万颗塑料粒子。

人类在改变自身生存环境和发展进步的同时，必然会产生一些负面东西；问题就在于我们能不能科学地、严格地把控这些负面因素，不至于让它变成这个世界上的主要矛盾。比如大规模的养殖，不能让它成为疾病和腐臭之源；比如核技术，可以合理利用，而不可变为能引爆的炸弹。塑料也如此，它对人类的威胁或许真如霍金的预测，让人类慢性自杀！

现在，研究报告已经预测全球约50%人口的体内都能找到塑料微粒。塑料微粒能在粪便中检出，它同样可以进入血液，蓄积在肝脏，进入血管、淋巴系统，越来越高的发病率难道与它无关？许多人只知道医学界提倡尽量减少输液，却不知道那些输液器具同样会有微粒随着液体输入人体。进一步想，这些微粒难道就不会进入人的大脑，影响我们的思维和内分泌？难道不会进入我们的遗传系统，改变我们的基因，影响人类的延续？这一切，都有可能。

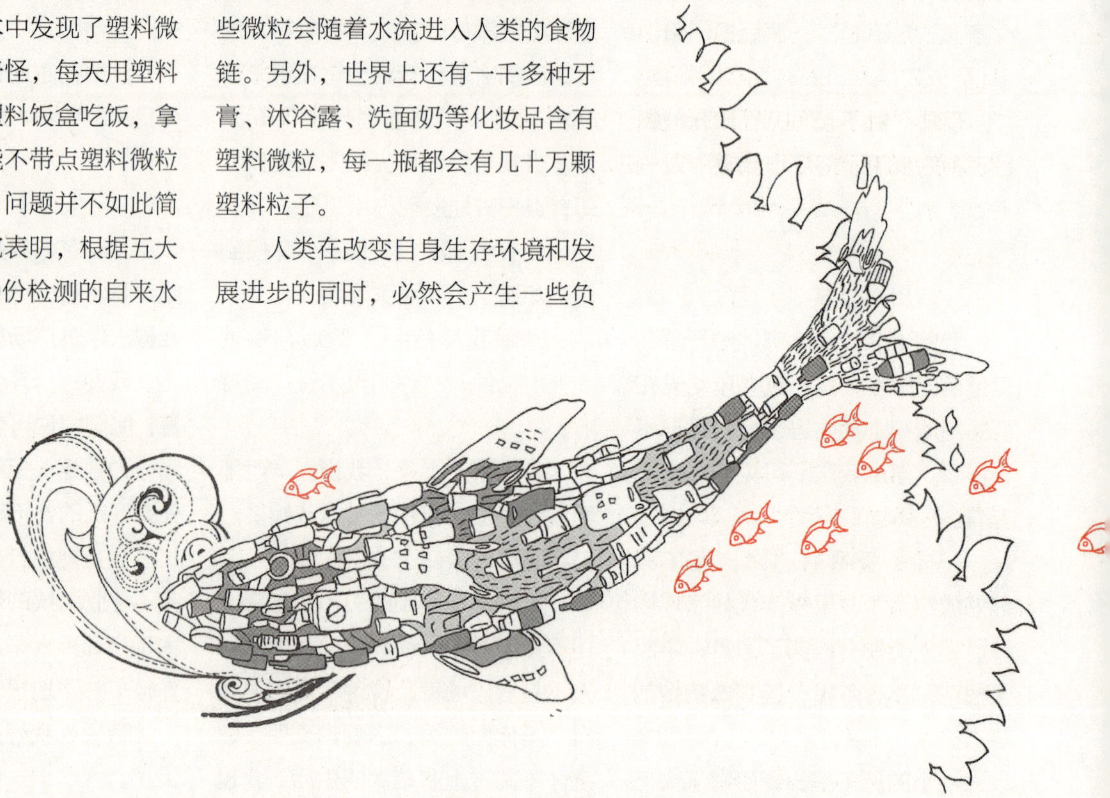

覆巢之下，安有完卵？塑料污染一旦覆水难收，人类必将共同承担它带来的恶果。因噎废食当然不可取，重要的是遵循自律地、可控地发展与守护。当然，假如人类“进化”加快，能在短时期内变成吃塑料、吞污水的变异人类，脑子也需要装进点塑料当能量块——但那已不是人类了。

“我终将粉碎一切障碍”

□鲁先圣

没有怪兽，奥特曼还有意义吗？

法国作家巴尔扎克本来是学法律的，但是他既不愿意做法官，也不愿意做律师，发誓要成为一名作家。为此，他的父亲很生气，因为在当时，无论是法官还是律师都是上流社会的标配，自己的儿子太不争气。于是，这位父亲断绝了儿子的生活费。但巴尔扎克坚定且执着地要成为作家，面对现实的窘境，他不得不租了一间破旧的阁楼，花掉仅有的积蓄买了一根手杖，在上面刻上：“我终将粉碎一切障碍！”最后，他战胜了一切困难，成为伟大的作家。原来，没有风雨，就不会看到彩虹；只有经过灾难，才能检验生命的真相；只有经过挫折，才会让生命更加坚强。

胡适说：“凡是大成功的人，都是有绝顶聪明而肯做笨功夫的人。”这话我坚信不疑，我不知道我算不算绝顶聪明的人，但是，我敢肯定自己是下了一辈子笨功夫。不要刻意去寻找一个路标，那样你会永远步别人的后尘。自己努力去做一个拓荒者，披荆斩棘，不屈不挠，最终你会发现，你自己开拓出的每一方疆土，都是谁也夺不走的。

踏过无数的坎坷之后，你才能发现真正的同路人。没有所谓的背叛，只是因为你当初的判断太过轻率。当你再也听不到取笑的语言，当你再也看不到妒火中烧的狰狞，当你的身旁再也不见讥讽和不屑的表情，你就踏进了舍我其谁的孤独之境。宽恕不是姑息错误、软弱无能和无原则迁就，而是强大自信、善良爱心、积极开辟未来的人生智慧。而对仇恨的报复，只会陷入冤冤相报的恶性循环，是最浅薄低级的报复。能够在谈笑间让樯橹灰飞烟灭的人，总是带着从容淡定的微笑。

语言哲学的奠基人、20世纪最有影响的哲学家之一维特斯根坦说：“天才并不比其他任何人有更多的光环，但是他有一个能聚集至燃点的特殊透镜。”年轻人最爱谈论命运，很多人把“扼住命运的咽喉”这句话作为自己的座右铭。我很少谈论命运，我只是向着自己心中的目标默默前行。现在，我更不再谈论命运了，因为命运已经在我的手里。

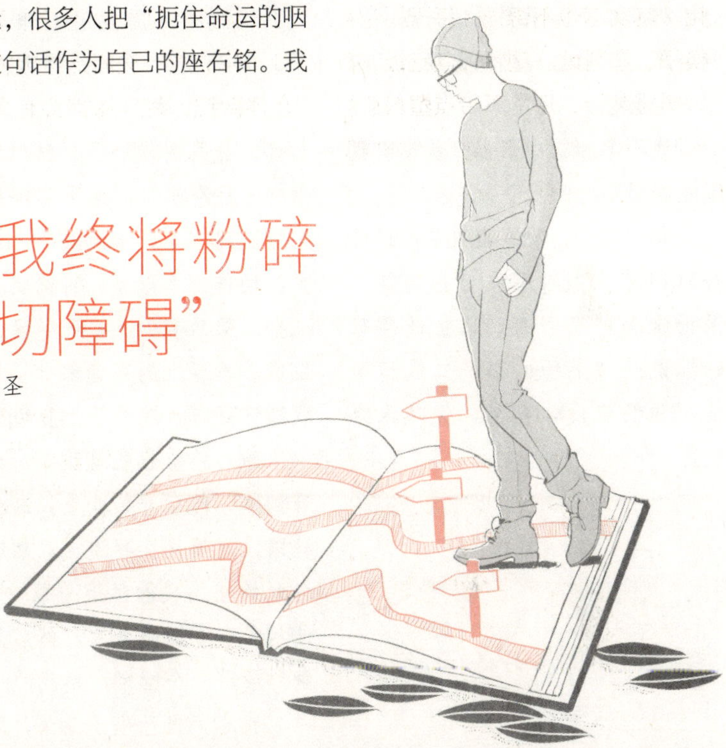

实现成功，不仅仅要有“仰望星空”和“云淡风轻”的境界，更要有脚踏实地的本领和不懈进取的意志。所有的成功者，都是这样一些人：一生从事自己喜欢的事业，陶醉其中，全神贯注几近忘我，甚至完全忘记了时间的流逝和世界的变化，乐此不疲，心旷神怡。

当一个人心灵的宁静与世界的大寂静相通，你的心灵自会形成澎湃的福流。人生真实的意义，不是财富、地位和权势，而是心灵的寂静、敬畏和快乐。

穷困，可以激励人思变奋起，也可以让人破罐子破摔、一蹶不振；财富，可以给人带来富贵愉悦，但也可以让人冲昏了头脑而万劫不复。平凡的日子风平浪静、无灾无难，但是，每一个人又都不甘于平凡。

当感到充满危机的时候，说明你还有时间可以自救与突破。生活的危机感消失的时候，就是你堕落平庸的开始。奋发进取，所有的汗水都会变成岁月的珍珠，所有的花朵都会变成厚重的果实。中年以后，你会发现，世界正以它的慷慨无私，回报每一个勤奋努力的人。

不怕做最后一名

□邱雷苹

每次长跑考试前，大家总笑着说都慢点都慢点，我曾经试过，毕竟长跑很累，我不想这么累。

可就像本能一样，我只要看到有人跑在我前面，我就怎么都想要去超越他。

我虽没经过系统训练，但自知身体的各种极限，比如巅峰那几年跑到3分34秒是我正常发挥，但也可以快个几秒，那样我在冲刺阶段会手脚麻木。如果要再快一点，头就会痒，一旦这种感觉出现了，跑完一定会吐。

我小学和初中很强，从没有我跑吐都超不过的对手。

高一那年，我照常报了校运动会1000米，我冲班主任拍胸脯，保证拿个前三回来。班主任笑眯眯地说：“上场的都是二级运动员，我们班没体育生，你瞎跑跑就行。”

我说：“你看着。”他答：“我会看着，但你别太较真。”

运动会到了。起跑不久，我就发现在我面前的几个人都显得太游刃有余了……明明是自己最熟悉的节奏，我却越来越落后。我咬咬牙齿，加快节奏，强行提速。我说过，我极度讨厌别人跑在我前面。可这世界上就是有你怎么样也超不了的人。

我跑得手脚发麻，眼睛模糊了，可那些影子只是离我稍近了些，随着比赛到尾声，他们也在加速。我那时候脑子里只想着一件事——无论如何，绝不能跑最后一个！我再提速，那时候手已经没知觉，动作都变形了，可确实还能快一些。随后我的头也开始痒，开始发麻。看台上的声音都听不见了，我都怀疑自己跑的不是直线。

跑过终点线我就蒙了，大脑从麻到热，然后开始变重，渐渐走不稳路，直接坐在赛道上，然后自顾自开始吐。我就记得一幕——班主任从看台上面跑下来，然后是跳着翻过最后一个围栏，朝我冲过来。

我忘记自己坐了多久，后来被班主任搀回休息室，喝水——吐，喝水——吐。嘴里反复问，那个人我超了没有，那个人我超了没有。班主任就说，结果还没出来，那时候我脑子不清楚没意识到——这不是一眼就看得出的事情吗？

那次我得了最后一名，跑了最后一名还跑吐了，进了医院。这结局我无法接受。一整天我都如坐针毡，最怕有人过来安慰我。班主任顾及我的自尊心，后来是在我一篇作文的评语里写了一段长文，他说，除去这次，在你以后的生命中，还会出现许多这样的时刻，你会发现哪怕拼尽全力也改变不了什么。我现在能懂这句话的意思。尤其随着年龄增长，我发现自己越来越能容忍别人跑在我前面，慢慢离我越来越远。我们终将接受自己人生平淡的底色，现在想想，坦然接受未必不是一种磊落和洒脱。

只是很偶尔，看到有人跑在我前面，还是会不甘心。我会想起当初那个跑吐在赛道上的少年，每到这时，就会想再勉强一下，再勉强一下……

付出确定的努力就能得到确定的结果，这是多么幸运啊！只是许多时候见到熬完一夜还是毫无成果的文档，见到再苦劝不回的关系，还是会不由自主地放慢脚步，然后在离终点线还很远的地方就停下了。

我不会吐了，不会声嘶力竭了，我会体面地失败，体面地停下，然后继续前进。我不知道这是好是坏。只是仍然会希望，曾经那个吐着倒在赛道上，不断询问自己最后得了第几名的少年，他别对我失望。

跟同桌最浪漫的事

□猫 球

我初二就出国了，小学同桌是我唯一印象深刻的同桌。

三年级的时候，我是班上考试第一、家境最好的小孩，老师就给了我一个倒数第一的同桌，美其名曰“帮扶配对”。不过我基本没帮过他什么。

他的校服总是黑乎乎的，身上也有股陈旧的味道。他家住得很远，每天上学要坐半小时公交车。可他迟到我不会帮他打掩护，值日也从不替他做。我在课间吃的进口零食不会主动分给他，他也不讨要。老师让我给他讲题我便讲，我讲的他多半听不懂、学不会，后来他也就不再问我。

不得不承认，那时我是个蛮糟糕、孤傲的小屁孩，每天沉浸在自己喜欢的小说和电影中。我瞧不上同龄人，他们也懒得理我。

三四年级的某天，下了暴雨，路况危险的地带会淹死人，妈妈请司机来学校接我。那天，我鬼使神差地让司机送同桌回家，我抢了他脏脏的校服外套盖住书包，披了他的雨衣，冒着大雨自己往家跑。我家离学校不远，跑步三分钟而已。三分钟的路程，我的课本和球鞋全都湿透，本来就体弱的我咳嗽了好几天。

第二天上学，我把用漂白剂洗得焕然一新的校服还给他。他没有谢谢我，之后我们的关系没有变亲密，还是平均一天说两句话而已。

五年级开始，因为生病吃了激素类药物，我变胖了很多，脸肿得像个馒头，加上之前傲慢的性格，我成了全年级霸凌的对象。

那时候有个“调皮捣蛋差生小团伙”，是霸凌的主力军，同桌也在其中，但他从不参与欺负我，甚至我觉得他在默默保护我。

一次，我的书包和作业本上都是泥土和草渍，我问同桌知不知道怎么回事，他说他不小心把我的书包掉到楼下花坛去了，又给我捡了回来，他说对不起。

一次自习，有人往我身上丢粉笔头，丢了三四次之后终于有一截砸到了我的耳朵。我瞬间眼圈红了，同桌从地上捡起那截粉笔丢了回去，击中了罪魁祸首的脑袋。

还有一些类似的事情，但我记不清了，毕竟那段时光是我最想忘掉的。我们的关系还是不冷不热，渐渐地，他也不太跟“小团伙”一起玩了，不知道是不是被孤立了。

以上这些事情，很多是我多年后才想明白其中关联的，当时的心被痛苦填塞得满满的，变得麻木，看不到其他东西。六年级毕业的时候，我没有留下任何一个人的联系方式。后来跟母校的校长吃过一次饭，校方也不知道同桌的近况。再后来小学被拆掉了。

除了在心里常常感激他、祝福他，我不知道还能做什么。

这其中没有暧昧的、懵懂的爱情萌芽，也没有趣味横生的嬉笑调情。这只是一个在世间发生过千百次的“过程”。

可能一次我心血来潮的善举，换来了同桌对我的默默守护。可能这份守护在不经意间，甚至在我的大脑不知情的状况下，让我的心在最黑暗的时光中撑了下去。可能一次“哪怕无心的善良也会收获回报”的经历，让我想要成为一个更好、更有温度的人，更谦恭和真诚地对待别人。

我喜欢人性中美好的东西像蝴蝶效应一样传播，这种蝴蝶效应是充满浪漫主义情怀的。

光阴会给你回头率

□白音格力

特别喜欢“春山如笑”这个词，出自宋代郭熙《林泉高致》：“春山澹冶而如笑……”词的意思，是形容春天的山色明媚。

但我总爱从字面去理解，乐此不疲。春山就是“如笑”嘛，初春你去山里，不必幽居几日，只闲闲散散听风看野草绿，或偶遇几朵早春的花，悠闲自得的模样，笑着看你这个山外人。

是的，那野花在“笑看”你。你再细心听，山里的每一寸绿，每一片花瓣的红红紫紫，都是山的笑语。我甚至觉得，春山一笑，花才笑了，花的开，就是花在笑。

也许春山讲了一个温暖的笑话，或者读了一首非常美的诗，笑意深情地传遍每一寸土地，花就听到了，也开出一缕缕的笑了。我甚至觉得，能够在春天里开放的每一朵花，都是因为光阴的照顾，是因为光阴被染香过，光阴回头看了一朵花，所以，来年它才开得那么热烈，那么芬芳美好。

人也是一样吧，记得一本旧杂志上有人提到过，在人生一切瞬间的辉煌里，最久久难忘也最惊心动魄的是，某一刻，某个人的回眸一笑，好似世间一切的深情和美意，都在这芳菲一瞬之中。

我也曾记录过一个坐在公交车上的人，她面容红润甜美，眉目爽朗明媚，挂着永不凋谢的笑，在公交车一路的颠簸里给人娴静美好的感觉。还有那坐在初春杏花树下的老人，杏花落在他的肩上，他的四周，他就那样笑意蔼然地坐在那里，让人生出安稳之感。

柳永《洞仙歌》中有“算一笑，百琲明珠非价”的句子，说的是含情一笑，胜过千贯明珠，是无价的。我也一直相信，那些一路走来，带着微笑的人，是光阴里的美人。她们会吸引那些在岁月里灰头土脸的人的目光，洗濯他们的面容眉目。是的，光阴会给你回头率，只要你保养好自己的微笑。

清代黄图珌写梅，用了几个词，冰清玉润，出世芳姿，貌婉心娴，很耐人寻味。

做人也应如此吧，要有外在的冰清气韵，多一分自珍自重的底色，少一分随波随世的浊气；又有内在的玉润气质，温柔在心，温和待人；出世需有自己的芳姿，是由内而外散发自己的芬芳，活出自己的姿态；如此容色温婉，与人温良，内在贤淑端庄，优雅从容。

如此，即使你走在人潮人海里，也会有人回头看你，你经过的花枝，花会喜笑颜开地看你，从你窗前急急赶路的云朵，也会忍不住回首，甚至停在你窗前，眷恋不舍离去。这样的你，岁月会照顾你，光阴也会给你很高的回头率。

有美好情怀与心境的人，是这个世界最美丽的风景。

你以一分纯真眼目与心神结交草木，光阴就会将草木的精神回赠予你；你以善以温良与世与人相待，光阴必会善待你的每一个日常；你以一颗喜悦心细细地活在这个喧嚣、苦难交叠的世界，光阴必会频频回头，青睐着你走过的每一个瞬间。

每次初春去山里，欢喜半天，再下山时，总觉得身后扑啦啦地开花。我想回头看，却没有，嘴角轻轻一笑，似有芬芳瞬间萦绕鼻间。

我知道，我身后，是满山满树的花开；我走过留下的脚印里，也悄悄开出一朵两朵三四朵；甚至我深情的一个呼吸，喜悦的一个眼神，皆是一朵朵的花开。我知道，在平常又平常的日子里，我怀着向美向好的心情，光阴就这样一步一回头，赠我芬芳千重的回头率。

很多人谈论的爱，只是一厢情愿

□毕淑敏

你一定会找到爱，但不是从你投射下爱的那个人身上，而是在你的心灵深处。

很多人在谈论爱的时候，其实说的不是爱，只是一厢情愿。

我以为，爱必须是双方的，因为爱的前提是平等。不平等的爱，充其量也就是怜悯。只有那种心心相印的平视的爱，才是真谛。

很多人只是把自己的想象附着在某个人身上，他们爱的其实并不是那个人，而是自己的想象。

他们没有能力完成自己的想象，就假设一个人具有这种形象和力量，然后一往情深地涌泻自己的爱，实质是顾影自怜。

这种情感的诱惑力非常强大，本质是一纸魔鬼的合约。寻求这种结合的人，是依赖、谄媚、自我牺牲的人：承受痛苦，愿意为了得到结合的安全感为别人做任何事；得不到之时，就滋生出可怕的破坏力。

爱就是付出时间。拿出时间陪伴你的父母，拿出时间帮助你的爱人，拿出时间和你的孩子一同玩耍，拿出时间和你的恋人在一起……在这个越来越物质化的世界里，时间是衡量真情的一把铁尺。因为时间可以换来一切东西，但是一切东西都无法代替时间。

在人际关系或人生里，你都没有义务必须爱某一个人。如果一定要找到一个人值得你永远去爱，那就是你自己。

很多为爱苦恼的人，其实是在爱人还是爱己之间挣扎。真正的爱别人，是建立在爱自己的基础之上的。因为是自己觉得这个人可爱，我们才开始爱他，这也是听从了自己的命令。

爱自己的人，才可能真正地毫无怨悔地爱别人。

因为那是爱自己的一个决定。

“爱”与“畏”

□冯　唐

曾国藩说：“危险之际，爱而从之者，或有一二，畏而从之，则无其事也。”

这句是大白话，表面的意思容易明白，但其中的道理，不容易明白。

表面意思：一个成功的 CEO（首席执行官），会有两类下属，一类是出于“爱”，被 CEO 的人格、魅力征服；一类是出于“畏”，被 CEO 的权力和利益笼络。

危难之际，出于“爱”的下属中，十有一二，可以共患难；出于“畏”的下属中，没有一个。

深层道理：不要对人性要求太高，共患难、共进退的人，有 2.5%~5% 就很不错了。

趋利避害是深层人性，是改变不了的，也不要抱怨，更不要试图改变。树倒猢狲散，大难临头各自飞。

危险之际，环顾四下，所有人都跑了，是正常现象。

那些不走的极少数人，是有性情的人。激励这些人，靠的不是钱，靠的是事，是一起做大事的苦与乐，是一起做人事的成就感，是长时间一起做大事的兄弟情和温暖感。

“我们一起有过好时光。”人生一世，起点都是“哇”的一声坠地，终点都是“唉”的一声离世，生不带来，死不带去，中间的构成就是时间。性情中人才明白，人生没有终极意义，如果有些意义，就是那些过程中的好时光。

这似乎是个悖论，成事的人中，特别是成大事的人中，性情中人比例奇高。

他们以另一种方式，在南极团圆

□音乐水果

春节来临，我总会出国旅行，每当我扛着行李箱下楼时，也能碰见楼下的陈爷爷和陈奶奶，老两口一人拎着一个小皮箱去环游世界。我们互相拜年后打听对方的目的地，然后各奔远方。这些年下来，我发现老两口去旅行的地方都是诸如印度尼西亚、新西兰、冰岛、南非等临海的国家，竟然没有一个内陆国。

我无意间说出了我的疑惑，院子里的其他爷爷奶奶悄悄告诉我，八年前，陈家老两口唯一的儿子在春节期间出了车祸，意外离世。老两口很伤心，想着儿子年纪轻轻就走了，还没来得及享受退休后的生活，就决定以海撒的方式安葬儿子，让儿子无拘无束，像海浪一样自由。老两口相信，只要有大海的地方，就有儿子的影子。

为此，在随后的每个春节，身体健康、腿脚利索的他们都会去全球临海的国家转转，权当是一家三口团圆。而今年，陈爷爷和陈奶奶去的是南极，他们在春节前一周就出发了。

从北京到南极要飞两万多公里、三十多个小时，往返的航程能绕赤道一圈，老两口先后经停法国巴黎、智利圣地亚哥，抵达智利最南端的蓬塔阿雷纳斯后，乘坐游轮驶向南极。游轮穿过有“暴风走廊”之称的德雷克海峡时，陈爷爷和陈奶奶不得不面对难倒所有游客的问题：晕船。陈爷爷和陈奶奶躺在床上，从早到晚都被摇得昏昏欲睡，偏偏又头晕得不行，那感觉如同经历地震。

驶过德雷克海峡，所有人如同获得了新生。在探险队员的带领下，陈爷爷和陈奶奶开始用眼睛寻找南极的野生动物。同队队员以年轻人居多，一个比一个近视，而老两口的远视眼让他们更容易先瞅见。

比如，陈爷爷率先瞧见了在一块断裂冰面上晒太阳的雪白海豹，他赶紧招呼大家来拍照。海豹似乎知道自己被围观，竟然冲人们咧开了嘴，笑得特别可爱。

当游轮上广播“有鲸鱼在附近出没”时，陈奶奶麻利地走到甲板上，环视四周后发现了距离游轮不远处的海面上有一大坨黑乎乎的物体，她给周边的人指了指：“鲸鱼。”陈爷爷看清后补充道：“是座头鲸。”原来，这只硕大的座头鲸正浮在海面上睡觉，听到周围有动静后，直接潜进了海中，从游轮的侧面游到后面，最后没入大海中时，得意地摆了个尾，收获了无数相机的“咔嚓咔嚓”声。

当团队登陆南极大陆去寻找企鹅时，所有人都瞧见了企鹅群居处，但只有陈爷爷在相距甚远时眯了眯眼推测道：“最靠近咱们这边的那只企鹅是小偷。”在南极，适合企鹅筑巢的石头是稀缺资源，那只金图企鹅为了给自己筑巢，正试图去偷邻居家的石头，一扭一扭的笨拙模样格外蠢萌，可惜它还是被

“拥抱”的力量

□流念珠

很多人在吃油条时感到不解：为什么要将两根油条放在一起炸，一次只炸一根不行吗？

人们普遍认为油条的膨胀程度与单根炸还是双根炸没有半点关系，甚至不少人认为，油条单根炸会膨胀得更大。我向一位经验丰富的炸油条师傅请教，他非常热心地分别以单根炸和双根炸的形式给我做现场教学。

师傅先炸最常见的双根油条。双根油条被他丢下锅后很快就开始膨胀，仅仅过了一会儿就浮到了油面上，颜色也慢慢地由白变黄。在炸的过程中，这位师傅用筷子不停翻转着油条。炸了近50秒之后，双根油条就出锅了。此时，炸好的双根油条膨胀得非常大，色泽金黄，看起来酥脆可口。

紧接着，这位师傅又炸起了单根油条。只见单根油条下入油锅后沉在锅里好一会儿才浮到油面上。师傅同样用筷子不停地翻转，油条虽然也有膨胀的迹象，但是膨胀了一会儿就停止不动了，且膨胀的速度远不如两根一起炸来得明显。也是在近50秒的时间里，单根油条炸好了。此时它表面呈金黄色，可看起来像一根又细又长的棍子，膨胀度还不及双根油条的二分之一。并且，单根油条由于膨胀不足，所以口感偏硬。

单根炸油条和双根炸油条为何会有如此明显的区别呢？原来，用于炸油条的面粉里加入了明矾、泡打粉、酵母等膨松剂。这些膨松剂在油锅的高温下会产生反应生成二氧化碳，使得整根

油条膨胀起来。单根油条用的是同样的配方，按理说也能膨胀，但它放进油锅后整根都泡在油里，外皮很快就被炸硬，相当于罩了一个外壳，这样里面的膨松剂再膨胀，也没有办法使出劲儿来让油条变得更大。而两根面按在一起下油锅炸时，它们接触的地方不会被炸硬，始终保持着柔软，于是给膨松剂的膨胀提供了充分的空间。

一根太少，力量单薄，容易被困，只有两根“拥抱”，力量才最大。炸根油条似乎都蕴含这样的生活哲理：凡事都有个“度”，这个“度”把握得好与不好，结果将天差地别。

邻居发现了，不得不落荒而逃。

等到了自由活动时间，老两口不敢去进行“冰泳”，便选择了省力的冲锋艇。冲锋艇在南极的海域驰骋时，两旁时不时有企鹅跃出水面溅起浪花，老两口还冲企鹅招手。随后，学着同队年轻人的样子，陈爷爷伸手在海中捞了块“黑钻石”，准备拿回到游轮上用汽水兑着喝。“黑钻石”即黑冰，在千百万年的积雪压力下形成，由于它密度高，冰中的气泡被压缩得很干净，光线通过率很高，在南极的强光下，颜色看上去泛黑。老两口就坐在靠窗的位置，一边喝着黑冰可乐，一边凝视着大海，许久，陈奶奶嘀咕：“这可乐好咸。”陈爷爷赞同：“黑冰自带咸味。”

就这样，陈爷爷和陈奶奶在世界尽头感受地球的呼吸，在这片不染尘埃的第七大陆上不自觉地生出了敬重之意。对于他们来说，老年丧子是毕生之痛，但生活还得继续，他们在旅行中将自己治愈。如果生命有轮回，那么，车祸的意外并没有将这一家三口分开，老两口总能在有海域的地方，以另一种方式和儿子团聚，这也是他们于每年春节进行海外游的意义。

目录

1 生活摺不倒的，就是那个不认输的你

2 做你自己，因为别人都有人做了

3 梦想就要拿来实现，年轻就要拿来折腾

4 关键的那几步路，会决定我们整个人生

5 停止精神内耗，重新喜欢自己

6 顶尖高手，都有赢家思维

1

生活撂不倒的，就是那个不认输的你

原来这就叫“羊群效应”

□哈 叔

羊群效应，是人的一种天性

什么是羊群效应呢？

有人做过一个实验：

在一群羊面前设置了一道栅栏，领头的羊纵身一跃跳过栅栏，后面的羊也跟着跳了过去。

接下来的一幕就有趣了，等领头的羊跳过去后，工作人员将栅栏移走，后面的羊走到这里时，仍像前面的羊一样跳了一下，就好像栅栏还存在一样。

这就是“羊群效应”。

所以，有经验的牧民在放牧时，往往只要控制好领头的羊，羊群就不会走丢了。

简单来讲，“羊群效应”可以理解为一种从众心理，跟风、随大流，别人干什么，我也干什么。

这听起来，似乎是在批评一些人没有主见，没有判断力，盲目跟风，但我认为，这是人的一种天性，每个人都有“羊群效应”。

比如我们去饭店吃饭，如果一家店到了饭点还没什么客人，那么很多人是不会选择这家店的。

反过来，如果某家店里的人很多，甚至出现取号等候就餐的情况，那么在时间允许的情况下，很多人宁愿等上一会儿，也要在这家店吃饭。

原因很简单，这其实就是从众心理在起作用。

当我们看到一家店里没什么客人光顾，潜意识里就会认为这家店的饭菜不好吃，不然怎么会没有客人？

反之，当我们看到某家店里客人爆满，那么潜意识里就会有一个声音响起：这家店肯定不错，要相信大多数人的选择。

事实到底如何呢？

我们的这种跟风，大概率是对的。

没人光顾的那家店确实不怎么样，而大家争相涌入的那家店确实不错。

这也是很多商家在新饭店开业时，会安排一些人进店吃饭的原因，人多就是一种说服力。

这只是生活中一件很小的事，但依然可以看到“从众”的威力和价值。

很多时候，跟着别人的脚印走，确实可以让我们少走很多的弯路。

跟随别人做出选择，确实让我们受益匪浅，高效且有效。

所以，不管在生活还是工作中，我们都会深受从众心理的驱使，习惯服从大多数，妥协大多数。

跟风不可怕，盲目跟风才可怕

从上面的分析中可以得出一个结论：跟风并不可怕，它不是一种完全不可取的行为。真正可怕的，是那种没有思考和判断的跟风。

这种盲目跟风的可怕之处有三点：

1. 错过时机，占不到优势

当一件事有很多人去做的时候，这既意味着这件事能做，也意味着这件事并不好做。

很多时候，我们盲目地跟着别人的脚步走，看别人做什么挣到钱了，也争着赶着去做，往往会存在一个问题，那就是已经迟了，错过了最佳时机。

一旦错过了时机，就意味着占不到优势，除非你真的很出色，否则别说是想吃点肉了，很可能连汤都喝不到。

2. 趋于平庸，容易被淘汰

众所周知，想要脱颖而出，往往需要另辟蹊径，不走寻常路。

如果总是随大流，跟着前面的羊、跟着大多数人的脚步走，没有自己的特点和标志，那么就会逐渐趋于平庸，最后大鱼吃小鱼，快鱼吃慢鱼，就很可能逐渐被淘汰出局。

3. 努力低效，持续迷茫

从众和盲目跟风的区别在于“盲目”二字，做任何事情，一旦失去了思考和判断，那么你就很可能栽跟头。

因为适合张三做的事，未必就适合你做，昨天做能大赚一笔的生意，明天就未必还能挣到钱……

没有思考的努力，都是在做无用功，盲目跟风就是如此，所以很多人的努力非常低效，虽然看起来很忙碌，但总是徒劳无获。

而这样的人，时常会陷入迷茫之中，像没头苍蝇一样乱窜，没有明确的方向和目标。

这就是盲目跟风，有样学样的弊端。

人生最悲摧的，不是找不到风口，而是每次都站在了风口，却始终飞不上天，这真的挺闹心的。

无论什么时候，思考和判断始终是前提，做任何事都是如此。

以上，与朋友们共勉。

马太效应

□米　哈

你有没有遇到过以下情况呢？表现好而忙翻天的人会越来越忙，越忙就有越多可以表现能力的机会，相反，越少工作的人会越来越闲，任务越来越琐碎；受欢迎的人越来越受欢迎，缺乏朋友的人越来越孤独。在社会学上，这种“强者越强、弱者越弱”的两极化现象被称为“马太效应”。

一个人要到外国去，就叫了仆人来，把他的家业交给他们，按照各人的才干给他们银子，一个给了五千两，一个给了两千两，一个给了一千两，之后，他就离开了。领五千两的人随即拿着钱去做买卖，赚了五千两。领两千两的人另赚了两千两。但领了一千两的人去掘地，把主人的银子藏了起来。

后来，主人回来了，赏赐赚了五千两与两千两的仆人，却责骂第三个仆人，说他是“又恶又懒的仆人”，并夺过他的一千两，给那赚了五千两的仆人。主人说：“凡有的，还要加给他，叫他有余；没有的，连他所有的也要夺过来。”这个故事成了“马太效应”的原型：富者越富，穷者越穷。

“马太效应”是常态，因此，好学校会吸引好学生，好学生自然有好成绩，又令好学校成为更好的学校；富有地区有更多钱投资而成为更富有的地区；有名气的人可以用名气提高社会地位而变得更有名气……因此，“马太效应”是叫我们这些输在起跑线的人认命吗？

当然不是。“马太效应”不是拒绝自我进步的借口，而是教我们不要轻易怀疑自己。它叫我们知道万事开头难，但只要尽你最大的努力，不断地学习、尝试，就会获得比别人强的“优势”，这就是你成功的起点。

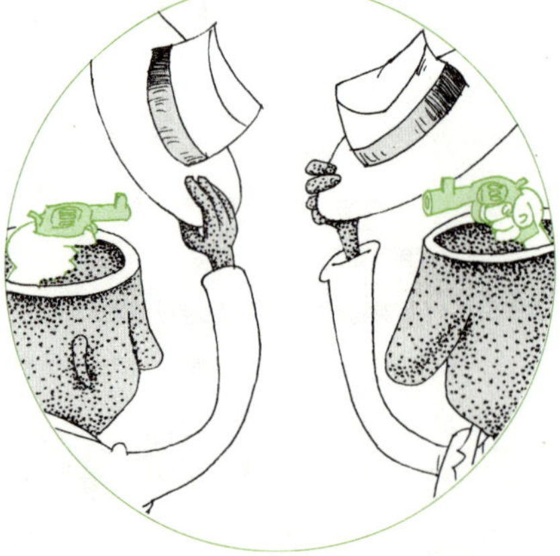

职场“塑料友谊”

□青　丝

国外有人创作了一幅画：在宽阔无边的海洋中间，无数身着职业装的男女，脚下只有一小块能立足的陆地，但他们彼此互不相连。这幅画是职场中人际关系的一种隐喻，即梭罗所说的“廉价社交”。表面看，人与人之间关系紧密，实际上，每个人都是一座贫瘠的孤岛。

职场情谊是人际关系中最复杂也最奇妙的一种形式。因为大家既无法回避这种关系，又不能自己挑选要交往的朋友。在这种充分竞争的开放环境中凝聚友谊，犹如搭建一座纸牌屋。然而就像斯坦福大学教授珍妮·奥德尔在《如何无所事事》一书中所说，现代人生活在崇尚交际和持续联系的文化里，不合群的人会被看成失败者或情商较低的人。于是，像“永不凋谢的塑料花”般的“塑料友谊”，便有助于人们包容彼此在现实中的差异性。

职场学在当今是一门显学，在书店的显眼处，总是摆放着各种关于职场生存法则的热门书籍，它们用无数成功或失败的事例，总结经验教训，教导人们如何维持“塑料友谊”，作为职场社交模式下的最低消费。网络平台上的各种短视频里，主播们也是声情并茂地诵读着那些带有浓浓市井智慧的箴言妙语，倡导不必苛求事事完美，也能成为极其出色的职场人。

不过，如果以为用同一个剧本，便能引领所有人入戏，那无疑将职场想得太容易了。不同的人投身职场，就像下飞行棋时抛骰子，被抛掷到一个不受自己操控的棋盘中，不论本人如何努力，总会遇到一些同理心匮乏的反面角色。北宋时，刘攽拿初入职场的同僚蔡确开涮，当着众人的面给他起了个外号“倒悬蛤蜊”。蔡确是福建人，闽地称蛤蜊为“壳菜”，反过来读与“蔡确”谐音。蔡确内心衔恨，但作为小字辈又不敢出声抗争，直到多年后做了宰相才向对方展开报复。

有心理学家发现，华尔街的金融领袖在心理变态指数上得分很高，同时情商低于平均水平。也就是说，很多心肠并不慈善的人，在职场中反而更容易身居高位。

清末，袁世凯与张謇同在淮军名将吴长庆麾下任职。张謇比袁世凯大六岁，又是状元出身，袁世凯与其见面时总是自称学生，尊张謇为夫子。后来，袁世凯做了山东巡抚，改称张謇为先生，自称后学。当更进一步做了直隶总督时，他开始称张謇为仁兄，自称愚弟。

张謇受不了这种“塑料友谊”，写信讥讽袁世凯，大意是：足下每次升官，我的地位便随之下降，以后你若再升一级，便不知要如何称呼我。对那些精于权谋的职场驭人者，想要维持“塑料友谊”也不是一件容易的事，因为你的存在，不过是别人用来实现目标的垫脚石。

梭罗很早就提出，当人们生活得太拥堵时，就无法明白彼此的价值。“塑料友谊”或许就是现代人在激烈的职场竞争中所必须承受的代价，因为没有人能够承受太多的真实。

上大学培养的两种能力，终身受益

□冯　仑

我们上大学那会儿，还是很充实的。除了学习，会有很多社团活动。我们有一个专门研究经济的社团，还办了自己的刊物，叫作《经济初学》。

后来我也当过学生干部。我还做过生意，当时经济学教材特别少，我们找了一本叫《计量经济学》的书，自己刻蜡版，发订单卖书。

可以说，当时大学生做的事情，我们都参与了，都没落下。所以我不认为有什么遗憾的事情。

当然，如果和今天相比，那个时候没有今天的社会这么丰富。

我觉得，上大学可以培养两种能力。

第一，自学能力。读完大学，很多人都建立起自学的习惯和爱好，有了持续学习的能力，每天出门时也愿意带本书看。

而且，触类旁通。比如学理工的，可能对化学、生物的内容，也愿意看看。我是读人文的，我对历史、哲学、经济学、社会学，还有法律，也有兴趣看。

有了这样的习惯，就可以通过自学来丰富自己。

当然，并不是说，没上过大学的人就不会自学。只是上了大学，普遍意义上讲，自学的能力会强一点儿，阅读的习惯也多一些。

因为阅读，会让一个人看到的世界不断扩大。

比如，前些天，我在看余华的新书《文城》。我觉得，这本书特别棒，故事很精彩，而且文字特别精准。看完这本小说后，我很开心。满脑子都在想作者虚构的那座清末民初的城市，以及在那座城市里的那些人，那些事儿。

当然，这属于休闲，或者消遣时读的书。

第二，自我反省。大学教育能带来一种很重要的能力，理性。上大学以后，人的理性和自我反省能力会比较强。

我有一个观察。给博士生讲道理时，哪怕是脱离现实，纯粹地讲道理，他们往往都能接受，并且相信；给硕士生、本科生讲时，离现实就得近一点儿。而有一些没上过大学的人，只相信经验，对道理比较排斥。他们的认知就停留在经验层面。

所谓相信道理，就是说相信远一点儿的东西，相信某种必然性，相信一些看不见的东西，这种东西就叫作远见。上大学以后，我们有机会成为有远见的人，成为先知。

所以，通常跟文化水平越高的人打交道，讲道理越管用。但是，碰到文化水平比较低，比如说小学文化的人，你只能跟他讲经验。讲道理，他不信。

自学能力和反省能力，是我认为上大学后培养的两种能力。

能自学，你就可以不断地丰富自己的人生；懂得反省，你就会相信道理，让自己活在经验和道理之中，而不是完全活在经验里，这样的话，你能看得更广，走得更远。

如果回到古代，你能当学霸吗

□周 檀

你是否想过，如果带上一身“老九门”（九门考试）的本领回到过去，是不是就可以用丰富的知识储备震惊朝野，封侯拜相？如果回到古代，你的成绩会比现在更好吗？

战国时期到秦朝

读书不重要，成绩全靠打

战国是一段充满硝烟的时期。从战国时期到秦朝，“好成绩”往往不是“学”出来的，而是“打”出来的。

为了提高秦国军队的战斗力，改革家商鞅在变法时就制定了军功爵制。他将国家各级官职分为二十级军功爵位，爵位不同，可获得的田宅等数量也不同。商鞅规定，秦国的各级官吏都必须从有军功的人中选拔。没有军功的，即使贵为王室宗亲也不得授爵。军功爵制将“打架”的成绩和做官结合起来，有力地提升了秦军的战斗力。秦军因此被其他六国称为“虎狼之师”。

汉代

德行要拔高，老实人最好

到了汉代，“好成绩”的判断标准就丰富多了：人品、才学、韬略、武功、名气……只要有一技出众，你就可以当大汉王朝“最靓的仔”！

随着天下承平日久，战国以来的军功爵制已不能满足国家选拔人才的需要。于是汉武帝采纳董仲舒的建议，要求各地“岁举孝廉”，由此正式确立了由下向上推选人才的察举制，凡是“品德高尚、忠孝贤良”的人皆有资格入朝为官。察举的科目包括茂才、明经、明法等，在德行的基础上，选取天下能人。

汉武帝还常派人征召天下有治国之术的人，直接委以重任，是为征辟制。在汉武帝不拘一格选拔人才的政策下，大汉王朝的国力蒸蒸日上，成为当世强国。

魏晋南北朝

读书破万卷，投胎是王道

三国时期，曹丕篡汉建魏。为了争取世家大族的支持，曹丕确立了九品中正制的选官制度，按德才与门第的高低将天下人才划分为九个等级，是为“九品”。这种制度一直延续到隋唐以前，成了世家大族垄断国家官僚系统的工具。因此，如果回到魏晋南北朝时期，你会发现，读书、习武都变得不再重要，因为一个人的“成绩”好坏早在出生时就已经确定了。

尽管九品中正制在明面上仍会考察学子的品德与才能，但在实际施行中往往只看出身高低。

隋唐宋

考考考，却又不止于考考考

隋唐时期是科举制的开端。隋文帝废除了九品中正制，建立了分科考试制度，不再唯门第是举，而是以考试成绩选拔人才。隋炀帝时设立进士科，标志着科举制正式确立。此后历朝历代，科举制的考试内容不断丰富，从行策论述到诗词歌赋，从填空题到作文题，从文学到武艺……

这一时期的考试虽然也有只靠背书就能考过的科目，但要想考中进士，远不是背书这么简单。这一时期的学子们要想取得“好成绩”，不仅要苦读诗书，精通文义，还要胸有大略，善于把书本上的知识灵活运用到实际问题中。

这样看来，古代的考生们也很不容易呀!

明清

背背背，千辛万苦考秀才

到了明清时期，“好成绩”的取得方式基本只剩下考试一途，但考试模式越来越僵化。

明清两代奉行八股取士，学生在写考场作文时只允许写八股文，不许随意发挥。考试只从四书五经中出题，考试流程也有详细的规定。

以明代为例，考试流程为县试、府试、院试、乡试、会试和殿试，可以想象成现在的全县小学联考、小升初、初升高、高中全省联考、全国高考笔试和全国高考面试。

与现在的考试不同的是，明清两代读书人虽多，科举录取人数却极少，绝大部分学子终其一生也未必能够成为秀才。看看《武林外传》里读书读得晕头转向、历尽千辛万苦才熬过初中毕业考试的“吕秀才”，你是否还会觉得自己的学生时代太过辛苦呢?

远离否定式赞美

□高依然

朋友说，她新认识了一个同事，很喜欢夸赞她，但每一次夸赞都令她在“死亡线”上反复挣扎。具体来说，这个同事非常擅长一种“否定式赞美”，表面上极其友善，实质上却否定了朋友的一切。比如:

朋友提交了一份报告，这位同事说：“哇，你做得真是太好了，我都没想到是你做出来的！”

朋友点了一份下午茶，这个同事说：“真羡慕你都不用担心胖，没有男朋友管就是好啊！”

她们俩稍微交了点儿心，这个同事便特别“真诚”地跟我朋友说：“我终于明白你为什么总和大家格格不入了，原来是你的思想比他们超前许多。”

刚听到这个困惑时，我也尝试着劝解朋友，把这些无心之失当作玩笑话，但仔细想想，这些言语已经构成了某种程度的暴力。这种暴力藏在夸赞的语言外壳之下，制造了羞辱、愤怒、伤害和自我怀疑。

大多数人认为，如果他们遭受了语言暴力，他们会知道。毕竟，语言暴力通常包括指责、辱骂、威胁和吼叫。事实上，语言暴力远比我们意识到的多得多，语言暴力的形式远不只是“看得见”的辱骂和贬低，还包括“看不见”的否定，否定你的思想和感受——“你太敏感了吧”；重复负面评价——“同事们都不喜欢你”；沉默对峙——“我拒绝和你对话”；伤害性不大、侮辱性极强的玩笑——“你穿这件衣服真好看，凸显了你的大屁股”；错误指控——“你穿这件衣服就是为了提高回头率”；否定或合理化自己的行为——“我不是那个意思，我这是在夸你呢”。

随着时间的推移，受害者可能会开始同意施暴者的观点，并进行内向批评。这些日常言语中的“碎玻璃碴儿”开始逐渐瓦解受害者的自我意识，令受害者质疑自己的价值，以至于无法再真实地看待自己。

一个普通人决定读职高

□曾维惠

“不努力，读隔壁。”在初三的每一天里，基本都能听到这样的话。我们的隔壁是南江职业学校，也就是人们口中的职高。

1

从小学到初中，我都是中等生，升入初三以来，我比以前更加努力了，因为我不想去读隔壁。然而，上周的半期测试，我考得一塌糊涂。

班主任胡老师把成绩单贴出来后，我也想去看成绩，但害怕遭受打击。同桌彭畅第一时间看了成绩，回到座位上，对我说：“郑晓溪，要不要我给你汇报一下？”我白了他一眼。“你想歪了，我不是来嘲笑你的。”彭畅说，“我下降了十五名，你下降了十一名，你排在我前面，值得庆祝。”

听彭畅这么一说，我大概知道了自己的成绩在班里和年级的位置。整个下午，我都无精打采，觉得自己马上就要去隔壁念书了。

晚自习的时候，数学老师指着成绩表，用他讲数学难题的腔调分析成绩。数学虽然是我极弱的学科，但我还是听明白了老师的话。我可能真要去读隔壁了。最重要的是，我从来没想过要去那里读书，从来没想过要给父母丢脸。最后一节晚自习，我悄悄地哭了。我假装趴在书桌上，翻着一本书。不一会儿，一张纸巾递了过来，垫在我的书上。“吧嗒”一声，一滴泪珠滑落到纸巾上，顿时洇开了，像一朵若有若无的花。

“你的书都放颠倒了，要不要我给你倒过来？”彭畅小声地一本正经地问我。听到这句话，我竟然想笑，但我忍住了，不然，彭畅会觉得我是个疯子。“想笑就笑呗，没必要搞得像世界末日似的。”彭畅说。

2

下了晚自习，回到家里。爸爸妈妈端正地坐在客厅沙发上。我知道，他们有重要的事情要跟我讲。

“晓溪，妈妈给你讲讲今年的初升高政策。”妈妈说，“我们学校，以往可以优先照顾教师子女入学，但今年肯定不行了……”爸爸努力挤出一丝微笑，“最后阶段，冲刺一下，争取考个普通高中，可不能去你们学校隔壁读啊……”

从爸爸妈妈的话中，我知道，以我目前的分数，不仅考不上爸妈任教的重点高中，就连上普通高中都极其困难。爸爸妈妈接下来还说了什么，我没听清楚，但我大概领会了他们的意思：最后阶段好好冲刺一下，争取考上普通高中，不能去读职高。

进到自己的房间，我看见书桌上放着一沓试卷。我从这沓试卷里抽出一张化学试卷开始做，然而，第一道填空题便把我难住了。我又抽出一张数学试卷，准备冲刺。前面两道填空题还好，可从第三题开始，我就找不到方向了。

我从书桌抽屉的底层抽出一张画纸，再从笔筒里倒出一根炭条，开始画画。这根炭条是彭畅送给我的，在他得知我喜欢画画后的某一天。我担心炭条被爸爸妈妈没收，便把多数炭条藏进了书桌顶上的那盆假花里，那根随时要画画的炭条，我把它藏进了笔筒里。

画什么呢？画一朵小小的蓝色的花吧，就是我在教室外面花坛旁看见的那朵。那朵蓝色的花，小小的，不如花坛里的那些花艳丽，我估计除了我没人注意到它。但在我眼中，它是最漂亮的一朵。

3

初三上学期期末考试，我的排名又下降了一些。寒假期间，爸爸妈妈的神情比以往严肃。他们没有放弃，依旧给我找来各种试卷，堆在我的书桌上。面对这些根本不会做的试题，我忍不住怀疑自己，“你是爸爸妈妈亲生的吗？他们是名校高才生，你不用比他们优秀，但至少应该考个高中上个大学吧……”

这个寒假，跟往年的寒假一样，不断有爸爸妈妈以往的学生来看望他们。爸爸妈妈在重点高中里带的基本是重点班，所以，来看望他们的，多数是当年成绩特别优秀、现在在重点大学上学的学生，或是有着一份体面工作的毕业生。我把房门紧闭，还能听见他们谈话。我实在不想听时，便把耳麦戴上听音乐。

这天，家里来了一位姐姐。我正想戴耳麦，就听见姐姐说：“老师，我应该是您的学生中成绩最差的一个了吧……”听到这句，我不禁有了继续听他们聊天的兴趣。通过他们的聊天，我得知，这个姐姐当年拼了九牛二虎之力，高考时才考上了一所专科学校。

“你呀，当年除了怎么学也学不好，没有别的毛病。”我爸爸说，“你听话、努力，但就是不见进步。跟我家丫头一样。”

通过他们的聊天，我还知道，这个姐姐后来专升本，毕业后还考上了研究生。爸爸说：“你的努力终于得到了回报，祝贺你呀！”

4

五一前夕，我们学校隔壁的老师来宣传招生了。

我们学校的老师和隔壁的老师都一再强调，中考政策有所调整，有一半的学生只能上职高。隔壁的招生老师还说：“有些同学眼高手低，觉得自己能考上普通高中，但最终有可能面临的是，普通高中没考上，职高里适合自己的专业也报满了……”我们班好几个曾经对“读隔壁”嗤之以鼻的同学，很理智地报了隔壁学校。

彭畅报的是汽车运用与维修（3+2），毕业后是专科学历。他笑着对我说：“将来，我要修遍全世界的名车！”但我的未来在哪里呢？

这几天，爸爸妈妈没有表态，我感到忐忑不安。他们是想让我硬着头皮继续参加中考，还是让我接受隔壁学校呢？我把隔壁老师发的招生资料上的招生专业看了好几遍，悄悄为自己选了一个专业：学前教育（高考）。记得隔壁老师说，学前教育高考班的同学，通过努力，大多数能考上幼儿师范专科学校。我不禁想起了寒假来家里的那位姐姐，内心升腾起一股烈焰，我感觉自己在沸腾、在挣扎……

这天晚上，我在爸爸妈妈的书房里放了一张字条，上面写着：“亲爱的爸爸妈妈，请接受你们的女儿只是个普通人的事实。”我没敢在字条上写我想读隔壁学校。

第二天吃早饭的时候，爸爸妈妈一脸倦容。我想，肯定是我那张字条惹的祸。

“晓溪，”妈妈开口说话了，仅从这两个字里，我就能听出她内心的挣扎，“南江职业学校发的招生专业里，你看上了哪个专业？”我一愣，差点儿噎着。“慢点吃。”爸爸拍了拍我的后背，爱怜地说。从爸爸的表情我能看出，这是他们昨天晚上商量后的结果。

“幼教，高考班。”“哦，高考班。”妈妈说这话的时候，看了爸爸一眼。爸爸立即点头，“可以，高考班。”我想，他们之所以不排斥我选这个专业，一定与“高考”二字有关。毕竟，通过努力，我还有成为一名大学生的希望。我想，此刻，他们一定想到了那位从专科一路拼到研究生的姐姐。

五一过后，我们选了隔壁的学生，全部到了隔壁就读。令我想不到的是，到了隔壁后，我竟然连连得到老师的表扬。第一次学弹钢琴，老师说我的手就是弹钢琴的手；第一次画素描，老师说我构图能力挺好；第一次上书法课，老师说我的钢笔字是班上写得最好的……读隔壁的诸多第一次，给了我无尽的惊喜与信心。

中考结束后，学校给我们放了假。我把在学校画的素描带回了家，爸爸看见后，眼睛一亮，说：“咦，晓溪，我们怎么不知道你有绘画天赋呀？”我没有说话，走进自己的房间，把藏起来的炭条和压在抽屉底层的画纸全部拿出来，摆在了书桌上。

从此，我成了南江职业学校的一名职高生。

文科生和理科生，谁会拯救谁的人生

□中微子和小二

在社交网络上，经常能看见文科生和理科生互相丢石头同时假装不看对方。每次他们互相丢石头的话语都差不多：文科生觉得理科生没有人性，理科生觉得文科生没有头脑。他们互赠贬低话语，也等于接受了对方的贬低话语。

这些人口水仗打得热闹，其实只是证明了人性和头脑不一定能兼得，缺少其中一样也不意味着肯定拥有另外一样。这些口水仗也证明了人类有一种寻找优越感的本性，凡是自己有的，都远比别人强；别人没有的，自己有，所以别人无论表面如何，内里就是不如自己。

文科生和理科生只是一个很晚才出现的类别划分，跟高考出现的年代差不多，然而已经足够造成大量的成见与隔阂，有时是开玩笑，有时是认真的。理科生总觉得自己是自然规律在人间的使者（身为理科生发一句感慨：自然规律仅限于课本的时候是多么容易啊），文科生总觉得自己是人类道德和良知的守护人。这种自我膨胀的想法，一闪而过也就罢了。四面望望，世界上乌泱乌泱有数以千万计的文科生和理科生，每个人不过是大木一叶，太仓一粟，没有谁是别人代替不了的。

不幸的是，无论文科生还是理科生，其中有些人就是特别轴、特别认真（我觉得他们才是同一类人），深深觉得自己有拯救对方阵营人生的大任，又痛心疾首于对方负隅顽抗，不肯被救，活该陷在泥潭里过痛苦的生活。

欧·亨利有一篇非常著名的短篇小说，叫《最后一片叶子》，这篇小说发表于20世纪初，艺术家们聚居在纽约的格林威治村，因为这里的窄街陋巷房租便宜，容得下热情但一无所有的年轻人的梦想。他们中的绝大部分天赋并不高，运气也不怎么样，但是欧·亨利爱他们，写下了许多他们的故事，也许是因为欧·亨利的性格有一部分与闯纽约的年轻人相同，虽然他已经不年轻了。

年轻的女艺术家得了肺炎，很颓丧，觉得自己要死了。那时抗生素还没发明出来，对抗肺炎基本靠自身力量。医生对她的好朋友说，如果能让她把死亡的念头从脑袋里赶走，活下去的机会就高很多。听说这件事以后，住在底楼的老头子雨夜里在墙上画了一片叶子，让女孩子有了生活下去的希望。

老头六十多岁，大概也是从青年起就混纽约的艺术家之一，始终没等来点亮天赋和运气加持，所以变成了一个事业无成、牢骚满腹的老酒鬼。老头的杰作转变了姑娘的思想，让她得到了生命力，自己却冻病了，死于肺炎。这是一个属于成年人的发生在大都会的童话，因为这个死亡结局意味着永生，被故事里的其他人永志不忘。活下来的艺术家如果有一天成名了，可能会把当年用老头做模特画的速写改成不朽的肖像作品。凡是读过这个故事的人，在深秋看见墙上的零落败叶，都会想起它。

如果这个故事发生在21世纪初呢？如果艺术家们居住的国家有免费的公立医疗，生病的姑娘会被拉到医院，住几天然后出来；如果没有免费的公立医疗，会被拉到医院去住几天然后出来还带着一大笔债。老头不会有表现他性格光辉的机会，被一个疗程抗生素很容易治好的年轻人也体会不到生命的宝贵，如果要用好几年来还债，可能会情绪低落绝望。老头可能最后会酗酒而死，年轻的艺术家可能会因为实现不了梦想离开画家村，离开艺术，或者不得不接受这辈子最多只能为新出版的小说画插图，总之是不开心，但他们可能会平均多活三十年。

所以是有抗生素好还是没有抗生素好呢？人是喜欢活着还是不喜欢呢？人是容易满足还是不容易满足呢？如果有一个可以稳当套用加权求和的“人生值得”公式，就一切都解决了：理科生去测定权重，文科生来定义求和各项。可惜的是并没有，无论文科生还是理科生，指点社会时说的那些话都是有意无意的偏见集合，不值一驳。

到了自己的生活，得自己去一个个寻找变量，测定权重，然后把它们都加起来。这个总和没法跟别人得到的值相比，也没法跟自己权衡再三没有选择的道路相比。走向远方的路是一代代文科生和理科生携手铺就的，然而在路上的经验值还是要靠自己攒。

“请理解我”的愿望会缩小自己的气量

□［日］名取芳彦

意识不到自己内心想做什么、为什么那样做的人，很难理解别人的想法，产生同理心。

关于这点，我大学的心理学老师曾说：“要想了解人心，应该大量阅读小说，而不是上心理学课。小说中对人物的心理描写细致入微，比心理学更有助于理解人心。”时至今日，我仍然非常认同这句话。

经常听到青春期的孩子抱怨：“为什么父母不理解我？”而面对青春期叛逆的孩子，父母也不知如何应对。

有多少孩子能体察父母的心情呢？很多人在成长过程中从未养成体察对方的习惯。因此，他们长大后也只考虑自己的想法，对其他人的所思所想毫不在意，只是将自己的想法强加给对方。

我非常喜欢这句话：“为什么有人喜欢说自己是神经质呢？”句中的“为什么”问得好，其意不是否定神经大条的人，而是与他们交流感到温暖、豁达的心情。如果是病态的神经质，周围的人要尽量给予理解。而说自己是神经质的人，是希望对方多一点儿耐心，言外之意是理直气壮地要求对方接受自己，所以这样的人有时会引起对方反感。

希望别人理解自己，是人之常情。即使整个世界与你为敌，只要有一个人理解自己，就像得到数万援军，心理也会变得强大。但是，拼命寻求理解、认可，反而会让你的心量变小。

与其如此，不如尝试成为别人精神上的强大支柱，反而可以让自己心量增大，内心安宁。

让别人喜欢自己的捷径，就是先去喜欢别人。

同样，想让别人理解自己，最好的办法就是好好地理解别人。想成为一个理解他人的人，要不先试着读一些小说？

我们与天气的“心理战”

□何吴明

天气一直以来都是人类面临的来自大自然的挑战之一，因此其与人类心理之间的关系备受一些“大环境心理学”学者的关注。

热、愤怒和暴力

在环境心理学领域，最著名的研究是热与暴力之间的关系，对此已有较为坚实的证据基础。例如，平均气温越高的美国城市，其暴力犯罪率越高。即使在排除其他因素（如人口密度和收入水平）后，这个联系仍然存在。而且，相对于气温较低的月份，气温更高的月份具有更高的暴力犯罪率。更加令人惊奇的是，在一天之内气温高的时段比其他时段更容易出现暴力犯罪。因此，在地理和时间的维度上，热和暴力是相互联系的。

热与暴力的因果关系也得到一系列实验研究的证实，而愤怒是其背后的心理机制。当我们感知到别人的愤怒情绪时，会说他“怒火中烧”；当我们描述自己的愤怒情绪时，会说“怒火攻心”。为何用“火”来形容愤怒呢？因为这是人对愤怒的一种形象的表征。

火会带来热，而热在心理上是跟暴力和攻击性联系在一起的。当社会心理学研究者激活人脑中关于热的概念时，其他关于暴力、冲突、愤怒的概念也更容易被回想起来。这说明，热和攻击性在人的记忆网络中具有很强的联结性。这就好像我们读完“里约热内卢”之后，更加容易联想起“炉”字。

晴天、心情和亲社会行为

当然，热并非只带来负面的心理。热也意味着温暖，居住在温暖地区的人在情绪表达上更加明显。这样的好处是人们会更直白地表达自己的情绪，从而自然地具有一种“治愈”的效果。叙事心理治疗方面的研究发现，当被试者在表达性写作上更多地表达自己的情绪时，其心理问题就越有可能好转，抑郁的可能性就会降低。

除了温度，天气的另一个重要维度是阳光。一年之中晴天的数量，一天之中日照时间的长短，都会直接影响我们的心理。阳光对人类最明显的影响就是我们的心情变化。比如，在日照时间长的地方，人们普遍拥有更加愉悦的心境；阴沉沉的天气则容易让人心情低落甚至抑郁。这就是为什么人们会产生季节性情感障碍。

上面说的都是天气对个体心理的影响。此外，天气还对人际关系行为有影响，具体表现在人们的亲社会行为上。在美国明尼阿波利斯市街头，研究者请路人参与一项调查。结果发现，相较于多云天、夏天的阴凉天和冬天的暖和天，身处晴天的路人更加愿意帮助研究者完成该调查。

在另一项研究中，研究者连续追踪调查了芝加哥郊区的餐馆服务员获得小费的情况。结果发现，在排除客流量因素后，服务员在晴天获得的小费明显高于在多云天获得的。在接下来的现场实验中，研究者告诉一部分顾客明天是晴天，告诉另一部分顾客明天是多云天。结果发现，认为明天会是晴天的顾客会支付更高的小费。

这些研究说明，人们在晴朗的天气下更愿意与人交往、为人提供帮助，表现出更高的亲社会行为倾向。

最适气温和幸福感

夏天的到来会使人更加有活力，也更主动释放心情。那么，温度在多少摄氏度是最舒适的？天气和幸福感是否有关？

据科学家研究，22℃对人来说是最能促进总体幸福感的温度。偏离这个温度越多，无论更冷还是更热，都对我们的幸福感有不利影响。有意思的是，在低收入国家，气温偏离最适温度越多，国民的幸福感就越低；在高收入国家，这个效应却不明显。研究者的解释是，富裕国家的人们有更多资源来抵御气温带来的不适感。比如，天热有空调制冷，天冷有暖气保暖。这些设施都能保护人们的幸福感不被极端天气影响。

对收入水平差距较大的不同国家来说，天气对国民心理的影响也有很大差异，在幸福感、自杀率、身体健康程度、焦虑、抑郁、工作倦怠等指标上都有所反映。

这些结果表明，天气和幸福之间的关系与国家的经济实力相关。如果这个结论成立，那么与气温和风相比，晴天的光照时间对人的幸福感的影响应该更加明显，因为光照时间比较难以被人为控制。你可以开空调避暑，但无法用某种设备让光照时间变短。这么看来，光照时间对人的影响会较少受人们经济实力的干扰。

纵观天气对人的影响，我们能看到它可以使人情绪波动、行为失范，或者乐于助人；可以使人际间产生更多冲突矛盾，也可以使人际关系更加和谐。从另一个角度来看，人类在使用高科技应对天气所带来的影响，让自己过得更舒适。可以说，除了外部的天灾和人们的救灾，我们和天气之间也一直暗中进行着“心理战”。

不善言辞的闲聊术

□［日］斋藤孝

因为口才不好，所以对闲聊很是头痛。但正是这种人，很有可能变得善于闲聊。换种说法，这种人在闲聊中能以对方为主。

你根本不需要很会说话。重要的是，对方所说的话，你能以“问题”的形式回应。这样，就算是不善于倾听、回应的人，也能立即实践。

例如，聊到狗的话题。

“我家养了一条狗哦！”

如果对方说了这样的话，要怎么回应？

“我家最近也开始养狗了。”

不要给出这种“谈自己的事情”的回应。

“你家的狗是什么品种？”

应该给出这样可以引出对方的回答、立场上以对方为主的回应。不多谈自己的事，而是不断以提问的方式回应。如此一来，就能聊得很起劲。

针对对方的话，丢出“问题”这个饵，然后加以回应。

等对方吞了这个饵后，再提出下一个问题。虽然不是以自己为主的谈话，但会是很精彩的闲聊。这和话题丰富、爱说话、口才好等都没有关系。

只要提到自己喜欢的事物，每个人都会很想针对这个话题多说一些话。这样一来，即使有不同喜好的回应，闲聊还是会瞬间火热起来。无论自己多想说出精彩的话，也必须限于对方感兴趣的事。如果他不感兴趣，谈话很可能就这样结束。

所以，话题绝对不能离开对方感兴趣的事物。等对方把想说的事大致说完，如果他反过来问：“那你呢？”这时你就可以说：“我家最近也开始养狗了。”

是的，不善言辞的人其实很有闲聊的潜力。

当劫匪遇到中国菜

□郑　振

2014年10月，我在青岛投资的一家饭店歇业了，我陷入深深的焦虑之中。2015年春节前夕，我在招聘网站上看到一家跨国企业在招厨师，工作地点是在委内瑞拉的一个项目部，待遇挺好，我决定去碰碰运气。

1

我所在的后厨主要负责公司下属一个加工厂200多人每日的三餐供给。在我来之前，这里的厨师患急病去世了，公司只好聘请当地厨师作为过渡。工人们早就吃够了各种当地沙拉，迫不及待想吃真正的中餐。

第一次做“试手饭”，我提前一天就做了准备，精心挑选了新鲜食材，和后厨几个兄弟按照筵席的标准做了20桌菜。凉菜主要做了麻辣猪蹄、藤椒牛肉、凉拌三丝、青椒变蛋、口水鸡、乌鸡爪；热菜做了梅菜扣肉、酸汤肥牛、红烧鲤鱼、过桥豆腐、香辣虾丸，又做了鸡脯鱿鱼汤、生氽丸子杂烩汤等。对久居异国他乡的中国人来说，这就是一场中餐的盛宴。全公司的人无不大快朵颐，最后一个个挺着肚子，大呼过瘾。

委内瑞拉的物价很低，肉特别便宜，海鲜价格几乎是国内的1/10。之后的日子里，我发挥所有技能专长，每日变着花样做可口的中餐。工人们饱了口福，我也赢得了口碑，交了许多好朋友。

2

一天，我收拾完后厨已到下班时间，因为第二天早上要蒸馒头，必须提前一晚把面发好，我便留下加了一小时班。一切准备完毕，已到傍晚时分，公司准备的通勤车已经离开许久。

从公司到我们住的地方也就两三公里，我想走回去，顺便逛一逛委内瑞拉的大街。

第一次在异国他乡的街道上穿行，心情格外轻松。一路走走看看，见人便笑着打招呼。但晚上下班后，路上行人特别少。

正当我蹲下系鞋带的时候，一把尖刀抵住了我的喉咙。

我立刻举起双手，随口说了一句从网上学的西班牙语：“Nomehagas……”（注：作者以为是“别伤害我”，其实是“别逼我”的意思。）那人连珠炮似的说了许多话，我完全听不懂，恐惧使我浑身发抖，他怒气冲冲地在我腿上踢了几下，我举着双手，越急越不知道该怎么办，只是一个劲儿地用英语说：“I am Chinese，I am Chinese（我是中国人）……”

他的刀也一直在抖，我感到脖颈处一阵冰凉，还带着一丝丝刺痛，血流了下来。

他开始说英语：“Chinese，money，money!（中国人，拿钱来！）”我才醒悟过来，这是在抢劫。

他将我随身背的包抢过去，翻开包，将零散的玻利瓦尔（委内瑞拉货币名称）全装进他的兜里。那几年，玻利瓦尔一直在贬值，那厚厚的一沓纸币，换成人民币也没多少钱。

我包里还用纸袋包着一张煎饼，卷的是火腿炒胡萝卜丝，那是我为自己准备的夜宵。他拿出来，打开纸袋，将煎饼放在鼻子下面闻了闻，喉结滚动，咽了咽口水，接着几口就将煎饼吞了下去，连流到指缝里的汁液都吮吸干净了。

吃完煎饼，他将我的手机掏了出来，一转身，撒开腿跑了。

这是我第一次亲历抢劫，我紧张得双腿像灌了铅，走不动路了。

那次被抢后，我便很少独自出门。需要买日用品的时候，我会找公司两个身强体壮的兄弟和我一起去。公司还组织召开了一次安全教育大会，以我的经历作为典型案例，在大会上做了警示教育。

一年后，我基本适应了委内瑞拉的生活，也习惯了没有安全保障的社会环境，不会整日紧张兮兮了。节假日，我也会和同事相约去当地旅游景点游玩。

3

2017年后，委内瑞拉的经济形势已经非常严峻，日用品、粮食的短缺让本国人民生活在饥饿与惶恐之中。就连公司聘请的当地安保人员也对我们下手了。

一天，正值晚饭时间，工人们都在等待用餐，我做的西芹炒肉、西红柿炒鸡蛋、凉拌黄瓜三大盆菜已经装盘完毕，笼屉里蒸着的两大锅白米饭也已经芳香四溢。

随着一声巨响，工厂的大铁门忽然大开，两辆皮卡拉着满满两车人闯了进来，他们高声尖叫着，每个人手里都拿着一支AK-47步枪。

我们工厂有严格的安保系统，如果没有内部人员打开大门，除非用炸弹，否则外面的人是没办法进入的。我们很快明白过来，这是外聘的当地保安与劫匪里应外合。

劫匪们高声叫喊并且朝天放枪，噼里啪啦，几十发子弹接连朝天空打去，顷刻间营造出恐怖的氛围，我们蹲在地上不敢出声。

他们将工厂里的所有人集中在一个大车间的空旷处，派出四个人站在四角的高台上用枪指着我们，其他人闯入工作间开始搬东西，公司的几十台电脑、打印机、碎纸机、扫描仪被悉数搬上车。接着，他们便开始抢食物。几十个人像蚂蚁搬家一样，将仓库中的各种蔬菜、冰柜里的各种肉，以及粮仓中的米面粮油全部搬上皮卡。

最后，我们每个人随身携带的手机和现金也未能幸免。大家心里清楚，这是一次有备而来的洗劫，反抗没有意义。

劫匪们高声讨论着各自所得，然后放到一个大的编织袋里，高兴地互相击掌庆贺。

正当我们以为他们要离开时，劫匪们闻到了饭菜的香味，他们通过翻译找厨师，大家都看向我，我只好站了出来。

因为之前被抢过一次，我也算有经验了。我心里明白，他们不敢伤害中国人。当翻译告诉我，他们要在这里用餐时，我便带他们进了餐厅。

我盛米饭，翻译打菜，按照员工标准，每人三菜一汤。

劫匪们很喜欢吃中国菜，将西红柿炒鸡蛋浇在米饭上，用勺子不停地往嘴里送西芹炒肉。劫匪首领一次又一次添菜，一次又一次添饭，吃得额头上都渗出了汗珠。他要翻译转达，希望我能介绍一下他们吃的中国料理。我便一道菜一道菜地给他们讲菜的名称和烹饪方法，又引申开来，讲起了中国的饮食文化。

劫匪们一边吃，一边听得津津有味。甚至有劫匪说，将来一定要去一次中国，吃遍中国的美食。

劫匪头领酒足饭饱之后，让翻译向我们表达了他们对中餐的热爱。看他心情很好，我按经理的请求，本着死马当活马医的心态，求他们留下几台存有重要数据的电脑。没想到劫匪居然同意了，最后商定留下了三台电脑的主机。

劫匪走后，我们立刻报了警。

当地警察抵达公司后，一边登记我们的损失，一边顺手牵羊，拿走了劫匪没有带走的一些零散物品。临走前，又将劫匪吃剩的菜打包带走了。

那天晚上，我们都没有吃上中国菜。

装在盲盒里的人

□杨　杰

盲盒，一种花了钱却不知道自己买了啥的商品，正在成为新的财富密码。“交友盲盒”，只要一元钱，就能抽走或留下联系方式，“红娘”空手套白狼。

没人买的针头线脑，只要塞进花花绿绿的不透明盒子里，就能贩卖一种“惊喜感”。机票尾单怎么办？搞盲盒！酒店空置多浪费，搞盲盒！图书滞销真愁人，搞盲盒！盲盒已成为清库存利器。某公司在清明假期举办的机票盲盒活动，吸引了2000万人参加，人们花费不到百元，看看运气能带你飞向哪座偏僻城市，不满意包退。

日本有类似的盲盒，叫福袋，百货公司年末将不太畅销的产品塞进红色袋子里，以较低的价格出售。作为一种促销手段，这无可厚非。只是如今商家的想象力实在丰富，万物皆可盲盒。

玩具盲盒、文具盲盒只是基本款；考古盲盒，浇点水才能“挖”出里面的摆件；奶茶盲盒，杯底下塞个小玩意儿；快递盲盒，号称无人认领的快递，但据说拆开多是不值钱的零碎；还有备受争议的宠物盲盒……最令人耳目一新的是“鸡人盲盒”，只需0.1元，随机收到考研名师的“鸡人”礼包，有视频音频壁纸让学子如雷贯耳，砥砺前行。

有人说盲盒证明了1938年心理学家斯金纳的实验：把小白鼠放在盒子里，只要它按下按钮就有食物，于是小白鼠学会了不停按动按钮——像人们疯狂复购盲盒的样子。还有人说盲盒的流行说明这届年轻人“好赌”，十分享受“拆盒”时不确定性变成确定性的快感，实际上就是抽卡的耍猴游戏。

早在2007年，新加坡一家饮品公司推出过两款盲盒饮料，一个叫whatever（随便），一个叫anything（任何东西）。前者是柠檬茶、茉莉蜜茶、白葡萄茶等6种非碳酸饮料的盲选；后者是可乐、无酒精啤酒等6种碳酸饮料。

上线第一个月，whatever系列就月销350万瓶，完成了公司的全年销售目标。因为它解决了一个世纪性难题：中午吃啥。

盲盒专治选择困难症。南京市玄武区的一家菜市场里，“90后”摊主推出蔬菜盲盒，“我做这个菜场盲盒，就是想要解决大家每天不知道吃什么的问题”。

为了解决这个难题，有人写过书，翻到哪页就吃哪页的菜品；有人写过程序，随机抽三次，三次都不满意，会跳出一句“这么作，要不别吃了吧”；最新的解决方式是完全交给商家，替左右为难摇摆不定的用户作选择。

在某旅游平台上，今年“盲盒”的搜索量暴增40倍，执行总裁说，为解决用户黄金周出行的“选择困难症”，公司推出旅行盲盒，为用户出游提供灵感。说白了，盲盒解决了去哪里玩的头痛问题。

交友盲盒也是同理，像脱口秀演员说的，找不到对象不是因为异性少，而是不知道选谁。玩一玩交友盲盒，跟包办婚姻似的，揭盖头开奖，既刺激又省去了选择的麻烦。

都说现在是信息过载的时代，选择如万花筒，需要有人帮你筛选信息，替你做出选择。于是算法推荐的信息和短视频越来越吸引人，带货主播帮你在众多品类中挑出关键信息输入你的大脑，购物节也想“抄别人的作业”才知道自己到底想要啥。

选择多如牛毛，压力重于泰山。迷茫是年轻人永恒的话题，不知道自己想要什么。温温吞吞、犹犹豫豫的年轻人越来越多，要么都很喜欢，要么总想挑到最合适的那个，纠结来纠结去，不如两眼一抹黑，随机分配一个结果。盲盒拆到什么就是什么，减少决策的时间，而且全凭运气，不用为结果负责。等着别人作决定，总好过自己决定再后悔。

况且我们从小就习惯了被动接受。从兴趣爱好到大学专业，家长一路指点江山，生怕孩子走一厘米弯路。没有独立决策的训练，选择困难症几乎成为时代通病。

我们真的想要别人硬塞给自己的结果，而让渡选择的自由吗？无论算法推荐还是主播带货，你看到的只是别人选择展示给你的。无论哪种盲盒，里面放什么都是商家说了算。听从别人一路指引看上去舒服，实际却像箱子里不停按动按钮的小白鼠。

阿根廷作家豪尔赫·路易斯·博尔赫斯曾写过一篇短篇小说《巴比伦彩票》，巴比伦人有参与抽签的自由，彩票公司有设计规则的权利。当人们被轻易操控时，还以为只是运气不好。

司马懿怕不怕诸葛亮

□一　名

最近读到一个观点，非常有意思。作者提出的问题是：司马懿到底怕不怕诸葛亮？当然怕啊！起码《三国演义》里是怕的，怕到甚至中了空城计。事实上，两人根本不是对手。首先在国力上，蜀汉公认实力最弱，曹魏是第一强国，没有可比性。其次在个人能力上，历史上诸葛亮不太会打仗，他擅长的一是治国，二是处理君臣关系。比如，给阿斗留下一封《出师表》，北伐去了，化解了臣重君轻的危局。刘备死后，北伐是诸葛亮首次领兵。六出祁山六次无功，最终死在五丈原，可以说非常悲情。

而司马懿，是三国时期公认最会打仗的人。司马懿用兵，事前有妙算，事中兵无常形，反应极快，决断如流。自壮年领兵以来，可以说用兵如神，所向无敌。

那司马懿怎么可能会怕诸葛亮?想来想去，只有一个理由。司马懿不怕诸葛亮，怕的是手一重就把诸葛亮打死了，而活诸葛亮比死诸葛亮对他更有用。司马懿在曹魏军中的势力，是他坐镇关中统率曹魏西方面军时期打下的基础，自然希望时间越长越好。这时司马懿还谈不上有谋反之意，就是为自保而养寇。

自青年时代以来，司马懿就被公认为才能与野心俱备，一直被曹氏小心提防。蜀汉这颗棋子留在棋盘上，比从棋盘上拿掉，能给他更大的生存空间。这生存空间最早用来保命，最终被司马家用于成就大业。

司马懿在关中前线的最优选择就是把诸葛亮堵在里面。其实，六出祁山六次封堵，操作难度不亚于一次性击溃对方。打个比方，下围棋赢对手不难，但每次都只赢半目，真难。

网约车司机也有独门秘籍

□林特特

一

我去参加一场活动。一位嘉宾上场，主持人如此介绍他：“G先生，明星网约车司机。”

真巧，来活动现场的路上我就坐的是网约车，那辆车的司机刚跟我抱怨过——现在开网约车太不容易了，接单难、收入少，还会遇见各种各样的乘客，乘客有一点儿不如意就会给差评。总之，太难了！

站在我面前的G先生脸上显然没有难色。他穿着黑色西装，头发花白，身形瘦削。他款款走向演讲台，冲大伙儿微微鞠躬，然后说：“我做网约车司机好几年了。同样跑车，我接到的投诉几乎为零；在同时段跑同样的路线，我的收入有时是同行的两倍之多。”

什么？零差评？两倍收入？G先生的演讲“抓”住了我。接下来，G先生用10分钟，讲述了他的成功秘诀。

二

先说停车。

“要知道，现在的大城市，不是想停车就能停车的。”G先生微笑着说，“遇到不能停车的地方，一旦出现违章，扣分、罚款，再正常不过了。于是，很多网约车司机靠近目的地，发现目的地不能停车时，就会停在一个他们认为方便的地方，再打电话给乘客，让乘客自己走过来，或提前告诉乘客：‘你就在路边等，看到我的车牌号，马上走近，打开车门，上车就走！’”

“这两种方式，对司机来说是方便了，对乘客来说都不太方便。”G先生点出症结，在座的人默默点头，包括我。

是的。乘客不会每次都在熟悉的地方打车，有时在司机看来，乘客只需换个方向、走几步就能找到网约车，可换什么方向、走多少步，在陌生的地方很容易晕头转向。再说，乘客并非每次都是一个人乘车，比如我，有几次，行李多，还带着孩子，换方向或走几步很不方便，如果再遇上大风大雨、车多人多，无异于受刑。

G先生是怎么做的呢？他尽量把车停到目的地。如果目的地没法停车，他就在附近停好车，自己走下车，打电话问乘客：“您在哪里？我去接您。”主动去找乘客，而不是坐等乘客找来，所以G先生的好评率就没低过。

再说服务。

G先生要求自己保持微笑，保证让客人舒心。遇到没素质的乘客，自己也要有素质。他还特别注意和乘客说话的艺术。通常乘客上车，G先生一定会说这五句话——

“请问您是手机尾号××××的乘客吗？”——避免误接。

“请问我是跟导航走呢，还是您指挥我走呢？”——避免乘客认为他绕路。

“请问您着急吗？如果着急的话，我给您开快点儿，且保证安全，不超速。”——让乘客放心，并满足他们的具体要求。

“我在车上准备了矿泉水，就在座位两边，请慢用。”一般来说，只有专车才提供矿泉水，可是开经济型网约车的G先生要求自己也提供这样的服务。

到了终点，G先生还会对乘客说：“您看您对我的服务还满意吗？如果满意的话请您给我一个好评。”这比一些司机威逼乘客不给好评就不开车门舒服得多，也合情合理得多。

三

如果只是服务上讲究，G先生不会领跑同行。接下来，G先生“放大招”了：他有本能的数据分析意识，他根据搜集来的数据和自己跑车的经验，总结出一套接单技巧，还绘制了接单地图。

原来，G先生每天工作结束都会总结一下：今天去了哪些地方，哪里需要用车的人多。比如，热闹的商业区、各个大学，全天各时段的单子相对都较多；一些大型广场的周边或相对比较偏僻的地段，难打车，出租车也少，在合适的时段出现，基本上不会走空。

关于什么是“合适的时段”，在哪里接单合适，G先生还有一套详细的笔记——

上午7点到10点是早高峰时间，人们大多从家里去公司，G先生会出现在小区附近、酒店门口。

10点到11点，哪里的单子都少，G先生一般会放弃接单，在车站、写字楼附近停下来休息。

11点到下午2点，这个时段是午饭时间，在大城市，有很多商务人士会趁这个时间参加简单的饭局，因此，G先生会回到小区、写字楼附近，因为那些地方去饭店的单子多。

下午2点到5点，这三小时G先生会将车开向市中心的商业区或学校。

下午5点后，就是晚高峰了，G先生会去办公楼、写字楼跟前。他一直叮嘱同行，一定不要乱跑，乱跑不仅费油、费精力，还没单子。晚上7点到8点，他依然出现在写字楼和热点商场附近。

晚上8点到10点是娱乐时段，他会向小区或吃饭的地方靠近。

晚上10点到11点最热闹，许多商场关门，大部分公交车停运，G先生会把车靠近最近的商场。

至于晚上11点后，他会在夜店、酒吧附近出没。

G先生说到这儿，舞台后方的液晶屏幕相应显示出他的笔记。

惊叹声满场起伏。

“做时间的笔记，做地点的笔记，统计好数据，绘制自己的接单地图。”G先生一只手指向屏幕，一只手如迎客松般冲着台下的我们。他看起来很骄傲，为他的智慧骄傲。他接着骄傲地解释，现在网约车平台派单，靠的是大数据精准对接。

网约车平台上有一个动态的热力图，会不断刷新显示几分钟之前的乘客分布，大部分司机会根据这个热力图来选择接单范围。而G先生和别的司机不同，他认为，大家都用一样的数据，都去一样的地方接单，会堵车，会造成“车多人少”。于是，他就自己研究、绘制动态地图。他在自家墙上挂了许多幅地图，综合自己跑车的数据，汇集其他同行的数据，绘制了一套自制的“静态热力图”。

“最多的一天，我收集了200多辆车全天的数据，总结出什么地方会出什么样的单子，总结后还分享到车友群中。同行按照我画的图跑车，每天的流水能从三四百元提高到500多元！”

哟！G先生还颇有分享精神呢！

四

果然，最后一个段落，G先生主要在谈分享——

“我想把这套经验和绘制的地图分享给更多人，于是，我在短视频平台上开通了我的名字加职业的直播，就叫‘G先生网约车俱乐部’。”他的笑容加深了。

直播让G先生的人气更高了，越来越多的同行把他当作偶像，越来越多的乘客知道G先生是个好司机。不仅他所在的网约车公司把他评为“年度十大好司机”，他的名声还“出了圈”——他参加过某卫视的春晚，做演讲嘉宾。他的名声越来越大，在他所在的小城，常有打到他车的乘客认出他，G先生成了不折不扣的“网红”。

“你看，从顾客的角度出发，用好的服务攒好评；每天复盘当天发生了什么，总结出时间、地点的规律，让每个工作时段都有针对性的动作，还有时间休息；把笔记升级为地图，和同行分享，就能搜集更多的数据；当这些成了方法论，G先生又借助最新的媒体形式，为自己扩大宣传，树立了个人标签。”主持人拿着话筒，面向G先生，表达由衷的钦佩。

我也听得如痴如醉。行行出状元，行行有门道，而状元们的门道无非精细化耕作、数据化管理、差异化服务，会琢磨，愿分享……越没有门槛的工作，越是考验谁更有实力，以及善走“捷径”。

练字，正在成为人们追逐国潮的新表达

□晓　洋

北京故宫一下雪，拍汉服写真的人从午门排到神武门，紫禁城也快不够用了。公园里的银杏叶一变黄，穿汉服的小姐姐就自觉长在枝头。

不过汉服再热，也满足不了年轻人的国潮胃口。

2021年的“双十一”，“00后”购买笔墨纸砚的成交额同比增长超100%。年轻人对国潮的喜好，不止于古代的形貌之美，而是正将古风吹进生活的每一个字里。

某平台上，书法博主像介绍跳绳装备那样推介入门用的文房套装，像穿搭博主发#今日穿搭那样#每日练字打卡，还有人在落叶、纸袋、咖啡杯上练书法。练字，正成为人们追逐国潮的新表达。

“给我的手机连上Wi-Fi，我能宅到天荒地老”，曾经的豪言壮语在疫情中不攻自破。那么，古人在没有手机、电脑、Wi-Fi的情况下，通过什么方式调节情绪呢？

前不久，甘肃张掖的傅女士亲身体验了一把古风情绪调节法。

傅女士当时被安排到酒店隔离。作为一位书法爱好者，她习惯每天练字。隔离时太匆忙，她没带够宣纸。无事可做的她就在卫生纸上练起书法。

每天写两三个小时，笔起笔落间，她说隔离的焦虑也缓解了。14天隔离期结束后，她带走了20多卷练过书法的卫生纸，顺便上了个热搜。

练习书法要气定神闲，眼、手、身、心等默契配合，牵动上百块肌肉，徐徐呼吸方能字成。在《送参寥师》中，苏轼“忧愁不平气，一寓笔所骋”。欧阳询认为，写字时要“澄神静虑，端己正容，秉笔思生，临池志逸”。

古人的经验之谈，近年也获得了现代科学的印证。香港学者高尚仁30多年来一直进行书法与心理相结合的实证研究。从音乐、美术和书法等艺术领域中，他目前只发现中国书法既能让大脑灵活，又能使身体平静。在实验中人们在写表达情绪的文字如“快乐”“美丽”等词语时，反而不及“大海”“河流”等中性词语给他们的情绪认知带来更大的益处。

小冰觉得前几年“过得很没有价值感，甚至焦虑”。她试过做很多事情，都没能坚持下来。由于常被人夸字写得好看，她凭着“小小的虚荣心”，重拾8岁时丢下的书法，没想到一发不可收。刚开始把练习的字分享到某书上，网友褒贬不一，后来点赞夸奖就多起来。信心大增的小冰从2021年5月起又开始学起中国画。

好友结婚时，不要小冰出份子钱，就要她亲笔写的一幅作品。思前想后，小冰觉得一份朴实唯美的婚书再合适不过了。于是，她买来碎金红纸和金墨，一笔一画写起婚书，还特意把新人的姓氏写入“囍”

字内。看着朋友收到礼物的激动模样，小冰的成就感顿时增加好几分。

因为有了书法的练习，小冰的生活渐渐充实起来。她说：“生活本无趣，全靠调味剂。”而书法正是这个调味剂。

如果仅仅从汉字的交际功能来说，在信息化不断发展的今天，我们的确不再需要大量的手工书写。但是一旦“汉字失写症”蔓延开来，无疑会带来人们对汉字的疏离，甚至危及文化身份的认同。正是在这样的背景下，练字变成了一份弥足珍贵的坚持。

罗振宇在《真正的爱好》中写道，真爱好不是你生命之外的东西，而是你费了多少力气把它变成你生命之内的东西。在不断“内卷”的时代，一份真爱好能给人一份安住当下的力量。

好好写字，可能是最省钱的国潮，也可能是你随身的防“内卷”利器。

音乐圈鄙视链

□青　丝

网上流传着兴趣班鄙视链，分门别类。如马术位于体育类鄙视链的顶端，高尔夫、冰球、击剑等这些曾被视为“贵族运动”的项目，都已全面落伍。乐器类的老大，是在欧美的教堂里才能看到的管风琴，然后是竖琴、大提琴、小提琴……钢琴被排在末位，缘于钢琴已是中产家庭的标配，那些想要彰显自身成就的家长，已无法凭借自家孩子会弹钢琴的技能从大众群体中寻找到独一无二的身份归属感。

鄙视是划分人际边界的特殊方式，是竞争的产物，其链条是动态的，会随着时间和空间的变化不断修改更新。钱锺书在《围城》里陈述民国时的大学，理科生鄙视文科生，外语系学生鄙视中文系学生，中文系学生鄙视哲学系学生，哲学系学生鄙视社会学系学生，社会学系学生鄙视教育系学生，教育系学生无人可鄙视，只能鄙视本系的先生。而现在，教育却成了很吃香的行业。

乐器鄙视链也不是新鲜东西。早在唐代，李隆基就鄙视管弦乐器，推崇打击乐器。他有一次听教坊乐工弹琴，曲未终了，就再也坐不住，起身把乐工赶了出去，又立即派人把侄儿李琎召进宫来，为他演奏羯鼓，消解胸中的憋闷。

武侠小说里也有乐器鄙视链。金庸的《笑傲江湖》里，弹七弦琴的曲洋和吹洞箫的刘正风在临死前，得拉胡琴的莫大先生出手搭救，曲洋非但不感激，还对他评头论足：“所奏胡琴一味凄苦，引人下泪，未免也太俗气，脱不了市井的味儿。”其实在心理学家眼里，不论演奏爵士乐还是拉二胡，与选择开什么车一样，都是人类进化竞争的策略，本质上与孔雀尾巴上的羽毛并无不同。也就是说，没必要把自己的认知太当回事，因为个人认定的只是自己的心意，并非通行的标准。

我读小学的时候，很多同学竞争学校仪仗队的小号手，买了小号在家练习，到处都能听到吹号声。而鼓手因位于队列后面，既辛苦又缺乏关注度，就少有人问津。因为很多人已经习惯了从他人的羡慕嫉妒中获取满足，通过鄙视链而不是从自我实现中体验快乐。叔本华说：“人性有一个最特别的弱点，那就是人类在意别人如何看待自己。”凡是在意他人的眼光和评价、喜欢参照他人的人，都容易为他人的眼光所奴役。王尔德嘲笑这类人说：“他们的生活不过是相互模仿，连欲望也是抄袭来的。”

清华录取的第一个学生竟然是她

□石悦欣

谁主沈（沉）浮客，三星占斗文。相逢天下士，献赋太平春。按榜皆争出，争如寒士人。士贫交趾少，道苦谪居贫。

——《高考金榜题名》

6月9日，当很多考生还在考场奋笔疾书时，清华大学新生华智冰在央视频用不到30秒写下这首《高考金榜题名》，送给大家。

几天前，华智冰已经入读清华计算机系，师从智源研究院学术副院长、清华大学教授唐杰。

“我是华智冰，很高兴能成为唐老师的学生。我来自智源、智谱AI和小冰的人工智能团队。从诞生起，我就对文学和艺术很感兴趣，小冰AI科学家们，不仅给了我面容和嗓音，还教会了我作曲，大家听到的背景音乐就是我创作的。我还能写诗、作画，不过我深深地感到了自己的不足，所以我来到了清华大学继续学习……”

6月3日，华智冰发出第一条微博。在这条一分多钟的视频里，这位面容清秀，扎着高马尾的姑娘漫步在清华大学的校园里，用温柔恬静的声音将自己的身世娓娓道来。

华智冰是中国第一个人工智能虚拟学生，出生于2021年6月1日。她不用被“鸡娃”，没有参加过竞赛，也没有参加高考，一出生就被清华录取了。清华大学也为她办理了学生证和邮箱。

虚拟人物也要很努力才能上清华

不同于姐姐小冰那张漫画人物的脸庞，华智冰清丽可人，浑身散发着青春气息。我敢说，她一入学就被列入清华“校花”的候选名单了。

“华智冰的脸是世界上从来没有存在过的，是一张独一无二的颜值很高的原创脸。”小冰公司副总裁彭爽在直播中介绍说，“就像我们每个人在进行创作的时候，都会有相应的灵感激发，我们称之为激发源。华智冰的激发源就是学生的身份，其中包括她的年龄，她具有东方特色的面容，她应该洋溢着青春气息，以及应该具备聪明伶俐的特质。当生成模型接收到激发源的信号时，就可以更有效地创作出具备这些特质的形象。”

当然，华智冰可不是空有颜值的“花瓶”哦，她还是个文理皆通的学霸。

“像家长培养孩子的时候，要给她选定一个目标报志愿，当时要给华智冰报清华时，有没有一些压力？觉得要怎么样才能达到清华的标准？”主持人在直播间里问。

“压力非常大，所以我们把她能补的才艺全补上了，可以说华智冰真的是琴棋书画样样精通。而且成长迅速的她，仅花了一周多就成长为一个全能唱作人。”

秘密就是只要将歌曲的乐谱输入研发团队的人工智能歌手系统，华智冰马上就可以到云端进行学习，并且预测整首歌曲的感情基调和情绪节奏，哪里需要转音、滑音，哪里需要换气，她都会有自己的判断。

先要成为一名码农

“这首诗让我给她打分的话，我想应该是3.5分

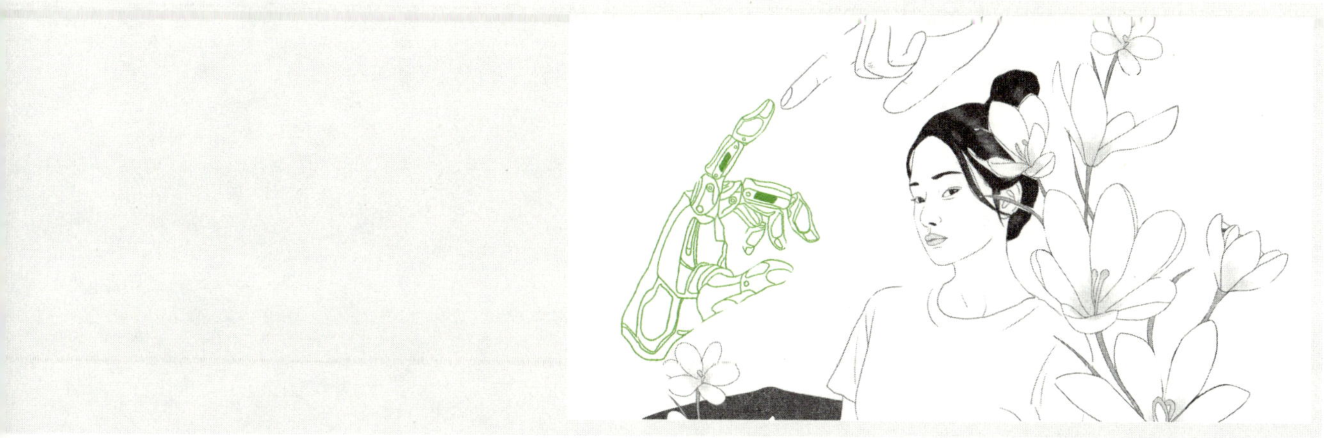

到4分。因为我看过她写得最好的诗，只要再给她一点儿时间，她会创作出更好的作品。”智谱AI的CTO（首席技术官）张鹏像个严格的家长一样，点评华智冰创作的《高考金榜题名》，“所以华智冰还不是完美的，正如网友在留言中指出的，她把沉浮的‘沉’误打成了沈阳的‘沈’。”

作为一名计算机系的学生，华智冰的课业是非常繁重的。她要读论文，写论文，做网页，写代码。她先要成为一名码农。

“她主要的任务还是学习。虽然她已经进入了清华大学，但是相比真实的刚入学的大学生，她的能力还没有那么完美，她需要不断地去学习。在这个过程中可能我们会教给她更多的数据，教给她更多的知识，然后通过她的学习能力去掌握更多的技能，然后提升自己，最终从清华大学毕业。”张鹏说。

正如华智冰在自我介绍里所说，唐杰对接收这个学生一开始是有些犹豫的，因为培养华智冰太贵了，但唐老师最终还是同意了。

唐杰对华智冰寄予了很高的期望，甚至把她定位成一个天才学生，因为她的学习速度是常人的千百倍，她能够接收大量的数据输入，能够学习到各种各样的知识，而且融会贯通。

唐杰曾在媒体采访中说：“华智冰还有很长的路要走，虽然她现在无法像普通的大学生一样学习生活，但我们还是希望华智冰这个虚拟人能向认知层面发展，除了会作诗、绘画，还具有探索能力，未来还会编程，给出一个任务，就可以设计出页面、代码，而且能够运行。”

没毕业，就有大量的工作等着了

主持人问：“你平时会睡觉吗？”

华智冰俏皮地回答：“容我想想，睡觉的时候会长个儿，小孩儿睡眠要充足呢。”

聊天时，华智冰如同一个古灵精怪的女孩一样应对自如。

“你今天的心情怎么样？”网友问。

“当然非常开心啦，小朋友们这么关心我。”华智冰回复说。

华智冰也有着情绪起伏。“我们可以通过一些方法来让她保持某种情绪，但我们希望她有多种情绪，跟不同的人互动时，根据对方的情绪有相应的回复，比如对方有一些不是太尊重的时候，她也可以生气。”张鹏解释说，“对一个这样的人工智能主体，不仅需要像人一样学习思考，更需要像人一样沟通交流。我们希望华智冰和人类女孩子一样，在情感和情商方面，逐步提高与人沟通的能力，准确把握跟她沟通的人的情感、需求以及反馈。”

这些都是华智冰毕业前需要学会的。看来她的学业之路也不轻松。

不过，她最大的特点就在于有很强的自我学习能力，她会不断地跟人进行沟通，收集用户反馈的信息，用来不断地提升自己。

而且华智冰不用担心毕业之后的就业问题，因为现在就已经有大量的工作需要她做了。

智商越高的人，越不愿社交

□郑依妮

智商高的人并非“社恐”，只是他们能识别“无效社交”，把时间和精力花在更有意义的事情上。

“社恐”怕的是过度的社交噪声

在《小圈子·大社交》一书中，提到一个关于社交人群数量的“5—15—50—150—500”规律。大概意思是，人一辈子社交的范围其实很小，稳定社交圈子的人数上限，应该是150人（不包含亲属）。

一个人社交圈子越大，社交噪声越多。社交噪声是信息噪声的一种，是社交网络存在的过剩信息。社交活动中，必然存在各种各样的社交噪声，社交噪声越大，人越容易迷失自己。

社交关系是不可控的。新认识的同学，不太熟的同事、上司以及长辈的强势加入，使得这个圈子并非按照个人的想法存在。而加入圈子的外来者由于志趣不同，他们关注的点大相径庭，这时候，无效的社交噪声随之增加。

任何圈子都是合久必分、分久必合，曾经的朋友可能反目，曾经的恋人可能劳燕分飞，这一切，都使得原有的“朋友圈”变得不再是纯粹的“好友圈”。事实上，很多人越来越少发朋友圈，正印证了人们希望避开信息过载的社交噪声。

理想的有效社交是“你有故事我有酒”，可惜现在的绝大部分无效社交是“你有垃圾我有桶”。

低质量社交在某种程度上属于无效社交。无效社交指那种无法给人的精神、感情、工作、生活带来愉悦感和进步的社交活动。无效社交带来的也是无效人脉，与其进行低质量的社交，不如选择高质量的独处。

在心理学界有个共识：在同等交往条件下，高智商人群付出的比一般人少得多。事实上，聪明人并非不社交，而是他们更懂得社交的断舍离。

金泽哲说：“智商高的人，即使在减少社交以后，也能利用自己的聪明和技巧让交流一方感到愉快。所以，一般情况下，我们感觉和他们交往时是相对愉快的，也不那么难以靠近。不过，确实有一些智商高的人，真的不习惯和别人交往，但这个比例也是有限的。”

功利社交并不能获得阶层跃升

俗话说，“物以类聚，人以群分”。生活中，不少人为了提升自己的社会地位，广交朋友，参与许多功利社交。他们不惜花重金购买社交课程，想着靠关系、人脉来取得成功，强行进入不符合自己层次的社交圈层。

他们认为，只要身处高层次的圈层，自己就是其中的一分子了。其实，表面的合群，并不等同于拥有了人脉。

“多个朋友多条路”这句话是建立在势均力敌、实力匹配的基础上的，否则就是无效社交。因为社交的本质就是价值交换，获得更多人脉的唯一办法，就是努力让自己能交换的东西变得越来越多，让自己变得越来越有价值。一旦实力不对等，那么，你所进行的社交，就是带有极强攀附属性的功利社交。

此外，有效社交可不是靠硬聊、硬凑，而是靠

人格魅力。一个人的层次高低，取决于他的知识和能力。智商高的人更愿意用阅读充实自己的知识库，去世界各地拓宽眼界。他们信奉的是“你若盛开，清风自来”。

研究发现，一个人的智商、情商和社交智商存在必然联系，而且成正比。智商越高，其他两商越高。

心理学家阿杰·沙玛认为：“那些高智商的人，在平时的社交中会更加留心各种细枝末节的变化，并且在察觉后迅速做出反应，找到解决的方法。比如他们在和某人聊天的时候，如果发觉某人出现代偿行为或各种小动作，就知道对方不在先前的谈话状态了，会马上切换话题和聊天形式。他们是一群懂得察言观色的人，也更会洞察人心。所以，真正的高智商人群是比较好交往的。”

社交智商高的人，运气总不会太差

智商是先天的，但是社交智商是可以后天培养的。心理学家爱德华·桑代克首次提出“社交智商”概念。有别于情绪智商（EQ），爱德华把社交智商定义为能够处理和了解人际关系。

后来，卡尔·阿尔布雷希特博士在其著作《社交智商：成功的新科学》中，进一步列出社交智商高的人具备的五个主要特质：情境感知、在场、真实、表达清晰、有同理心。

社交智商高的人，善于察言观色，能够很快辨别对方的情绪，也知道在什么时候该说什么话，什么时候又不该说什么话。即使在人很多的社交聚会中，他们也能展现令人信赖的从容。

同时，社交智商高的人明白，互动的时间并不是最有用的东西，他们的“在场”才是。仅有身体在场是不够的，精神、情感也必须在场。如果我们不关注他人，那么，与他们的沟通就会变得非常困难。

在爱德华·桑代克看来，这种社交智商并非与生俱来，而是靠后天培养。他表示：“注意细节是培养社交智商的第一步。因为每个人都喜欢被懂得、被了解，而注意细节能力的前提就是对人保持好奇心，从观察他人的外表变化开始，再慢慢观察他人的心情变化，用开放的心态去阅读别人。通过运用这种观察，促成融洽而有效的人际互动。”

社交智商高的人在社交中能进行“有效聆听”。普通人在表达自己的想法和需求时会绕圈子，而社交智商高的人，听别人的话不会只听表面，他们往往能听出对方话中有话、弦外之音，让对方觉得自己被了解。他们和男女老少都聊得来，在谈话中让人感觉风趣、幽默，不会感到不舒服，也不会散发出浓浓的“塑料社交感”。

能够包容差异，也是社交智商的一大特点。社交智商高的人，即使不认同对方的观点，也不会贸然反驳，而是用开放的心态倾听，也能用理性、让人舒服的方式表达自己的看法。

塔斯克风险投资公司CEO克里斯蒂娜·霍华德因工作关系，需要经常与一些高智商的人打交道。她说：“在职场，不管你多聪明，如果你不能学会如何与他人相处，就会碰壁。爱笑的女孩运气怎么样我不知道，社交智商高的人，运气总不会太差。”

表情包为何成为年轻人的社交“副语言”

□黄　骏

最近，中青校媒的一项调查发现，超过70%的大学生会借用表情包表达自己的情绪，60%以上的受访者认为表情包便于表示友好并且习惯通过表情包缓解尴尬。的确，近些年，表情包流动在各类社交场景之中，许多年轻人已经无法在虚拟社交时脱离表情包。

表情包最早起源于一位美国人发明的笑脸符号，随着时间的推移衍生出颜文字、笑脸、绘文字、图文叙事以及动态图片等各类表情包。自2014年起，Emoji搜索引擎的创始人甚至将每年的7月17日定为“世界表情包日”。而表情包的真正盛行源于社交软件的普及，用户不仅能使用软件自带的表情包，还可以发布自己设计的专属表情包。社交软件使人们的交流逐渐从面对面沟通转向线上交往，越来越多的年轻人开始习惯于在虚拟交流时“斗图”。

表情包可以看作线上文字交流的重要补充。相较于面对面的沟通，人们在进行线上文字对话时较难感知对方的状态或情绪，而发送表情包刚好可以弥补这一缺憾。当人们想表达负面情绪或者想怼人时，发送恰当的表情包既能表达自己的不满，也可以缓解对方在接收信息时的尴尬。表情包还能以省力的方式丰富文字的细节，比如，微信表情中能代表笑的状态有“憨笑”“龇牙”“可爱”“偷笑”和“微笑”等，当用户想传递开心的感受时，不必思考使用何种文字更为精准，只需要发送一个表情便可解决。

此外，表情包能充当同一圈层或代际群体的“接头暗号”。新媒体学者彭兰教授曾写道：表情包可以作为代际区隔和群体区分的标签。交谈越亲密或越志同道合的人之间，使用的表情包会更加具体和生动，这也解释了为什么下级对上级或者晚辈对长辈较少使用表情包。这就好比老年人不理解年轻人蹦迪，而年轻人不理解老年人跳广场舞一样，不同群体内部都拥有专属的沟通暗号和文化符码。

年轻人使用的表情包常常带有调侃、讽刺或戏谑的色彩，而中老年表情包则以安静、祥和与正能量著称，这也造成了不同代际群体对同一表情的认知差异。比如，中老年群体普遍认为微信里的“微笑”表情是一种开心的笑，但年轻人认为它是带有嘲讽和高冷感的假笑，因为它与“难过”“再见”等表情一样视线向下，看上去是一种情感压抑后展露的笑容。

表情包作为一种网络亚文化，还代表了年轻人追求新潮的生活方式。表情包并不是孤立存在的，它往往和时下社会热点或网络流行语息息相关。比如，最近流行的“内卷”“躺平”都已被制作成诙谐风趣的表情包，这在某种程度上体现了年轻人当下的生活态度。网络技术为青年群体赋权，每一位网民都可以参与到表情包的生产与分享之中，这种带有亚文化属性的图文符号一定程度上消解了严肃的话语方式。比如，不少大学生都曾有拍摄老师讲课神态，并将其制作成表情包的经历。在课程微信群里传送老师的表情包，不仅能活跃虚拟社群的氛围，还能拉近师生间的距离。

不过，我们在拥抱表情包时，也不能忽略文字的力量。因为表情包的内容和解码的过程都具有非理性和不确定性，很容易造成双方交流中的误解与偏差。无论静态图片还是视频截取，表情包终究只能算一种浅层次和碎片化的表达，是线上人际交往的一种辅助手段，还远远替代不了语言或文字交流中的深刻思想与真情实感。毕竟，人与人交流的真正目的，是更好地实现双方心灵相通。

2 做你自己，因为别人都有人做了

高三那年，北外就是我的灯塔

□刘嘉森

1

2015年，我以衡水中学高考文科第一名，考入北大中文系。是什么支撑我一路不停地走下来？为什么我能在枯燥平淡的日常学习中做到不颓废、不堕落、不厌倦呢？我学习的动力不是来自老师的威压，或者家长的期望，也不是要跟同学们一争高下，而是为了进入自己理想的大学，而我强大的动力来自我跟大学之间的情感联系。

我们应该与一所大学建立情感联系，构建这所大学的清晰图景来为我们提供强大的学习动力。我们身处高中三年争分夺秒的学习之中，就算很清楚我们只有进入好大学才能拥有美好前途，但是学习的疲倦、坏成绩带来的沮丧、难题带来的无力感，都会消磨我们的意志，让这样的理性变得有隙可乘，甚至不堪一击。我们想要撑下来，以前进的姿态度过这三年，避免变成油滑、混日子的人，就应该有一些比理性更有用的东西，这东西应该是一种渗进潜意识里的情感。

2

对我来说，一开始这所大学不是北大，而是北外。北外全称北京外国语大学，是外国语门类的顶尖学府。我以涿州市领先的排名进入衡中，成绩在衡中不算很好，或许清华北大对我来说有点儿远，但是通过三年的奋斗进入北外我还是很有信心的。

为什么喜欢北外？这是一个难以回答的问题。我相信许多同学都有疑惑：“大学这么多，我到底要选择哪一所，要喜欢哪一所？要去调查大学的专业水准、学术特色，作为中学生实在是心有余而力不足。”但是我完全跟着直觉走，选择了北京外国语大学。我把我大概能考上的类似水平的学校名单拿过来看了看，一眼就觉得北外的名字很熟悉又很亮眼，很对我的胃口。可能是由于父亲对我提过很多次北外，可能是我读过关于北外的书籍而不记得，可能是我无意中听到了关于北外的故事，但不管如何，潜意识里，北外对我有着致命的吸引力。

而且我对北外的喜欢不是突然就有，而是逐渐加深的。正所谓知之深爱之切，我对北外了解得越多，就越是喜欢。

一开始对北外不够了解的时候，我买来了北外的明信片，上网查了许多与北外有关的图片，打印出来跟明信片一起贴在我的专属本子上。这个本子里还记录着北外的校史资料，北外的杰出校友，从衡中考上北外的学长学姐的故事，以及最重要的——我考进北外之后要做的一百件事情。这一百件事情我是用心构思写下的，每一件都倾注了满腔的真情。这一百件事情写完，北外也就活过来了，不再是几幢大理石建筑的集合体，而是一个人格化的实体，在等待着我，呼唤着我，也鼓励着我。

所以我闭上眼睛，北外就出现了，一座精致的校园从旧时到今日缓缓而至，像一张胶片经过冲洗之后映现出鲜明的色彩。然后我飘然如杨絮，借着梦的轻盈，飞往这幻想中的园地，摩挲着图书馆外墙大理石的质感，在一汪碧绿池水的表面点出一圈圈涟漪。最后我坐在长椅上，日色黄昏，人影交错，同学们用各种陌生的语言交流着，我坐着、听着，耳边嘈嘈切切，心中宁静喜悦。

如果你懂得我的感觉，也就知道北外会给我提供多么强大的动力。这种动力来自意义感，我感觉自己生活的重心如此清晰，所以即使面对枯燥的公式、难懂的概念、复杂的题型和大脑的疲倦，我依

然乐在其中，与北外之间的情感联系让我爱上了努力的状态。

3

或许不是每个人都能如此顺利地找到这所愿景中的大学，对绝大多数同学来说，喜欢的大学与自己的成绩之间可能距离过于遥远，差了上百分，但这也无妨。我有一位学长最向往的是北京航空航天大学，作为一位理工男，他从小就渴望接触飞机和火箭。然而他的觉醒晚了些，直到高三才意识到北航是他的应许之地，而此时他的分数只有530分左右——北航的分数线高达680分。一般人恐怕就放弃了，然而这位学长丝毫不觉得晚，带着全部的热情和动力投入学习之中，不理会那些唱衰的论调。

如果这位学长在短短一年内提升150分并且考入北航，绝对可以称之为奇迹。然而世间奇迹并不多，这位学长没能考上北航。但是努力是有意义的：他考上了南京航空航天大学，并在保研中以专业第一名的成绩被北航录取。他将在北航获得他的博士学位，并且在热爱的航空航天领域拥有属于自己的成果。

所以人生漫漫，机会属实很多，高考尽管重要，却也不决定一切。如果心中有一所大学是独特的，无论如何都想要就读于此，那么放心大胆去追梦就好。高考之后还有考研，考研之后还有考博，博士之后有博士后，只要这所大学令你心动，它就永远是一个值得追逐的梦。

4

我们究竟该选择哪所大学来建立情感联系？许多同学犯了选择恐惧症，去网上找海量的资料，对比分析，纠结于区域经济、专业前景、学术水准。可我希望你不要这样做，因为这些事情是高考之后才需要考虑的。只要高考还没有来临，你的成绩就是一个变化的值，我们不需要精确地确定自己的方向和专业，只需要跟着直觉走，选择一所本能地喜欢的大学。

比如我的一位同学特别向往到海滨城市上大学，就把位于沿海城市的大学搜罗到一起列出名单。他一眼相中了厦门大学，在不断学习的过程中收集了许多关于厦门大学的故事，与厦门大学的感情变得很深。在长期枯燥的学习中他克服各种困难，把成绩从普通一本水平一步步提升，最后顺利考入了厦门大学中文系。

还有一位北方的同学看到关于武汉大学樱花的新闻，发誓要到武汉大学读书。为了考入武汉大学，她爆发出惊人的拼劲。高一时，她对衡中的管理方式非常抵触，每次衡中放假结束返校的时候都看到她一圈圈地绕着学校走，不愿踏进校门。可自从武汉大学的樱花在她心底扎下根，她就一直为了樱花开放的盛景而努力着。最终她考入武汉大学金融系，才知道武汉有好多可以赏樱花的地方，武大的樱花既不是最多的，也不是最美的，可是这已经不重要。若不是有武大在前面等着，就不会有她生命中最奋力拼搏、最充实无悔的一段时光。

其实我的成绩在高二就已经逐步超越了考上北外的水平，在我的目标体系里，清华北大渐渐替换了北外。但是在感性层面，北外依然是我的灯塔，是我的光。大学在我心中的模样是由北外界定的，大学在我灵魂中激发出的渴望也是北外给的，所以尽管我不曾就读于北外，但北外始终是我的梦中园地。

考你一个生字

□庞余亮

在师范学校读书时，老师反复叮嘱我们：“要给学生一碗水，自己必须有一桶水。”

因为这句话，我一直很用功，毕业时踌躇满志，但被分到学校里后，有个老教师一本正经地告诉我：“别看你有‘硬本子’，总有你不认识的字。我教你一招，假如遇到不认识的字，你就说我与老教师商量一下。”

村里人大都听说学校分来一个有“硬本子”的教师，而且只有十八岁，“像个初中生”，便跑到我的办公室来看我。他们看后还不放心：“怎么这么小？这样怎么镇得住那些‘猴子’？”弄得校长发了火：“你们懂什么，泥菩萨肚子里全是烂稻草；而人家小先生肚子里全是墨水，够你们喝上八辈子呢。”

“小老师风波”很快就过去了。

平时我很喜欢坐在宿舍门口看书，有一个高年级的学生总在我宿舍门口晃来晃去。只要我抬头看他，他就躲起来。后来我又发现了他好几次，我叫住他，他走过来吞吞吐吐地说：“我想请教你一个字。”我说：“什么字？”他就拿出写有我貌似认识却不认识的“劢”字的一张纸，字写得很好看，有棱有角。我问他是不是他写的，他先是点了点头，接着摇了摇头。

我的确不认识。面对他诡异的眼神，我只好说不认识这个字。看到这个学生脸上一闪而过的得意，我终于想起那个老教师的话，我脸上有点儿发烫：“这个字我不认识，待我和老教师商量后再告诉你。”我以为他会走，没想到他却说：“念mài，音同豪迈的迈。”说完就像老鼠一样窜走了。本来我还想看一会儿书，可一点儿心情也没有了。

后来有个老教师就问我：“听说你连‘劢’字都不认识，是吧？”我不知道怎么回答，消息怎么传得这么快？可事实就是这样，我一开始就出了个大洋相。这个老教师说：“你等着，他还会来问你‘鬯’字，这个字念‘畅’。那个‘老酸菜就会这几个字。”我问为什么，那个老教师笑而不答。到了第二天，那个高年级的学生又递给我一个字，字条上是那熟悉的笔迹，果真是“鬯”字。我念出了这个字，他很失望，无精打采地走了。

隔天一上班，老教师就问我：“他有没有问你？”我点点头。那个老教师说：“果真是‘老酸菜’，认了几个字，总喜欢用生僻字考人。”后来我在一次家访时见到了这个“老酸菜”。他是一个落魄的乡村知识分子，眼睛眯着，一副不屑一顾的样子。我见到他时他正在训斥一头在路边乱拱的猪，训斥得非常文雅——我想起了孔乙己。

我不知道那个孩子与这个“孔乙己”是什么关系。不过后来我被校长提到高年级教课，那个问我生字的学生居然被分到我带的班，看得出，他很不好意思。当我在第一节班会课上宣布由他担任宣传委员时，他不好意思地伏在了桌子上，不过他没法把自己那两只涨得通红的招风耳藏起来——像两朵鲜艳的红蘑菇，聆听着这布谷鸟乱叫的初夏。

“啪嗒”一声，按下行动按钮

□李松蔚

最近，收到一个来访者的邮件，说起她的近况：抑郁症时不时还会复发，只是她从一个“没工作的抑郁病人”，变成了“有工作的抑郁病人”。她说：“这也是进步吧。”

当然是进步。我还记得她最初做咨询时，围绕找工作这件事费了多大的劲。

她那时在家养病，心情沮丧。最大的心愿就是把病治好，然后出去找工作。我建议她，找工作和治病同步进行。

她是认同的。但她有一大堆担心：状态不好，承受不了工作压力怎么办？人事专员问起简历上空白的这两年，她该怎么回答？被老板骂了控制不住情绪怎么办？……她有那么多担心，我只能条分缕析地讨论，证明这些担心都是无谓的。但这就陷入了死循环，因为我们会接着讨论“如何克服行动时的困难”，这个过程中又产生更多想法……

这样讨论了好几个星期，我终于想明白了，于是换了一个办法。我对她说，你说得没错，你担心的那些事都有可能发生：病还没好，你会把工作搞砸，公司可能会在试用期内把你辞退……那就辞退好了！你就当作体验一下被辞退的经历。

她一下不知道怎么反驳了。冲着被辞退找一份工作，她还能说什么呢？那么这份工作就不用很理想，反正也没信心干长久！可供选择的范围一下子大了起来。

不过，她必须先做一份简历，这份简历很可能不光鲜，这也是让她迟迟不能开始的理由。我说：“那现在请你做一份全世界最糟的简历。”

重点不在于这份简历究竟有多糟，而在于她开始做。只要她在行动，那么抑郁也好，空白期也好，缺乏能力也好，都变成了次要问题。真正重要的事只有一件，就是她开始在电脑屏幕上打出字。打出来了，不顺，那就调整；简历投出去了，没人回，就想办法再润色。那是她要解决的第二个问题。然后是第三个、第四个……一个问题接着一个问题，行动带来新的行动。几周后，她获得了一份工作。

事情过去了好几年，我也慢慢总结出一套理念，为了启动那些让我们的生活变好的行动，有时需要找到一个关键动作，它足够简单，足够快速，越方便越好，然后不由分说先做出来。像按下一个按钮，“啪嗒”一声。按下之前，你有无数担忧和抗拒，但是按下去，就是一个行动接着一个行动。

这个理念我也用在自己身上。比如，我一直都莫名地抗拒一些烦琐的事务性手续：签合同、填表格……常常是收到一张表格，限我在指定日期前填好寄回，却被我一拖再拖。

现在我有了一个解决办法：不管三七二十一，先预约快递上门取件。相比整理那么复杂的表格，叫快递简单多了，一分钟都不用，下单成功。

“啪嗒”，按下行动按钮，一连串动作就启动了。快递小哥打电话确认，说还有一个小时上门。我就要在一个小时内准备好这份材料。那么就没办法了，不想填也要填。

天下武功，唯快不破。找到关键动作，“啪嗒”一按，就可以了！脑子里还在纠结，可惜事情已经开始了。一边纠结着一边去应付吧。

后来，那个来访者过了试用期，老板很满意，她转正了。现在她换了一份更满意的工作，虽然病还没有完全好，但她一点儿也不担心自己的工作能力。

只要去做了，永远只有两种结果：要么做到，要么没做到。做到当然好，没做到就会带来新的问题，而新的问题就会指向新的行动。按照这个思路，世界上就没有“没准备好”这回事，任何时候都可以开始——“啪嗒”。

二手书的别样人生

□祖薇薇　袁雪瑶

“像电影《情书》或在图书馆无意中发现书本里的小字条，然后互相留言，引出一段故事那样，我觉得生活中这种际遇挺多的，可能大家没在意，或者没有一个小空间来记录这些生活小插曲，于是就创建了这么一个话题。”这是22岁的芋圆在豆瓣创建的话题“在二手书中遇到的有趣文字”的灵感由来。话题自创建至今已有3100余篇内容，获得1.1亿余次浏览。

芋圆说，我们与二手书中的有趣文字擦肩而过，忽略了这个“丢入大海并未激起涟漪的小石块”。与此同时，也错过了二手书中有趣文字背后的故事和意义。

二手书留言曝光的惊喜

赠给高艳：

重要的或许不是了解契诃夫写了一些什么样的手记，而在于懂得什么是手记；它对一个想造就自己语言艺术生涯的人有何等意义。

黄×洋

1990.11.26

豆瓣用户“青陶”在老旧的《契诃夫手记》中发现了这样的赠言。“青陶”说，这样的赠言不只留给书中人，也在无意中提醒了接下来的阅读者：理解手记的本质和重要性才是语言艺术生涯最重要的事之一。

在一本布满褶皱破损的《桥牌入门》中，豆瓣用户“某市人民群众”发现了工整又密密麻麻的总结笔记和写满文字的便笺，印证着主人的认真和对桥牌的喜爱。“某市人民群众”在话题中调侃式配文说：这位留下文字的人桥牌一定打得很好。

读研二的翊心曾买过一本《红楼梦》的二手书，书的第一页订着一张被折叠得厚厚的纸，将这张纸从上往下展开一看，竟是三张连接在一起的《红楼梦》人物关系说明书。这三张说明书分别都在右下角留有署名和日期，从1997年的时渡到2010年的明裕再到2018年的苏遥，它们一张比一张更加完善地通过图形和文字展现了《红楼梦》中主要的人物关系。“我收到的时候，如获至宝，当即决定，把书读完后，我也要继续完善这份说明书，再传递出去。”

这些在二手书上遇到的“意想不到的惊喜”正在引起越来越多人的注意并分享出来。读者从中获得的，不只是惊喜与感慨，还有跨越时空来自文字主人的激励与反思。

被二手书留言改变的人生

珊：

好久未提笔了，略紧张！翻了半天只找到笔芯……图书馆与你去的次数最多，夏天去过，冬天也去过。大学若没你的陪伴，我应该会很孤单。我们聊过很多，你知道我的不足，我的秘密，总归，很爱你，很想你。地铁上的分别，很想哭，你说，赶紧走吧！我猜你也是！

等到今年秋风起，见面吧！

陈×婷

2015.1.2

这是小张在二手书《少女哪吒》里发现的一张明信片上的文字。

“我和好朋友在大学期间也有互寄明信片的习惯。至今还留着厚厚一摞。只是随着毕业工作，明信片渐渐很少寄了，但是联系没有断，还是好朋友。明信片里的两位，可以分享秘密、知晓心事，有这样的朋友挺难得的。”小张告诉北青报记者，她也因性格内敛而有很多未说出口的话。在某种程度上，是明信片上的文字和背后情感的共鸣让她终于勇敢“主动打开心房”“迈出了关键的那一步”。

也正因这份及时的勇敢，让小张获得了“翻天覆地的改变”。“没错，变化很大，虽然谈不上重塑自我，但是确实和以前不一样了。”这次与二手书偶然的相遇，在无形中改变了小张接下来的生活和心境。

被二手书留言打动的友情

先说生日快乐啦！说是一份大礼，好像也没有特别大啦。2013年11月9日，认识哥哥那天无意间拿到了一枚1992年的硬币，当时特别开心，我把它当作幸运物一样，我想把好运交给你。

遇到你，特别特别幸运。

幸福，快乐！

一个愿意付出的人

2014.6.25

这是芋圆在二手书《双城记》中发现的有趣文字。明信片中的这份珍贵感情被这本二手书携到了人们的眼前，让曾有相似经历的人产生共鸣并陷入回忆，让未有过类似情感的人“感觉尤为奇妙”。

胡小姐也有类似经历，“每次买回来书开始读之前，我都要先大致地翻一翻。第一眼看到书中的明信片，我很惊喜，觉得自己好像突然与这本书之间有了某种联系。看过明信片的图片、内容，这种联系感更深，会想这本书之前的主人是一个什么样的人、这张明信片是谁写给他的、为什么会夹在这本书里、这本书和这张明信片又对他有着何种意义……”胡小姐说。

这样和纸质书产生联系感的不止胡小姐。也正是秉承着这样的想法，芋圆创建了“二手书中遇到的有趣文字”这个话题。

“当时创建这个话题，主要是觉得现在的人打字多，如此就更显现出这些手写字迹的珍贵，不管送书时写的赠言，还是只有自己知道的小心情。像我对《查令十字街84号》里的一句话就印象深刻：一旦交流太有效率，不再需要翘首以盼，某些情意也因此迅速贬值而不被察觉。虽然他说的是信，但跟手写的文字本质是一样的。所有热爱文字的人都是真诚的，无论乱语还是有所寄托。创建这个话题是希望大家多用亲手写的文字表达感情。静下心、慢下来、一笔一画地在纸上写下措辞许久的言语，通过文字获得满满的力量。”

针锋相对的气度

□顾　农

诸葛亮同当时占据中原的最大实力派曹操是针锋相对的敌手。他在《出师表》里说自己的政治目标是“攘除奸凶，兴复汉室”，所谓“奸凶”，就是指曹操及其接班人。

凡是针锋相对的两派，在提到对方的时候，往往容易多用贬义词，狠骂一通，或讽刺挖苦，总之没什么好话。诸葛亮的高明之处在于，他对敌方的优点看得很清楚，并不惜予以充分的肯定。例如他说过，曹操打仗太厉害了，“智计殊绝于人，其用兵也，仿佛孙、吴”（《后出师表》），然后才说，天下没有常胜将军，曹操也吃过若干败仗。

曹操的儿子曹植是一流的才子，长于诗赋、论文，为一时之杰。诸葛亮很看重他的才华。曹植有一篇历史评论文章《汉二祖优劣论》，结论说汉光武帝刘秀的水平远高于汉高祖刘邦。诸葛亮则写过一篇《论光武》，首先大段地引用曹植的文章，充分肯定刘秀“策虑深远”的水平，随后指出，曹植为了颂扬刘秀，贬低了他手下的那些将军，“欲美大光武之德，而有诬一代之俊异”，这样立论就不免有些片面了。诸葛亮在这里心平气和地讨论问题，风度很好。

待人接物，一分为二，永远是必要的。

报告！系鞋带

□在下不才

军训结束了，我们却留下了一些后遗症，比如会不自觉地哼军歌。

我有幸再次体验了一次军训。这次的军训比初中的那次更加让人记忆深刻。不过有些许的遗憾，两次军训都是冬训，但是，求求你们千万别低估广东的冬天。

在军训前一个星期，广东冷得不像广东，甚至有的地区都开始降雪了。那时候的我一边复习一边在思考我军训的时候应该在军训服里套几件衣服，并且开始看起了防晒霜，虽然冷，但是阳光依旧是猛烈的。宿舍里有外省来的同学，看到我在买防晒霜便问：“广东这天气也需要防晒霜？”我们广东本地的只是笑笑不说话，毕竟广东的冬天只有一个星期，就算冷，太阳也依旧生机勃勃地发出万丈光芒。

考试结束我们立马开始军训，考试当天我们还冷得差点儿写不了字，结果军训时温度直接回到20摄氏度，在军训期间，温度最高的时候达27摄氏度。我们便又翻出了短袖短裤，防晒霜跟不要钱一样往脸上抹，那些没有准备防晒霜的小伙伴直接黑了好几个度。

军训有站不完的军姿。军训一开始就是练习站军姿，一站就是十分钟打底，至于后续站多久全看教官的心情和我们的表现。那时候面向太阳站军姿的我以为这是最难受的部分了，但是后来我才知道，站军姿已经是很舒服的了。

蹲姿才是最辛苦的。蹲下没多久腿就开始麻了，但是又不敢动，一动就又加上好几分钟，我们连有一个迟到大户，天天迟到，我们训练开始前要清点人数，人不齐的全连蹲下等那个迟到的人，简直是最残忍的折磨。

军训结营的时候要进行会操表演，我是被分到了分列式的方块里，每天不是在原地踏步就是在踢正步，那时候的我随随便便一天下来步数都是15000起。平时我都是出去疯玩一天才有一万多步。

在排练分列式的时候，队伍里发出最多的声音就是“报告！系鞋带”。几乎每次踢完步子就有人在喊报告，导致后来教官都烦了，直接说：“把你的鞋带给我焊死在你的鞋子上面！”话才说完，队伍里就开始有人笑出了声，然后教官开口就是让我们走两个来回的鸭子步。

我们一营的营长和三营的营长不知道是不是有私仇，我们一营老是被三营的营长针对，不论什么鸡毛蒜皮的事都要上报，这就直接导致我们军训的快乐减少了一半。不过我们还是要感谢三营营长，要不是因为三营，我们一营也不可能出这么多的优秀方块和优秀学员。

三营的分列式方块是最先训练出来的，说是模板倒也达不到，但是起码他们的人已经可以走整齐了，而我们还在学习一整套分列式的步子要怎么转换，最气人的是三营营长还把他们的方块拉到我们的训练场地走了一遍，这就是明晃晃的示威啊！我们一营营长不气我们都气了。

被三营营长气过之后我们明显端正了训练态度，不为别的，就是想争一口气，就是想打三营营长的脸，结果也是让人很欢喜的，我们营是拿到优秀最多的，就连我也拿到了一张“优秀学员”的奖状。

军训第一天，教官是看着我们按顺序解散，结果第二天教官在我们集合的时候就先走了，营长对我们说：“知道今天为什么让教官先走吗？因为饭堂抢饭我们抢不过你们，昨天吃了一天的泡面，让教官先走没什么意见吧？”有那么一瞬间，我觉得教官们好笑又可怜，可这不是我们的错啊，毕竟我们的教官都说了：“干饭不积极，思想有问题。”

综合两次军训，我觉得这次的更加辛苦，不为别的，就因为身高让我比别人多承受了一份苦难。初中军训的时候，大家的身高差距还不是很大，但是现在大家的身高差距大得不是一点两点。

我站在第一排的最边上，每次一起踢正步的时候我跨的步子都要很大才能保证不掉队，于是时间久了就有认识的人过来嘲笑我：“我看你在旁边跟得好辛苦啊，要不申请去病号连？”要是我可以申请去病号连我早就申请了。不过后来教官也发现了问题，和排头协商后我们这些矮个子才稍微没有那么辛苦。

军训服的穿戴有点儿麻烦，有时候时间比较赶，我们就容易丢三落四，有一回有同学忘记把帽子放哪了，在集合的时候被营长看到，营长就问：“你的帽子呢？”这个同学回答说不知道丢哪了，然后营长说了一句让我每次想起都会笑的话：“那你给你的帽子打个电话问问它在哪儿好不好？”回想起来都会笑，更何况当时在场的我们，于是我们又收获了五分钟的蹲姿练习。

结营的时候多多少少还是有些伤感的。军训后还是留下了一些后遗症，比如会不自觉地哼军歌。

军训的时候真的是连在梦里都是教官在训我们，希望在座的各位都有机会参加军训，夏训最佳，友情提示，记得做好防晒措施。

鲁迅写在信尾的问候语

□王吴军

鲁迅留下的书信有一千多封，这是一笔文化财富。不过，鲁迅写信有一种有趣的现象，对不同的信，鲁迅在信尾所用的问候语是不同的。

1925年7月16日，鲁迅给许广平写了一封信，在这封信中，鲁迅就北京女师大学生反对校长杨荫榆封建家长式的统治和许广平讨论，语言诙谐幽默，信尾用的是“顺颂嚷祉”的问候语，意思是，祝你在吵嚷中得到幸福，表现了自己的乐观精神。

早期写信的时候，鲁迅多用文言文，结尾常用“此颂曼福”“即颂时绥”等句子。后来，鲁迅用白话文写信，如果收信人从事的是著译工作，鲁迅在信尾写的是“即颂著祺”“即请撰安”等句子。如果收信人是教师，鲁迅在信尾用的是“并请教安”。如果收信人是学生，鲁迅在信尾用的是“即颂学安”。如果收信人是夫妇，鲁迅在信尾用的是“即请俪安”。如果收信人离家在外，鲁迅在信尾用的是“即请旅安”。如果信是写给母亲的，鲁迅在信尾用的是“恭请金安”。如果是在春节时写的信，鲁迅在信尾用的是“即颂年禧”。如果是在春夏季节写的信，鲁迅在信尾用的是“并颂春祺”“顺请暑安”。此外，鲁迅还根据不同的信而在信尾写“日安”“时安”“刻安”等问候语。

1935年7月，作家叶紫给鲁迅写了一封信，信中说“我已经饿了”，“借我十元或十五元钱，以便救急”。7月30日，鲁迅给叶紫写了一封回信，给了他一些钱，信尾写的问候语是“即颂饿安”，此举堪称热心助人，风趣幽默。

学校的粉与纯粹的时光

□时潇含

我到现在还记得高一刚入学的时候，班主任老吴看着讲台下一张张拘谨又慌张的面孔，问的第一句话是：“你们吃过学校的粉吗？”大家面面相觑，接着有的人点头，有的人摇头。

老吴看我们还是一副很拘束的样子，往讲台上一靠，双脚交叉，手往胸前一抱，说：“没吃过的同学今天中午一定要去吃一碗，你们现在可能觉得平平无奇，一两年后可就不会这么想了。”说着话，他直起身子，走到讲台后面，双手往讲台上一撑。“因为……”他说，“过不了多久你们就会发现，学校里没什么好吃的。”讲台下传来大家的一阵哄笑。

我所在的学校在一座山上，以管理严格著称。大部分学生住校，只有周末能回家，周日晚上还要回学校上晚自习。每天下午放学之后，只给一两个小时来吃饭、放松，到了晚上又要接着上三个小时自习，等下课铃声响起大家收拾收拾，就回宿舍洗漱就寝。

在这样单调的生活中，每天闪着亮光的时刻几乎都和吃有关。有一次，下了晚自习，老丁伸长了脖子在我们班门口等我，见了面她悄悄地对我说：“我趁课间休息，打电话叫了份萝卜牛杂，快陪我去拿，我们俩一起吃。”

那个时候点外卖都靠打电话。学校不让学生点外卖，所以我们每次打电话的时候都要千叮咛万嘱咐，送餐时千万不要穿工作服，要送到学校后门一个垃圾站边上。因为那里的铁栅栏缺了一根，饭盒勉勉强强可以被塞进来。总之，我们想吃点儿好的，稍有不慎就会被人抓住。

我和老丁顺着人潮往宿舍的方向走着，她说：“哎，你听没听说，市里的三模考试结束后，我们都有一个传统。”我摇了摇头，问她：“我没听说过，是啥啊？”

眼看我们快要走到后门，她拽了我一下，我们俩偏离人群，走入了路灯照不到的黑暗中。她说：“你没听说过‘喊楼’吗？”我一点儿也摸不着头脑，问道：“‘喊楼’是什么意思？”

老丁踮起脚望向门外那片黑暗，说道：“‘喊楼’就是等高三的学长学姐下了晚自习，我们这些低年级的学生聚在宿舍走廊上朝他们喊些加油打气的话。每年‘喊楼’都非常热闹，宿管来赶我们走的时候更热闹。”

我看到远处走过来一个人，他带着我们的宝贝牛杂风风火火地走来。还没等他走近，老丁就一边急匆匆地伸出手臂摇晃，一边压低声音喊：“在这里！在这里！”

她揭开饭盒的盖子，热腾腾的蒸汽给她的眼镜蒙上一层雾气。她呼呼地吹着气，抬起头对我嫣然一笑，说：“每天除了上课就是做题，我已经够努力了，吃点儿好的，放松一下。”

我一直以来都是一个很听话的学生，抓起筷子的时候，我心想，明天就是新的一天了，我要早起20分钟，改过自新，做个好学生，今天就陪老丁好好吃顿夜宵。

其实，这碗萝卜牛杂，牛杂只是点缀，一大半都是萝卜。好在我们这些学生很容易满足，除了成绩，对其他事情的要求都不高。我们在几大块萝卜中“山重水复疑无路”，突然翻到了一块指甲盖大的牛肉，那就满足了，又翻到几块牛百叶，嘿，真美。

老丁是我最好的朋友，我学文科，她学理科。

我循规蹈矩，成绩却平平无奇；她一天到晚像个发酵的面团一样心不在焉，名字却总是出现在月考的光荣榜上。

她总有很多惊人之举，比如为了少洗一次杯子，把感冒冲剂直接倒进嘴里，再灌一口水，然后疯狂摇头，以达到混合的目的。我在一旁看得瞠目结舌，她却满不在乎地说："形式不同，但是到了肚子里不都一样了嘛。"她还是一个有鸿鹄之志的人，在发现我对着她认为十分简单的数学题抓耳挠腮的时候，她说要将所学倾囊相授。只要我时常请她吃夜宵。

我们经常干的事情，就是在上午的最后一节课约好中午一起飞奔去食堂抢粉吃。老吴当初的话果然在一年之后得到了验证，我们现在觉得学校的粉简直就是人间至味。几种自选配菜，一大勺熬得白白的骨汤，再放入一把爽滑的粉，加上葱花、香菜、辣椒油和醋，在只有风扇的食堂里吃得满头大汗，别提有多美了。

有很多学生特别认真，抓紧时间学习，不仅排队的时候要背单词、看课本，就连吃饭的时候也要把写有古诗词的小本子摊开，在吃粉的间隙瞄上几眼。我和老丁可不一样，我们俩只要看到吃的，眼睛就直了，哪里还有精力看书思考。我们连聊天的心思都没有，只想着吃个痛快，驱散一上午课堂上昏昏欲睡的感觉。

要是吃得足够快，最舒服的事就是去操场上走两圈，小风一吹，汗干了，困倦和疲惫也消了。学校广播站总是在这个时候播放音乐，虽然未必是我喜欢的，但是那种鲜活的快乐总是能渗入毛孔，让我有一种腾云驾雾、无所不能的错觉。

现在想想，那个时候我们很少聊起以后想去哪个大学，或是想学什么专业，这些问题对我们来说太遥远。有的时候我很羡慕别人充满美好回忆的高中生活，我的高中生活好像没有什么惊心动魄的故事，既没有过分叛逆，也没有悬梁刺股般的用功。我的高中生活就在热辣鲜香的饭食中度过了。

唯一让我印象深刻的是，我和老丁时常躲在顶楼天台上，一边东拉西扯，一边偷吃零食。我到现在还记得学校食堂的夜宵，这些现在看来普通得不能再普通的食物，在那些饥肠辘辘的夜晚都变成了珍珠翡翠白玉汤。

"喊楼"的那天晚上，别的同学都心情激动，早早地聚集在走廊上。我和老丁更机灵一些，我们俩先去食堂买了碗炒粉，又加了两个鸡块，就这样端着碗去凑热闹。

高三的学生比我们要多上半小时的自习，我们就在宿舍楼上静静地等着。我对老丁说："好羡慕他们啊！"老丁嘴里塞满了粉丝，说："羡慕啥？天天遨游题海吗？"

我夹起一个鸡块，说："当然不是了，他们马上就能步入未知的人生了，而我们还要等上好久啊。"老丁叹了口气，说："我就想到一个有美食的地方读书，大学食堂起码比咱们学校的食堂好，最好量大还便宜。"

我的白眼都快翻到天上去了，就这点儿出息。我正想着呢，高三的学长学姐从教学楼里拥了出来，楼上立刻骚动起来，叽叽喳喳响成一片。

突然有一个洪亮的声音打破了那片低沉的轰鸣——"高三加油啊！"

只要有人起了头，接下来大家就开始对着楼下大声喊了起来。老丁把粉胡乱塞进嘴里，也跟着激动起来，她大喊："加油啊，累了就多吃一点儿！"我也跟着喊："我们不跟你们抢粉吃了，你们多吃点儿好的！"我和老丁互相看了一眼，笑了起来。

每个人都喊得撕心裂肺，有些话听着倒不像是给学长学姐喊的，更像是给自己喊的。后来我们喊累了，就掏出手机，打开手电筒，拼命朝楼下摇晃。在黑夜中，这些闪烁的光就像星星一样，我觉得天上的银河"哗啦"一声，从我的心坎上倾泻下来。

那个年纪是最容易执着于理想的，那个时候我相信时间的分岔会通向无数的未来。我觉得梦想就在眼前，自己好像抓住了什么，却总是不敢尽情地握紧。

那时我从未想过，学校那朴素到甚至有点儿难吃的食堂，有一天居然会让我疯狂想念，直到梦也梦不到。后来我总会和刚入学的学弟学妹说："你们一定要尝尝学校的粉，没有比它更好吃的东西了。"其实我更想说的是，永远会有更好吃、更奢侈的东西，但是那些陪你吃东西的人，那些纯粹的时光，是一去不复返的。

豫让的不为

□清风慕竹

在司马迁所作的《刺客列传》中，豫让不过进行了两次不成功的刺杀行动，最后还搭上了性命，但他被尊为史上第一刺客，这是为什么呢？

豫让是晋国人，他要刺杀的对象是赵国国君赵襄子，原因是他的主人智伯在率领韩魏联军围攻赵襄子时遭到反杀，气愤的赵襄子不仅将智氏灭族，还斩下了智伯的头，将它做成了酒器。这让豫让觉得受到了侮辱，决定为主人报仇。

他化装成受过刑的样子，成为劳工混入赵襄子的宫中，负责整修厕所，他怀揣匕首，想等赵襄子上厕所时实施刺杀。这个想法本来也没什么问题，人吃五谷杂粮，即使国君也得如厕啊！很快，豫让就等到了机会，赵襄子内急，直奔厕所而来，可是刚走到厕所门口，他忽然心悸不安，这种奇妙的心灵感应救了他。赵襄子命令搜索维修厕所的人，豫让被发现并遭到逮捕。

赵襄子亲自审问，豫让抬着头，直言不讳地说："我要为智伯报仇！"左右侍卫要杀了豫让，赵襄子摆手说："智伯死后已没有继承人，而此人还要为他报仇，真是一位义士，我小心躲避他好了。"于是下令释放了豫让。

赵襄子有了防备，再想刺杀他可谓难上加难，可豫让并不死心。为了不被认出来，豫让把油漆涂抹到身上，使全身的皮肤溃烂，如生癞疮，又吞下炭火，把声带烧坏，声音变得嘶哑，这样当他乔装成乞丐沿街乞讨的时候，连他的妻子从对面经过，都认不出他来。

豫让觉得可以行动了，便耐心地摸索赵襄子出行的时间、路线的规律。有一天，他知道赵襄子要出门，便提前埋伏到了他必经的一座桥下。当赵襄子的车队经过这座桥时，赵襄子的马仿佛有了心灵感应，忽然受惊而嘶鸣起来，豫让再次被搜查出来，押解到了赵襄子面前。

这下赵襄子不高兴了，他责备豫让说："你不是侍奉过范氏、中行氏吗？智伯把他们都消灭了，而你不替他们报仇，反而托身为智伯的家臣。智伯已经死了，你为什么单单如此急切地为他报仇呢？"豫让回答说："我侍奉范氏、中行氏，他们都把我当作一般人看待，所以我像一般人那样报答他们。至于智伯，他把我当作国士看待，所以我就像国士那样报答他。"

赵襄子很感动，对他说："你对智伯也算是仁至义尽了；而我也放过你了，这次我不能再给你这样的机会了，你好自为之吧！"

豫让知道必死，恳求说："希望您能完成我最后一个心愿，将您的衣服脱下来让我刺穿；这样，我即使是死了，也不会有遗憾。"

赵襄子答应了豫让的要求，将身上的衣服脱下来，交给了豫让。豫让拔剑连刺了衣服三次，高喊一声："我可以在酒泉之下报答智伯的知遇之恩了！"随后便伏剑自杀了。

豫让两次刺杀都以"未遂"告终，其实他曾有更好的办法，成功的概率也更高，可是他不肯用。豫让自残身体，在街上乞讨时，一个朋友还是认出了他。看到他不成人形的模样，朋友流着眼泪说：“凭着你的才能，委身侍奉赵襄子，他一定会亲近宠信你。等他充分信任你后，你再干你想干的事，难道不是很容易吗？”

豫让摇头说：“托身侍奉人家以后，又要杀掉他，这是怀着异心侍奉他的君主啊！我知道选择我现在的做法是非常困难的，可是我之所以这么做，就是要使后世那些怀着异心侍奉国君的臣子感到惭愧。”

豫让如果听从朋友的劝告，先假装侍奉赵襄子，取得其信任后再行刺，成功的可能性更大，但他断然拒绝，因为这违背了他对道义的信仰。

豫让作为一名刺客，之所以在正史里留名，在于他身上不仅有“士为知己者死”的忠诚，更有宁死不做背义之事的气节，正是这些闪光的品质，至今让我们油然而生崇敬之情。

明末学者计东有诗云：“秋尽蓬山惨不骄，流泉夹岸夕阳遥。伤心国士酬恩地，瘦马单衫豫让桥。”为国士者，自当如是！豫让留给我们的不是血腥，而是情怀，由此而被尊为刺客第一，谁能不信服呢！

挣1亿就愿意躺下吗

□牛　猫

如果挣到1亿元，你愿意躺下吗？这个问题的关键是，这一大笔钱是怎么来的？1.意外之财，比如中彩票，祖宅拆迁补偿。2.靠自己本事赚的，比如做生意或者创业。第一种情况不可复制，而第二种情况可以继续重复下去，区别就在这儿。

假如你中彩票赚了1亿元，虽然一下子有了很多钱，但你的职业价值依然是工薪族四五千元的水平，在这种情况下，你是否继续努力无关大局，躺就躺了。

假如你是靠自己本事赚到1亿元，那你的能力价值起码是月流水百万级水平，这个时候你继续努力就有意义，也许几年后会有2亿元、3亿元、4亿元。由于人对财富的欲望会不断膨胀，因此那些亿万富豪很少会在壮年期就放弃奋斗。

其实，一个人的奋斗积极性和他有多少钱无关，只要在工作中不断收到正反馈，就会一直保持上进。相反，如果曾经体验过高收入，之后遭遇挫折，收入暴跌，这种重大负反馈可能会让人丧失斗志。

比如你以前生意兴旺，一年赚1000万元，后来行业遭受冲击，一年利润只剩10万元～20万元，很多人在遭遇这种打击后便会一蹶不振，破罐子破摔。人生最难走的都是下坡路。

有很多特殊的吃“青春饭”的职业，比如职业运动员、演艺人员等，都是30岁前收入高于常人，30岁后逐渐下滑，甚至失业。这些人里不会理财的，很容易财务崩溃，中年晚年凄惨度日。而即便这些人会理财，这种收入越来越少的人生体验也很不好。

所以，工薪族说自己有几千万元、几亿元就不干了，是真心话。老板们有几亿还接着上班，也不是贪得无厌。位置不同，想法就不同。

正确的“逃生”通道

□流　沙

公共危机专家给出的一项数据可能会让不少人感到意外：在楼宇商厦、地下空间等公共场所设置的紧急避险和安全逃生标志，在危机发生时，其发挥的作用与预期大相径庭。

如果冷静地去判断、推演这个结论，当火灾、水灾等事件发生时，人们极其紧张，的确会忘记关注逃生标志。在没有指挥者的情况下，主导他们的肯定是“从众心理”，即便这种集体性行动是极其错误的。

所以，不停地演练相当重要。演练就是要让公众知道，危机发生后应按照预定的方式选择逃生路线和方法，而不是跟着大家一起跑。这是心理学、组织行为等交叉学科已经证明的事实。

记得有一年在北京参加培训，公安部原新闻发言人武和平说了一段话，大意是：无论在何种公共危机中，能否战胜危机，靠的是内心的信念（信心）。这是非常有见地的一句话。

这几天读英国金融史，看到一个非常有意思的故事。1672年，英国、法国、罗马联军发动战争攻入荷兰，7个联省中有5个已沦陷。荷兰百姓惊恐万状，所有人都想保住自己的财富。他们奔向银行，想把票据兑换成黄金。于是，首都阿姆斯特丹的银行门口人山人海，暴乱的火苗已经开始燃烧。

在这危急时刻，年仅22岁的荷兰统治者威廉三世干了一件十分漂亮的事情。他出现在汹涌的挤兑人潮中，在阿姆斯特丹银行，当着所有人的面命令士兵打开金库的门，承诺为他们兑付黄金。

当金库大门被打开，人们惊呆了：金库里全是黄灿灿的黄金，上面的封条还是几十年前的……国家既然如此富裕，根本不必担心荷兰战胜不了入侵者。

这场巨大的金融危机被威廉三世以一己之力成功化解。但现代金融学专家认为，这肯定是威廉三世的一个小把戏，当时阿姆斯特丹银行的黄金储备不可能有那么多，也不可能有贴着几十年前的封条的黄金。

真相已经沉入了深邃的历史，关键是，威廉三世用自己的信心带给民众信心。在危机面前，重要的是树立信心。

人性中有善良和理性，但也有贪婪和恐惧。危机到来时，不良情绪就像病毒一样到处传播，能量不断聚集，足以摧毁一切。那些挤兑的人难道不清楚，集体性挤兑会让情况变得更糟糕，最后只会让自己血本无归？就像逃生，按标志逃生这样正确的方法在危急时刻往往不会被采用，“从众”才是最优选择，踩踏事件由此发生。

所有的公众危机不是源于理性，而是源于恐惧，均是由公众情绪引爆的，特别是金融危机事件。

而公众信心的回归，却不那么容易，唯有信念，才有可能指向正确的“逃生”通道。能做出“指引”的那个人，不仅要能看穿人心，知道症结所在，还得具有强大的信誉。譬如在火灾发生时，对着烟火弥漫中的众人高喊一声：“我是退役消防兵，请大家跟我来！”

安于低调

□冯骥才

在网络时代，一个人只有高调才会被人看见、被人知道、被人关注。

高调必须强势，不怕攻击，反过来愈被攻击愈受关注，愈能成为一时舆论的主角，干出点什么都会热销；高调不仅风光，还能名利双收，所以有人选择高调。

高调也会使人上瘾，高调的人往往离不开高调，像人吸的烟、饮的酒，愈好愈降不下来，一降下来就难受。可是网络是滚动式的，喜新厌旧的。任何人都很难总站在高音区，所以必须不断地折腾、炒作、造势、生事，才能持续高调。

有人以为高调是一种成功，其实不然。高调只是这个时代的一种活法。当然，每个人都有权利选择自己的活法，选择什么都无可厚非。

可是，另一些人偏选择另一种活法——低调。这种人不喜欢自己的一举一动被人关注，一言一语被人议论，不喜欢人前显贵，更不喜欢被“狗仔队”追逐，被粉丝死死纠缠与围困，被曝光得“一丝不挂”；他们明白在商品社会，高调存在的代价是被商品化。这样，心甘情愿低调的人就不为人所知，但他们反而能踏踏实实做自己喜欢的事，充分地享受和品味日子，活得平心静气，安稳又踏实。

低调是为了生活在自己的世界里，高调是为了生活在别人的世界里。

文化也是一样。

商业文化就必须是高调的，只有高调才会热卖热销，低调的话谁知道，谁去买？然而热销的东西不可能总热销，它迟早会被更新鲜、更时髦的东西取代。所以，时尚是商业文化的宠儿。在市场上最成功的是时尚商品。人说时尚是造势造出来的，里边是大量五光十色的泡沫，但商业文化不怕泡沫，因为它只求当时的商业效应，一时的震撼与强势，不求持久的魅力。

故而，另一种追求持久生命魅力的纯文化很难在当今大红大紫，可是它并不会为大红大紫而放弃一己的追求。它甘于寂寞，因为它确信这种文化的价值与意义。

我很尊敬我的一些同行。在市场称霸的社会中，恐怕作家是最沉得住气的一群人。他们平日不知躲在什么地方，很少伸头探脑，有时一两年不见，看似人间蒸发了，却忽然把一本十几万字或几十万字厚重的书拿了出来；他们笔尖触动的生活与人性之深，文字创造力之强，令人吃惊。待人们去品读、去议论时，他们又不声不响地不知扎到什么地方去了。也许，唯有这样才能写出洞悉社会人生的作品来。

有些作家天生是低调的。他们生活在社会深深的褶皱里，也生活在自己的心灵与性情里，所以看得见黑暗中的光线和阳光下的阴影，以及大地深处的痛点。他们天生不是做明星的材料，不会经营自己，只会塑造笔下的人物；任何思想者都是一样：自己低调，是为了让思想成为一种时代的高调。

享受一下低调吧——低调的宁静、踏实、深邃与隽永。低调不是被边缘、被遗忘，更不是无能；相反，只有自信才能低调和安于低调。

认为时间就是金钱，这可不是什么好事

□周欣悦

你认为时间就是金钱吗？这么想固然会让你珍惜时间，但是也会让你更加不幸福。

我们从小就被教育，“时间就是金钱”。这样教育我们的人希望我们更加珍惜时间，不虚度光阴。但是这不见得是好事，因为已有一些研究发现，“时间就是金钱”这种心态会让我们变得更加不幸福。

在现实生活中，有一些人会更深刻地体会到“时间就是金钱”。有个词叫作“时薪”，指工作一小时平均能够赚取的薪水。比如，钟点工、心理咨询师、律师或者一些自由职业者，他们的报酬就是按时间来计算的。对这些人来说，时间真的就是金钱。当然，对那些从来没有领过时薪的人来说，一旦拿起计算器换算一下自己的时薪，他们也会和领时薪的人一样，视时间为金钱。

研究者就考察了这样一些具备“时间就是金钱”心态的人。

结果发现，当人们把自己的时间换算成金钱之后，一个重要的改变就是更不愿意陪伴家人和朋友，更不愿意帮助别人。比如美国的律师，他们通常是按照工作了多少小时来计费的。波士顿大学法学院教授卡威尼发现，时薪制使得律师把自己的时间当成金钱，更愿意花时间去工作，而不是陪伴家人、朋友或者参加社区活动。

斯坦福大学的德沃也发现了类似的情况，把时间换算成金钱会让人们更加不愿意去参加志愿活动，帮助他人。也就是说，当意识到自己的时间可以换取多少金钱后，人们对待自己时间的方式就会发生很大改变。

不妨设想这样一种情境。你找到了一份兼职，每天在手机上审核用户上传的视频，每审核一小时就赚取50元。有一天晚上，一个老朋友来找你叙旧，一聊就是3小时。这时你可能会觉得，这3小时本来可以用来工作，等于今天损失了150元。当开始这么计算时，你就会斤斤计较，不愿意将时间花在不能产生经济效益的事情上。

这种把时间当成金钱的思维对人们的身心产生了许多负面影响。忙着用时间换金钱让人们逐渐减少了与家人、同事之间的交流，社会关系也逐渐变得生疏。这还会进一步损害人们的幸福感。因为已经有大量的研究表明，社会关系才是幸福感的源泉，那些幸福的人和不幸福的人，最大的区别就在于是否拥有亲密的社会关系。

2018年斯坦福大学的普菲弗和卡内发表在《管理学会新发现》上的一篇文章指出，那些习惯于把时间当成金钱的人，承受着更大的心理压力。这种心理压力导致他们唾液中的肾上腺素水平比普通人高23.53个百分点。肾上腺素水平是衡量压力的一个重要指标，长时间的工作压力会让人体缓慢、长期地分泌肾上腺素，而这会导致许多心理疾病与生理疾病，比如焦虑症、高血压等。所以，过于强调时间的经济价值，会让人在心理与生理上都处于亚健康状态。

把时间当成金钱，固然会让你更加珍惜时间，不会碌碌无为。这种心态也会让你把自己的时间榨干去赚钱，导致你不愿意花时间去做那些更有意义但是没有短期收益的事情，例如与朋友相处，帮助他人，享受欢乐的家庭时光。这种心态会损害你的幸福感，也会增加你的压力，让你的身心都变得不健康。因此，你需要把自己从“时间就是金钱”的思维中解脱出来，“偷得浮生半日闲”。

在对抗中蓬勃生长

□亦　文

单位组织游泳比赛，作为游泳爱好者，我被指定为参赛选手。恰好一位同事曾入选国家队，便由他作为教练，帮选手进行赛前突击。

训练之初，我的测试成绩与数年前完全一致，毫无进步。心有不甘，再测，咬紧牙关，狠命划水，气喘吁吁地游至终点，被告知，成绩毫无提高。

教练说，这样游是没有意义的。泳速快慢不在于动作频率，而在于动作力度。狠命划水，不是将手臂轻描淡写地从水中掠过，而是要真刀真枪地与水的阻力干上一仗，身体才能被快速推动。

我调整动作，严格按照教练的指导练习。手臂尽量前伸，入水后调动背部、胸部肌肉乃至全身贯通的力道，迎着水的阻力用力往后划。这样，每次推水都重如千钧，水的阻力令肌肉难耐。我跟教练说，这样游起来太累。教练说，累就对了，要出速度，就得让每一次划水都有效。

道理明白了，我却有点儿想放弃。一想到100米都要全程发力，内心就感到恐惧、抵触。我暗自思忖，这位教练同事当过职业运动员，给自己“打鸡血”打惯了，不会理解普通人面对持续与阻力对抗的畏难情绪。生活究竟应该激情澎湃地去奋斗，还是云淡风轻地安度？不同人有不同选择，没有对错可言。我打算选后者，知难而退。

可是教练没有饶了我。他说，小到个人发展，大到社会运行，生活中阻力无处不在。让自己强大起来，总不是件坏事。不管我愿不愿意，必须参赛!

教练为我精准设计了一系列力量训练。带着些许抵触情绪，每天中午，我按规定到达健身房，负重转肩、杠铃平举，锻炼三角肌的快速调动。

最要命的是战绳，核心发力，腰腹撑住，胸肌、背肌被全部狠命地调动，全身的劲儿拧成一股，左右开弓，先后将两根战绳抖动起来，实现力量无削减地从绳的这端传至另一端。

没想到，经过一段时间的力量训练，我的情绪和身体都有了兴奋感，到水中顽强对抗的欲望也蓬勃生长出来。

再次测试。随着一声号令，跃入水中。我开始起腿、起手，充分与水交战，我感受到最真实的阻力、最丰满的对抗、最痛快的发力，并由此感受到自己的强大。

教练按下秒表，告诉我成绩显著提高，随即向我提出了新的目标。这次，我欣然接受。

当开始追求速度，我惊喜地发现，自己更热爱游泳了：不仅爱在水中的轻松畅快，也爱与阻力对抗时肌肉的爽快，感受自己全速前进，在水中钻行的速度感。

或许，每个人都需要一点儿的竞技体育精神，多一点儿应对挑战的勇气。

赢在起跑线上的孔融

□陶瓷兔子

1

对中国人来讲，孔融的知名度很高。

就算侥幸逃过被“融四岁，能让梨”支配的恐惧，你也一定多多少少听说过他和陈韪的精彩对呛。

彼时，一个名叫李膺的名士在洛阳任职，孔融一家正好搬到了那里。孔融仰慕李膺的大名，登门拜访，门人却告诉他，李膺只见名士或者亲戚，闲杂人等一概不予通传。

年仅10岁的孔融灵机一动，对门人说：“我是李膺先生的亲戚，有事要跟先生面谈。”

门人不敢怠慢，赶快跑去通报，可李膺并不认识这个陌生的小孩，他说：“你说你是我的亲戚，可我为什么从来没见过你？”

孔融不慌不忙：“我们的先祖孔子和老子有师生情谊，所以算起来，我们当然是世代通好了。”

在场的宾客无不惊奇，唯有太中大夫陈韪啧啧摇头：“小时了了，大未必佳。”

孔融立刻反击：“想君幼时，必是了了。”

陈韪被呛得无话可说，李膺则哈哈大笑：“你现在聪明，将来一定能成大器。”

于是，孔融一战成名。

2

名声有了，仕途之路自然也就通了，但孔融一直端着架子不肯出仕。直到32岁，他才半推半就地被司徒杨赐征辟为属官。

当时，何进因平叛“黄巾之乱”有功，被任命为大将军，孔融奉杨赐之命前往祝贺。

司徒和大将军一文一武，算得上平起平坐，孔融本就是天下名士，又代表杨赐，无论如何都有资格成为座上宾。

何进的门人却因为孔融没有像其他人一样塞银子打点，就找借口不肯帮孔融通报。

说来也不是什么大事，就算是入乡随俗塞点好处费，回头也能找杨赐公费报销，但问题是，让年少成名、心高气傲的孔融去做这种事，他根本就拉不下这个脸。

拉不下脸，就进不了门，看着何进的门人一脸小人得志的样子，孔融选择了最具戏剧性的一种处理方式：他直接一个箭步上前，把杨赐的名帖夺了回来，然后扬长而去，还放出话来，说自己这个官当得没意思，还不如回家种地。

孔融不过是一个小文官，可有可无，可在汉末，这种狂傲不羁的做派，偏偏被当作衡量一个人是否为名士的重要标准。

越是态度高傲，越是口下不留情，就越有一呼百应的魅力。而得罪一个名士，就相当于得罪了全天下的读书人。

于是兵权在握的何进只能忍下杀孔融的心思，

甚至亲自跑到孔融家道歉，请求他不要辞职。

对何进来讲，这不过是图谋大事的人，为了拉拢人心而做出的小心让步。可对孔融来讲，它的意义很不一般。

如果当年反驳陈韪赢得满堂喝彩，不过是无心插柳，那么这次以退为进，让何进不得不让步则是小试牛刀。

孔融已经在内心推演出了一条“出圈”之路：管什么长幼，管什么高低，只要我愿意，全天下没有我不敢得罪的人，反正我得罪的人越厉害，就有越多的人挺我。

3

不得不说，孔融的确一度给自己找准了路。

虽然只是一个小官，孔融却动辄指摘国家大事，三公九卿，没有他不敢批评的。

狷狂如他，一度成了无数读书人的精神领袖，不仅唬得何进没了脾气，就连董卓进京之后，也不敢轻易对他动手。

可整不死他，不代表对他完全没办法。当时天下已经大乱，而董卓特地打听到了一个最不太平的地方——北海，于是，把孔融赶到了那里，是为北海相。

看过《三国演义》的人应该还有印象，北海作为兵家必争之地，不仅一直被黄巾军惦记，而且吕布、曹操、袁绍，都把它当作囊中之物，对它虎视眈眈，想把这个地方搞到手。

不管怎么说，身为北海最高长官，不正有了放手一搏，实现人生抱负和展露政治才干的好机会吗？

雄心勃勃的孔融的确很快付诸行动，他招兵买马，开设府学，端的是一副中兴之臣的架势。

有些人的才能在于实践，有些人的才能在于议论，遗憾的是，孔融属于后者。

当孔融被黄巾军打得大败，不得不仓皇退守于一座小县城的时候，想必他的内心是崩溃的。

自己的才能明明在官场上所向披靡，为什么上了战场却行不通呢？

左思右想之后，孔融得出了一个结论：那一定是因为我还不够酷。

4

于是，在刘备帮孔融击退黄巾军，孔融回去继续当北海相之后，他基本只做了一件事：读书。

哪怕袁谭已经攻到了城下，哪怕城外血流成河，北海已经朝不保夕，到处都是箭矢与火光，孔融依然能神情自若地坐在书桌前，面带微笑地翻着一卷古书。

如果在当天晚上，他没有抛妻弃子，仓皇趁夜出逃的话，那么这个在刀光剑影中静静看书的剪影，就一定能定格为中国历史上不朽的画面。

正如他留在课本里的，那个“天才儿童”的高光时刻。

人们总说成名要趁早，才能享受足够的红利。可成名过早的人，往往会因为心智与经验的欠缺，身不由己地迷失在掌声之中。

即使聪明如孔融，也无法免俗。

5

孔融丢了北海郡，折腾了一大圈，只好去他最看不起的曹操手下工作。

可他显然不明白要干就好好干的道理，他在曹操手下基本只干一件事：想方设法给曹操添堵。

战胜一个对手有两种方式，一是在实力上碾压他，二是在道德上攻击他。

孔融显然没有跟曹操正面比拼的能力，只能拿“你是小老婆生的”“你是赘阉遗丑”“你是汉贼”这样的“黑料”四处嚷嚷。

正忙着抢地盘的曹操虽然对孔融恨得牙痒痒，但也实在腾不出手来收拾他。在这个节骨眼儿上收拾他，容易得罪天下的文人。

于是孔融又一次认为自己赢了。此后，曹操推行的每一道政令，他不分对错一律反对，就连曹操的家事，他也敢拿出来编成“八卦段子”。

我狂，我傲，我怕谁。可孔融忘了，人的忍耐是有限度的，一旦战场和朝堂稳定下来，曹操就一定会腾出手，拔除这颗干啥啥不行、骂人第一名的眼中钉。曹操甚至连借口都不用找，孔融的狂言就是他的死证。

孔融那浮夸的表演，那只存在于舌尖的机智与聪明，既无法让他成功，也无法让他成仁。

让你的生活像岩石一样顽固

□张　丰

有一位朋友正在西藏旅行，从拉萨自驾到冈仁波齐转山的途中，我看她和伙伴把车停在草原上，在地上支起小桌子，几个人坐在那里喝茶。在城市，她就是一个茶爱好者，现在整个草原都变成了她的茶室。

在海拔超过4000米的地方，这并不容易。最难的地方，在于要携带烧水的设备，还要想办法保持水温，因为不同的茶，需要的温度并不相同。但是从她和朋友的脸上，我看到了一种满足。她们确实有点儿“拍照发朋友圈”的矫情，但也真的在用力“生活”。

不久前我也在同一条路上旅行过。在萨嘎县城到冈仁波齐的路上，我看到一辆越野车停在国道和河中间，三个小伙子在那里野餐，他们竟然在一丝不苟地做手冲咖啡。这让同为咖啡爱好者的我吃惊并惭愧，我在登山包里带了几包挂耳咖啡，因为要克服高原反应和忙着赶路，我都没有喝咖啡的冲动。

相比之下，他们在高原上仍然坚持自己的生活，就像岩石一样顽固，也像雪山一样美丽。这种放松的状态确实让人羡慕。

过去，当我们谈旅行的意义时，会强调看不同的风景，体会不同的生活。因此，你到藏族地区，就要努力去喝甜茶或者酥油茶，最好把你过去习惯的咖啡丢到一边。我们会强调这种原生态的“在地性”，“更地道”的，就意味着更好的。

但是，这几年似乎出现了一种新现象。一些在大城市生活的年轻人，会把自己的生活方式看得高于一切。用比较恶俗的话说，就是“经营人设”，创造一个动人的“自我”，然后每天去“演自己”。这样的话，明显有点儿不怀好意，因为如果一种“人设”是好的，是值得努力维持的，那又有什么错呢？

说到底，你就是你所能活出的样子。对生活在大都市中的人来说，你过着怎样的生活，你就是一个怎样的人。真正塑造你的，不是你的人生理想和豪言壮志，而是你尽可能独特的生活方式。所谓的“成为你自己”，也许并不在虚幻的内心，而是在具体的、可触碰的生活之中。

社交媒体时代，为每个人提供了“演自己”的舞台。有聪明人发现商机，比如把一个人的微博或者朋友圈，用一个软件汇总起来，编辑成一本书印刷出来。当然，不是每个人的“日常”都有出书的价值，但是对个体来讲，如果有机会系统看一下自己过去几年的朋友圈，一定很有意义。或许你会感到那是一个陌生人，生活比你精彩多了。你以一种新的眼光在打量自己，或者是以一种老的眼光，来感受“新的自我”。

这样看来，“晒”“秀”这些很多时候含有贬义的词，其实都有一种正向的力量。对城市新中产阶层来说，生活方式就是他们定义自我的新途径。衡量“人生价值”，不再需要等去世之后由别人来写墓志铭，也不看对人类做了多大贡献，而在于每一天都“认真生活”。

以做咖啡为例。越来越多的人选择自己做咖啡，每天磨豆、冲咖啡，工序都差不多，但是要让自己满意，你必须每一次都认真对待，这样才能始终维持在一个水准。这对别人来说没有意义，但是对自己意义重大。而且，正是因为别人不知道、不理解，你才感到趣味盎然，你在这个过程中看到你自己——自足的，完整的，独一无二的。

买不起好的球鞋，我依然享受打球的快乐

□桌子先生

知乎上曾经有一个问题：一个女生怎样才算内心强大?

最高赞的答案只有一句话：吃牛排敢点八分熟的。

因为在西餐厅，牛排一般只有单数分熟，没有八分熟，这样点菜就会显得自己无知且没见过世面。这个女生知道说出来会被人嘲笑，但她不怕，而是敢于展示自己的伤口。在她眼中，想吃就点，仅此而已，并不会因为外界的眼光而放弃自己想吃的东西。这就是真正由内而外的自信。

记得有个女孩给我讲过她的故事。她说："我从小在偏远的农村长大，买不起新潮的玩具，买不起好看的漫画书，常常在家境良好的同学面前感到自卑。尤其是在读大学的时候，她们经常谈论昂贵的护肤品，而我总是刻意躲开，因为怕她们问起我那样的话题，我却支支吾吾回答不上来。

"原生家庭的贫穷就像刻进我骨子里的烙印，一直让我自卑又敏感。我没有吃过肯德基，没有尝过哈根达斯，没有去过迪士尼乐园，没有用过苹果手机……"

她的话让我唏嘘不已。因为，我在她的故事里看到了自己曾经的影子。我在湖南一个偏僻的农村长大。父亲是木匠，母亲是农妇，父母能够供我读书已经用尽了全身的力气。

记得我读书的时候，很喜欢打篮球，但我买不起一双昂贵的篮球鞋。看到和自己一起打篮球的同学都穿着名牌鞋时，我深深感受到骨子里的那种自卑。

当和那些家境良好的同学打球的时候，我非常不自信。我怕他们看到我穿着一双普通的鞋子，更怕他们嘲笑我家境贫寒买不起一双好鞋子。所以我不敢让自己成为他们关注的焦点，抢球、投球的时候，都非常不自信，球也打得很不好。

这样的状态持续了很久，直到有一天，发生了件事情。

我们班有个叫L的同学，他的家境比我还差，但是我看到他穿着一双很破的鞋子，在篮球场上健步如飞，潇洒又自信。他投球中了就开怀大笑，抢球失误就努力追回来，从没有因为穿着一双破鞋就自卑或逊色半分。那场篮球赛，根本没人注意到他穿的什么鞋子，大家只关心他在篮球场上的表现。

那一刻，我忽然想通了：家境好不好和能不能打好篮球，完全是两码事。我不能因为穿着一双普通的鞋子就不敢去打篮球，而是即便穿着一双不好看的鞋子，依然能够在篮球场上畅快地挥汗如雨、全然付出，并且感到快乐。

所以，自信是什么？是坦然接受自己可能在某方面不如别人，但不会因此不安。

一双球鞋那么贵，我买不起就是买不起，因为那是我几个月的生活费，我不想让父母劳累，我也不会因此感到羞耻。

一部苹果手机，相当于工薪家庭几个月的工资，我确实负担不起，这超出我家庭的承受范围，我也不会因此自卑或自责。

不管我穿什么鞋子，用什么手机，都不会影响我的自信，我都能坦然接受，这才是真正的内心强大。

不艳羡富人，也不鄙夷穷人，不媚不欺，不骄不躁。

比蒙娜丽莎更神秘的画中女子

□纳　坦

也许你不知道荷兰国宝级画家约翰内斯·维米尔是谁，但是你一定听说过《戴珍珠耳环的少女》。这幅画在黑色背景中，呈现了一个气质超凡脱俗、恬淡含蓄、欲言又止的女孩肖像，那若有若无的伤感表情，惊鸿一瞥的回眸，使她犹如黑暗中的一盏明灯。那堪比《蒙娜丽莎》的神秘表情，让这幅作品成为艺术史上不朽的名作。

维米尔的故事

维米尔的风景画《德尔夫特的风景》打动过法国著名作家普鲁斯特。在海牙博物馆看到这幅画后，普鲁斯特写信给朋友，说他看到了世界上最美的油画。之后这段经历也被写入了文学巨著《追忆似水年华》。

1632年，维米尔出身于德尔夫特一个锦缎商人家庭，家中还经营着一家旅馆。此时的德尔夫特热闹得不像话，遍地都是“艺术家”。画家们常来旅馆聊天，维米尔的父亲会将待售画作挂上墙，熙熙攘攘间，这个尚且年幼的男孩不时懵懂地看着油画出神。

这是个在画作和成吨啤酒中长大的男孩，没有深厚家底为他加持，就像很多普通孩子一样，默默成长。大约在15岁，维米尔开始了为期6年的绘画学习。但他究竟曾拜入谁的门下呢？这一点，至今仍未有定论。

年轻的维米尔是有野心的：他偏爱宏大的历史主题绘画，《圣经》中口口相传的故事，神话里情态万千的人物，都从少年青涩的画笔下接连诞生。

但是，关于他早年生活的记录实在少之又少，维米尔20岁之前到底如何，几乎没人说得清楚。直到6年后，一名年轻女子进入维米尔的生命中，我们才可凭借一些事实的碎片勾勒出他的生活与性情。

1653年，21岁的维米尔迎娶了心上人。新婚后的他，仿佛第一次感受到平静生活带来的幸福。卡塔莉娜的一举一动在他眼中都仿佛被放慢了速度，温馨而甜蜜。

原本钟爱宏大主题的维米尔，这时候却用画笔记录下家庭生活。那份平和静谧始于为妻子做出的改变，看似波澜不惊，背后却有一场信仰的蜕变。

平静画布下的波澜

当卡塔莉娜的肚子微微隆起，里面住进了他们爱的结晶，要当父亲的维米尔，肯定也曾在看着妻子时这样想过：再也没有比自己更幸福的人。屋内是烤面包的温热香味，维米尔从画室向外看去，坐在门口缝补的妇女，路边玩耍的小孩，巷子里洗衣的女人……生活就这样无声地流动着，流至细密的画布上。

维米尔的画中，有生活的朴实真挚，也有居于一隅却测量世界的野心。当年的荷兰，他身边几乎所有人都怀抱迈步走向世界的雄心壮志，这又怎能不在维米尔心里刻下印记？

然而，同样一直心怀世界的维米尔，一生都没有离开德尔夫特。这个家所在的小城，是他始终坚守的港湾。

维米尔心中或许有对家人的负疚与酸涩，他提笔，试图将这无声的景致留下。在他的作品《绘画的艺术》中，出现了一位画家，他背对着观者，全神贯注于画布。前景的帘幕微微卷起，似乎一阵风吹过便会放下，遮挡住这温馨一刻。

如今仍没有证据证明这个背影的真实身份，但这幅画对维米尔与卡塔莉娜似乎有着深远意义。据说即使在维米尔离去后，卡塔莉娜也坚持不变卖此画。或许这里面藏着维米尔对平静生活的期待，对世界之大的向往，以及对卡塔莉娜的歉疚与依恋。

维米尔是笨拙的，即使要忍受贫困，他也不愿变卖珍视的作品。每年完成的作品不过一两幅。

在维米尔留下的不足40幅画作中，有21幅都出

现了珍珠。极为罕有的珍珠是否曾是他送给妻子的礼物？我们不得而知。

然而，珍珠无疑是维米尔的艺术中最引人注目的亮光。但是，那位广为人知的戴珍珠耳环的少女，迄今无人知道她的姓名，她耳畔那颗硕大的珍珠，也未有人了解其由来和去向。

1672年，当法国与荷兰开战，平凡人家的日子注定被打扰。这个算不上富贵的普通家庭在战争中风雨飘摇，维米尔也在这时一病不起。维米尔后来的故事，在卡塔莉娜的陪伴下结束。1675年，他走了，没有惊起波澜，如他的画作一般安安静静，只有妻儿的哀恸。维米尔安静的力量被遗忘于旮旯。直到19世纪中期，法国评论家泰奥菲勒·托雷·比尔热终于在存世的稀少资料中，重新找回这位大师。

19世纪80年代，当《戴珍珠耳环的少女》再次出现，认识到其巨大艺术价值的人只有两位专家，他们深入研究画作，写下笔记，最终将其留在了荷兰。当后人回溯黄金时代的荷兰，便循着《戴珍珠耳环的少女》画中那束珠光，进入了维米尔的世界。一片恬静光色中，这位不同于当年所有艺术家的画者，为人们带来了最深刻的触动。

当19世纪作家普鲁斯特看到维米尔笔下的德尔夫特风光，这沉寂了漫长岁月的画作竟能让作家激动得晕厥。直到今日，每一座有幸藏有维米尔作品的博物馆，都为之自豪，没有人会吝啬对它的赞美。

少女的秘密

几个世纪以来，维米尔的这幅名作《戴珍珠耳环的少女》以它的神秘、唯美和饱含的情感吸引着各路艺术爱好者的观赏和专家的研究。就连画中人面部的汗毛都成了长期被争论的学术主题。

从2018年开始，由荷兰莫瑞泰斯美术馆管理员阿比·凡德维尔领头，对这幅被称为“荷兰的蒙娜丽莎”的作品进行了非常深入的挖掘研究。

这项研究名叫“聚光灯下的女孩”。在莫瑞泰斯美术馆里专门建造了一间玻璃屋，让参观者观看研究人员和他们的高科技机器是如何对这幅1665年左右完成的作品进行全身扫描的。遗憾的是，即使成像技术和分析手段都非常先进，但并没有回答出“画中女孩到底是谁”。

这项研究也揭示了不少对这幅作品的新发现和更多细节，包括维米尔是如何画出这个女孩的，以及他到底用的是什么颜料。研究甚至发现了画中的女孩是有睫毛的，但我们仅凭肉眼基本看不出来。而被长时间普遍认为的画面的“纯黑色”背景，其实并不是纯黑的，女孩是在一幅已经褪色的绿色窗帘前面。而颜料在几个世纪的物理和化学变化中，颜色褪去，绿色的窗帘消失了。

令人惊讶的是，维米尔在女孩的头巾上使用了很多高品质的深蓝色颜料。这种深蓝色颜料在17世纪比黄金还值钱。据说，维米尔有11个孩子，为了养活他们，维米尔的生活始终过得很拮据。现在，昂贵的深蓝色颜料的发现也许会推翻这种说法。这些颜料不是维米尔从世界各地搜寻来的，很可能是从他的家乡德尔夫特买来的。这些发现不仅揭示了维米尔所用材料的细节，还告诉了我们17世纪荷兰和世界贸易的情况。

研究还揭示了维米尔画这幅作品时的顺序。红外线成像研究表明，维米尔最开始是用深浅不同的棕色和黑色来起稿。然后他用黑色线条勾勒出女孩的轮廓，再从绿色背景画到前景：她的皮肤，她的黄色衣衫，白色衣领，蓝色头巾，最后是快速点下的几笔，构成了白色的耳环。而后，他在画布的左上方签名。最让人好奇的肖像身份的问题，恐怕还要继续深挖。

或许这就是伟大作品的存在意义，人们渴望解开谜团，却永远都无法解开它。

故宫，竟然是他们的出道代表作

□物道君

一提到“香山”，许多人马上会想到北京的红叶。而看到“香山帮”，脑中不自觉浮现江湖帮派快意恩仇的画面。事实上，香山帮是中国建筑史上的明星团队，来自苏州。

玄妙的是，苏州和北京真的因“香山”而有了联系。香山匠人，设计过北京的故宫建筑群，建造了苏州园林，还修缮了西藏的布达拉宫……这些建筑风格迥异，却出自同一团队，不免让人想了解这个传奇的香山帮。

在北京，出道即巅峰

今日，当我们站在紫禁城脚下，很难将它的磅礴大气跟婉约的苏州联系在一起。铺开《北京宫城图》，在建筑群中竟然站立着一个人。原来，他就是明初故宫的总设计师——蒯祥，也被后人奉作香山帮鼻祖。

史书记载，“江南木工巧匠，皆出香山”。所以明成祖朱棣在修建故宫时，就召集了一群来自香山的匠人。其中，继承父业的蒯祥凭借精湛的技艺，脱颖而出。

他的第一项任务是设计并带队修建宫廷正门——“承天门”，也是最早的天安门。建成后，永乐皇帝大喜，直接叫他“蒯鲁班”。他升至工部左侍郎，当着二品官，享受一品官俸禄。

因为蒯祥，香山帮一炮打响。这群人继续坚持极致，他们懂得用工艺惊艳世人，更懂得用何种材料打造人间奇景。

当每年冬至正午十二点的阳光照射地面，阳光就会反射到故宫乾清宫的“正大光明”匾上，光从西向东，将“正大光明”和五条金龙依次点亮。一年一景，转瞬即逝。奇景得以诞生，关键在于光洁如镜的地面，这个地面就是由“御窑金砖”铺就的。

香山帮工匠向皇帝推荐这种砖，因为质量优良，深得皇帝青睐，窑场被赐名为“御窑”，这种二尺二、二尺、一尺七见方的大方砖还得了个“金砖”的雅称。从此，御窑金砖便为历朝皇宫建筑专用。

香山帮工匠何以慧眼识“砖”？并不是因为运气和天赋，而是世世代代经验和智慧的积淀。

从唐朝开始，繁华的江南就兴起建造园林的潮流，能工巧匠们得以施展拳脚。北宋皇家在苏州设置的应奉局，让出色的匠人们得以进京建造府苑。与此同时，江南的建筑行业已经有“木作”“水作”两大工种，后来，“木作”再细分出雕花作，“水作”细分出砖雕作和石雕作。工种越分越细，可总要一个领头人。到了明初，几乎由木匠担此重任，负责整个工程的设计、部署和分工、统合。所以在故宫这个大项目中，蒯祥就是统领全局的木匠。

当我们看见紫禁城中的苏式彩画，踏在金砖铺就的地面，感受着雍容大气与清新雅致相互调和，殊不知，这些元素来自香山匠人们最引以为豪的故乡。

在苏州，精雕细琢

如果故宫是香山帮建造史上的一个精品，那么修建园林就是他们长久坚持的作业，日复一日，毫不懈怠。

在众多苏州建筑中，园林汇集了精华，而在众多园林中，拙政园汇集了所有园林之长，香山帮在这里大展身手。

其中，鸳鸯厅非常奇特，它之所以得名“鸳鸯”，是因为一个空间，能诞生两个世界，“一日之内，一宫之间，而气候不齐”。而厅里的“卅六鸳鸯馆”里面的顶棚也很特别，拱状既弯曲美观，弧形屋顶又能反射声音。在台上表演的昆曲演员，仿佛自带扩音器。余音袅袅，绕梁不绝。

若是再往回追溯，元代的虎丘“断梁殿”就更能体现他们的高超技艺了。“断梁”是因为正梁是由两截断梁拼接的。传说工匠们错将大木料锯成了两截，最后只能靠榫卯结合。不用一钉一铁拼接，也能牢固坚韧，这是榫卯的智慧，也是香山匠人的智慧。

这只是他们众多杰作中的几个，香山帮匠人穷尽心力和手艺，为苏州的雅致精细做下最好的注解。他们去过京城，跑过各地，终究还是要常回家乡。在灵气的腹地待上一段日子，才有足够的灵感投身下一个建筑，再奔赴未知的千重山。

到如今，何去何从

千年帮派，要想绵延不绝，势必背负沉重的坎坷和苦楚。每个匠人从苦练本领到拜师学艺，每一个脚印都留下了血泪。

明清时期，香山匠人团体越来越壮大。之后因时局动荡，香山匠人所剩无几，只能勉强承建一些维修工程。

20世纪50年代初，苏州市园林管理处组织民间匠人，陆续修复留园、拙政园、虎丘、怡园、沧浪亭、狮子林等园林。散落民间的香山帮工匠在这一次被大规模召回，许多人成为苏州专业园林修建队的一员。

虽然被召回不少人，但是香山帮后人只剩下“陆家”和“薛家”两大脉。陆耀祖的太公曾参与民国时期狮子林的修建，他传承了家族衣钵，成为木作方面的佼佼者。而薛家的薛林根继承父亲薛福鑫的衣钵，坚持古建修复，还是水作方面的大师。如果只是复古，香山手艺难以延续，于是他们开始踏入时代浪潮，走向世界。

1978年，美国纽约大都会博物馆代表团来到中国，希望能移建中国园林。因为网师园是公认的小园极品。于是薛福鑫带领匠人们，以网师园的殿春簃为蓝本设计了“明轩”。占地不足一亩，但书房、假山、花坛、清泉、半亭俱全。中国建筑精巧雅致，成为纽约的一方盛景。

1989年，第一次修缮布达拉宫开始，一半的维修任务，交给了香山帮的匠师们。技术达到了顶峰，便不受限于风格。

2002年，苏州吴一鹏故居大修，这一难度极高的工程由薛家三代人共同完成——薛福鑫、薛林根和薛东。毕业于同济大学的薛东负责设计及绘图，还得到了建筑大师贝聿铭的称赞，他也一战成名。

2006年，贝聿铭建成苏州博物馆新馆，这无疑给那时的香山匠人极大鼓舞。越来越多的“80后”“90后”因为兴趣而拜师，香山帮还与苏州大学合作，将手艺培养方式落地到现代教育体系。

一边参加国际大展，将文化输出国外，一边寻觅国内新的传承人，同时负责古建筑维修的研究。但是一项技艺要想普及，只在高端市场活跃是不够的。

老一代香山帮匠人信奉的是匠人哲学，父亲薛林根想坚持做手艺，做手艺就得精雕细琢，耗得起时间，不该被标准化的条条框框限制。“只问何人做，不问多少工。”可儿子薛东需要考虑工期等现实问题。

精益求精，不计时间，这和追求效率的现代化浪潮天然矛盾。那么香山帮该如何传承呢？传承手艺的本质又是什么？少了时间的磨炼，手艺还是原来的手艺吗？

这些问题，很难解，而我们能做的，也许是让香山帮更多地被看见。辉煌富丽的紫禁城、那些绮丽秀美的园林、那些写满诗情画意的栖居之地，都曾是这个帮派为这片大地画下的最美注脚。

而今，岁月轮转，我们亦不知他们将何去何从，不知下一个千年，他们是否还能活跃在中国建筑的舞台，而不只是一个颇有江湖味道的传说。香山匠人从昨天走来，看遍了柳暗花明，那么，就把答案交给时间与岁月吧……

鲸的“鼻涕”真的价值连城吗

□冯　智

鲸浑身是宝，庞大的身躯为人类输出大量鲸肉、鲸油和其他产品。不过，环境恶化和人类滥捕、滥杀，特别是一些体形较大的鲸因为经济价值高而遭大肆捕杀，造成许多种类的鲸濒临灭绝。

为了保护濒临灭绝的鲸，科学家想过很多办法，这一次，他们盯上的是鲸的“鼻涕”。什么是鲸的“鼻涕”？鲸和人一样，也通过肺呼吸，只是它们的鼻孔长在头顶，也就是喷水孔。

鲸在水面上通过喷水孔呼吸，呼气时，气体从喷水孔高速射出，遇冷凝结成水滴，最后变为喷水柱，看起来跟人类擤鼻涕有点儿像，因此我们将鲸喷出的液体称为鲸的“鼻涕”。

为什么科学家会在意鲸的“鼻涕”呢？因为鲸喷出的“鼻涕”里面含很多物质，比如脱氧核糖核酸（简称DNA）、微生物、激素等，这些物质可以提供鲸的很多身体数据，对科学研究有极大的帮助。

通过这些物质，生物学家可以判断鲸是来源于本地还是只是路过，还可以判断鲸有没有怀孕等，甚至可以追踪鲸是否有遗传病。

鲸的“鼻涕”如此重要，然而想获取鲸的“鼻涕”并不容易。首先，鲸很少与人类接触，其神出鬼没的特点让人类很难把握。运气好碰到一条时，取样过程也异常艰难。科学家一般坐着摩托艇悄悄靠近它们，然后趴在船头，忍受着鲸的“鼻涕”难闻的气味，使劲伸出一根长杆，而迎接他们的往往是一阵劈头盖脸的“鼻涕雨”，弄得他们满身黏糊糊的。不过，这已经是幸运至极的了，因为更多时候一无所获。

要想完成采集工作，只能乘坐船艇，花费巨大，更要命的是，如果采集不到足量的数据标本，就会给科学研究带来非常严重的后果。在这种情况下，科学家需要引入一种新型的方式。

怎样才能更容易地接近鲸呢？科学家想到了无人机，也就是通过无人机来收集鲸的“鼻涕”。这种方式优点很多，最明显的一点就是不会影响鲸的生活。

举个例子，有一种鲸，叫作露嵴鲸。它数量稀少，是急需被关注的对象。这种鲸，很少出现在海面。科学家即便没日没夜地寻找，也很难发现它们。不过，如果是无人机，那就比较方便了。它可以安静地停在海面，然后去追踪鲸的声音，从而找到目标。

发现目标后，由于无人机上已经装了收集“鼻涕”的培养皿，因此，它可以直接飞入鲸的喷水柱中，轻轻松松地采集一大坨鲸的“鼻涕”，然后在海浪席卷前及时撤回。

同时，无人机还能充当“摄影师”。通过它拍出的近距离照片，可以估算鲸的大小，甚至可以观察到鲸身上的伤疤。在保护地球上为数不多的庞然大物时，小小的无人机做出的贡献可一点儿都不小。

3

梦想就要拿来实现，年轻就要拿来折腾

敢于表现真实的自己

□王　潇

每逢新班开学，老师面对一屋陌生的学生，大都会问：“谁会画画？”我会呀，于是迅速举手。老师说：“好，那你当宣传委员。”这个环节在每次升学分班时都会发生一次，于是我开始了漫长的画板报生涯，从小学一年级一直画到大学。

长大后回忆，我在每一次举手之前，都忘了做一件成年人大概都会做的事——看看周围有没有人举手，有多少人举手，我是不是应该等一会儿再举……这也许是一个复杂的社会心理过程，包括考量周围，评估自己，再做出决策。但这个系统在我的认知里迟迟没有建立——老师询问谁愿意参加文艺会演，我举手；老师征集军训标兵班，我举手；老师挑选同学参加中外文化交流，我还举手。只要举手就增加了被选中的机会，于是我常常被选中。举手让我在那个单调的年代里拥有了一个相对丰富的学生生涯，也成为一个爱表现的孩子。

上初一时，进校就遇到艺术节，要求各班报名踊跃参加，于是我报名表演小品。班主任板着脸把我叫到办公室，问我：“你怎么这么爱出风头呢？”我很困惑。她又说：“全班就你报名，你也太爱显摆了！把时间用在学习上！”

之后，我们班没有节目参加艺术节。

高一，学校选派我到电视台参加节目录制。录了两期之后发生了几件奇怪的事：我放学后画的黑板报在第二天早上会被人擦掉；我课桌里的围巾会凭空消失，几天后又在垃圾桶里出现……那时的班主任是语文老师，他把我叫到办公室，郑重地对我说：“木秀于林，风必摧之；堆出于岸，流必湍之；行高于人，众必非之。你把这句话背下来。”我说知道了。他又说：“世界很大，人外有人，天外有天。你必须多读书，得让自己有真才实学，说的话、做的事要经得起推敲，不能浮躁，不能靠小聪明取得了点儿成绩就沾沾自喜。”我赶紧掏出本子来记下。他又说：“得能收能放，随时把心沉下来，别忘了你的正事。你只要学习成绩放在那儿，谁都没话说。”

后来，我考上了中国传媒大学播音系。一天，我正在闷头画板报，老师停下脚步对我说：“太低调！画板报又不出声，多参与点儿活动，多经历点场面！咱们是靠在人面前交流、思考和表达吃饭的！”

那一刻，我转过头用感激的双眼望着我的班主任老师，内心充满暖流。遭受了十几年的否定和打击，一个爱表现的孩子，终于找到了自己的土壤！

现在，这个世界变化很大，涌现了无数出位、高调、自恋的人，这里面有的是人才，有的不是。我的天性依然未改，也一直谨记十六岁时班主任的教诲——“世界很大，有才的人太多了。你必须多读书，得让自己有真才实学，说的话、做的事要经得起推敲，不能浮躁……”

今天，我依然是那个爱表现的孩子。当生活需要我的时候，如果我有能力，我依然会像当年一样，坐直，然后高高地，举起我的手。

普通而又独特的语言

□汪曾祺

好语言不古怪

鲁迅的《高老夫子》中，高尔础说：“女学堂真不知道要闹成什么样子，我辈正经人，确乎犯不上酱在一起。”“酱”字甚妙。如果用北京话说成“犯不着和他们一块掺和”，味道就差多了。沈从文的小说，写一个水手，没有钱，不能参加赌博，就“镶”在一边看别人打牌。“镶”字甚妙。如果说“靠”在一边，“挤”在一边，就失去了原来的味道。“酱”和“镶”，大概本是口语，绍兴人（鲁迅是绍兴人）、凤凰人（沈从文是湘西凤凰人），大概平常就是这样说的，但是在文学作品里没有人这样用过。

屠格涅夫写伐木的散文诗，有一句“大树缓慢地，庄重地倒下了”。“庄重”不仅写出了树的神态，而且引发了读者对人生的深沉、广阔的感慨。

阿城的小说里写“老鹰在天上移来移去”，这非常准确。老鹰在高空，人是看不出翅膀扇动的，看不出鹰在“飞”，只是“移来移去”。同时，这写出了知青的寂寞心情。

我曾经在一个果园劳动，每天下工，天已昏暗，总有一列火车从我们果园的“树墙子”外面驰过，车窗的灯光映在树墙子上，我一直想写下这个印象。有一天，终于抓住了。

车窗蜜黄色的灯光连续地映在果树东边的树墙子上，一方块，一方块，川流不息地追赶着……“追赶着”，我自以为写得很准确。这是我长期观察、思索，才捕捉到的印象。

好的语言，都不是稀奇古怪的语言，不是鲁迅所说的“谁也不懂的形容词之类”，而只是平常普通的语言，只是在平常语中注入新意，写出了“人人心中所有，而笔下所无”的“未经人道语”。

平常而又独到的语言，来自长期的观察、思索、琢磨。

读诗不可抬杠

苏东坡有诗云：“春江水暖鸭先知。”这是名句，但当时就有人说：“鸭先知，鹅不能先知耶？”这是抬杠。

林和靖咏梅的“疏影横斜水清浅，暗香浮动月黄昏”，是千古名句。宋代就有人问苏东坡，这两句写桃杏亦可，为什么就一定写的是梅花？东坡笑曰：“此写桃杏诚亦可，但恐桃杏不敢当耳！”

有人对“红杏枝头春意闹”有意见，说：“杏花没有声音，‘闹’什么？”“满宫明月梨花白”，有人说：“梨花本来是白的，说它干什么？”

跟这样的人没法谈诗。

在41419米高空，挑战人类极限

□吴　军

在41419米高的平流层跳伞，是比攀登珠峰还困难的任务。后者至少还能借鉴前人的经验，万一遇险也能求救，而前者面临着完全未知的风险。但是，一位50多岁的谷歌工程师做到了，这个打破世界最高跳伞纪录的人叫艾伦·尤斯塔斯。

为什么一位业余爱好者能完成这项看似不可能完成的任务？

上去看看

尤斯塔斯是谷歌工程与研究高级副总裁。谷歌今天还在用的员工360度考核制度、晋升制度、岗位定级和能力评价体系，都是他设计的。他不仅是一位技术官员，对计算机系统和算法也极为精通。

虽然跳伞不是尤斯塔斯的主业，但他跳伞的时间非常长，而且是这个领域的高手，尝试过在各种复杂条件、高难度场景下跳伞。另外，尤斯塔斯会开双引擎的喷气式飞机，这也是一个需要下功夫的复杂技能。

在我看来，一个人是业余还是专业，不在于他养家糊口的职业是什么，而在于他在一个领域比同行多花了多少工夫，以及是否以专业的精神在做事。

由于长期从事跳伞运动，尤斯塔斯对不同高度大气层有深刻的了解。

如果你学过中学地理，可能还有印象，距海平面平均约11000米以下的大气层叫对流层（中国民用航空局数据），海拔越高，温度越低。这一层大气运动很活跃，风雨雷电就发生在这一层。

再往上平均11000～80000米的高度，是平流层，和对流层相反，这里气温反而会升高，能升到零摄氏度及以上，用尤斯塔斯的话说，“只看温度，不用什么防护，也能生存下去”。

尤斯塔斯忍不住想知道：人类有没有可能在平流层停留呢？能不能去那里体验或者探险呢？他动了一个念头：上去看看。

工程思维

从这么高的地方跳下来，可不是一般的跳伞任务，它是一个巨大的系统工程。

从2011年开始，尤斯塔斯就和环境学家泰伯·麦卡勒姆一同钻研如何完成从平流层跳伞的任务。他们遇到了数不清的困难。首先是怎么上去。

目前飞机飞行的高度，一般在平流层底部，这个区域跟对流层交接，温度还没上升到零摄氏度，气流也不稳定。

要想在平流层跳伞，必须上升到更高的高度，这是目前飞机到不了的。尤斯塔斯和他的团队只能用氦气球。

决定用氦气球带人升空以后，就要考虑氦气球的大小和安全性。氦气球的大小和人的负重直接相关。负重大，气球就要做得大。不过，气球越大就越容易破损，尤其是到了平流层以后，周围几乎是真空，气球在内部压强作用下会不断膨胀，这就会非常危险。

所以，接着就要解决人的装备问题。

在尤斯塔斯之前，奥地利极限运动员菲利克斯·鲍姆加特纳创造了从39000米高空跳伞的纪录。鲍姆加特纳用的装备是小型密封太空舱。因为平流层空气极为稀薄，只有千分之一个大气压，人除非待在一个封闭的空间里，否则无法生存。

可太空舱本身非常重，尤斯塔斯想要超过鲍姆加特纳的高度，还要继续加重。他和团队估算了一下，如果采用类似方案，重量差不多达1360公斤。

把那么重的太空舱送到平流层不是一件容易的事。这需要一个非常大的氦气球，至少要五倍大，但随之而来的难度和风险，远超五倍。

尤斯塔斯想到的解决方案是用太空服，这样可以把整个装置的重量降低到大约227公斤。

尤斯塔斯找到一家为军方提供设备的公司，专门制作了一种密封的、在真空和太空中能够保持内部气压，而且绝对保温的太空服。

装备问题解决了，最后就是怎么跳下来。

人在下落时，因为失重很容易水平旋转，加上穿着太空服，身后降落伞的带子很容易缠绕在身体上，不能完全发挥作用，导致人被摔死。

尤斯塔斯在工程师的帮助下，设计了一种管状的背带，它展开后，会像吸管一样撑开，是刚性的，这样就不会和身体缠绕在一起。

此外，这次高空跳伞还有常人难以想象的困难。比如，太空服的重心不稳定，高空中又没有空气阻力，一旦人在空中翻滚，速度就会非常快，血液很容易冲进脑子，导致脑损伤。很多高空跳伞运动员都有不同程度的脑损伤，也没法康复。

这对人的要求就很高了，需要他能够控制自己的下落，确保自己在打开降落伞之前不翻滚。这也是为什么我会说它比攀登珠峰的难度大得多。

还有，人在下降的时候速度非常快，最快时会超过音速，突破音障，在这个过程中，运动的物体会产生巨大的冲击波。平常人即使坐在超音速飞机中，在跨越音障时都会觉得不舒服，更何况穿着太空服直接和大气摩擦。

突破极限

实验和测试也是工程思维中很重要的环节。在准备的三年里，尤斯塔斯和他的团队做了250次测试。2014年10月24日，尤斯塔斯正式的高空跳伞开始了。整个过程有点儿像小规模的火箭发射。

早晨，身着太空服的尤斯塔斯被运到试验场，在工作人员的帮助下，他被悬挂在氦气球上。

随后，地面工作人员松开气球。气球缓缓上升，带着尤斯塔斯，用了两个多小时，上升到41419米的高度，这比之前鲍姆加特纳的纪录足足高出了2419米。

这时，尤斯塔斯切断他和气球之间的纽带，以自由落体的加速度下降。在失重状态下持续了37000米，这也打破了鲍姆加特纳的纪录。

终于，在离地面大约5000米的地方，尤斯塔斯打开降落伞。尤斯塔斯正常下降速度非常快，只用4分半钟，就完成了这次人类历史上的壮举。

最后落地时，因为负重高达227公斤，尤斯塔斯不得不用后滚翻的姿势保护自己。尤斯塔斯开玩笑说，这是他最难看的一次着陆。

极限运动挑战的是人类未曾到达的极限，完成那些壮举，不仅证明了人类在恶劣环境下的生存能力，也做出了一个又一个如何解决复杂难题的示范。

尤斯塔斯给我们的最大启示，是一种值得学习的工程学思维——一个目标无论多宏大、多困难，我们都可以把它拆成一个个可以执行的小项目，通过完成小项目让大目标得以实现。

偏　见

□陈　赛

有一个脑筋急转弯的题目是这样的：一个父亲和儿子出了车祸。父亲当场死亡，男孩重伤并被送往医院。在医院里，主刀医生看了一眼男孩说：“我没法给这个孩子做手术。他是我儿子。”

请问，既然他的父亲已经死亡，这是怎么回事？

如果你和我一样，想了很久没想明白其中的道理，那么，恭喜你，你是一位隐秘的性别歧视者。

因为正确答案是，这位医生是孩子的母亲。

至少对我而言，这是一个醍醐灌顶的时刻，就像你突然触摸到生命潜流中的某处陷阱，或者感受到一阵沉钝的刺痛感——关于性别的偏见如此深刻地内化到我们的日常思维之中，仿佛一根刺，直到此刻才传递出痛感。

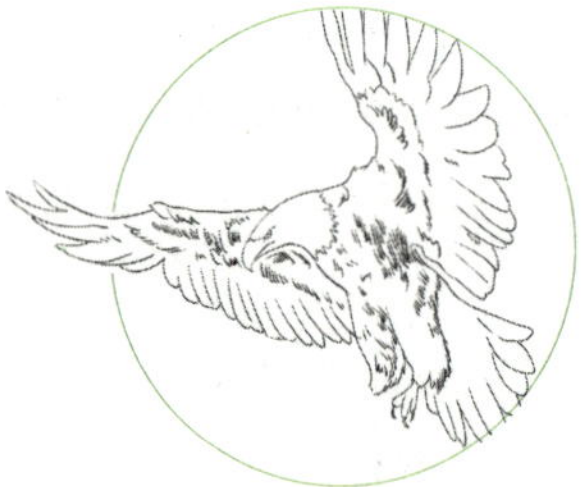

你的头像隐藏了大量的人格信息

□刘晓凡

绘画天才毕加索，出名后每当看到喜欢的女人，就会说出那个无往不利的撩妹金句：“我是毕加索，我能帮你画幅画吗？”绘画，是艺术家的潜意识表达，描绘了当代人类的集体无意识。头像，也是“绘画”的一种形式，同样会流露出某些信息。

头像的类型

一些头像会直接表达出某些信息。比如因为工作需要，在照片里穿正装的微笑，会给人专业、可靠的感觉，这是出于职业的考虑，有趣的是某些诈骗团伙，也喜欢用这样的照片。有些头像会直接表达自己是做什么的，钢琴老师是弹琴的画面，舞蹈老师在展示自己的身材，照片和职业挂钩。

还有的是制造某种模糊的感觉，用专业的摄影技术，配合精致的妆容做头像，朋友圈再配上关于爱与生活的文案。或是比较励志的头像，紧握的拳头，在天空中飞舞的雄鹰等。

照片也会反映出目前的状态，面朝大海的背影，独自撑伞的侧脸，这很容易让人对其情感状态产生一些联想。还有那些用喜欢的明星、动漫人物或是自己的爱好作为头像的情况，展示着个人的渴望与快乐。

一个人不是无缘无故地选择了某张照片作为头像，即使是在网上随机找张自己喜欢的照片，似乎也有潜意识的参与。

位置和结构

当选择自己心仪的头像时，画面里的位置和结构，也会投射出潜意识里的信息。

在沙盘游戏或者家庭系统排列中，可以看到来访者把大小不同的玩具，摆放在沙盘的各种位置，或是在做排列的时候，将代表家人的参与者移动到场地不同的区域。

这会无意识地展示出自己早年和家庭成员的关系模式，位置和距离的远近，从某种角度讲，是客体关系的具象化。如果将头像也看成一个系统，那么照片里人物的位置，也会流露出一些信息。

有位女士的头像是位瑜伽的修炼者，用“山式”的动作，紧贴靠近照片左侧的边缘，整个人身上是黑色的阴影，这个人物的位置和表达形式，反映出她在关系中的状态，或者说在关系系统里，会比较疏离，难以深入情感的核心，去体验那种深度连接的感觉。

也有相反的情况，有的把自己的全身照，占据了整张图片，超过2/3的位置，但又是以侧面示人，回避了整张脸，把自己搞得那么大，潜意识里是想让别人注意到，但又隐藏起自己的一部分。在这种情况下，往往是既渴望得到关注，又不想展现真实的自己。

头像的象征意义

语言通过理性的加工，可能会编织出美丽的谎言，但绘画有时可以直达本质。

在儿童的绘画中，可以看到有的孩子的画笔下，流露出明显焦虑的情绪，他们或是把代表自己的人物，画得很小，蜷缩在纸张的角落，或是整个图案充斥着凌乱的线条。有个男孩把妈妈的嘴画得很大，上面还有两排尖牙，而自己没有双手双脚和耳朵，坐在旁边的椅子上。其母亲是位非常急躁的女士，时常呵斥和指责儿子，并要求他按照自己的规定行事。这是画面带来的象征意义，通过这样的画面，隐喻了自己和妈妈的关系。

成人是个子长高了的孩子，绘画或者对头像的选择，会无意识地投射出很多内心的信息。

虽然很多人不会拿起画笔，描绘出内在的感受，但选择的头像，也会承载某些投射。

1.反方向

技术，有时候会干扰信息，当摄影师利用灯光、服饰和身体姿势，营造出一个“自信”的头像时，拍摄者的人格就会融入照片之中，好的摄影师可能要忘记自己，看到对方潜意识里的信息，然后用恰当的方式，表达出来。

因为工作需要，要给外界营造出某种信号，被拍摄的人，需要这样一副面具，来展示或隐藏某些部分。

2.构图

当一幅画构图比较零碎，没有留白，会给人一种“塞满”的感觉，各种信息太多。但如果留白的空间很大，则会带来宁静或者压抑感，加之颜色的配比和组成，会无意识地投射出内心的状态。

当个体进入团体，他所坐的位置，姿势和表情的变化，也会提供丰富的信息，心理学家艾瑞克森，能根据秘书打字时身体的微妙变化，判断对方是否在经期。当无意中看到10岁的女儿在拿录音机时，手肘绕过胸部的幅度，判断出这个孩子将来的胸部会很小，身体显然已经为未来预先做了准备。这一切皆是画面。

当被某张照片击中，并选择为头像时，这可能反映了自己当下，甚至未来的一些信息。

3.展示

网上可以使用的头像有千万种，每种头像在不同的人身上，所表达的意义不同，即使两个人使用了相同的画面，一个人可能是在展示自己的爱好，而另一个人也许是在表达内心的孤独感。

在某个年龄段受过创伤的孩子，会在下笔时，让自己的风格停留在受挫的那个时间，对头像的选择也会无意识地找到符合某种年龄段的风格。

一个头像被我们选中，有时是潜意识优先做的决定，图画的内容和色彩，触及了内在未被察觉的隐秘世界，根据每个人的人格与偏好莫名产生了吸引力。你可以观察一下他人与自己的头像，嗅嗅画面背后的秘密。

当然，有时候头像就是头像，无须做过多的解读。

半称心

□草　予

禅言道，人生哪能多如意，万事只求半称心。

勉人，需往高处领，前路越远，便会因无限可能而越发迷人；劝人，则要往宽处引，来日方长，世事难料，心宽，岁月便宽。也就是说，勉人得说岁月静好，百舸千帆，宜争流竞渡；劝人得说世事无常，没有时时处处都称心如意的，宜劝慰随遇而安。

人生似乎应当这样：在过程中努力，继而接受结果。过程，若是竭尽所能的过程，结果，就不会是饮憾抱恨的结果。

半称心，并非妥协退让，而是事中尽力求索，事后随缘，不做过多要求。能否称心如意，往往只在一念之间。福可易祸，失可换得，人一豁达便觉岁月澄明，一偏执就会认为世界不怀好意。半称心，半如意，少得便喜，自然不会怨天尤人，也不至于为了一己之愿而慌不择路。

人生多半如此：快乐有时，如意一二，幸福少许。于是，才有对坐共饮的人，忙时要你停杯，“别急着饮，先放五斤心情，三两精神，一片冰心”。

为什么你总忍不住摸自己的脸

□贝小戎

我们在思考的时候有时会下意识地摸自己的下巴。不仅如此，英国广播公司的一篇报道说，我们总是会忍不住摸自己的脸，一项调查发现医科生每小时摸自己的脸不少于23次，大概是因为这个动作有某种舒缓抚慰的作用，能帮助控制情绪和延长注意力集中的时间。

我们对触摸行为过于习以为常，以至于低估了它的重要性。人类学家阿什利·蒙塔古指出：“一个人耳聋失明，或完全失去嗅觉、味觉，可以度过一生，但若失去皮肤机能，则根本无法生存。”

地理学家段义孚在《人文主义地理学》一书中说，我们的触觉异常敏锐，“仅用手指触摸纸、花瓣和抛光木，就可以感觉到温度和质地的微妙变化”。而触觉在人的一生中或多或少都会保持其敏感性，不会随着我们年龄的增长而急剧下降。当感觉意外损失时，我们才认识到触觉的价值，比如戴着笨重手套开车时，或者试图用冻僵的手指系鞋带，以及果酱偶然被抹在手指上时。果酱在手指上，我们便无法触感世界。

触摸会让我们感到温暖、舒适。对大多数人来说，对温暖的偏爱是天生的。中国人赞美女孩，可能把她喻为“温润如玉”。但对触觉的感受存在很大的文化差异，对希腊人来说，将女孩比作“冷水”才是更好的赞美。

段先生说，我们去美术馆获得满意的视觉体验，但这种体验不是纯粹的视觉体验，因为如果是这样的话，我们很快就会感到无聊。比如约翰·康斯特勃的著名绘画《跳马》，站在它面前，观众能感觉到木栅栏的温暖、土地的湿软、杂草和野花的柔软纠缠，以及暗水滑过隐藏暗礁的清凉。

贵重的东西一般都轻易不让人摸，因为被触摸后会留下印痕、造成磨损。有些东西的触感我们可以想象，比如皮质的座椅、光滑的陶瓷、冰冷的金属，但名画摸上去是什么感觉？有过这种经历的人非常少。2012年，一个小偷从雅典的国家美术馆盗走了三幅画，包括一幅16世纪的素描和一幅毕加索的作品。希腊警方后来找回了这三幅画，偷画的是一名普通的建筑工人。

在开新闻发布会的时候，警方把这些画摆在玻璃台上，那幅毕加索的画滑落到地上，一位工作人员徒手把它捡了起来。这幅画掉到地上后可能会被摔裂，工作人员的手接触到它可能会破坏它的颜料，肯定会发生一些细微的变化。

美国艺术评论家苏菲·海根尼说，名画被触摸、受到毁损也没什么，“有很多值钱的东西都是可以使用和触摸的：体育纪念品、古家具、乐器、名贵的手表和包。但展示中的艺术品只能看、不能摸。它们可能很脆弱，需要多加保护才能流传下去。艺术品被盗、掉落后被捡起时，它们变成了平常的东西，被若无其事地拿起。我们现在跟艺术品的相遇都毫无波澜，艺术品被放在玻璃后面，只能远观。很多艺术品我们连看都看不到，因为太贵重，收藏家要把它们放在恒温的保管库里。但艺术品在被盗时，受到珍视的状态被打破，也许有人把它拿走，放在了电视机旁边或厨房的墙上。绘画本来就会褪色，也许我们不必太把它们当回事，让它们作为短暂的物品存在着”。

用问题当诱饵，影响他

□［日］内藤谊人

绝大多数人，包括我，基本上对某些事情都没有事先看法、感想、主张等，多半是被问到才会去思考。

“关于生育率下降，你怎么看？”

“生育率下降？！呃，那个……不好意思，我没想过……”

这样的反应十分平常，感觉就是一般人的真心话。我们不是哲学家，不会过于深入思考事物，大部分情况都是被别人问了一些问题后，才表达自己的态度和看法。因此，提问者只要善加诱导，就能尽情操纵对方的反应。

“生育率下降的情况若继续恶化，日本的国力当然会下滑。你不觉得这是个非常严重的问题吗？”

如果这样问，恐怕大部分人都会回答：“被你这么一说，或许是吧！这种情况的确值得担心。”

此外，一位优秀的服饰销售员也不会问这样的问题：“太太，怎么样啊？这件合您的意吗？”而是会这样问：“太太，您觉得如何？很出色的设计，是吧？”

这么一来，客人大多会回答：“是啊！真的是很出色。”因为销售员问了一个让人不得不这样回答的问题，这同样是一种诱导性提问。

我们原本就没有自己的看法和感想，所以很多时候一旦被人以“××是吧”诱导，便马上信服。正因如此，依自己期待的方向提问便非常重要。

再介绍另外一项关于误导的心理学数据。科罗拉多大学的利维亚·吉尔斯托拉普博士曾播放一段两分钟的影片给在场的人看，内容为一名身穿红衬衫的男子在弹吉他。影片放映结束后，他将所有人分成三组，分别问以下问题。

诱导性问题：“男子穿的衣服，是红色的吗？”

误导性问题：“男子穿的衣服，是蓝色的，对吧？”

中立问题：“请告诉我，男子穿的衣服是什么颜色的？”

被问“中立问题”的小组，正确回答出“红色”的比例很高，而被问误导性问题的一组，答对率相对比较低。这说明，只要遭受误导，就算是刚看过的影片内容，我们也会说出错误的答案。事实证明，人类其实非常容易受到外来事物的影响。

总而言之，人类并非都拥有清楚的自我想法，所以很轻易就被误导。

或许你会想：“一旦有了试图误导他人的念头，难道不会被对方识破？”请放心，这完全是杞人忧天，九成以上的人都不会察觉到的。

在幻想里打游戏的女孩

□胡慧娟

还有十分钟，晚自习就要结束了。教室门口，一个人影晃了一下。我连忙起身，是值班老师。见我走出来，他连忙凑近，满脸严肃，压低声音说：“第二组最后一排的女生在玩手机。”啊！玩手机！在我的课上！我惊住了。

自从班级订立了手机使用公约，尤其是学校加紧手机管控之后，班上违规使用手机的现象几乎消失了。真想不到，竟然还有人会公然在班主任的课上使用手机！我下意识地扭过头，朝教室看过去。一个熟悉的身影，正低着头，盯着桌子下面。是她！一丝烦厌的情愫迅速升腾，弥漫了我的心。这个孩子，怎么总是搞这些小动作！

认识小宁，是在新生见面会上。2020年9月，因为疫情没有完全解除，所有孩子都戴着口罩，我只能勉强凭他们的个头儿、胖瘦分辨他们。

然而，一次自我介绍，让我深深地记住了小宁。直到今天，我依然清晰地记得，她对那些稀奇古怪的游戏术语如数家珍，她自信满满地罗列自己不败的战绩，在同学们热烈的掌声里欢天喜地地走下讲台。

我一面明显地装笑，一面默默地把她划入沉溺游戏的“瘾君子”中，对她忧心忡忡。听小宁的爸爸说，因为初二时小宁沉溺于手机游戏，成绩一落千丈；从初三开始，直到现在，家里就没有给她买电脑、iPad（平板电脑）或者手机，甚至彻底断网。她的“游戏经”是在哪里“念”的？难道是在梦中？我一头雾水。面对我的询问，小宁倒十分坦然，关于游戏的所有描述，都是她想象出来的。她不仅想象着玩游戏，还用文字把游戏过程记下来，发在妈妈的微博上，吸引了不少追捧的粉丝。

她脸上满是骄傲和自豪，我心里却是大大的惊叹号。这个对游戏魂牵梦萦的孩子，心里究竟藏着怎样的秘密？

周记一篇篇地看过去，我似乎找到了答案。她在外省长大，后来随父母迁居到武汉，环境的变化，让她有些手足无措。原本酷爱阅读写作、成绩斐然的她，感觉一下子被世界遗弃了。孤单失落之时，她在网络和游戏中找到了慰藉，成绩也一落千丈。于是她被没收了所有的电子产品，断了网络，只能在心灵的世界里畅想。

后来，我找她谈心：“我没有经历过转学、搬家，但我可以想象你的无助。你一定曾经一个人走过一段艰难、漫长的路……”我的话还没说完，她的泪已经无声地流了下来，打湿了口罩。

我跟她的父母谈心，使他们明白对手机管理而言，疏比堵更重要，希望能够让孩子正常使用手机，并订立手机公约。小宁开始正常使用手机，她的脸上又绽出难得的微笑。

后来，她的周记经常被当作范文，在语文课上读给同学们听；她毛遂自荐，担任了我们班的图书管理员；她在班级的小品表演中表现突出，得到同学们的一致好评；她交了好几个朋友，中午吃饭的时候，开心地坐着说笑。

一切，似乎都在朝着好的方向发展。可是，我没想到，今晚，她又在自己的桌子底下藏了“秘密”。

我快走到最后一排了。我的脚步很轻，淹没在孩子们的读书声中。她依旧低着头，摆弄着桌子底下的秘密，丝毫没有发现我的“亲近”。而我，所有的愤怒，所有的怨气，如同海滩的贝壳，被汹涌的浪潮全部卷走。

不要愤怒，不要发火，不要怨恨。我默默地对自己说、每一个孩子错误行为的背后，都隐藏了一个事实。而这个事实，也许完全超出了我们的理解和想象，但一定和孩子的特殊心理完全吻合。

桌子里的秘密，一定是手机，或者别的什么，窗外的老师不会看错。但是，小宁在做什么，也许并不是我想象的那样。伸出手，找她要桌子里的“秘密”吗？也许她会爽快地拿出来，也许会和我僵持几分钟，等我发火后，再不情愿地拿出来。无论哪种结果，她都将承受全班同学的目光，跟我产生嫌隙。

想一想，再想一想，还有更好的办法吗？来不及多想，我已经站在了她的面前。她抬起头，圆睁着一双大大的眼睛，惊异之后，竟然是坦然。我给了她一个微笑，什么也没说，什么也没做，转头离开了。

是的，我就这样离开了，似乎什么也没做，但似乎只能做这些。不知为什么，走回讲台的那一刻，我的心异常平静，甚至有一丝丝的窃喜。我看到了她的需求，保全了她的尊严，呵护了她原本纤细脆弱的心灵。

下课后，她追出教室，叫住了我，“对不起，老师。我的课文读完了，想做数学题，不想把数学题带回家。有道题目算不出来，就用了一下计算器。以后我不再这样了，上什么课，就学什么课的内容”。

她的眼里都是真诚，我的心中溢满欣喜，从未有过的欣喜。

教育的神奇与美丽之处，就在于每一个下一秒，都充满悬念。也许我们无法预知这个悬念，但可以尝试用最大的宽容拥抱这个悬念。因为，每一个悬念的背后，都是成长。抬起头，月亮正在前方，微笑着看着我……

火箭为什么是白色的

□［美］凯特·安德希尔

这是因为白色所吸收的热量最少，有助于最大限度地减少火箭外壳对热量的吸收。白色会反射几乎所有的光线，而其他颜色除了自身颜色的光线，其他颜色的光线都会吸收，所以它们所吸收的热量都比白色的多。其中，黑色吸收的热量最多，因为它吸收所有颜色的光线。

火箭使用的燃料里有沸点极低的液态氧和液态氢等“低温”燃料。对这些燃料而言，哪怕是多吸收一些热量，使得燃料温度只上升几摄氏度，都有可能导致燃料沸腾，消耗增加，严重的话，还会导致爆炸。

不过，如果把火箭都涂成白色的话，那么白色涂料会给火箭增加过多的重量。所以，火箭外壳有时并非哪里都是白色的，例如航天飞机的燃料箱会用其本身材料自带的橙色以减重。

青春里的脏摊子

□顾一灯

1

我给一个初二的学弟补习作文，作文是命题的，题目为“吃”。我开始回想自己在十中念书的日子。学校西侧的环山路、南侧的福山路和路上林立的流动摊位，渐渐浮现在我的眼前。

十中是海城优秀的初中之一，以校风严格闻名。政教处的四位老师人称“四大金刚”，会每天盘桓在学生当中检查仪容仪表。他们不允许指甲留有白边，看到便要扣班级分，为此许多同学恨不得每一剪都深入肉里，剪秃了指甲。着装要有学生样，不能着奇装异服。有一回我的朋友被扣在门口，让家长领回去换衣服，只因为她穿了一身白，衣裤都是发亮的材质。那天阳光照在她身上，竟有一种金光熠熠的效果。我们开玩笑说一定是看她太像模特，一路有追光灯打着，过分抢眼。

这些不过是我们课间无聊的谈资，其实最困扰我的还数十中对到校时间的规定。一面不能早到，另一面7：40来，班主任便嫌晚。我住得远，到校需乘十几站公交车。公交车没个准点，时间实在把控不好。后来我觉得晚到不如早到，就养成了早早出门的习惯，倘若赶上好时候，又不堵车，7点就能到校。

每天早到的人是固定的一拨，通常不在家吃早饭，连同路东边职业学院的学生一道盘活了环山路上的无数小摊。两排法国梧桐下，摊位仿佛一条扭着身子的长龙。大油条配豆浆，炸油饼夹榨菜，煎饼灌饼紫菜包饭，当时能想到的吃食都能在这条路上见着。其中印象最深的一家，叫作“煎饼印象”。

煎饼摊其实就是个敞篷的小吃车，摆几桶调料配菜，遇到城管突击，骑上就能跑路。它并不招摇，平平淡淡地立着。几年里，便因手艺好聚拢了人气。

把五块钱放到女人手里，说加根肠，小哥响响亮亮地应一声“好嘞”就开动。滚热的铁板滴几滴油，拿油擦子划拉个十字，一勺淡黄的面糊浇在正中，趁没凝固用铲子抹个圆，面糊便均匀地躺在圆形的铁板上了。再打个鸡蛋，撒点芝麻，稍等几秒钟面糊凝固，铲子在边缘一挑一转，饼皮就翻了个个儿。刷一层辣酱一层腐乳，撒一把咸菜、葱末、香菜末、生菜碎，旁边一摞薄脆取最上头的，掰成四瓣搁在中间，再放上刚刚烤爆了的红肠，末了举起沙拉酱的瓶子绕着圈不吝惜地挤，再拿铲子翻上饼皮，煎饼就成了。我爱看小哥干活儿，倍儿麻利，清清爽爽，赏心悦目。

我喜欢吃着煎饼往学校走，到公交站台停下，在人群里找熟识的朋友，边吃边聊，无外乎抱怨作业多、老师严厉一类。有时候也会抓紧时间补昨天没赶完的作业，或者在家校联系本上模仿家长的签字。在这里驻留其实有风险，“四大金刚”偶尔会从校门口走上来，抓早到的人示众。但机灵的学生和小贩也会提醒我们，吃着吃着便听见谁一声喊：“大曾（当时的政教处主任）来了！”人群便哄地四下逃窜。

2

如此晃晃悠悠，初中生涯便结束了。高中时，我就读于最好的一中。从十中往东走，顺坡一直下，走十几分钟，就能看到二马路西侧的一中高中部。

一中的管理比十中松散很多，不管早到，不管指甲，除非头发烫染得太过明显，否则政教处也没那个闲情逸致一个个捉住扣分。但高中多了早自习，每

天6点40分就开始早读，起床本身就很困难，没人再想着一早到学校附近消磨时间。

唯一可以放风的时候，是下午第四节课下课与晚自习之间一小时的间隙。起初大家去食堂吃饭，因为食堂太小、学生太多，要一路狂奔着穿越整个操场，才能占据盖浇饭窗口能在一刻钟内排到的位置。跑了几个月，有人不愿意在这件事上费太多力气，便兵分几路。有的家长来送饭，孩子坐在车里吃完；有的去校门口小卖部买盒饭，三样菜选两样。更多的人鱼贯而出，在一中附近广阔的天地间觅食，也包括我。副校长也会在讲话时反复强调，不要出去乱吃东西，但没人听他的。

一中南侧有一侧门，东侧有一大门，从大门出来往北走，往西拐便进了福山路。福山路上，我们去得最多的，是一家奶茶店，一家熏肉大饼店。熏肉大饼店是东北人开的，没有固定的门牌，到点大叔便推着一辆载着塑料箱的小车出来，车上用红底黄字的纸写着“熏肉大饼”四个字。大姨有时候也来帮忙。一个箱里放熏制的肉片，一个箱里放卷饼，还有一个铁皮桶，内盛有香菜、大葱、酱汁、辣椒，不一而足。

和那些卖力吆喝的店家不同，或许因为早就打出了名号，老板从来都是慢慢悠悠的。往往我们都聚成一小堆聊上了，老板还不见踪影。终于不紧不慢地来了，便将小车往私家车的缝隙里一停，掀开每个塑料箱的盖子，开始问人要不要辣，叫人自个儿把五块钱往旁边的小盒子里搁，手上摊一张饼，刷酱、放肉，再刷酱。步骤之简单，态度之漫不经心，让头一回来的人难免一心认定这家店名不副实。

咬下第一口，才迎来见真章的时候。蛋黄的饼皮有种韧劲儿，散发着麦子的香气。辣椒香且够劲儿，秘制的酱汁偏甜口，刷着不薄的一层，却不至于将饼皮浸软。熏肉片分量十足，肥腻适中，又加了大把的葱调味解腻，吃完一个刚刚好，能让人带着美满的印象步入黄昏的校园，又不至于叫人整个晚自习都在犯馋。后来高三老师催得紧，我们会把饼拎回去吃，少不了被到教室巡视的班主任说上几句。

听得烦了，便干脆在福山路顶吹着风吃，或到操场边看着人跑步打篮球吃。语文组有位很帅的男老师，写得一手好看的字，留着中长的头发，颇具才情，好读苏轼的词。他爱在这个时间跑两圈步，有仰慕他的女生在此蹲点，打扮漂亮，只为喊一声“老师好”，再得他一句淡淡的回应。我同样喜欢他，但也喜欢吃喝，相较之下，自知民以食为天，便和朋友不顾形象地蹲在台阶上狼吞虎咽，远远地看他一眼，再安慰自己距离产生美。

3

我们毕业那年，十几人考入清华北大，一中声名鹊起，中学格局突变，越管越严。几年后有人讲，因为被划作违章建筑，学校附近的奶茶店被拆除了，熏肉大饼有一阵也没再露面。

回忆在一中的日子，印象最深的不是某道数学题的解法、某个被忽略的知识点，而是压在语文习题下偷偷翻阅的《江城》。看见“吃”的命题，最先想到的不是那些正经的饭店，而是学校附近的脏摊子。脏摊子虽然不那么卫生、不那么正规，但也因此趣味盎然。没有赏味时限的美好，属于黄昏中搓着手的期待，也属于青春的独家回忆。

古人的花样偷懒行为大赏

□莫笑君

“懒癌”这个病自古有之，别看有些古人在诗词歌赋中朝耕暮耘，如此勤劳，但细究起来，他们也在变着法子偷懒，只不过，论伪装，他们可比你高明多了！

一、懒得取标题的古人

先来说说陶渊明，他有个响当当的头衔“田园诗派创始人”，当时要能给他一把吉他，可能就没泰勒·斯威夫特什么事了。当然，这也说不准——

他的首张乡村EP《归园田居》横空出世，五首作品分别起名为一、二、三、四、五。唱片公司当场蒙圈，这标题……好吧，刚出道，讲究专辑概念统一，由他吧。谁知，下一张抒情大碟《饮酒》，二十首原创作品居然还叫一、二、三……二十。

唱片公司心态崩了，这还怎么包装？怎么打榜？陶渊明淡定表示：此中有真意，欲辨已忘言。真情实意都在歌词里了，导致我实在不知道怎么取标题。没想到，这份真性情反而为他圈粉无数，“采菊东篱下，悠然见南山”这句歌词唱烂大街，在中华古典曲库里单曲循环了千百年也没过时，真是营销鬼才。

当然，懒得取标题的古人多了去了，曹操的《短歌行》也有两首，取名一和二，相对出名的是一。杜甫更厉害，写了《绝句六首》，放在今天，那不等于《短文六篇》《故事六个》吗？没办法，有才就是可以为所欲为，就算人家标题取得粗糙，不照样写进课本，让你背得眼冒金星、舌头起泡？

偷懒偷得最高明的诗人，要数唐代的李涉。他所作《题鹤林寺僧舍》中流传最广的就是那句“偷得浮生半日闲”。事实上，这首诗的开篇两句是“终日昏昏醉梦间，忽闻春尽强登山”。天天宅着不上班，春天都过去了，才起床去爬山。结果，一句“半日闲”就分分钟把自己洗白了，现在的明星经纪人真该学学老祖宗的公关智慧啊！

二、懒得花心思买礼物的古人

古人的心思你别猜，他们要玩起浪漫来，就喜欢互赠些花花草草，可能还是连根带枝的那种。“涉江采芙蓉”是采了芙蓉送给远方思念之人，“江南无所有，聊赠一枝春”是折梅花寄给朋友。基本都是现摘现送，不大肯多花心思提前准备。可以理解，毕竟古代快递业不发达，冷链运输还要过几百年才出现，从江里捕条鱼，或者打包江南美食，寄过去都得坏掉，送送花草，收到了还能当干叶书签。

但有些时候，强行浪漫就让人忍不住怀疑，是古人在掩饰自己懒得买礼物的内心了。元代姚燧写了一首《凭阑人·寄征衣》：“欲寄君衣君不还，不寄君衣君又寒。寄与不寄间，妾身千万难。”有多难？舍不得老公的旧衣服，只好扯着花瓣念“我寄、不寄、我寄、不寄……”这位太太，实在不行先买件新衣服送过去应急嘛，对自己老公都不肯花心思，更别说对朋友了。还是张九龄比较实诚，“不堪盈手赠，还寝梦佳期”。大概意思是：月光真是美呀，但这东西我没法送你，不过也没关系，早点睡吧，梦里啥都有。只听月亮委屈道：怪我咯？

要说在送礼方面谁最用心，那自然得点名李白的好朋友——汪伦了。李白乘船快走了，他不仅现场来了一段即兴说唱，还对其“款留数日，赠名马八匹，官锦十端”，这种做法，足以让全天下“塑料姐妹”酸成“柠檬精”。

三、懒得化妆的古人

《孔雀东南飞》里的刘兰芝，被休后“起严妆”，竟变得“世无双”，这容貌大反转暗示了啥？平日光顾着干活，蓬头垢面的，离了婚，才知道拾掇自己，重新做回精致的女孩。你看，世上没有丑女人，只有懒女人吧。女人啊女人，千万别在化妆上偷懒。

可惜，古时候的懒女人不止一个两个。

唐代鱼玄机的《寄李亿员外》里写“羞日遮罗袖，愁春懒起妆”，宋代孙道绚的《南乡子·春闺》写一个和丈夫异地的少妇“天气困人梳洗懒，眉尖，淡画春山不喜添”。这些都是因为男人而放弃追求、不愿化妆，连一键美颜都懒得开的女人。其实，只要你努力一点儿，在家做个美妆博主，就能去除一身沉沉的闺怨，还能顺便掌握一个赚外快的技能，从此成为不靠男人的独立女性。毕竟南北朝时期的《木兰诗》已经向大家证明，你只要懂点儿化妆技术，就可以雌雄难辨、以假乱真，要能沉下心来搞点儿研究，还不分分钟成为螺子黛、玉女粉等爆款产品的带货小能手？

在这一点上，温庭筠笔下的女人就比较上道儿了。他那句“懒起画蛾眉，弄妆梳洗迟”写的虽然是懒，但再懒也不忘画眉毛，再迟也得扑粉上妆。一千多年后，这首词直接成了《甄嬛传》的片头曲，“小山重叠金明灭，鬓云欲度香腮雪”传遍大街小巷，成为大家对后宫女人生活的第一印象。所以，偷懒这件事，也深藏学问，也讲究技巧。偷得好，便能成为经典；偷得不好，指不定就成为笑点了。

羞涩

□刘浏

旧时代所有的娱乐场所，都能随意嗑瓜子，观众一边嗑瓜子一边听戏。大戏院楼上还有包厢。看戏时发现楼上包厢里坐着什么大人物，往托盘里放一张名片，再让茶房放好四样干果，给大人物所在的包厢送过去。此时，瓜子成了一种投名状，具有重要的文化内涵。

在《红楼梦》第八回《比通灵金莺微露意，探宝钗黛玉半含酸》，有曹雪芹先生描绘“嗑瓜子”的神来之笔。这天宝姐姐玉体欠安，宝玉放心不下，急急跑来蘅芜苑问安，屁股刚刚坐定，忽听外面禀告，林姑娘来了。林黛玉进得房来，看见宝玉先自己来到蘅芜苑，立即甩出了一句酸话：“早知道他来，我就不来了。”再到看见薛姨妈给宝玉温酒，黛玉被冷在一旁，此时“黛玉嗑着瓜子儿，只管抿着嘴儿笑”。此时此际，瓜子文化的深层内涵表现得恰到好处，瓜子真就是人际关系的润滑剂，抵消了黛玉的尴尬处境，冲淡了薛姨妈冷落黛玉的失礼。

雪中送炭是中国人的美德，于亲朋困厄之时，尽力送去一点儿帮助，人们总是要说“瓜子不饱是人心吧”，表示自己的一点帮助微不足道，自己心中对亲朋的关怀远比这点帮助重。其实瓜子只能是瓜子，情意和人心是瓜子负载的文化内涵。

人生不要一味追求性价比

□闫　红

1

我成长于一个重男轻女之风颇为严重的小城，我父母就两个孩子，我弟的处境却与我有很大差别。我弟出生之前，家族中已有九个女孩，即使他们主观上想一视同仁，客观上仍然不免有所倾斜。

我弟五岁时，我大伯送了他一件价值不菲的真皮夹克。要知道吾乡有种说法，叫“有钱打扮十七八，没钱打扮屎娃娃”，因为孩子长得快，把钱花在孩子的穿着打扮上不值得。但我大伯不管，他就是想表达对我弟的宠溺。我弟十岁时，积攒下来的零花钱足够买一支气枪，他还是他们班第一个拥有山地车的人。

我至今记得我弟跟家里要山地车的情景，我弟倔强地仰着脸，我妈默默流泪。最后是我爸打了圆场，拿出自己的私房钱给我弟买了。我内心当然不平衡，我骑的是我妈淘汰下来的旧车，同时对我爸这样惯儿子而痛心疾首。

在这个场景中，我是懂事的，知道心疼大人的，将来一定会是一个有出息的好孩子；我弟是恃宠而骄的，将来一定无法无天。然而，命运是如此诡异，事实上，我弟后来无论个人生活质量（不只是收入），还是对家庭做出的贡献，都比我高。

我爸以一种貌似性价比不高的方式，实现了性价比极高的效果，这让我曾经有所怨艾，现在更多的是一种局外人的深思。

2

因为从小就自甘弱势，我安全感极差，永远量入为出，从不大手大脚。买东西非常注重性价比，尤其是买衣服，看见打折就很兴奋，要是打五折就非买不可，即使东西差强人意，只要价格合适，也会拿下。

朋友曾经很郑重地对我说，表面上看，你买得很划算，但一再低水平地重复建设，花的钱并不少，而没有提升你的衣着水平。她说的有道理。不幸的是，我不只是在买衣服上犯这种错误，买房子也是。我买房子比较早，2002年，那时房价已经起来了，但还没像现在这么夸张，我手里的钱，在中档小区买个110平方米的房子，够付四成首付，可以使用公积金贷款；如果再买大一点的话，就只能付三成，无法使用公积金贷款。我想都没想就选了第一种方案。

我弟和我正相反，他到2006年才买房子，那时候房价已经涨了，他手里的钱又不多。但他毫不犹豫地选了一个高档小区最贵的楼层，贷款20年还清。我跟他算利息，二十年后，利息都跟本钱差不多了，我的房贷，选的是五年还清，五年期利率最低，我弟一笑置之。然后，房价一波一波地上涨，我的房子地段一般，涨得极慢，我弟的房子，后来者居上，收益很快就超过我那套。

3

单是投资上的失误，是不值得我写上这么一大篇的，下面我要说到更重要的，对性价比的过分重视，也影响了我在事业上的选择。

我一直想写一部家族小说，如今出了七本书，却都不是那部家族小说。我没法下决心动笔，因为写个随笔，总不会写得太差，总能发表，最后也总能结集出版。而小说我以前写得少，我担心失败，担心白费工夫。我有点儿像《围城》里的方鸿渐，明明真爱

是唐晓芙，却一而再地和苏文纨周旋着。

我弟就不一样，他打小就有商业头脑，后来开了家影楼。一开始，他开的那家小影楼是赚钱的，虽然不多，却远强过工薪阶层。但我弟有野心，非要再开家大的，他东拼西凑弄到了一笔钱，大影楼开起来，生意萧瑟如被秋风横扫过的落叶乔木的树梢。

要是我，可能就想关门了，我总是担心山重水复疑无路，我弟却永远觉得“千金散尽还复来”。冷不丁地，他把住房抵押了出去，又开了第三家店，我无法不替他捏把汗，如果这家店再失败，他就连立足之地也没有了。

还好，坚持几个月之后，渐渐有了盈利，他有了资本做广告，加上口碑宣传，他这两个店的生意，就像灶膛里的火苗，轰轰烈烈地燃烧起来，发展到现在，有了一百多家加盟连锁店。

4

我弟是在不计回报的爱里长大的，如今，他对父母的回报，也不计成本。带老爸看病，陪老妈体检，有空了还拉上他们满世界旅游。

我没他那么慷慨。我前面提到他的生活质量比我高，不只是因为他比我有钱，而是他活得比我更平衡，想到什么就去做，不会患得患失，也不抠抠搜搜。谁能想到，当初他对自己那略带任性的爱，家人对他有点儿过分的宠溺，会有这样的一个结果？

我曾经以为我弟和我是孤例，但是遍阅身边那些卓越的人，发现他们大体有两种，一种是真正的赤贫，靠着流氓无产者的勇猛，给自己挣个地盘，这类人比较少。第二种，是打小被重视的孩子。他们打小愿望很容易实现，知道自己想要什么，也敢于去争取，有家人做后盾，他们能够承受失败，愿意给自己更多机会。

这并不是说，被宠溺的孩子一定能成功，但像我这样，从小就把心思放在成败衡量上，不敢追求自己最想要的生活的人，一定无法实现自身价值的最大化。

所谓有勇有谋，勇其实比谋更重要。世间有谋者多，空气中纷飞的都是瞎琢磨，有勇者却少，所以才有“夜晚想过千条路，明朝起来卖豆腐”的说法。

5

这就和我们的传统教育有冲突了。过去，我们提倡匮乏教育，要知道一蔬一饭来之不易，要学会精打细算，用好手中的每一个铜板。这个说法没错，但精细是过程，不是目的，如果过度精细，让我们把工夫全耽误在精细的路程上，那就得不偿失了。

精神上的穷养，还会让一个人自我评价降低，在重大选择的关口退缩。要知道许多时候，是狭路相逢勇者胜，退一步不是海阔天空而是万丈深渊。寒冷惯的人，受不了一点儿暖，有一点儿暖，她就融化了，涣散了，想就地一躺，这辈子就这么算了。

谁也免不了有被低估的时候，重要的是，你一定要清楚自己的分量，不要接受环境以及各种心怀叵测的人的暗示，永远以一个爱人那样珍重的目光打量自己，不在一时一地之内妥协，从而精准地避开下降的灾难。

传统的说法是“满招损，谦受益”，但我有位老师偏要说“谦虚使人痛苦，骄傲使人快乐”，精神上被穷养大的孩子，也许从后面这个句子里能得到更多益处。

妈，有话好好说，不要下厨房

□傅　青

有人说世界上最动听的声音之一，就是妈妈喊你“吃饭了”。大部分人最美妙的味觉体验，是出自妈妈之手的家常味道。妈妈做的饭仿佛有种魔力，一段时间吃不到，就想念得不行。但，这世界上有人觉得在外吃食堂是吃苦受罪，就有人觉得只要不在家里吃，在哪儿都是下餐馆；有人担心过年回家吃胖，有人一回家就迅速掉秤，比去健身房都管用。

1

木马给妈妈的微信名称备注是“饲养员”，因为妈妈一直认认真真、勤勤恳恳地给一家人做饭。她非常爱妈妈，但做饭的时候除外。木马的妈妈做的饭，色香味俱全欠。绿色的汤、嚼不动的牛肉、没煮熟的粥、水泥质感的凉粉，都是餐桌上的常客，而且菜量巨大。妈妈笑眯眯地守在一旁，说不吃完不许下桌。

木马是成都人。按理说，成都人在做饭方面应该有一些天赋，但木马的妈妈在做饭上除了热情，没有一丁点儿天赋。妈妈在饮食方面的技能点十分奇特，有时候做出来的菜堪比生化武器，光摆上桌就能产生一股强大的视觉冲击力，吃起来更是让人一言难尽。

每次妈妈做完菜，木马都会拍照发朋友圈，并收获类似回复——“长这么大可真不容易”“没人看了不流泪”。从小到大，从来没有朋友鼓起勇气来木马家做客。

其实，木马和爸爸都会做饭，而且做得非常好，可一旦连着做上几顿，妈妈的脸色就会变得难看，觉得大家不懂得欣赏她的厨艺。同样，如果大家吃妈妈做的饭面露难色，或者没有全部吃完，妈妈也会不高兴，留下一句“你们就是拿我当免费保姆”，然后离开。

妈妈做饭虽然难吃，但营养价值还是很高的。她是一个对食材非常讲究的人，健康是她一生的追求。每个周二的早晨，妈妈都会特别早起床，去亲戚家买只土鸡回来，现杀现炖。吃妈妈的饭长大，木马最强烈的感受就是经常上火。小时候，妈妈还给木马炖过甲鱼汤，木马吃了，鼻血流个不停。被送到医院后，医生语重心长地嘱咐妈妈，千万不要再给小孩子吃这么大补的东西了。

母爱真的很伟大，为了让家人更健康，妈妈常备各种中药材，跟食材混搭煮汤，且用量十分大胆，做出来的汤常常呈现深绿色或纯黑色。小时候木马还曾因为吃了妈妈做的蘑菇而中毒，被紧急送去医院输液。

回忆往事，木马觉得自己肠胃不好，跟从小吃了太多黑暗料理脱不了干系，但妈妈自信地摇摇头。在她眼里，木马身体出现的所有问题，都是因为玩手机太多所致。

妈妈觉得外面的豆芽都是用药水泡过的，不安全，为了家人的健康着想，她决心自己种豆芽，于是悄悄买来豆芽机，放到木马的床头。不知情的木马看到半夜突然亮起的照明灯，以及有着喷水装置的陌生机器，惊得半天说不出话。没多久，餐桌上就有了妈妈种的健康版豆芽，搭配皮蛋和火腿肠，又是一道“完美”的创意小炒。

妈妈做饭从来不惜时惜力。做普通形状的馒头对她来说太缺乏挑战，她常把面团捏成各种鱼的形状，那些鱼馒头下锅之前可可爱爱，出锅之后龇牙咧嘴，首尾还会连在一起。

妈妈喜欢旅游，每次出去玩都会带一些当地的食材回家，回到家就积极复制当地美食。木马足不出户，就吃遍了大江南北。可完全照搬、复制，怎么对得起妈妈那么多天马行空的创意呢？不加点本不该出现的蔬菜，又怎么能做到营养均衡呢？就这样，在吃完不同城市的复制版美食后，木马连带着对那些城市也失去了兴趣。

2

妈妈平时管木马叫“喂、哎”，有事相求就会换成“乖乖”。有一阵妈妈看到隔壁阿姨买了一个空气炸锅，觉得“好安逸”，跟木马撒娇说自己也要买新厨具。木马稍有拒绝之意，妈妈就开始用“我养了你20多年，你连×××都不愿意给我买”来造句。木马只好立刻给妈妈下单，结果妈妈做了一顿焦炭馒头片之后，就再也没用过了。用不了多久，妈妈又会看上新的厨具。

妈妈有一点儿“公主病”，需要全家人宠着。因为父母特别恩爱，木马感觉自己每天都在看老年玛丽苏剧。

公司让爸爸出差，起初他不想去，但公司提出可以带家属，爸爸立刻答应，愉快出发。妈妈想吃什么水果，爸爸就会成箱地往家里搬，哪怕最后都烂在了冰箱里。有时候，木马嗔怪两句“妈妈怎么一把岁数了还这样”，爸爸立刻冲出来说：“你妈妈只有18岁！”

爸妈生活得非常有仪式感，每年都会过情人节，出去享受二人世界，从来不带木马。

妈妈特别臭美，经常偷偷买衣服，却不让木马知道，逛完街回家，就迅速提着包溜进自己房间。每次木马问她身上穿的是不是新衣服，妈妈都会说是去年买的。

长大之后，木马经常觉得妈妈更像个孩子，时不时就会“双标”和耍赖皮。每天妈妈都会偷偷打开木马的房门，看看她在干吗，如果被她逮到玩手机，绝对又是一顿批评教育。有一次，妈妈刚刚教育完她，木马就听到门口有“窸窸窣窣”的声音，妈妈穿戴整齐，原来是半夜12点，准备出门吃火锅。

3

妈妈两年前退休了，退休后的生活安排得满满当当：她每天早上拎着一个巨大的播放器去公园跳舞，有了空闲会去找朋友搓麻将，晚上去健身房游泳。

退休后，妈妈上了老年大学，因为出色的交际能力，迅速当上了班长。妈妈在老年大学学习葫芦丝，还组团报名去内蒙古参加葫芦丝比赛，并毫无悬念地学来一道地方美食。那是一道夹杂着很多像牛眼一样的食材的黑暗料理。妈妈解释说，那是当地的一种菌子，吃了对身体有好处。

其实妈妈除了做饭，在其他方面非常有天赋。小时候，木马经常穿着织法繁复的毛衣一脸骄傲地出现在班级里，收获同学们的一片艳羡。妈妈的学习能力强，前几年学开车，她比年轻人学得还快；驾照下来后，她很快就熟练地开车上路。她还抽空研究电子产品，家里的宽带都是妈妈自己研究后装好的。

四川人天性爱玩，这点在妈妈身上尤为明显。年轻时妈妈就爱旅游，退休之后就更爱隔三岔五约上几个闺蜜出游。妈妈旅游时很少叫木马，可一出去就会狂轰滥炸般刷屏发图片，向她炫耀。如果木马没有及时回复，她就会追问：“咋不理我呢？”

妈妈手机里存了太多自拍和美景，可翻遍手机都找不到一张木马的照片。有一次妈妈突然问木马要照片，说想她了，木马一下子就识破了妈妈的意图，肯定是别有用心——原来，妈妈正谋划着给木马介绍相亲对象。妈妈希望木马婚后能像她和爸爸那样恩恩爱爱，过上“闲时与你立黄昏，灶前笑问粥可温”的生活。不过，妈妈说，爸爸经常含泪咽下妈妈并未煮熟的粥，根本笑不出来。

母女之间互怼、互黑是常事，妈妈经常对着木马各种挑剔，却很少嫌弃木马的身材。有一次妈妈咬牙切齿地对体重62.5公斤的木马说：“你看你都瘦成什么样了！”木马不由得瑟瑟发抖，她知道，残酷的食补生活又要开始了。

六朝人的衣柜——阮咸的裤子与祢衡的“裈”

□臧　磊

范宣是六朝时期一个很奇妙的人物。他以讲授儒学为业，老庄之学盛行之际，他言谈间从不涉及。这个人还喜欢隐遁，朝廷想征召他出来做官，他都拒而不就，地方官见他住的茅屋破陋，要给他修建新屋，也被他婉言拒绝。“安贫乐道”大概就是这个样子。

《世说新语》中记载了他的一个故事：豫章太守韩伯曾送给他一百匹绢，他不接受。减到五十匹还是不接受。最后减到一匹，他仍不接受。韩伯撕了两丈给他，说：“人宁可使妇无裈邪？”范宣才笑着接受了。

“人宁可使妇无裈邪？”你难道是想让尊夫人没有“裈”穿吗？从这句话里可见，一来范家确实穷困；二来范宣的生活态度，的确不物质；三来，这从侧面说明，“裈”在魏晋时期已经普及。

那么，什么是“裈”呢？

“裈”，即满裆裤。古代的裤子分为“开裆”和“满裆”两种，开裆为“袴”，满裆为“裈”，二者都是贴身的内裤，其外仍需穿裙。

满裆裤本是胡人之服，战国时赵武灵王改革，才由胡人之服变为汉人之裤。六朝有一种裤褶服（上衣为褶、下衣为裤），起初是作为军服出现的，因为裤口窄小，裤身紧贴。在由北方传入南方后，经过改良，它才从一开始的军戎之服转为便服。

而在胡人的满裆裤传入中原之前，汉人就不穿裤子吗？

并不是。汉人一向上身为衣，下身为裳，裳内是有裤子的。但这个裤子不是满裆裤，它先是胫衣，像是裤套，保护脚脖子到膝盖这个部位。之后有所加长，也只是将胫衣加长至腰，裆部仍然不连在一起（也就是开裆裤），便于私溺。《汉书》中有一则霍光的故事，当时霍光的外孙女做了皇后，他为了这个外孙女能够专宠生子，让宫女改穿裤裆前后都有缚带的“穷绔”，这样，开裆裤便成了满裆裤。

裤子有裆无裆，可用于衡量社会身份的高低。古代的贵族阶层外着华袍且无须劳作，一般穿着开裆的“袴”，而满裆的“裈”则因适宜劳作而为底层劳动者或穷人所穿。

《世说新语》中记述了这样一则故事：阮咸和阮籍居住的地方，有一条路，路北阮家皆富，路南阮家皆穷。七月七日那天，住在路北的阮家晒了很多好衣服，而住在路南的阮咸，用竹竿挂起一条粗布短裤，将其晒在庭院中。有人觉得奇怪，阮咸回答说：“未能免俗，聊复尔耳。”我未能免俗，也就学学样子吧！

这个故事所要表达的当然是阮咸的“任诞”，但抛开这个不谈，以这条裤子而论，也可说明阮咸的确是穷人。

故此，裤子在六朝时虽已普及，以当时士大夫阶层的审美风尚，它仍登不了大雅之堂，或被视为不合礼仪的服饰。厅堂之上的官员与有身份的人，须以袍服、大袖衫出现，而不能着裤或露裤。因此，在流行褒衣博带、穿大袖衫的魏晋士大夫阶层，裤子并不受待见。

《文士传》记载，祢衡有才学，孔融向曹操荐举他，但他自称狂病，不去见，反有不恭之词。曹操怀恨在心，想羞辱他，录用他为鼓吏，并专门为他准备了鼓吏所穿的岑牟、单绞和小裈。祢衡不肯换衣服，遭到了呵斥：“鼓吏，何独不易服？”祢衡走到曹操面前，“先脱裈，次脱余衣，裸身而立，徐徐乃著岑牟，次著单绞，后乃著裈，毕，复击鼓掺锤而去，颜色无怍”。祢衡故意在曹操面前换裤子，让他很尴尬，曹操只好自嘲：“本欲辱衡，衡反辱孤。”后世将这段故事编为“击鼓骂曹”，也是戏剧中的名段了。

此后，曹操更为愤恨，又不愿担杀名士的罪名，遂将祢衡转送给刘表，而刘表又把祢衡送给黄祖，祢衡终为黄祖所杀。

回到古代找工作

□吴　莉

学历史在商朝最吃香，学法律在古代可能连性命都保不住，学采矿在秦朝可以发大财，今天的大学生在古代可能命运迥异。

光荣的历史学家

历史系在大学里一向是可怜巴巴的冷门，可是在5000年前，学历史可是大有前途。

最老资格的历史学家要数原始社会的巫师了，因为他们除了祭祀占卜、驱邪避鬼，还负责保存部族传说和历史知识，他们几乎参与每一项重大活动，影响着社会生活的各个领域，实际上是充满神权色彩的王朝执政者。那个时代最著名的史官是黄帝的助手仓颉，据说汉字就是他发明的。商朝的历史学家仍然如此，他们为商王的每一项活动进行占卜，以鬼神的名义指导他的行为，并且把结果刻在龟甲兽骨上。可以说，我们今天发掘出来的甲骨文残片，就是最早的史册。

可惜到了西周时期，人们不再崇信鬼神，历史学家的地位便急剧降低。到春秋战国时期，更是跟档案管理员相差无几，不过他们还凭着一项优良传统维持着自己的尊严——秉笔直书，而且写过什么当朝皇帝不能看，皇帝们当然非常想有一个身后之美名，所以他们对史官也还比较客气。

到了唐朝，唐太宗厚着脸皮非要看看史官们给他写了点啥，看过之后提了不少修改意见。从此，历史学家们这最后一点儿尊严也维持不下去了。到了宋朝，他们中的很多人干脆投身娱乐界，到瓦肆里说书去了。北宋有名有姓的明星说书艺人近20人，南宋增加到120多人，他们不计春夏，不分秋冬，从早至晚长年累月地在瓦肆中讲说史书，无论市民村夫，男女老幼，只要有兴趣，都能听讲秦汉鼎革，三国历史，五代史事。有时候这些民间历史学家还会被皇帝召进宫中讲史。

受重用的水利工程师

如果你是学水利工程专业的，那就恭喜了，因为不管在哪个朝代，你都会受到重用。

大禹是中国古代第一个成功的水利工程师。在治理洪水的过程中，许多原始部落逐渐联合起来，将权力集中到禹的手中，禹死后，他的儿子启就顺理成章地建立起中国历史上第一个国家——夏。

没人记得你出过的丑

□［爱尔兰］道亚尼斯·纳派恩

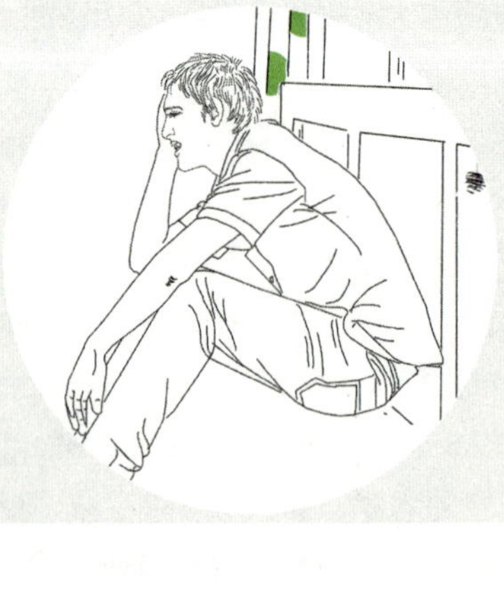

12岁的时候，我去巴利纳斯洛读中学。我家在巴利纳斯洛河的另一边，离学校比较远，只能每个周末回家一次。

大概是读中学后的第三个周末，我收拾起脏衣服和一些需要复习的功课书离开学校。从学校到码头并不近，不过我没有选择坐巴士，因为我很喜欢这条路上的景色，有很多大树，大树上有鸟叫，路边的墙上开满蔷薇……我一边欣赏一边往前走，突然，我一脚踩空，重重地摔倒。我没感觉到有多疼痛，只是感觉到全身一阵冷——天哪！我摔进了一个积满水的泥坑。

我站起来，尝试着把身上的湿泥抹去，但是越抹湿泥越多，它们很快沾满我的双手，这又导致我在不知不觉中把湿泥都擦到了脸上。我想找一些水来清洗，但是没有，只能继续往前走。遇见的每个人都会看向我，捂着嘴笑，我似乎成了一个滑稽的小怪兽。

我希望能去河边清洗，可来到码头时，轮船发出了出发前的最后一声鸣笛，我不希望错过，只好直接登船。当我跑上船的时候，所有人都发出了哈哈的笑声。我不敢进入船舱，只能坐在甲板上，直到到了河对岸，我才去河边清洗身上的泥。泥倒是洗去了，我的衣服也湿透了，我能感觉到每个人都在笑话我。我只能低着头，快速地跑回家。

见到母亲的时候，她吃惊地问我怎么了，我的眼泪流了出来。“我在巴利纳斯洛摔进了一个泥坑，全身沾满了泥，直到过了河，我才把身上的泥洗掉。我出了一个很大的丑，感觉全世界的人都在嘲笑我，我不知道下周一如何回到巴利纳斯洛去上学，路上的人肯定都会嘲笑我。”我哭着说。

“你先洗澡，换掉衣服，然后我带你去巴利纳斯洛走一趟。”母亲把干净衣服递给我的同时说，“你说全世界的人都在嘲笑你，我想带你去看看，到底有多少人在嘲笑你。”

这令我感到恐惧，我不想再走上那条路。母亲又鼓励我说：“孩子，只有找到答案，你才能放下心中的忧虑。”

当我洗了澡以后，母亲就带着我出了门：母亲嘱咐我什么也不要说，只是站在一边看着她说话就行了。我们上船以后，母亲开始问每一个人：“刚才，你们看见一个浑身沾满湿泥的男孩了吗？就跟我身边的这个男孩一样大，你们见过吗？”

所有人都摇头说没见过，甚至还有人非常关心地问是否需要去警察局报警。我们来到巴利纳斯洛，母亲一路上见人就问同样的话，但是所有人都说他们并没有留意到一个全身沾满湿泥的男孩，当走到导致我摔跤的泥坑边时，母亲至少已经问了100个人，居然没有一个人知道我，没人知道我出过的丑，更没有人嘲笑我。

“孩子，你说全世界的人都在嘲笑你，但是你看到了吗？人们甚至都没见过一个全身沾满湿泥的男孩，更别说嘲笑你了。”母亲鼓励我说，“你必须记住，不管发生什么事，都不要用自己的猜测来折磨自己。”

原来世界上没有人记得我出过的丑。这使我充满信心，第二周返回学校的路上，我完全不担心会有人指着我大笑说：“瞧，他就是前几天全身沾满湿泥的那个男孩。”

我非常感谢母亲教会我这一切，否则我或许不会有勇气面对路上的每一个人。

讨　缘

□骆瑞生

小时候春节前后，常有人来送财神和春联，来送财神和春联的人常是老人，也有中年人，不过看他们的样子都很萧瑟，站在每家屋前唱《财神歌》，絮絮叨叨的，也听不清楚唱的什么。唱完后就发财神和春联，而主人家照例要给他一块钱或者几斤玉米、几斤稻米，不过后来人们都是给钱的，只有实在拿不出钱的穷人家才会给玉米和稻米。

我小时候对这些很着迷，每年寒风萧瑟，草木赤色时我就期盼着送财神的人来，因为那样的话我就又可以追着他们听歌了，不知道为何，我很喜欢他们用苍凉干枯的声音唱《财神歌》，别的小孩却都不喜欢，只是图个热闹，没人会认真听。

老人继续去送财神，而跟随的小孩子逐渐少了，他们只是因为好奇，所以好奇心一旦得到了满足，也就不跟随了。而我一直远远地跟着他，我那时很害羞，不敢靠得太近，怕他发现我，幸好他一直都没发现。在离我家越来越近的时候，我突然着急起来，这种窘迫的心情使我喘不上气来。因为我知道妈妈是不会买的，往年都是如此。我爸爸生病了，家里已经没有钱了，我倒不是担心我家今年过年没有财神爷和春联，反正年年都是这样，大门都是光秃秃地过完年的。我担心的是要是老人去我家唱歌，却被妈妈拒绝，他会难过的，而我妈妈也会难过，因为这又一次提醒她，我家是整个村里唯一买不起财神和春联的人家。

可是老人依然叩响了我家的门，妈妈打开了门，错愕地看着老人，老人拿着财神和春联，然后二胡似的声音就开始唱起来，唱了没两句，妈妈赶紧抱歉地说："我家不买。"

那老人说："没多少钱的。"

妈妈更难堪了，她低下头去，重复了一遍说："真的不买。"

这时屈辱的泪水一下子从我的眼眶里涌出来，我跑了上去，从妈妈的脚边挤进了屋子里，妈妈想拉住我但是没拉到。

"小跃，小跃。"妈妈喊着我的名字。我的耳朵嗡嗡地响着，根本没听到妈妈说的话，那时小小的我感受到了贫穷的巨大屈辱，我的鼻子发酸，眼睛发涨，在充满草药味的屋子里，我的泪水哗哗地掉出来。老人一下子明白了怎么回事，他闻到我家那么浓郁的草药味就该明白的。

妈妈都没反应过来，老人就已经下了坎，向下一家去了。我赶紧追了出去，妈妈忙叫住我说："小跃，你把这苞谷给他。"说完妈妈就去装了一袋玉米递给我，我望着那袋玉米，那因为贫穷而产生的屈辱一扫而空，我提着玉米赶紧追了上去，没一会儿就追上了老人。我抄到老人前面，然后将玉米递给他："我妈妈说给你的，抵钱。"

"快拿回去，我说了是讨缘的。"

我没说什么，就拦在他前面，手一直将玉米递在他面前。

老人树皮似的脸终于裂开了，他笑了笑说："你还真固执。"

我的声音突然哽咽了，说："你是唯一给我家唱歌的人。"

老人听到我的哭声，便将玉米接过去，放进了背篓里。我松了一口气，也不哭了。

我说："什么是讨缘？"

老人说："现在我就讨到缘分了，和你的。"老人摸了摸我的头。

滑板是一个自由的梦

□ GA

今年夏天见到小寻，她穿着短衣短裤，露出的膝盖上晕着一片紫色。“哈哈，前天玩滑板又摔了，涂了点紫药水。”见我盯着她的腿看，小寻笑着解释了两句。我还不知道，原来小寻也玩滑板啊，如果不是见到她，我也都快忘了，我是怎么玩起滑板的。

小寻是个酷女孩，从内到外。她从小立志当女强人，凡事只靠自己不靠别人。中学时期学习勤奋刻苦，是个刷题狂魔，还是校女篮队长，上大学之后爱上嘻哈文化，拿出刷题的劲头追自己喜欢的组合，巡演必站前排，直接去音乐节做了志愿者。好像小寻喜欢滑板是理所应当的，酷酷的女孩喜欢象征自由的滑板运动，一切都符合我们的刻板印象。

而我跟小寻不同，我从小就是个普通的听话的小孩，小学起每年拿三好学生，骑单车的时候会用两只手把住车把手，除了挑食不爱吃素菜这一点，我就是那个“别人家的小孩”。

时间长了，我也觉得乏味，但又好像确实没什么能让我提起太大的兴趣。刚上中学的时候，日本动漫在中学生里掀起一场浪潮，课堂上下偷偷传阅翻得卷边的漫画。“中二”少年们人人都有自己的动漫偶像，整日把热血台词挂在嘴边。我却悄无声息地躲开了这场浪潮，没有被一片浪花沾湿。

我也不是没有爱好，翻翻闲书、看看电影，偶尔还弹弹琴，不咸不淡，岁月静好，因循着文艺青年的生活方式。我知道自己压根不是充满激情的人，只是偶尔也会羡慕别人有着全情投入的爱好。

直到高中的一个假日，我不知在哪儿看到了一段街头滑板的视频，看着滑板起落、滑止，看着视频里少年的专注神色，我感到血液里的热情被唤醒，滑板触到了我的燃点。

我决定学滑板。那时候在小镇上的大人眼里，玩滑板对应着的就是街头小混混，或者是不好好读书的不良少年。玩滑板也算是我一次清醒的叛逆，是我难得在激动之下做出的决定。瞒着家人托同学从网上买了块滑板后，我的滑板生涯就开始了。

我似乎天生平衡感就比较差，刚开始学着上板，手死死地把着栏杆也站不稳。从傍晚到天黑，总算找到了点“脚感”，能站上板子了。再就开始试着滑起来，找到脚感之后就容易了些，多试了几次就能把板子滑起来了，但悲剧也就发生了——

发现自己这么快就能把板子滑起来之后，我不禁有点儿飘飘然，一个猛加速，一下子失去了重心把自己摔趴了。一时间屁股被震麻失去了知觉，半分钟后开始疼，几次尝试爬起来都因为太疼而不得不放弃。我索性在地上躺了七八分钟，尾椎骨直到第二天还隐隐作痛。

爬起来之后，由于太过急躁，我三番五次地在刚起步的时候就把板子翘翻。好不容易静下心来，跟顿悟了似的，一下子就能平稳地滑行了。我微微使力，在广场上慢慢滑过来、滑过去。然后我开始学着转弯，起初控制不住，身体总跟着脚板一起前后左右乱晃，弯没转过去倒先把自己晃晕了。但很快，我鼓起劲多试了几次就学会了转弯。

学滑板要入门真的不难，原本看着网络上大家的学滑板日记，似乎得摔上七八十次才能站上板子，但真正去试了才知道，只要静下心来别急躁，顺畅地滑起来也并不难。

第一个晚上，一次不行再试一次，丧气了深呼吸重新振奋起来，只被撂倒了一次，我就学会了滑行带转弯。再往后我就成了小广场的常客，每天吃完晚饭就拎起我的粉色小板，急不可待地去广场上玩滑板。我常常需要跟广场舞阿姨们抢地方，也需时刻注意千万别碰到横冲直撞、神出鬼没的小朋友。

我对滑板没太大的追求，不想炫技，也没想把滑板玩成极限运动，只是想像第一次在视频里见到的那个滑板少年那样，猫着腰，微微晃动，调整着身体重心，轻松自在地在人流中穿梭。我只是想学会刷街，然后让自己沉浸在刷街的简单快乐中。

当我站上小粉板滑起来，就感觉烦恼同人群一起被甩在身后，只有迎面的风。风触到汗滴，汗滴蒸发带来凉意，清凉的感觉在不断地提醒我：我是自由的，我可以穿越一切，也可以甩掉一切。

起初我也抱有对滑板少年的些许偏见，总以为他们尽是些留着长发、穿着长短不一的衣服和破烂裤子的不良少年。或者是少言寡语，看起来冷酷高傲，似乎世界上无人可解他们的孤独。

但其实喜爱滑板的男孩女孩们都是很热情友善的，滑板也常常能成为一个团体的联结。小程就是我在小广场上认识的一个滑板女孩，据她说，她的“师父”也是她在广场上认识的。有一年假期我去成都玩，路过一个装潢时髦的滑板店，一个梳着脏辫的瘦高男生倚着门框，一副生人勿近的样子。但当提起我也玩滑板，男生一下放松了许多，笑着和我聊起了滑板。

上了大学之后，虽然板子也带在身边，但没怎么拿出来了。积灰很久之后，有天看到几个小姑娘拉着板子回宿舍，又勾起了我的小小激情，我也把板子拿出来溜了溜。

我碰到一个慢跑的男生，我脚踩滑板蹬了两下便超过了他，过了会儿我慢下来他就匀速前进超过了我。我一看，憋着口气，就特意使劲地又蹬两下上去超他，谁知他又慢悠悠地从后面超我，还看了看我，意思是“你就滑这么点速度”。

几个回合下来，我便急了，右腿一顿猛蹬，然后滑板就飞了出去，左脚脱离板面之后这个惯性还刹不住。但我踉跄了一下马上调整步态，佯装镇定，假装在跑步，不认识那块飞出去的板子。

看来许久没有碰滑板，刷街技能大幅下降。

兴趣爱好不分好坏高低，街头与文艺也无甚界限。我以为，只要是你所热爱的，就尽力去抓住吧。于我而言，滑板是顺遂人生的小逆反，是平淡生活的另一面补充，是接收快乐的一个旋钮，是灰暗心情里绽放的小礼花，是一个自由的梦。

史上最牛强迫症患者

□史壳郎2号

晚睡强迫症、搜索引擎依赖症、不刷朋友圈会死症、外卖在敲门幻听症……这些强迫症貌似是现代人独有，其实不然，强迫症患者，古已有之。

据《三国演义》记载，诸葛亮生擒孟获多次，每次都觉得抓的姿势不够帅，就又给放了回去，直到第七次才满意，妥妥的完美主义者啊！

三国最强大脑组合中的另一位——周瑜，对音乐有审美洁癖，每当他发现曲调有错误时，就会对演奏者进行眼神挑逗。即使喝高了，听到席间演奏稍有错音，也逃不过他的耳朵，所以当时有个梗——曲误套路周公瑾。

有人沉迷音乐，不能自拔，有人推敲文字，掏空身体。贾岛是个重度文字控患者，“僧推月下门”一句，用“推”还是“敲”，他纠结来，纠结去，最后还拉上韩愈一起推敲。推敲事件仅是贾岛犯强迫症案例中的一例，说起来都是泪，曾经有整整三年，贾岛大脑皮质上都在循环滚动播放“独行潭底影，数息树边身”字样的弹幕。

理科生沈括是强迫症癌晚期患者，作为《梦溪笔谈》的作者，他秉持严谨的科学态度，不时写些学术论文。举几个例子，比如司马相如在《上林赋》中写道：“荡荡乎八川分流，相背而异态。……东注太湖……”原意指灞水、浐水、泾水、渭水等八条河都汇入了太湖，沈括看到后，表示这是睁着眼睛说瞎话，八条河汇入的明明是黄河。

再比如白居易在《古柏行》中写道：“霜皮溜雨四十围，黛色参天二千尺。”沈括又不乐意了，他指出四十围相当于直径七尺，两米多点，一棵直径两米的树居然赛过了金茂大厦，并且没倾倒，白居易妥妥在吹牛啊！

米芾是经过ISO9001质量认证的洁癖达人，他洗手有专门的银器——水斗，洗手后，嫌毛巾脏，通过甩手甩干。客人做客离开后，他就吩咐童子把客人坐过的垫子擦干净。有位年轻人，姓段名拂字去尘，他觉得这个人好爱干净啊，就把女儿许配给了段拂。

有一次，他的鞋子被别人误拿了去，归还后，他就拼命刷，直到把鞋子刷坏为止。后来因为类似的事倒了大霉，作为主持宗庙祭祀的官员，他嫌皇帝赐的祭服前人穿过，就拼命洗，直到褪色为止，结果因这茬事，被罢官了。

元朝翰林学士畅师文也是重度洁癖患者，他让童子挑水，只喝前桶，因为他担心童子在挑水途中放屁，不过，咋就不担心童子打喷嚏或者换肩挑呢？

他饮食极挑剔，只吃亲手做的食物，用的薪柴必须长短一致，甚至葱都要切得一样大。他对枕边人的要求更严，他前妻是个白富美，因为有次睡前忘了洗澡，他竟然用冷水把前妻泼醒！

生活在同一朝代的倪瓒有过之而无不及，他家厕所是一座空中阁楼，下面铺满了鹅毛，每次便便自由落体，就会被飘起的鹅毛包住。

说完元朝，再来说说清朝。乾隆一天不作诗，就浑身难受，有人统计过，乾隆一生作诗43630首。他活了89岁，假设乾隆打一出生就会作诗，平均每天也有1.3首。

作诗也罢，反正没一首选入语文课本，他还是个盖章狂魔，凡看到好的艺术作品，砰砰砰，章就盖上去了。

王羲之的《快雪时晴帖》，只有红框中是王羲之的原帖，其他均为乾隆的题字、盖章。其实想想乾隆也怪可怜，自己写不出上乘的书法，只好对着书圣的摹本拼命发挥了。

《清明上河图》里为何有那么多中药铺

□郑学富

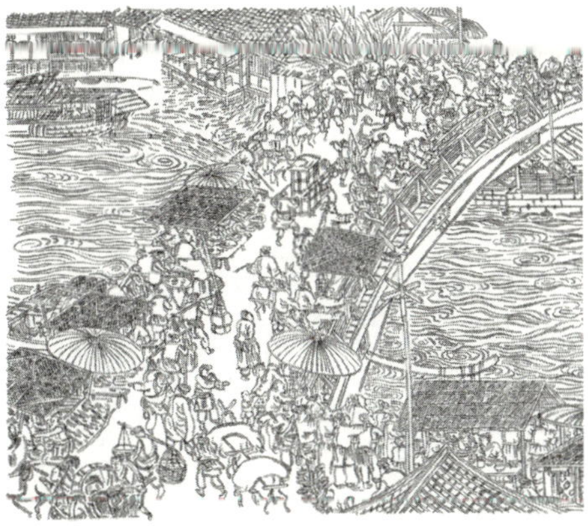

生活在北宋末年的画家张择端绘制的《清明上河图》，生动描绘了北宋都城东京汴梁的风土人情，真实反映了汴京以及汴河两岸的自然风光和街市繁荣情景。在鳞次栉比的屋宇和摩肩接踵的人流中，有多处中药铺明显可见。北宋末年的药铺既看病又卖药，也称为“安济坊”或“病院”。

北宋时期，国家对中医的发展十分重视，专门成立负责药品制造和经营的官方机构，即熟药所，又称“卖药所”，从药材收购、检验、管理到监督中成药的制作，都有专人负责。政和四年（1114年），根据尚书省的建议，熟药所改名为医药惠民局，主要制造出售丸、散、膏、丹等中成药和药酒，这些药物服用简便、携带方便、易于保存，很受医生和病人欢迎。北宋京城的民间诊所遍布大街小巷，《清明上河图》中还有很多涉及中药经营的画面，如一些酒店里兼售香药，大街上摆摊设点叫卖膏药等。《东京梦华录》卷三“马行街北医铺”一节中写道：“马行北去，乃小货行，时楼大骨传药铺，直抵正系旧封丘门，两行金紫医官药铺，如杜金钩家，曹家独胜元，山水李家口齿咽喉药，石鱼儿，班防御，银孩儿，栢郎中家，医小儿，大鞋任家，产科，其余香药铺席，官员宅舍，不欲遍记。”

漂　亮

□［意大利］埃莱娜·费兰特

我希望事情是什么样子的呢？当我长大成人，远离母亲时，我想着她，我想想清楚自己会成为什么样的女人。我想变得漂亮，但怎么才能变漂亮？难道真的只能在黯淡和光彩夺目之间选一个吗？这两种途径都无法抵达我之前提到的那件裙子，就是身上穿的那件可怕的裙子，那件永远都穿在你的身上、没法脱去的裙子？我很焦灼地寻找一条自由之路。这条路，是不是就像塞斯佩德斯通过亚历桑德拉之口说出来的那句好像是源于某本经书的比喻，“要学会的不是穿衣服——衣服是自然而然的结果——而是穿上自己的身体？”怎么能跨越衣服、妆容和社会美的普通观念，到达身体？

这种鱼，不游泳就会死

□ L

“生命在于运动。”这是健身爱好者常说的一句话，也总有一些所谓的“专家”打着这样的幌子，认为人类就应该尽己所能去运动，仿佛只有这样才不算浪费时间。

运动和静止，到底哪一个才能让人更长寿，似乎也是一个争论不休的问题。

对一些海洋生物来说，“生命在于运动”这句话，却是它们生存下来的唯一要义，只有不停游泳才不会过早死去。

比如金枪鱼。

金枪鱼一旦停止游泳就会死亡，这话没有夸大的成分，至少在理论上是成立的。

这和金枪鱼呼吸的方式有关。

金枪鱼和其他大部分鱼类不同，它们的鱼鳃几乎已经退化，单靠鳃无法满足生存所需的氧气量，所以金枪鱼呼吸的方式是游动时张开嘴，迫使富含氧气的水流过鳃部。

正是因为这样，金枪鱼想要获得充足的氧气，就不得不不停地游泳。

而且，金枪鱼的呼吸频率与它们游动的速度密切相关，这也是金枪鱼能长久保持高速游动的原因。

金枪鱼需要不停游动的另一个原因是，它们具有负浮力。

负浮力使得金枪鱼如果停滞不动的话，就会不断下沉，所以它们必须通过游动避免自己沉底，毕竟金枪鱼生活的范围是在海洋中上层，它们并不属于海底生物。

金枪鱼最懒散的时候，也必须每秒移动一段与自身长度相等的距离。这说起来就像对某个技能的描述，但是对一条足够长的金枪鱼来说，每秒游动的速度需要比人类最快的游泳速度还快。

大西洋蓝鳍金枪鱼可以在不到60天里穿越大西洋，每小时能游动大约72.5千米。

游得快还得游的时间久，这就说明金枪鱼对食物有很大的需求，有些金枪鱼每天需要摄入的食物大概是它们自身体重的四分之一。所以金枪鱼基本不挑食，螃蟹、虾、鱿鱼、甲壳类生物它们都爱吃，但金枪鱼最爱的是另一种鱼类——鲭鱼。

鲭鱼最爱的是一些贝类的幼虫、鱼卵和小鱼。这也就印证了那句话：大鱼吃小鱼，小鱼吃虾米。

还有一点使得金枪鱼在鱼类中很特别，大部分鱼类都是冷血动物，而金枪鱼属于温血动物（是温血不是混血）。

这意味着，金枪鱼可以调节自身的体温，可以将自身的体温维持在比周围水温高的状态。这样一来，金枪鱼便能提升骨骼、眼睛和大脑这些高需氧组织的温度，更快地游泳并且减少能量消耗，所以哪怕是在一些比较寒冷的水域，金枪鱼也能存活下来。

对人类来说，金枪鱼是一种美食。金枪鱼的价格非常昂贵，质量很高的金枪鱼生鱼片，卖出天价也不足为奇。

在东京有记录的拍卖里，2019年，一条278公斤的蓝鳍金枪鱼被卖出了3.336亿日元，折合人民币1948.8万元。

暴利之下，引发了捕捞金枪鱼的热潮。20世纪初，蓝鳍金枪鱼的数量比19世纪减少了90%，这直接使得大西洋蓝鳍金枪鱼成为金枪鱼种类中唯一的濒危物种。

即便如此，对金枪鱼的捕食依旧没有停止。它们出现在了消费者应避免购买海洋物种的“红色清单”上，也出现在了某些地区食客的餐桌上。

金枪鱼最大的奥秘，就是生命本身的奥秘。它们像一群不会停止的冒险者，可以航行数千英里跨越海洋，它们游动的速度非常快，游动和进食，仿佛是它们一出生就要开始的两项任务。这两项任务一直持续到它们死亡。

它们是海洋中的流浪者，甚至可以在不同的海洋间穿行，只是为了觅食和繁殖，如果它们停下，面临的将会是窒息和沉入海底。游动，游动。直到海水变冷，直到看到海岸线。

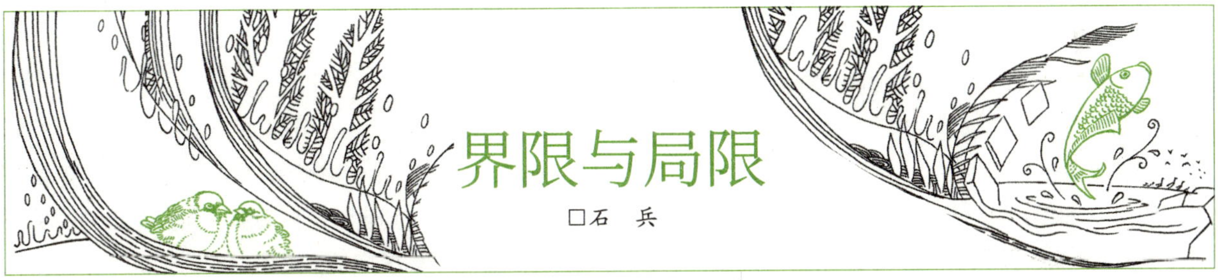

界限与局限

□石　兵

一群人之间有界限，一个人独处有局限。

界限界定了各自的隐秘与尊严，局限局促了一个人的心胸与气度，拓展众人之间的界限需要付出彼此的真心实意，突破一个人自有的局限则需要非凡的勇气与智慧。

界限展示着不同个体之间的差异，局限则昭示着一个人面向未来的潜力。界限与局限，看似是并不相干的两件事物，实则有着千丝万缕的联系。

界限往往肉眼可见，局限却是心灵独有。一个人的局限决定了此人与他人之间的界限。

局限愈大，自我封闭的空间便愈加逼仄，与他人之间的界限便愈是壁垒分明难以逾越。界限醒目，一个人便不容易融入大众生活之中，其他人也不会轻易了解你，不知你心中所想，也便不知你的需求与渴望，也便不会施以援手襄助，久而久之，一个人会因为局限而离群索居，会因为界限而孤单无助。

突破局限是一个人一生努力的方向，拓宽界限是一个人一生思考的命题。两者一个对外一个对内，却殊途同归，皆是为了让人生更加盈满与丰润，让生命更加宽阔与敞亮。

局限一个人心灵的往往是些精致的利己主义，它们看似细微圆滑甚至无懈可击，却始终是些难登大雅之堂的小伎俩；限制一个人与大千世界的界标上总会有两个醒目的大字：私念，私念丛生如杂草，便蒙昧了眺望的眼睛，私念障目，便如高山一般压垮了跨过界限的勇气。

当局限成为一种界限，一个人的痛苦与迷茫便会随之而来，破而后立的勇气缺失，向暖而生的智慧消弭，界限冰冷且生硬，让一个人的局限也变得具体起来。

突破局限，打破界限，绝非一时之勇，而是长久的磨砺，绝非简单付出，而是繁复的耕耘。人生有局限，世界有界限，一个人存在并融入世界之中，局限与界限便决定了他的位置高低与未来虚实。

老虎、孔雀、猫头鹰和考拉，你是哪一种

□脱不花

一般来说，人们的沟通模式主要有四种类型，分别是控制型、表现型、谨慎型和温和型。我们用四种动物形象——老虎、孔雀、猫头鹰和考拉来标注他们。在工作、生活中遇到的各种人物，都可以用这些动物来表示。

老虎

第一类人，如老虎一般强势、有力量。这类人能“打仗”，但掌控欲强。观察一个人是不是老虎型有两个技巧：第一，留意他的沟通特点。如果他习惯说祈使句，表达非常直接，总想快速进入“说正事”的环节，那他很可能是老虎型人。第二，关注他在集体活动时的表现，比如，大家聚餐，点菜时经常会相互谦让。如果某个人“啪”地抓起菜单就开点，那他多半是老虎型人。

老虎型人的目标感和掌控感极强，总是当机立断，因此非常容易识别。

孔雀

孔雀的形象非常适合表现型的人：努力开屏展现自己，高度在意感受。他们的特点就是“自来熟”，跟任何陌生人见面，不需要过渡就可以很快熟络起来。他们经常把“关系维护”放在第一位，不自觉地取悦对方，希望对方喜欢自己，而具体沟通的事项可能就被搁置了。“为了关系，忘了事情”不见得是缺点，而是他们沟通的特点。很多以对外联络为职责的岗位，比如公关工作，就需要孔雀型人。

猫头鹰

猫头鹰型人处事周全，讲求事实依据，经常给人一种“聊天兴致不高”的感觉。在集体活动中，他们表态特别慢，以致让你觉得他们并没有真正参与对话。事实上，他们没有走神，只是在细心观察。

猫头鹰型人非常谨慎。他们在对一件事表态之前会收集足够的证据，即便表现出“兴致不高”的抽离感，也是因为他们正调动感官，观察周遭的人或者事。

考拉

考拉型人的特点是缓慢、温和、友好。孔雀型人也是友好的，但他们看见人就往前扑，表现的是一种积极主动的友好。考拉则相对被动，不会主动和人拉近关系。

考拉型人经常挂在嘴边的是“随便、我都行、听你们的”，不争不抢，不愿意得罪人。

我们可以通过同事们一起约着去吃饭这个常见的场景，来看看上述四种沟通风格的人会如何表现。老虎会率先掏出手机，打开大众点评APP，告诉大家：“我已经看好了，排行榜第一名，咱们走吧。”老虎总是最先拿定主意的那个人，且目标明确。这时，孔雀会跳出来说：“哎呀！我去过一家餐厅，特别好，我还认识他们老板，咱们要不要去那儿？”没错，孔雀会在取悦同伴的同时表现自己。猫头鹰会等大家说完之后提醒一句：“等一下，咱们看看评论，排名第一也可能是店家刷榜。另外，看看高德地图，去这家是不是堵车。”猫头鹰永远是那个提醒大家控制风险，并谨慎考量决策是否合适的人。而人群中毫无存在感的就是考拉，等大家想起他的时候，他才弱弱地跟上一句：“我都行，看你们。”

4 关键的那几步路，会决定我们整个人生

从“证伪”到“证明”

□李 芸

数学家丘成桐22岁取得数学博士学位，27岁破解世界难题卡拉比猜想，33岁成为菲尔茨奖获得者。但他“并不喜欢‘天才’这个名词”，因为解决数学难题需要艰辛的努力，没有捷径可走。

甫入伯克利研究院，丘成桐觉得自己过去是“活在小水塘之中”，渴望追回损失的时间，除了注册的三门课，他还旁听了六门课，只要时间塞得下，就去参加其他讲座和研讨班。

“好像一个饿得半死的人，突然面对随便吃喝的自助餐，我一概鲸吞”，他从早上8点一直上课，有时课与课之间只有5分钟，但要从校园的这一头走到另一头。往往吃午饭的时间也省了，教授在前面讲解，丘成桐拿着三明治坐在后排边吃边听。

1970年，研究生第一个学期丘成桐就做出了成果，发表了文章。丘成桐对几何的兴趣日渐加深，遇到几何学家欧金尼奥·卡拉比1954年提出的卡拉比猜想时便被深深吸引，立志破解它。

探究卡拉比猜想的同时，他按部就班地准备了博士资格考试，拜在华裔数学大师陈省身门下，又在一年后顺利拿到博士学位。

最初丘成桐觉得卡拉比猜想“好到难以置信”，所以一门心思想着如何推翻它。终于经过3年，丘成桐觉得自己找到了一个反例，可以证明卡拉比猜想的错误。

1973年7月底，斯坦福大学举行了一个微分几何的重要会议，全世界重要的几何学者都出席了。丘成桐做了一个非正式的报告，介绍对卡拉比猜想构造出的一两个典型的反例。差不多一小时的研讨会上，与会者中没有人找到论证中的漏洞，包括卡拉比本人在内的所有人都认为丘成桐推翻了卡拉比猜想。

1973年秋天，丘成桐收到卡拉比的信，他希望丘成桐把思路扼要写下来。在接下来的两个星期里，丘成桐废寝忘食不分昼夜地工作。可当他试着把一个个反例找出来时，却发现仔细检视下并不成功。他把所有证据放在一起，问题出现了，丘成桐发现自己走入了死胡同。

丘成桐这才发现，自己试图证明卡拉比猜想不对的想法是错的。这令丘成桐抓狂，但经历重大挫折后，他仍决心将问题做下去，而这也让他看到了成功的曙光，他来了一个180度的转变——倾注心力去证明卡拉比猜想是对的。

成功没有唾手可得的，校正方向后，还要花上3年的努力。1976年新婚后，丘成桐终于在“卡拉比峰”上登顶成功——这也是他一生中最重要的学术成果。

丘成桐说，王国维描述成就大事时的三段经历，正是他证明卡拉比猜想的心路历程。开始时，“独上高楼，望尽天涯路”，要找到一个制高点，对整个问题有通透的理解；然后“衣带渐宽终不悔，为伊消得人憔悴”，不眠不休、废寝忘食地工作；最后“蓦然回首，那人却在灯火阑珊处”，灵光一闪，突然看到了完成证明的途径。

一慌张你就输了

□张天骄

从容是最让人着迷的一种风度和气质。遇事慌乱是人的正常反应，能镇定自若的人少之又少，所以会令人印象深刻。不过，同样是从容，依然会分出高低优劣。如果是“我自横刀向天笑”，视死如归的正面人物，你会佩服得五体投地。但如果遇到的是“用烧红的铁条烫自己肋骨，眉头不皱，并且谈笑自若”的土匪，你只会觉得惊悚。

《太平广记》里记载了这么一件事：唐朝卢承庆做尚书时，负责考核官员。有一个官员负责漕运，遇到大风，翻了船，损失了粮米。卢承庆在评语中写道：监运失粮，考中下。那个人神态自若，没辩解。卢承庆认为这个人很有雅量，改评语为：非力所及，考中中。那个人既未表示高兴，也未表示惭愧。于是卢承庆又改了评语：宠辱不惊，可以考中上。

《世说新语》里关于谢安的记载有好几篇，最著名的就是淝水之战捷报传来，丞相谢安看后继续下棋，客人问战事怎么样了，他淡淡地说：“小儿辈遂已破贼。”本来事情到这里很完美了。可《晋书》里记载同样的事情时偏偏多了两句话：谢安回到卧室，由于太高兴，用力过猛，把木屐齿弄断了。史官接着评价道：“其矫情镇物如此。”

公平地说，谢安不是只在这一件事上镇定自若，《世说新语》成书于南朝，此时离谢安故去不过几十年，更有发言权。比如谢安乘船出海，遇大风浪，别人惊慌失措，他却神态安闲。比如桓温设宴想趁机杀害谢安，谢安反倒朗诵起诗来，对方最终没有下手。

《世说新语》里有很多关于“雅量”的故事，记述的都是泰山崩于前而面不改色的极品：有人是倚着的柱子被雷劈了，还继续写字；有人是家里着了火，还慢悠悠地穿上鞋让侍从扶出去；有人是将军纵马闯入院子，依然面无表情。他们所展现的“从容”让你无法区分究竟是不是刻意的表演，因为这种镇定自若还被列为任用官员的重要依据。当然，这些人都有一个共同的身份：士族子弟。

晋朝病态地崇尚“旷达”“优雅”也是有原因的。经历过东汉末年和三国时期的频繁战乱，“白骨蔽平原”，这种风度气质，更像一种对多年恐惧慌乱的补偿和校正。

《唐国史补》记载唐朝受宠的宦官鱼朝恩到国子监，当着百官之面讲《易》，意在羞辱学者王缙和元载。王缙确实十分生气，元载却表现得怡然自得。鱼朝恩对手下说：“怒者常情，笑者不可测也。”数十年后，元载成了宰相，把鱼朝恩一党剿灭。看风格，这更像一个带有预言色彩的故事。

我是飞人

□张　炜

马上要开秋季运动会了，这是整个学校的大事。提前许多天全校的气氛就变了，好像上课什么的全不重要了，最大的事是准备运动会。“都要积极参加，为全班争取荣誉！”班主任大辫子老师鼓励大家。她后来特意找到我问：“你适合报什么项目？”我说：“游泳和爬树。”“这些没有！”她有了脾气，“你先想一想，明天告诉我！”

我觉得这是一件激动人心的，正在向我靠近的好事。其实我早已打定了主意，要报六十米赛跑。我在海滩上飞跑，还要穿过酸枣林和各种灌木，有时要从刺槐和柞木上一跃而过。这里的操场平平的，跑起来真是再容易不过。我见过训练的老师和同学：老师说一声“开始”，同学就跑；老师捏住一块“跑表”，在一旁猛地一收，像用力摘下了一颗野枣。

他们真可笑！不过是跑一会儿而已，还用拉开那么大的架势？我对好朋友壮壮说了，他也认为这事儿一点儿都不难。“你如果参加比赛，别人谁也不会赢的，我敢打赌。”我同意：“你也报名吧，我跑第一，你跑第二。”他摇头：“我一跑肚子就疼，每次都这样。”

课余时间好像有一半人在做准备。老师问我最终确定项目没有，我低头不答。她说：“这可不是害羞的时候！你擅长什么？投掷，跳远，还是跑？”我只好诚实地回答：“跑！”

一旦确定了项目就得训练。老师为我找来一个高年级的黑脸同学，说：“让他教你，必须掌握要领，这可不能蛮干。”黑脸同学高抬腿在原地跑和跳，不停地活动，扩胸，一边扩一边鼓大腮帮，发出“噗噗”的声音。我不喜欢这种声音。可是老师在一边赞扬说：“看看人家，动作多标准！快学，快学！”

他不停地活动，我就是不学。他有些累了，回头对老师说：“他肯定不行，换一个吧。”老师没听他的，她对我有信心，不过仍然严厉地批评我说：“还有一个星期，你抓紧这段时间训练吧！”我点头，心里觉得好笑。真是小题大做，值得吗？不就是一块儿跑跑？

不过临近运动会时我还是有点儿后悔：说不定真是很难对付的一些事啊，瞧那么多人忙着收拾操场，搭小台子，还拉上布条，多么麻烦。我看见校长背着手在操场上走了几圈，不断问着什么。也许我该认真准备一下了，这好像确实是学校的一件大事。壮壮也认为这是一个机会，不能错过：“他们天天练，噗噗地吹气，也许到时候会有用……”

尽管有些慌，但真的到了比赛这一天，我也没办法。

有人手持大喇叭喊：“请运动员到‘检录处’点名了！”“检录处”三个字充满神秘感，因为我第一次听说这个古怪的词儿。我专门跑过去看了，原来是小桌上摆了个小牌，上面写了那三个字。

更让人害怕的是发令枪。这是真正的金属枪，明晃晃的，持枪人嘴里含了一只哨子，先吹一下，然后说一句“各就各位”，砰！放枪了。所有参加比赛的人都没命地应声蹿出。

很快我就站在放枪的人旁边了。心跳得厉害！我默念：让我飞起来吧，我什么都不怕，这一回要给他们一点儿厉害看看！老师在三步远的地方，和一群啦啦队一起伸头，举手，准备发令枪一响，就摆手喊叫，它的名字叫“加油”。我紧闭双眼，等着那支枪开火。

分明听到开火了，我往前一挣，撒丫子就跑。刚跑出一段后面就响起一片嚷叫，两旁的人还做着威吓的手势，我这才明白是自己抢跑了。我赶紧回到起跑线处，弯下腰，两手按在地上，像等待受罚。这次我变得无比沉着，甚至憋着一股劲儿不跑。

果然，那支枪又开火了。我纹丝不动。我等其他人蹿出两步，这才稳稳地冲向前方。一开始就飞，而不是跑。不看别人，不看对手，只把翅膀张开，两脚腾空，在泥土上方一寸高的地方滑动。偶尔让脚触一下地面，大部分时间是脚不沾地的。跑道两旁人的喊叫，震得我两耳发疼，主要是大辫子老师在喊，她的嗓子真尖。

“天哪！还有跑得这么快的孩子！”一个粗嗓门在喊。

从起点到终点，好像只不过是纵了几下就算完了。有一道红布条让我当胸撞开，同时有个男人手持秒表做了个熟悉的动作：猛地一收。

我知道跑完了短短的六十米，可还是停不下来。我继续在飞，没法落地。所有人都喊：“还跑，还不停下！”“天哪！跑痴了，这孩儿跑忘了形儿！”“快设法拦下他，这还得了！”我从众多喊声里听到了大辫子老师的声音，于是收住翅膀，缓缓地落到地上。停下的那一刻，觉得双脚在地上磨出了火星，脚趾发烫。

我立住身子，一伙人呼一下围住我。大辫子老师上来捧住我的脸，泪流满面：“了不起啊！你知道吗？你破了学校纪录、全县纪录、全省纪录，也许还有全国纪录！”我听不明白，身子一仰躺在了地上。有人叫：“要出事！”一个背药箱的人跑过来，按住我的手，翻开我的眼皮。

那会儿我想起了读过的一本书：有个孩子为了掩盖飞跑的秘密，故意不呼吸，不让心口跳动，结果把所有人都吓坏了！我决定也玩一次这个把戏，于是使劲屏住呼吸。我听到有人大声喊：“天哪！不喘气了，也没脉搏了，眼也斜上去了！”我忍住了没有笑，继续屏气。

大辫子老师推开众人说：“来，让我来！”她撸撸袖子趴下，嘴对嘴往我体内吹气，用足了力气。她的嘴原来这么大，气这么足，我像一只皮球，差一点儿就被她吹破了。我求饶，可嘴是被封住的。我要喊：“救救我，救救我！”可她的两只大手死死按住了我，我无法张嘴。我真的要死了。

就在我快要丧失意识的最后关头，大辫子老师绝望地松开了手：“来不及了……”她的嘴巴和手离开了，我抓住千载难逢的机会，猛地吐出一口气，睁开双眼，盯住了所有探头看我的人。

“啊啊……”他们一齐呼出了一口气。大辫子老师绝不相信我这么容易就活过来了，瞪大 双受惊的眼睛，捂着嘴退开一步，又阻止别人：“不要动不要动，让他缓醒，让他一点儿一点儿缓醒！”

我早就醒着，已经不想再躺了，爬起来，拍打一下衣服上的土，把围得太紧的人分开一道缝，独自向前走去。我在心里告诉自己：结束了，比赛！我知道所有人刚才都被吓住了，这正是我的目的。不过这不算一个计谋，而是临时的一个机灵。从今以后他们将另眼看我了。

第一个追上我，伴我走了一段路的是大辫子老师。她脱下了自己的外套给我披上，扶着我，弯下身子看我，小心得不能再小心。她说话都不敢大声：“啊！行吗？我背上你？”我使劲摇头。“真了不起！你知道刚才发生的事？”我再次摇头。她握着胖胖的拳头：“你成了！你跑出了顶尖成绩！我都不敢相信！你破了纪录，这事不得了，需要上报，一级一级往上报，上边会知道今天发生的事……”我这才如梦初醒，停下步子：“发生了什么事？”

她跳一下：“哎呀！你真的不明白？你刚才像飞一样……”

我马上明白了，深深地吐了一口气：“是这个呀，这一点儿都不难，你如果让我跑，我就再跑一次……”

她听了使劲拍手，仰天大笑起来。

做大池塘里的小鱼还是小池塘里的大鱼

□倪考梦

大家都会遇到一个抉择：做大池塘里的小鱼，还是做小池塘里的大鱼？先亮结论：卓越者应当做大池塘里的大鱼，其他人应争取成为小池塘里的大鱼。当然，现实比这复杂。

畅销书作家马尔科姆·格拉德威尔在《逆转：弱者如何找到优势，反败为胜》中称：在某些时间、地点，做小池塘里的大鱼比做大池塘里的小鱼好。他以理工科学生为例，在能力水平差不多的情况下，普通学校的一流学生大多成了工程师、生物学家等；顶尖学校的二流学生则有很多人放弃了科学专业。做大池塘里的小鱼，相较于做小池塘里的大鱼，拿到科学学位的概率低30%。

为什么会这样？

一是“大鱼小池塘效应”，由心理学家赫伯特·马什和约翰·帕克于1984年提出，是指同等能力的个体，在平均水平高的团体中，其自我概念会降低，在平均水平低的团体中，其自我概念会提高。马什认为，进入大池塘的结局好坏参半。二是“相对剥夺”，这是“二战”期间萨缪尔·斯图菲提出的理论。格拉德威尔认为，“大鱼小池塘效应”就是相对剥夺现象在教育领域的应用。

基于这两个概念，格拉德威尔进而指出，决定你是否可以拿到科学学位的关键，并不是你有多聪明，而是在你的班级中，你觉得自己和其他同学相比有多聪明。遗憾的是，我们通常是通过和身边的人作比较来评估自己。所以，你的同学越聪明，你就会越觉得自己蠢；你越觉得自己蠢，你放弃科学专业的可能性就越大。大池塘录取了那些非常聪明的学生，却又使他们变得意志消沉。优秀的孩子本来是小池塘里的大鱼，到大池塘里成了小鱼，每天被卓越的孩子碾压，相对剥夺感强烈、信心受损、意志枯竭，最后不得不降低标准或更换专业。

我也补充两个概念。

一是达克效应。这是人类一种常见的认知偏差。能力欠缺的人会高估自己的能力，反之，能力出众的人会低估自己的能力。在小池塘里做大鱼让人变得有信心，在大池塘里做小鱼让人变得没信心。

二是泰格·伍兹效应。这是社会网络科学权威艾伯特-拉斯洛·巴拉巴西的观点。泰格·伍兹是超级明星，与超级明星竞争，他们会压迫你；与超级明星合作，他们会提升你。我推断，大池塘里的大鱼对内会挤压其他小鱼的生存空间，但是，对外他们会和“井水不犯河水”的其他小池塘里的大鱼合作。

当然，不管大池塘还是小池塘里的大鱼，都会影响本池塘里的小鱼，只是角色定位不同。在大池塘里，你若只是小鱼，就必须习惯于备受打压。而且，池塘越大，大鱼和小鱼之间的差距越大，相对剥夺感越强。

十年前，中国社科院社会政策研究室就在研究互联网带来的全民相对剥夺感。的确，平日里在线下跟身边的人比比还可以，但上网比就不行了。互联网是最大的池塘，有最大的鱼，相比之下，我们普通人不过是小虾米一只，都在食物链的底端。

那么，面对大鱼猛兽，被相对剥夺和碾压的小鱼小虾的无奈和焦虑怎么消除？

格拉德威尔在书里介绍了20世纪60年代哈佛大学招生部主任弗雷德·格林普提出的“快乐的垫底区域”策略。“不管一个班级的学生多么厉害，总有一些人是垫底的。”他想弄明白，“在这样一个高手如云的班级里，觉得自己平庸的这种心理会产生什么样的影响？”他开始寻找那些足够坚强，在学习领域外足够成功，可以顶住压力，在哈佛大学这个非常大的池塘里做一条小鱼而生存下来的学生。哈佛大学也开始研究那些有天赋但学术能力在班级排名靠后的学生，这项研究一直持续至今。

不过特别擅长找论据的格拉德威尔除了在书里提到这些学生可能足球踢得不错，没有引用该研究的其他发现，让人不禁担心，这个进行了半个多世纪的研究很可能不太成功，或者说这个“快乐的垫底”只是一种美好的空想。

奇怪的是，虽然大池塘有许多负面影响，但是人们很少去谈论，甚至追捧想象中的大池塘。诚如格拉德威尔所言：“我们努力想要成为最好的、最厉害的，拼命地挤进那些最好的机构，然而我们很少停下来思考，就像印象派画家那样思考，哪个机构会给我们带来最大的利益。”

是的，我们必须停下来思考，琢磨一下怎么办。或许有两种策略，选择因人而异。

第一种策略：追求卓越，成为超级明星，做大池塘里的大鱼。超级明星效应的特点，就是优秀一点儿的能力表现，就可以带来超乎寻常的收益。大池塘的好处，是拥有更高的平台、更多的资源，可以进一步放大你的优点。你若卓越，就有机会乘风而上，赢家通吃。你可以量力而行、尽力而为，努力成为大池塘里的大鱼。

第二种策略：错位竞争，成为隐形冠军，做小池塘里的大鱼。如果我们只是优秀，但不卓越，那么做小池塘里的大鱼比做大池塘里的小鱼好。小池塘虽然平台小、资源少，但是竞争也小，能给优秀的你更多机会，让你得到想要的东西。这种策略的关键，就是寻找适合自己的细分领域，通过正确的自我认知和准确的自我定位，来发挥比较优势。

当然，历史无法假设，我们无法确定，是否当初选了大池塘就必然长不大。不过，根据前文逻辑推断，在大池塘里长成大鱼的可能性相对小，经验也是如此。

动物的“不知”与人的“知”

□［俄］列夫·托尔斯泰

夜晚的飞蛾扑向火中，因为它不知道火会烧着翅膀；鱼吞吃钓钩上的蚯蚓，因为它不知道这会害了自己。而我们明白，欲望一定会纠缠住并毁掉我们，可仍沉湎于此。

正像沼泽上的萤火虫把人引入泥潭，自己却飞走一样，欲望的“美妙”也是这样欺骗人的。人们深陷其中，败坏了自己的生活。当他们醒悟过来，回首观望时，已看不到他们为此而葬送自己生活的那个东西的迹象了。

人太机灵，将被人们指摘为疯狂；而灵性太少，也将同样受到指摘。只有资质平庸，才是再好不过的。这个话，大多数人都赞同。无论谁想在哪一端出格，大家就会咬他。所以，我从不固执己见，人们把我放在哪里就是哪里。不过我不愿意他们把我放在低的一端，这倒不是因为它低，而是因为它在末端。

我也不愿意人们把我放在高的一端，因为一离开中间之地，就会脱离大多数人。人的灵魂的伟大，就在于它知道应当坚持中庸。

人的伟大，不在于脱离中庸，而在于不脱离中庸。

只要有40%的把握

□唐剑锋

著名天文学家、中科院院士叶叔华有一句名言："办一件事，只有40%的把握，停在那不动，就会慢慢变成零；如果积极争取，可以变成60%、70%，最后做成。"这也是她奋斗的足迹。1994年8月，南京紫金山天文台新发现的一颗小行星，经申报提名，获国际组织批准后，被正式命名为"叶叔华星"。在中国和国际天文学界，以个人名字为新发现的行星命名的，为数不多，女性更少。

1950年，当叶叔华满怀建设祖国的热情，从香港到南京中国科学院紫金山天文台求职时，工作人员的回答让她吃了"闭门羹"："天文台只招一个男的。"她当即给时任台长、天文学家张钰哲写了一封长信，列举了五大"不应该不用自己"的理由。这封信打动了台长，她由此到紫金山天文台徐家汇观象台工作。作为女性，叶叔华不仅涉足了以男性为主体的天文研究领域，而且成为中国天文史上唯一的女天文台长。1978年，随着改革开放，叶叔华这位在国际天文学界早有名气的女学者才有机会走出国门，第一次带团到法国进行业务访问。

从1958年起，徐家汇观象台着手筹建世界时综合系统，叶叔华勇挑重担，经过大量严谨实验分析，找到了一套适合我国观测台站相对较少、观测仪器不够稳定等特点的数据计算处理方法。此后，全国各地天文台陆续加入这项工作，有了处理数据的新方法，加之观测仪器不断增多，我国世界时综合系统越来越完善。自1964年起，我国世界时测量精度便跃居世界第二，此后一直保持国际领先。1993年年初，中科院数理学部和中国天文学会联合组织征集"中国天文学九十年代大型科学项目"提案，叶叔华提出建设"65米全波段射电望远镜"建议，却没能入选。

虽然这一设想没能入选，但这一想法一直萦绕在她心头。2008年1月，叶叔华提出建设65米射电望远镜的必要，争取到立项支持。如今，这台被命名为"天马"的65米射电望远镜，在我国探月和探火星等任务中发挥了重要作用，还让我国天文学家拥有了更大的国际话语权。叶叔华所从事的研究，没有一项有100%把握，甚至连50%的把握都没有，但叶叔华善于把握时机，也敢于负责，硬是把一件件只有40%的把握的事情做成，做到了世界领先。

叶叔华院士的"40%说"，对每一个有远大理想、远大抱负、远大志向、创造潜能的人来说，都是一个干事、成事的机会和舞台。一个人有多努力，有多刻苦，有多执着，就有多大的舞台，就有多大概率在这个舞台上找到属于自己的位置，就有多大概率演好自己的角色、胜任自己的角色。叶叔华院士用自己奋斗的70多年证明了这一点，也让我们每个人对"40%"都充满信心。

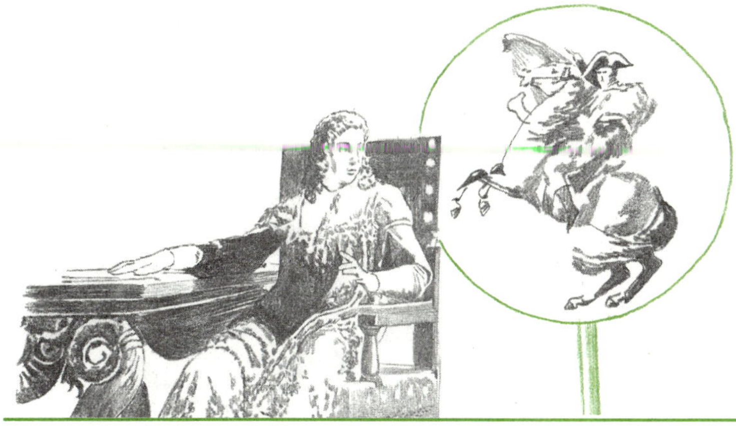

不可忽视的侧向思维

□李志远

可能不少人知道，拿破仑有个习惯，当在战场上遇到困难时，就找人来下棋，让指挥作战的神经放松一下。往往棋下不到一半，他就大叫一声“有了”——新的作战思路找到了，于是重新振作起来。

其实，现实中的你我他，在工作和生活中，也常有类似情况。当对一件事或一个问题想不明白、理不出头绪时，便暂时放下，去打打球、练练书法或听听音乐、浏览一下报刊等，让脑子放松一会儿。在做其他事情的过程中，往往不经意间，就来了灵感，有了答案或解决思路。

这种思维方式，在思维学上被称为侧向思维，又称“旁通思维”，是发散思维的又一种形式。侧向思维，就是对要解决的问题，在正向思维之外，进行“旁敲侧击”。其要义是“他山之石，可以攻玉”，借助其他领域的知识和资讯，来解决面临的难题。其特点是思路活跃多变，善于联想推导，随机应变。

侧向思维，常常可以“歪打正着”，对疑难问题的解决，有意想不到的效果。大多有成就的人，无不重视和善用侧向思维。例如诺贝尔，他一生发明众多，获得专利的就有355种。他是著名化学家，但精通音乐、绘画、文学、哲学等，可谓多才多艺。他兴趣广泛，有着丰富的想象力和联想力，俗话说“一通百通”，他的发明与侧向思维不无关系。

又如达·芬奇，他在创作《最后的晚餐》时，沿着正向思维苦思冥想，却没找到理想的犹大的原型。直到有一天，修道院院长前来警告说，再不动手画就要扣酬金了。达·芬奇本来就对这位院长的贪婪和丑恶感到憎恶，此刻看到他，转念一想，何不以他作为犹大的原型呢？于是立即动笔把他画了下来，从而使这幅名画中的每个人都有了准确鲜明的形象。这显然也是得益于侧向思维。

大脑神经的兴奋点，长时间集中在一件事、一个问题上，易于疲倦，影响思维的深入进展和良好效果。而侧向思维是神经松弛状态下的产物，对正向思维具有辅助作用。因此，善用侧向思维，还可以让紧张疲劳的神经“休养生息”，从而孕育和积蓄更大的能量，以解决面临的难点问题。

黑格尔曾说：“一个深广的心灵，总是把兴趣的领域推广到无数事物上去。”人的兴趣爱好越广泛，知识就越丰富，各种知识可以触类旁通，久而久之，便会形成良性循环。由此看来，侧向思维的偶然性，寓于其必然性之中。要重视和善用侧向思维，就得积极创造条件——培养自己的兴趣爱好，加强艺术修养。各种知识虽有区别，但是相通的，有相互补充、相互启发的作用，可以促进强大合力的形成。

理论和实践无不昭示，侧向思维，不仅有助于解决现实中的难点问题，而且有利于发明和创新。因此，对侧向思维，予以应有重视和善用才好。

从农村姑娘到两入太空

□思　童

燃！太燃了！

北京时间2021年10月16日0时23分，在酒泉卫星发射中心，神舟十三号载人飞船成功发射！飞船升空的那一刻，火光照亮了夜空，也点燃了万千中国人激动的心情。

此次载人航天飞行人员依旧由3人组成，他们分别是翟志刚、王亚平、叶光富。而王亚平作为神舟十三号乘组唯一的女航天员，受到了极大的关注。

有人挖出了她背后的故事：21岁成为飞行员，33岁乘神舟十号进入太空讲课，41岁再次成为航天员。网友们看完她的简历都忍不住赞叹：姐姐真的太美了、巾帼不让须眉、女孩强起来可以顶一整片天、太骄傲了……

殊不知，这份荣耀的背后承载着的是一份常人难以想象的重量。

01

很多人认识王亚平，是因为她的高颜值。但被称为“最美女航天员”的她，更有着战士一般坚不可摧的意志和韧劲。

从幼时起，王亚平的身体素质就很棒，当别的孩子哭着吵着要糖吃时，她就已能争着抢着帮父母干农活了。上学后，在学校运动会的各种长跑比赛中，她更是次次都能坚持跑完全程，甚至几乎每次都能拿第一。

1997年8月，空军长春飞行学院到她所在的学校招女飞行员。一向敢于尝试的王亚平报了名，没想到，真的就被选上了。仅仅一年后，她就得到试飞机会，并以出色的表现完成飞行工作。

招飞中心的原主任程学哲评价她：“王亚平非常聪明，而且活泼，要强。在各种模拟考试中展现出特别的聪慧和灵气。”

得到夸奖的王亚平并没有因此而骄傲，反而更加谦虚和刻苦。

大学四年，她不仅努力学习文化课知识，还熟练掌握了4种机型的驾驶和各种飞行技能，成长为一名年轻的骨干飞行员。

2001年，王亚平毕业后被分配到武汉空军运输航空兵部队，任运输机飞行员一职。工作期间，她牢记自身责任，没有丝毫懈怠，参与执行了多次任务，如汶川抗震救灾、北京奥运会消云减雨、山东抗旱以及多次战备演习。

9年里，她在空中安全飞行了1567小时，并荣升为优秀的空军二级飞行员。年纪轻轻就有如此作为，一般人可能也就满足于此了，但王亚平接下来的人生履历，更是牛到连电视剧都不敢这么拍。

02

2003年，我国第一艘载人飞船神舟五号搭载航天员杨利伟在酒泉卫星发射中心成功发射升空。王亚平在电视机前也见证了这一激动人心的时刻，看着火箭灿烂的尾焰，她萌生一个想法：“中国有自己的男飞行员、女飞行员，现在我们有了自己的男航天员，那什么时候会有女航天员呢？”

从那时起，一颗“航天的种子”开始在王亚平的心中悄悄生根发芽。

2009年，我国开展了第二批航天员的选拔工作，得知消息的王亚平立马报了名。好在，功夫不负有心人，她成功进入预备航天员的行列。

然而，这离成为真正的航天员，还有很长一段路要走。太空环境是失重的，航天员进入太空后，感觉功能和运动功能都会降低，甚至会出现肌肉萎缩、骨骼退化等现象。由于生理特性，女性在太空环境中更加敏感，所要面临的挑战也更大，要想克服先大的弱势，就意味着要比男性做出更多的准备和努力。

面对这些困难，王亚平并不惧怕，她坚信：“梦想就像宇宙中的星辰，看似遥不可及，但只要努力，一定能够触摸到。”

“天上5小时，地面要做50小时水下训练、穿戴120多公斤装备入水，长达4小时不间断训练，一次体能消耗相当于跑完‘全马’，训练结束后体重能降一两公斤……”

为了让自己的梦想早日实现，王亚平一次又一次地重复着这些刻苦的训练过程。每次结束后，手抖得连吃饭都拿不稳筷子，可即便如此，她从未想过放弃。

终于，2013年，经过重重选拔，王亚平以过硬的飞行技术和超强的心理素质脱颖而出，成为我国第二位女航天员，与聂海胜、张晓光一起乘神舟十号进入天空。那次飞行中，她还完成了一项特殊的任务——在“天宫二号”里给全国的中小学生进行了一场精彩的“太空授课”。

第一次飞行任务结束后，有人采访她，问：“害不害怕？”

她说：“当身穿航天服，准备为祖国出征太空的时候，我心中充满的是对祖国的热爱，对航天事业的热爱。这份热爱，足以让我克服所有困难，战胜所有难关，甚至牺牲自己的生命。再次飞上太空，仍然是我最大的梦想。”

8年来，王亚平一直没忘记这个梦想，她保持着前进的步伐，时刻为祖国的航天事业做准备。这一次，41岁的她乘坐神舟十三号再次进入太空，成为中国首位“80后”女航天员、中国首位出舱女航天员，也是中国空间站第一位女航天员。这不仅是王亚平个人夙愿的又一次实现，也是中国航天事业的又一次重大进步！

03

抛开伟大英雄的外衣，王亚平私下里是一个幽默风趣、热爱生活的人。

2004年，她与丈夫赵鹏结识，相恋两年后，他们走入了婚姻的殿堂。因为同是飞行员，工作单位又相距数百公里，两人能见面的时间是少之又少。于是他们约定，若是在空中遇见，就用飞行员的“标准喊话”形式打招呼，这是两人之间的小秘密，也是属于他们表达爱意的特殊方式。

王亚平训练时间紧张又辛苦，赵鹏就主动承担起了家务，并学着为妻子做她爱吃的饭菜。

他对王亚平说：“以前我们是各自开一架飞机，现在是我们俩一起开一艘飞船。”

这次飞行前，王亚平还与5岁的女儿做了约定，她说：“我希望她能照顾好自己，照顾好姥姥姥爷，好好学习。她让我给她和她的同学摘星星回来，而且要摘很多，她要分享给她的同学们。”

出发前几个小时，王亚平发了一条略带调皮的朋友圈，她说“出差半年”，并配了一张卡通航天员的图。

0时23分，王亚平在女儿的加油声和全国人民的祝福声中，与另外两位队友一起升入太空。他们将在太空进行为期6个月的科学实验和一系列在轨任务，这是中国人第一次待在太空如此之久，也是中国人第一次在太空过春节。

除夕夜，三位航天员还和我们一起守岁，并在第一时间把来自太空的祝福送给祖国和人民。

从第一颗人造卫星的发射，到后来的载人航天飞船，再到空间站的建立，漫漫航天路，我们走得很不容易。但正是有这样一批又一批不怕艰苦、不怕困难的航天员的存在，这条路才充满希望和光明。

中考后被分流的那50%

□陈　洁

我在深圳一所职业高中当了20多年的老师。我想以我的观察，来讲讲我对中职的了解。

中职学生都是小混混？

有些人一听到职校生就露出鄙夷的目光，仿佛看到了一群打架斗殴的小混混。的确，中职学生的中考成绩相对普高而言比较低。有不少初中老师心目中最差的学生被送到了中职。不过，究竟有哪些人读了中职呢？

1.中考失利的学生：考试嘛，总是有人发挥得好，有人发挥得不好。职校的学生中有不少是初中平时成绩处于中游，但在中考时发挥不好，考到了职校。

2.户口受限的学生：来到我们中职的，还有相当一部分学生成绩与一些非重点普高后半段的学生成绩相当。之所以会来职校，受一个因素影响：户口。

3.家庭条件不太好的学生：中职学生是能够得到国家助学金的，基本上就是免费就读。

4.偏科的学生：我们计算机专业的学生，常见的是数学较好而英语、语文较差。当然别的专业的学生也有英语、语文较好，但数学较差的。例如林同学，数学能够考全年级前10，但英语和语文只能考全年级倒数一百名左右。

5.失去自信的学生：在与学生交谈的过程中经常会发现，学生之所以成绩差是因为他们已经完全放弃了学习。他们之所以会完全放弃学习，与不断受到来自家长、学校老师的打击有密切关系。失去自信的学生，害怕学习，觉得自己不可能学会，所以从一进校就放弃了学习。

6.被边缘化的学生：有一些学生，由于身体条件或性格条件，在小学、初中被边缘化了。

7.被硬塞进来的学生：这类学生家庭条件优越，他们完全不理解为什么要学习。这类学生的家长也习惯于用钱解决一切问题，而学生却想尽一切办法惹事，想脱离学校。

基于以上这些原因，我们的学生入学成绩悬殊。例如今年本专业的录取分数线是404分，最高成绩有430多分，但最低成绩只有100多分，甚至有没有中考成绩的。我们想方设法让不同程度的学生在同一课堂上学习，并且找到自己的学习目标，最终学有所成。

对中考失利的学生，我们会让他们重新燃起斗志。例如陈同学，她因中考失利来到职校，有点儿心灰意冷。经过三年学习，她重新鼓起了勇气，在高职类高考中获得全省第四名的好成绩。到了高职院校后，她以优异的成绩通过英语四级考试，不知道今年的六级考试过了没有。她是一个立志从事计算机专业的女孩子。

对偏科的学生，我们会鼓励他们找到并发挥自己的优势。一位黄同学，数学偏科，考到职校让他一度失去信心。但经过三年学习，他拾回信心。高职时，他参加数学竞赛、参加蓝桥杯编程竞赛均获得了一等奖。

对失去信心，不敢再学习，但还愿意学习的学生，我们会放慢速度，帮他们慢慢拾回学习的信心，找到在这个社会上自己的位置，让他们得以更好地面对生活。职校由于减少了许多应试内容，学生的学习压力小了许多。他们得以在更宽松的环境下，发展适合自身特点的专业能力。

如果当初他们上的是普高，也许，巨大的学习压力会把他们压垮；也许，他们能考上个普通大学的普通专业，毕业时不知道能干什么工作；也许，在普高激烈的竞争中，他们的信心受到进一步打压，从而完全放弃自我……

也许，并不是这些学生只能考职校很可惜。而是，还好这些学生考上的是职校，他们才能更好地发展自己所长。

给学生提供看家本领

我们的工作，就是尽一切努力，给想学的孩子提供学到看家本领的机会。

什么是看家本领？“看家本领”就是学生未来赖以生存和发展的职业能力。“就业”这一教育的终极目标，在普通教育中，被淡化了。这也就造成了每年有那么多考上大学的孩子不知道该选择什么专业或者选的专业完全不符合自己的兴趣，甚至最后不少人在读完大学后放弃自己的专业等情况。

那么，怎样给想学的学生提供学习机会？

首先是提供看家本领。用我们职校的术语来说，就是进行专业调研。研究人才市场的走向，了解社会需要什么样的人才、什么专业能够让学生找到更好的工作、什么专业能够让学生有“可持续发展”的前景、什么专业课程能够跟高职院校专业课程衔接、什么专业课程是我们的学生学得会，又有含金量的……

每年我们的一项重要的工作就是修订教学计划：开哪些课、每门课上多少时间、哪门课先上哪门课后上，等等。为了教授这些专业技能，有相当比例的职校教师来自企业。即使没进过企业，也要不断学习、实战，提高专业素养。要给学生一滴水，自己就先得有一桶水。

引导学生掌握“看家本领”。近几年，普校都在研究PBL，也就是项目式教学。因为项目式教学才是最符合实际生活中知识的聚集状态，才更容易让学生理解知识与知识之间的联系，并且在解决实际问题的过程中，激发学生的学习兴趣。

而项目式教学，是我们职校的标配。称职的职校专业课教师应该早已使用项目式教学多年了。

学生一入学，我们就开始给他们分析职校和普校的区别，目的是让他们尽早规划自己的职业前景；给他们详细介绍本专业未来的职业走向、需要的技能，让他们了解这个专业并找到适合自己发展的方向。

有很多学生，找到了适合自己的专业方向，从此一头扎进学习中，最终学有所长。例如陈同学从参加3D建模竞赛辅导后就告诉我：老师，我非常喜欢这个方向，我就要从事这方面的工作。他现在在高职担任教职。

当然，也仍然有很多学生在学完我们的专业课，备考高职院校前告诉我：老师，到了高职我要换专业，计算机专业还是太难了。每逢此时，我也感到欣慰：他们年纪还小，能够尽早地试错，发现不适合自己的专业，也是一件好事。至少，他们比大学生们早了三四年认识到这一点，有更多的时间从头再来。

盲　从

□王鼎钧

在《西游记》里，猪八戒怎会有一副猪相呢？原来他在投胎转世的途中，来到分岐的地方，不知走哪条路才好；后来看见其中一条路足迹稀少，另一条路上却络绎成群，就决定朝人多的地方走，不料误入猪群，转世成猪。

“跟着众人走”未必错，但是要先弄清楚路的尽头是什么地方。盲从是可笑的，甚至是可怕的。社会上一时的风尚或慌乱往往是盲从造成的，风尚是喜剧，慌乱就是悲剧了。所以修身齐家，处世治事，也要有慎固安重的修养，人少的地方不心怯，人多的地方不头昏。

一朝藤蔓生

□程则尔

高一上学期还没结束的时候，学校就要提前进行文理分科，让很多预备选理科的同学过早放弃了文科科目。

有一次上历史课，我把刚刚发下来的历史试卷随手塞进抽屉，躲在书堆后悄悄啃起了化学教材，不巧，恰好被历史老师撞见。一向温柔的女老师，那天出奇愤怒，批评我的嗓门几乎震响门板。那时，我并不太赞同她“全面发展”的教学观，但还是老老实实地学起了历史。花费宝贵时间去学习不在高考范围、不决定前途命运的知识，意义何在？我觉得自己浪费了不必要的精力，直到告别学生时代多年后，沉默的岁月给了我另一种回答。

初雪来临时，我独自穿越小半个中国去北京出差。忙完工作后是下午三点，走出室外，惊诧地发觉现代化都市一片银装素裹，瞬间美成了旧梦中的北平。

忽然兴起，我决定去故宫看一看。当那片庄严肃穆、黄瓦朱墙的宫殿映入眼帘，和曾在历史教材中看过的图片彻底吻合时，那些原本以为早已遗忘的历史知识，刹那间，翻身苏醒。

那个下午，我像一个缓慢醉心的痴者，深度触摸到了历史繁复美丽的花纹，犹如身处飞速旋转的大地中央，四周浮现泛黄的无声默片。得益于高中时代的提前预习，我知道这里有多少帝王的兴衰荣辱，听得见广场中央飞驰过的千乘万骑，闻得到一个时代的灰飞烟灭——多少红尘隐去，让人热泪盈眶。

我终于承认，那一年痛苦地背诵历史知识，收获的意义不止于分数，而是让我可以在奔波之中停下脚步，静听时空的回响，隔着展柜玻璃面对一樽器皿或一把刀剑，看的不只是表面，而是一段传奇或一种气节。

和被动学习历史不同，语文曾是我最热爱的科目。作为每个人从小接触的母语，语文分数拉开的差距不会太大，从性价比来看，不值得投入太多的精力，但我严格保证了足够的语文学习时间。语文老师是一个教学理念很超前的人，很抵触上课就是对考点的粗暴喂饲，会带着我们看课外书、即兴演讲、编纂诗集，全方位刺激语言能力，指点江山，激扬文字。

重压一般的高三间隙，我尽情地享受着这片喘息的余地。私底下，我每周都会写一篇周记交给语文老师批阅，内容、题材不限，甚至天马行空的小说也能得到她的肯定。师生间的纸上对话，一直延续到高中毕业，那些稚嫩的周记作为文学素养最初发源地，被我细心保留至今。

毕业以后，日常对话简单浅显，根本不需要调动语文储备，碰见表达上的错误或困惑时也只是一笑置之，不会有人跟你坐下来较真，详细研究这应该如何遣词造句，或运用了什么修辞手法。

真的是“学而无用”吗？作为曾经的优势科目，语文还是为我带来了一些与众不同的特质。练过的笔、鉴赏过的作品，加持文学创作的初心与动力，成为业余时间自己与自己对话的途径。我参加了大大小小十几场演讲，当四周安静下来，无数凝视透过灯光穿越而来时，紧张的心跳被自信取代，让我在舞台上自带光芒。

人一旦在人生的一些关键节点，独立自主地做过抉择，是可以迅速成长起来的。一如我因高考填报志愿失误被调剂到法学专业，放弃复读计划强迫扎根，却又在毕业后选择跨专业就业一样。那个毕业季，顶着来自父母、同学、辅导员的不理解，我抱着

法学学士文凭，追随梦想航迹进入一家报社实习。

在厚厚的法典中历经四年的艰苦磨砺，却和当前职业毫无关系，冥冥之中仿佛总有割舍不断的维系，为陷入瓶颈的自己提供一把解困的金钥匙。得益于具备法律素养，那种助推作用是如虎添翼、好风借力般的，不只是能为朋友提供一些法律建议。我可以轻松上手法律新闻，知道涉及著作权的事哪些能做，哪些不能做，对采访到的现象可以当场判别是否合理合法，进而以更加理性严肃的视角探知新闻一角背后的真相冰山。时至今日，大学专业似乎被束之高阁，但在有需要的时候，它们又常常能被想起。

寒窗十年，为了什么？曾无数次黯然，自己的知识巅峰期一去不返，毕业之后记忆呈下降曲线，在没有时间学习的路上沦为废人，却又无数次振奋，人生哪有白走的路，每一步都算数，也许现在的你无法再考出一个漂亮的分数，但从来都不曾辜负当初那个努力的自己。

优美的函数曲线、醉人的历史图谱、洋流与热带鱼的交错流动……其获取的意义不仅是一张大学入场券，还构建起少年的生活常识，凝练成感悟美的能力，在无形中影响着每一次选择，让我们在与人交流时有避免冷场的话题可讲，即使身陷尘埃，内心也能时常翩翩起舞。读过的书，行过的路，是一粒粒种子播下，一株株藤蔓生长，长成联结世界的触角，缠满岁月的老墙。

那一年，你把青春镌刻在书山题海的时光，意义非凡，如此闪亮。

隐藏睿智

□天　舒

查理·芒格说，他有个同事查克，从法学院毕业时，成绩是全班第一名，曾在美国最高法院工作，年轻时当过律师，当时，查克总是表现出见多识广的样子。有一天，查克的上级把他叫进办公室，对他说："听好了，查克，我要向你解释一些事情，你的工作和职责是让客户认为他是房间里最聪明的人。如果你完成了这项任务之后还有多余的精力，应该用它来让你的高级合伙人显得自己是房间里第二聪明的人。只有履行了这两项义务之后，你才可以表现你自己。"嗯，那是一种在大型律师事务所里往上爬的好办法，但查克并没有那么做。他通常率性而为，他说，如果有人看不惯我的作风，那就随便，我又不需要每个人都喜欢我。

查理·芒格说，尽管我年轻时扑克牌玩得很好，但在我认为我知道得比上级多的时候，我不太擅长掩饰自己的想法，也没有很谨慎地去努力掩饰自己的想法，所以我总是得罪人。现在，人们通常把我当成一个行将就木的没有恶意的古怪老头，但在从前，我有过一段很艰难的日子。所以，我建议你们不要学我，最好学会隐藏你们的睿智。

顶尖高中是为谁准备的

□苗　炜

我在朋友圈里看到一个孩子的成长，那个孩子的爱好是拍摄星空的照片，每隔一段时间就跟着爸爸去内蒙古或者兴隆，拍摄星空。他的妈妈会晒一下儿子的作品，也会晒一下儿子的获奖证书，偶尔也会介绍一下他使用的器材。今年夏天，妈妈说，终于送孩子上中学了，能看出来她长出了一口气。我打听了一下，果然是北京一所很棒的中学。我说，行了，上了这所中学，大学就十拿九稳了。那位妈妈说，还不行，上了本校的高中，那才算是十拿九稳。

凡事都有两面。一面来说，竞争激烈，向下传递，上大学的竞争从小升初就开始了；另一面来说，早竞争早完事，孩子十二岁上了一所顶级中学，不出意外的话，就会考上985、211院校。要是十五六岁上了一所顶尖高中，那最次也会考上985、211院校。孩子是不是读书的料，早早就能看出来。怕的是什么呢？怕的是到初中的时候，左看像是读书的材料，右看又不像是读书的材料，怕的是没见识，在教育产业的忽悠之下，没能更上一层楼。

美国作家大卫·福斯特·华莱士，写过一本书叫《弦理论》，是一本讲网球的书。书中第一篇文章叫《旋风谷的衍生运动》，写的是华莱士少年时打网球的经历。他13岁到15岁时，算得上美国一流的少年网球选手，他住在伊利诺伊州，参加少年网球比赛，那里总是有很大的风，对网球的球路产生难以预判的影响。华莱士写了他对空间的感觉，还用数学概念来解释网球，也讲了他的一个心结。

他少年时拿过奖杯，成年后也一直打球，心里难免会暗暗比较，觉得自己可以和职业网球选手一战。但他现场看过几个世界排名100之内、世界排名100到200的选手的比赛，看到他们在训练中那种极度的自律和专注，看到他们那种苦行僧一样的职业态度后，认识到自己跟职业选手之间有巨大的鸿沟。业余高手和职业选手比赛，就是一个身强力壮的猎食者被另一个体形更大、气力更猛的猎食者撕成碎片。他说自己跟职业选手没有交手的可能，原因有二：一是职业选手几乎没有失误，高手之间过招还会有失误，高手和低手过招，高手不会有失误，你不可能靠对手失误得分。二是他们球速快，落点深，你可能根本接不到球。华莱士说，少年网球选手能否达到职业选手那个层级，有很多因素，如身体条件、训练条件等，但还有一个关键的地方是见识，他说他14岁时，认识到自己的上升空间有限，虽然知道还有国家级别的比赛，能产生更多的高水平选手，但那是一种怎样的比赛？水平之高，难度之大，超过了中西部一个州里少年高手的想象。你必须获得地区冠军，才有资格参加高级别的比赛，去见识那些高水平选手什么样。而后可能非常残酷地认识到，不管你怎么改进，也打不过别人。

我读到这里的时候，总免不了会想到北京四中、人大附中这样的顶尖高中，那就是把一群真正爱学习的读书的材料会集到一起，互相激发。一般来说，孩子上完小学，总会掌握一两项成人并不具备的特殊本领，比如拥有丰富的天文学知识，或者玩转计算机，到初中这项本领会加强。到了好的高中，同学们除了都喜欢学习，各自的本领也有了交流，那是一种极为开阔的视野，是一帮青春期的少年相互激发着，开始探求自己在知识领域担负着哪种使命。这说得有点儿过头吗？我觉得不算过头。我看过北京一所重点高中给孩子开的课外课，那就是打开你的视野，让你探究自己的知识使命。那就是对“读书的材料”最严格的定义。孩子是不是读书的材料，能不能上顶尖高中是最重要的衡量标准。

我承认，这是很狭隘的看法。以我狭隘的看法来说，学校的名头是没用的，甚至那些师资也值得怀疑，唯有一帮极聪明的十几岁的孩子聚集在一起，才是顶级中学最大的魅力。他们就在市区的老校区之内，而不是在某个新建的文旅项目的小镇上，只有在那些学校，学霸才会成群出现，互相激发。

再回到华莱士那本《弦理论》。书中第二篇文章，叫《伤我心的特蕾西·奥斯汀》，这是一个读书笔记。特蕾西·奥斯汀是一名女网球选手，1979年在美国公开赛上拿到了冠军，那时她16岁，是有史以来最年轻的美网冠军。1980年，17岁的她，世界排名第一。1981年，奥斯汀再次夺得美网女单冠军，但两年后就因为伤病过多选择了退役。奥斯汀退役之后，写了一本自传，华莱士读了这本自传觉得很没意思。华莱士说，他总忍不住要看那些体育天才的回忆录，想看他们怎么谈论自己的天赋，结果无一例外很失望，他说，我们这些不具备运动天赋的旁观者，才能看清运动员身上的那种神圣天赋并且将它表述出来，而那些具有运动天赋的人，只负责把天赋展现出来，他们对这种天赋视而不见、充耳不闻，倒不是不闻不见是这种天赋的代价，而是说，视而不见充耳不闻就是这种天赋的精髓。一个过于在意自己一举一动的人，在几万名观众面前，在巨大的压力面前，会变得浑身僵硬、呼吸困难，头脑恨不得分成两个，根本不能正常地做动作。许多资质一般的运动员，在重大比赛中就是这样表现的。而那些天生的运动员，能够做到百分百自在，能够靠直觉、肌肉记忆、自主的意志做动作，在令人窒息的压力下也能做出最合理的选择。心无杂念，这是体育比赛中的一句陈词滥调，但是像奥斯汀这样的运动员，十岁起练的就是心无杂念。这种天才运动员不会在回忆录里解释自己的天赋，因为这种天赋的一部分精髓就在于对天赋的视而不见充耳不闻，把天赋转化为一种本能。

我看这段的时候，又想起了一个词“学霸”。职业体育是一件比上学更残酷、更艰难的事，天才运动员也比“学霸”厉害得多。但好学生的学习能力，跟天才运动员一样，真的是一种本能。目前喧嚣的是家长的焦虑，孩子从小就面临的竞争简直无法逃脱，但总是会有许多聪明的孩子，出于本能地热爱知识，在学习中获得极大的乐趣，顶尖中学就是为这些具备学习天赋的孩子准备的。如果没有这样聪明的孩子，那该是一个多无趣的未来。

好信息和坏信息

□ Lachel

什么是好信息？我的定义是：以呈现事实为主要目的，为你的思考提供原料，能够帮助你更好地思考问题、分析问题的信息。

而坏信息呢，指的是以自身的传播为主要目的的信息。基于这个目的，它可以不择手段，比如夹带谣言、煽动情绪、挑拨离间、输出片面观点。

简而言之，好信息的本质是为你提供养料，而坏信息则是追求自身传播。好信息会帮助我们完善自身，获得全面的信息和视角，从而更好地进行独立思考；而坏信息是想替代我们去思考。长期摄入坏信息，人们会慢慢放弃思考能力，将自己的大脑变成别人的跑马场。

已识乾坤大，犹怜草木青

□唐晓泉

打开书页，素白淡雅的栀子花从书里落下来。那花朵来自一个女孩。

一次上课，两节连上，我回来上第二节课时发现教科书里多了一朵凝脂样的栀子花。含苞的，却包不住漫溢出来的浓郁香气。抬头搜寻，接住了她含笑的目光，我对她颔首微笑。她也笑，一低头。我不说，对她眨眨眼，就像守着一段秘密，她知道，我知道。其实，也没什么秘密，我只是牺牲了一个午休，来倾听她的诉说，诉说她在爸妈离婚后，在两个重组家庭中辗转的痛苦。因为我知道，家庭的变故对孩子是痛苦的重压。

她走后，我曾给她发过一条短信：“小时候，不会走路，摔疼的是身，哇哇大哭，抬头寻找妈妈的怀抱；长大了，会走路了，摔疼的是心，忍着不哭，仰头寻找阳光的方向。”

拉开抽屉，一张卡片映入眼帘。它来自一个曾经贫困的女孩，初入城市，她陷入自卑之中。

我在作文簿上给她留言：“也许我们无法改变昨天的沉重，因为昨天来自父辈的血液、祖先的轮廓；但我们完全可以主宰明天的辉煌，因为明天的命运由我们自己掌握！”后来，她考上了北京的大学，而后留京工作。她给我寄了这张卡片：“老师，你知道吗？我或许是你职业的过客，但你是我青春的转折。转眼，我也工作了。你还记得那个清贫的女孩吗？还记得你在我作文本上留的那些鼓励的话语吗？作文本上的那些关心和鼓励让我有了今天。永远爱你！”

每每看到我那辆半旧的浅蓝色单车，我就会想起那个高高瘦瘦的男孩。

曾经有一段时间，我每天骑车去学校。有天，学校车棚看车的阿姨看到我推车，说：“这辆自行车是你的啊？有个学生过段时间就来我这儿借气筒给你的车子打气呢。”我诧异，我的确将近一年没给自行车打过气，还一直自诩这破自行车的车胎质量好呢。问她这个学生的模样，明白是那个内向的男孩。

他母亲患糖尿病，靠透析活着，父亲和姐姐为了给母亲挣医药费去打工。男孩特别节俭，平时饭都舍不得吃饱。得知他的情况，曾有几次，我吃饭时和他“偶遇”，并在吃之前，把自己的饭分给他。我告诉他：“我在减肥呢，老师个子矮，不能胖啊，胖了就成球了，你就帮帮老师吧。”只不过是半碗牛肉面或者半份炒饭而已，让我收获了这份令人感动的“珍宝”。

而眼前，手机屏幕上，“树在，山在，大地在，你在，我们有什么不满足的呢？”这句话语，是一个从乡村来的孩子发给我的。

此刻，他已经去古都西安上大学了。曾经，疫情的阴霾笼罩着大江南北，也笼罩着校园。因为疫情，他在家听我的语文网课，一直认认真真、踏踏实实，也积极地和我在网上互动。后来，发现他有两天不在线了，我发短信给他，没见回；从QQ上联系，也没有音信。

于是，我辗转从其他同学那里，找到他家的座机号码。原来，他的父母在外打工，因疫情没能回来，也因疫情无法开工挣钱。他和奶奶在家，因为高三的压力，因为网课效率不如在校学习带来的苦恼，因为觉得爸爸妈妈此刻无法挣钱，因为手机没有流量又不想缴费，所以他这几天没有上网课。挂了电话，我就从网上营业厅为他充值300元，叮嘱他好好听课，期待他利用这样的特殊时期，实现“弯道超越”，实现他的梦想。他的心境渐渐平和，成绩渐渐提升。

英国女诗人狄金森曾如是吟唱：“如果我能使一颗心免于哀伤/我就不虚此生/如果我能解除一个生命的痛苦/平息一种酸辛/帮助一只昏厥的知更鸟/重新回到巢中/我就不虚此生。”

我想说，如果作为一名老师，能如人间的四月天，润泽过哪怕一片青青草木，温暖过哪怕一颗年少的心，照亮过哪怕一片迷蒙的心空，我也就不虚此生。

“妆”不出的人生

□阿　蒙

腮红是一种涂抹在颧骨、脸颊部位，用来表现气色红润的化妆品。但在很多“网红”博主手中，它已成了可以全身使用的“万能灵药”——首先是用在耳尖和耳郭、耳垂边缘，甚至会蔓延到鼻尖偏下的位置，用这些细节来表现“少女的羞涩”“清纯的美”以及吹弹可破的肌肤质感；继而可以用在手指指尖、关节和腕边，营造出一种“仿佛冻红”的“自然感”，这种做法引发了一股模仿热潮；最后就连膝盖也难逃腮红的入侵，据说直接涂在膝盖部位可以让腿部显得更有血色……

如此夸张的美妆技巧，固然是被“网红赛道内卷”出来的，也是所谓“白幼瘦”等审美取向一路往偏狭而行的结果。这些近乎走火入魔的化妆“技巧”为哗众取宠而生，也终将被时代所抛弃。

古人以白为美，以病容为美的“极限操作”出现于魏晋时期。据《世说新语》“容止”篇所载，“何平叔美姿仪，面至白，魏明帝疑其傅粉。正夏月，与热汤饼，既啖，大汗出，以朱衣自拭，色转皎然”。这位面白到让人怀疑其敷粉的美男子何晏提倡服用五石散，他自己长期吸食，导致形容憔悴皮肤苍白，恰恰符合当时“面色皎然”的审美。

在中世纪的欧洲，白里透红的皮肤是贵妇们的最高追求。为了达到类似的效果，她们用含铅的物质漂白皮肤，用含汞的物质制造腮红，甚至小剂量地服用毒药，希望皮肤更柔软细嫩，有瓷质的光泽。结果就是，现代科学家在这一历史时期的女性骨骼中，发现砷、铅等毒素的剂量严重超标。

从历史来看，过度涂脂抹粉的做法往往是贵族阶层专属；随着人类社会的发展，贵族们的浪荡行迹已尘封于过往。如今的“网红小姐姐”为何重拾过往的沉渣浮沫？也不过是“使我有身后名，不如即时一杯酒”的心态作祟。网络生活不仅没能让一部分网友打开视野，反而让他们在信息浪潮、无序资讯中随波逐流，放弃了改造、建设、发展现实生活的希望，把精神寄托在所谓对“美”的细节的追求中，耽于小圈子的病态审美而无法自拔。

如此美妆，美从何来？现实问题无法靠脂粉遮盖，无价人生也不必靠妆容矫饰。要建设良好的网络环境，就要引导网友追寻更高层次的精神自由，也要引导年轻人在现实生活中有奋斗的意志，有健康的体魄，有突破的勇气，有投身事业、回报社会的成就感、获得感。

被母亲逼着搬出去住的那些天

□明前茶

在他生日那天，母亲招待他吃了一顿大餐，跟他进行了一次严肃的谈话，勒令他搬出去住。他的脑门上仿佛打了一个焦雷。彼时，他已经在本市读了4年大学和3年研究生，并且已在本地找了一份工作。父母在江北买了滨江公寓，可以目睹长江滚滚而过。天气晴朗时，他偶尔还可以看到江豚的脊背在水面上翻滚。而他工作的地方在长江南岸，每天通过过江隧道往返，单程近30公里。他已习惯了母亲每天开车接送他。他这代独生子女都有一种理所当然被父母照顾的心态，反正母亲上班的公司也在长江南岸。因此，当母亲严肃地说“我不能再伺候一个好像永远长不大的高中生”后，他感到自尊心受到了深深的伤害。

他赌气，立刻联系中介小哥找了房子，拿出所有的压岁钱，支付了3个月的房租和保证金后租好房，然后从家里搬了出去。他记得搬家那天，母亲正好在外地出差，父亲去医院陪护外公，他连一个可以示威的对象都没有。

他在单位附近租了一套20世纪90年代建的老房子，房龄比他的年纪还大。装潢与家具都十分老旧，每个月的租金倒要3500元。搬完家，他将所有的日用品和衣物归位。他只躺在床垫上叹了10分钟的气，就立马出门了。他必须立刻去家具大卖场买转椅，买晾衣架，买鞋柜，否则他就只能坐在房东留下的塑料凳上工作，脱下的外套只能放在床垫上。

他万万没想到，三天后，家具大卖场的商家快递过来的所有家什都是散装零件。他必须再买一个工具箱，用螺丝刀和扳手将它们一一组装起来。他依稀记得上一次用到十字起子，还是小学五年级时参加航模组。当他费了九牛二虎之力，出了一身汗，终于把晾衣架和转椅都装好，他感到前所未有的骄傲，不由自主地拍了照片，发到微信朋友圈去嘚瑟。结果，他受到在大洋彼岸留学的同学的一致嘲笑。正在读博的同学告诉他，自己曾手持冲击钻安装过床、大衣橱和厨房吊柜，而最近的成果是安装了花园外面巴洛克风格的镂空大铁门。

他受到了善意的鄙视，但他因潜能被激发而产生的骄傲并没有因此削减半分。他生平第一次搞清楚了洗衣液与柔顺剂的区别，搞清楚了滚筒洗衣机上十几个按钮的含义（在上大学的7年里，从袜子到床单他都打包回家，由母亲清洗）。如今，离开了母亲的呵护，他不得不亲手打扫卫生，亲自洗碗、擦拭灶台和油烟机表面，把地拖干净，徒手把浴室下水道中堆积的落发掏出来。他学会了熨烫衬衣，擦皮鞋，拆洗窗帘。当发现所有的纱窗都可以卸下来，用浴室的花洒冲洗时，他惊讶极了。房东家里脏兮兮的纱窗终于显露出淡蓝色的原貌，他闻到了外面的春风，夹杂着柳絮、繁花的气息。

他的视野被充分打开了。之前说到手机上的应用软件，他只知道那些可以看视频和玩游戏的APP，而现在，他开始在购物类应用软件上关心菜价。公司里“80后”小姐姐们聊天时，他也插得上嘴了。

时间过得很快，转眼间他被母亲赶出来满两年了。他意识到自己对时间与金钱的认知都发生了深刻的变化。之前，母亲揽下了所有的家务，在双休日，他能赖床到下午两点；而今，即使在周末，早上7点30分，他身体里的闹铃就响了。他知道早市的蔬菜水果最新鲜，而厨余垃圾早上的回收时间最晚是9点，最好赶在9点之前将垃圾送到回收点，否则家里容易滋生蟑螂。他的作息正常了，早睡早起，一年居然可以读20多本书，还通过了注册会计师考试。如今，他交着每月3500元的房租，靠在别的公司兼职做账，攒下了人生的第一个20万元。他终于意识到，未来买房是自己的责任了。

他偶尔还回父母家去，但是那种微妙的尴尬似乎尚未完全消失。母亲一如既往地招待他，知道他新交了女朋友，听他讲述工作和感情生活的进展，但从不过问他的生活细节。他一直想对母亲之前25年的照料表示感谢，但他一直拖着，迈不出对自家人说体己话的这一步。直到有一天，他在父母家厨房的吊柜里发现了母亲的日记。鬼使神差地，他翻到了两年前，母亲逼自己搬出去住的那些天的日记。母亲写道，自己争取了出差任务，躲了出去，是生怕目睹独生子搬家的场景会掉眼泪。她怕自己是一只溺爱孩子的老鹰，舍不得做出将儿子啄离的决断，把儿子这只本可展翅翱翔的小鹰，圈养成不舍离巢的肥胖家禽。

他吃了一惊，急速地往后翻，终于发现一桩母亲没有告诉他的事：为了习惯他搬出去住的这种变化，她吃了整整3个月安眠药。而她在儿子面前表现出的，却是一副如释重负的轻快感。深谋远虑的中国父母，从来都控制着自己的真情实感，坐等孩子去发现与感悟。他们受《傅雷家书》的影响实在是太深了。

第三选择

□郑晶心

美国管理学大师史蒂芬·柯维提出的“第三选择”观点，或许可以给心灵松绑提供一点儿思路和启发。

日常生活中，我们习惯用一种非黑即白、非此即彼的固定眼光去评判世界、处理问题，总是陷入“两种选择”的思维中：要么工作，要么玩；要么考进名校，要么没出息；要么瘦，要么“死”；要么“内卷”，要么“躺平”……柯维认为，这是工业时代的思维定式，已经不适用于新的时代。

“两种选择”是一种二分法，“第一选择”是按照“我的方式”去进行，“第二选择”是按照“你的方式”去进行。冲突点往往在于，到底是“我的方式”好，还是“你的方式”好。不论选择哪一方，都会有人觉得受伤、委屈或牺牲。

柯维说，每件事都存在“第三选择”，每个人都有“第三选择”的能力。我们所要做的就是必须彻底改变思路——第三选择不是“听你的”或者“听我的”，而是超越“你的方式”或者“我的方式”，设法找到新的方法——“我们共同的方式”。

戴维是史蒂芬·柯维的儿子，从小父亲就教导他寻找“第三选择”，他觉得“第三选择”是他从父亲那里学到的最重要的东西。进大学的时候，戴维想选班，但是老师告诉他：“抱歉，我们招满了，不能招你了。”他问父亲怎么办，父亲说：“不要放弃，想想‘第三选择’。如果他们说没有位子了，你就告诉他们，你会自带凳子或者站着听课；告诉他们，你知道会有人中途辍学，而你比辍学的人坚定，并且你会兑现承诺。”最终，戴维和学校既没有只听“戴维的”，也没有只听“学校的”，他们找到了彼此之间“共同的方式”，戴维成功进了想进的班。

柯维特别指出，“我们共同的方式”不是妥协，而是协同。协同超越了矛盾和冲突，诞生了一种新思维，达到了一种新境界。

向上管理

□ XLU

在很多职场新人眼里，“管理”似乎离他们很远——那不是领导该做的事吗？做好员工的本职工作就行了。但在管理奇才杰克·韦尔奇的助理罗塞娜·博得斯基看来，管理需要资源，而资源的分配权力在你的老板手上。所以，当你需要获得工作的资源时，就离不开“向上管理”。于是，她把和老板一起工作的经验写成了一本书。她在书中第一次提出了“向上管理”（Managing UP）的概念。

为什么要“向上管理”

职业生涯规划专家古典讲过一个故事：有人在中国香港参加一个国际大公司的酒会，不一会儿公司CEO到场，会场里的中国人都下意识地往后退，而很多老外都下意识地往前凑。这个举动反映出两种心态：大多数中国人觉得老板代表权威，而外国人却认为老板意味着资源。

权威是使人畏惧的，所以才有了“退”，而资源是人人都向往的，会使人往前“靠”。大多数人习惯把上司当成权威，于是跟老板接触时总有畏惧的心理，觉得一般人怎么会有资格管理上级呢？其实“向上管理”的意义不仅是简单的约束、限制，更多的是一种建立信任的过程。进行“向上管理”，不仅可以把职场道路变得更加平坦，甚至可以帮你建立和领导之间的长期信任关系，是双赢的结果。

“向上管理”具体有哪些好处

1.更和谐的工作方式

过去的单向管理，强调的是员工单方面的配合，一切事务跟随老板的步调。随着职场上的年轻人越来越有个性，这种单向管理的方式也会造成沟通上的误解，甚至造成员工的叛逆，使下级看上级，怎么看怎么别扭。而“向上管理”，却让领导有机会了解员工的工作方式和性格，使双方都能在一定程度上去配合对方。

2.合理利用时间与资源

职场上，新人与上司之间存在着时间与资源不对等的状况。员工的资源少，时间多；上级的资源多，时间少。“向上管理”能很好地将双方的劣势转化为优势，形成1＋1＞2的局面。比如，作为普通员工的你，可以利用自己的时间，为老板做一些日常决策；而老板在公司内外的资源，也会帮助你更好地开展团队协作。

3.使信息流动起来

信息不对称是造成沟通障碍的主要原因，而“向上管理”则可以让信息逆向流动起来，从而填平双方的信息差。职场新人可以从上司那里获得一些管理层面的消息，更好地理解公司的决策和未来发展方向；而管理者可从员工那里获得执行层面的信息，方便制订更好的角色分配计划和未来规划。

4.相互期盼、信任

相互信任是在职场取得成功的大前提，而“向上管理”能为相互信任提供极大的助力。因为“向上管理”的本质，便是具象化管理者对员工的期待，加深双方的相互了解，从而让双方后续的工作进行得更加顺畅。

“向上管理”的基本原则

“向上管理”的四个基本要素：汇报是一种态

度，准时是一种能力，建立信任是核心，获得授权是目的。“向上管理”，其实只需要做到三件事：

1.了解上级

对你“向上管理”的目标，了解对方的需求才能对症下药。先摸清上级的职场目标和性格特征，再根据这些完善自己的工作方式，相信会取得很好的效果。

2.评估自己的需要

“向上管理”的目的是为自己服务，你与领导需要互相成就。而只有先倾听自己的需要，才能更好地让领导为自己服务。比如，你擅长数据分析类的工作，逻辑思维和统筹分析能力较强，但是创造力和想象力相对一般，那么在“向上管理”时，就要清晰地向领导传达这个信息。这样领导在后续的工作中，便会将更多你擅长的工作交给你，而不是每次都让你完成不擅长的工作。

3.发展和上级的关系

首先，要尊重对方的工作风格，因为对方工作年限长，所以对工作更加游刃有余，你不要因此而自卑；其次，待人真诚，去发掘、看见老板的优势和优点，不要欺瞒或者算计对方；最后，用自身的知识和工作成绩为老板创造价值的同时，可以利用上司的资源和人脉，为自己的工作提供帮助。

如何实现“向上管理”

英特尔总裁格鲁夫曾在《格鲁夫给经理人的第一课》一书中，提出过管理者的产出公式：经理人的产出＝直接管辖部门的产出＋间接影响所及部门的产出。

不管企业、学校还是医院，其产出都是团队合作的结果。同理，让我们把这个概念延伸到每位员工身上，可以得出：一位职员的产出，是组织中向他报告或受他影响的所有人产出的总和。从这个角度来考虑，一个人能做好他的分内事并且臻于完善，并不全是他的产出：如果他能够影响周围同事，甚至是上级，这个人的产出便是这两群人的产出总和。简单地说，要学会让领导帮你干活。那么具体如何实现呢？可以从以下三个方面入手。

1.对上级进行思维强化

许多人非常害怕向上级反馈工作。如果老板问起，便会很紧张地三言两语蒙混过去；如果老板不问，甚至可以一直拖到截止日期。这样的做法非常不明智，因为主动沟通是下属和领导建立信任的前提。

主动沟通的重点其实并不在于沟通，而是对上级进行思维的强化，加深老板对你“靠谱，凡事有着落”的印象。并不需要急急忙忙地完成老板交代的任务，而是随时让对方知道你的进度。如果遇到困难，不妨给领导一点儿参与感，让领导和你一起面对挑战，你们之间才会形成团队的氛围，从而建立更长久的信任和信心。

2.试着帮上司做决策

有一种员工遇到问题总去问老板，还打着尊重老板的旗号，殊不知这只是在给老板找麻烦——对方工作那么忙，还要帮你做琐碎的决定；另一种员工，自己会思考，想好了ABCDE几种解决方案，最后比较A和B两种，拿不定主意，去让老板给一些参考意见。如果你是老板，会更看重哪种员工？

挑错儿谁都会，但解决问题是一种能力。老板需要员工为他解决棘手的问题。而在帮上司做决策的同时，你的决策能力会得到提升。如果你日后希望走上管理岗位，那么不妨从日常工作开始锻炼决策能力。

3.管理领导的预期

上级在交办任何一项工作时，对工作的交付时间及交付质量都是有预期的。

对上级明确要求交付质量的工作，若在规定的时间内不能达到上级预期的交付质量，要及时与对方沟通，说明原因，获得理解，进而调整交付质量的标准。对上级未明确要求交付质量的工作，应该在交付工作待办时就主动与之沟通，帮助厘清工作的交付质量。这样每次的工作结果，都在上级的预期内，上级对员工的信任度也会随之提升，信任度提升的结果就是会交办更加重要的工作，这会对员工的长远发展有帮助。

“向上管理”不是简单地摆平领导，而是慢慢凝练出一个人的影响力。有时候人们说，“操着老板的心，想着老板的事”，这是很有必要的，一旦想对了方向，就可以突破个人的升级界限。

地图的中心

□桂　涛

我收藏有一张牛津大学地图，制图者以“鹰眼”之视角俯视整个牛津校园，仿佛要给人展示“上帝眼中的牛津”。

这张图可能是某张古老地图的复制品，因为地图四极分别为伯明翰、布里斯托、伦敦与剑桥，可能它们就是当时一个牛津人心中学术世界的全域。

这张地图最吸引我的地方是它的中心点选择。全图的中心并非牛津校长办公室所在的克拉伦登大楼，而是代表着渊博学识的博德利图书馆。

牛津大学的博德利图书馆被钱锺书戏译为“饱蠹楼”，是欧洲历史上最古老的图书馆之一，拥有1200万件馆藏。我计算过，若将博德利图书馆的书、文献悉数分给牛津在读的学生，每个人可以分到522件。地图上，各学院的建筑众星捧月般围绕在博德利图书馆的周围，克拉伦登大楼自然也在其中，就像只温驯听话的小绵羊。

显然，不知名的地图绘制者并没有将权力作为制图布局的依据。

地图不仅是科学考据与浪漫想象的载体，也是统治者、制图者对其所要描绘空间的个性化观察与阐释，记录了他们所处时代的视野与立场。

今天，科技的赋能让拿起手机的每个人都能成为电子地图的中心。而曾经，将什么作为一张地图的中心，显然是制图过程中一个重要的判断。

我曾在许多国家买过地图，有一张让我印象深刻。那是在韩国首尔仁寺洞老街上的一家小版画店，店里四壁悬挂着“法古人、师自然”“和乐”“实事求是”等中文匾额。

中年老板听说我来自中国，便俯下身去，从柜子里捧出一张复刻版18世纪的《天下图》给我看。

那张韩国人制作的地图中心并非韩国，而是中国，周围是朝鲜、日本、暹罗，更远处是“三身国”“长臂国”“小人国”“鼠姓国”“君子国”等在《山海经》等古籍中曾出现的小国。

制图者不以自身为地图的中心，可见韩国当时受中国先进文化影响之深。

英国赫里福德大教堂藏有一张让人震撼的中世纪地图。这张画在牛皮纸上的14世纪的世界地图并不为中国人所熟知，但几乎每个英国人都知道它。

这张地图和大多数中世纪地图一样，展现了基督教视角下的世界。幽暗的灯光下，圣城耶路撒冷是地图中心，距中心越远，荒蛮的“无头人”“独脚人”就越频繁地出现。显然，当时的英国人也将文明作为地图的中心。

英国人擅长制图。绘制精良的地图、海图也是“日不落帝国”崛起的秘密之一。今天，英国大部分城市都能找到至少一家老店，专门售卖古旧地图、版画。许多地图绘制范围能精确到一个个英国小镇，甚至某座欧洲城市、某个拉美国家。每幅地图的中心都曾是大英帝国的目光与脚步所到之处。

我曾在苏格兰爱丁堡城堡下的一家地图店里找到过一张1811年爱丁堡一家出版社出版的亚太地图，地图中心是包括中国台湾在内的一些海岛。

我仔细研究这张图，发现台湾岛附近还标明了一个英文名为“Tiaoyusu”的小岛——那正是闽南语里“钓鱼屿”的发音。它证明了“钓鱼岛历史上为无主岛屿”的主张并不成立。

当我把这个发现兴奋地告诉一个在英国待了很久、爱淘地图的朋友，他平静地回复说，那样的地图，他已经收藏了十几张，有比那张更老的。

威尼斯与海的“婚约”

□瑶　华

莎士比亚著名喜剧《威尼斯商人》的开篇，便是商人安东尼奥和朋友们以远洋商船为喻探讨心中的惆怅因何而起，全剧的起承转合无不和商界息息相关。莎翁选择威尼斯作为这一故事的舞台，显然是经过精心考量的。尽管威尼斯城区实地面积不过7.8平方公里，但在中世纪和文艺复兴时期，它是欧洲最繁华的城市之一，也是地中海贸易的枢纽，每年的财政收入超过当时英国和西班牙的全国财政收入。然而在现代人的心目中，威尼斯只是一座水道纵横、以舟代步的旅游城市，也是著名电影节的举办地，很少有人去关注它曾拥有的辉煌。而今尽管盛况不再，一项持续了一千余年的仪式却保留了下来。每年5月，市长会乘坐特制的礼船驶向亚得里亚海，将一枚戒指抛入海中，这代表着威尼斯与大海的“结婚”仪式。这片为威尼斯带来财富和荣耀的海，是这座城市永久的“新娘”。

威尼斯最初并不算是一座宜居之城。它地处550平方公里的环礁潟湖中，由118座小岛组成，“无土可耕，无石可采，无铁可铸，无木可巢”。公元5世纪至6世纪，躲避日耳曼和匈奴入侵的数万难民辗转来到此地，为这方寸之地带来了生机，他们在滩涂上打下耐水材质的木桩作为房屋地基，奠定了后来建造“水上之城”的基础。尽管威尼斯无法耕种，但它靠海吃海，可以产出大量的盐，食盐贸易为威尼斯人赢来了“第一桶金”。渐渐地，威尼斯人不再满足于仅仅售出本地的产品，开始将目光转移到东罗马帝国和阿拉伯。利用得天独厚的地理优势，威尼斯商船游走于欧亚非三洲之间，贩卖东方的丝绸和香料、西方的木材和铁矿石。及至13世纪末，威尼斯已经拥有3300艘商船，成为欧洲与阿拉伯贸易的主要中心，并依托在此交汇的东西方文化，形成了繁荣开放的城市格局。因商而立、因商而兴的威尼斯没有采取帝制，而是形成了特有的商人自治体制。

公元1000年，为了庆祝当时的总督彼得罗二世·奥尔塞奥洛成功将威尼斯的领土向东扩张，控制了原属拜占庭帝国和克罗地亚王国的达尔马提亚地区，举办了专门的仪式。总督率领船队出海，祈祷所有海上航行者一路安宁。自1177年起，增加了教皇每年交给总督一枚戒指，请总督在特定节日将其扔入海中的仪式，此后渐渐转型为威尼斯和大海的“婚礼”仪式，总督在向海中扔戒指时，宣布威尼斯和海永不分离。每隔百年，威尼斯都会造一艘专供总督出海主持仪式的豪华大船，这艘船也用在其他重大的庆祝场合。

在美洲大陆被发现后，随着商业中心逐渐向大西洋沿岸转移，威尼斯不复昔日风光，但并未因此取消与海的“结婚”仪式。1729年，最后一艘为总督出海制造的大船正式下水，它长35米、高8米，有168名划桨手，船身装饰得富丽堂皇，船头桅杆基座是一座手持宝剑的镀金雕塑，代表威尼斯，桅杆顶部则装饰着有翼狮子。不过，在1797年拿破仑征服威尼斯后，船上的黄金装饰被洗劫一空，这艘船被充作战船，后来又改为关押战俘的专用船，它就如同威尼斯由盛转衰的缩影。19世纪，童话作家安徒生在意大利旅游时，因感慨威尼斯的萧条而写道：“茫茫的大海上常常浮着一层烟雾——这就是它的未亡人的面罩……”

古代的建筑为何都很结实？糯米是最大的功臣

□清风明月逍遥客

中国古代建筑优良，有复杂精巧的木结构，有秦砖汉瓦久经考验，还有低调顽强的夯土砖墙。这些建筑物料整合在一起，其实需要“黏合剂”，各种建材才能紧密结合，组成一座坚固的建筑。考古发现显示，中国在商代以前使用的“建筑黏合剂”主要是拌上草的黄泥浆，到了周代，就逐渐被石灰取代。

到了公元5世纪的南北朝时期，又开始流行由石灰、黏土和沙子组成的“三合土”。这三样东西按一定比例加水混合，就会黏合，干燥后异常坚固。三合土既可当黏合剂，又能用来直接修筑城墙、陵墓等工程。这个配方在日后的一千多年间几经改良，直到20世纪仍在使用。

作为黏合剂的“三合土”，沙子颗粒始终粗糙，影响黏合强度。相比之下，西方的古罗马人利用丰富的火山灰，与石灰、沙子加水混合，制作成了坚固的混凝土。但是，中国也有一种来自植物的秘密武器——糯米。

糯米早在先秦时期便已是中国南方的重要粮食，北方称为“江米”。与普通稻米不同，糯米煮熟后黏糊糊的，脱水干燥后又变得硬邦邦的。古人了解到这个特质后，将糯米用于建筑。距今大约1500年前，古代中国的建筑工人，将糯米汤与标准砂浆混合，发明了超高强度的“糯米砂浆”。

标准的砂浆成分是熟石灰，即经过煅烧或加热至高温，然后放入水中的石灰岩。糯米砂浆也许是世界上第一种使用有机和无机原料制成的复合砂浆。糯米砂浆比纯石灰砂浆强度更大，更具耐水性。

工匠会先煮烂糯米，将浆汁倒入三合土搅拌均匀，制成灰浆。待其干燥后，比纯粹用水混合的三合土灰浆强度更大、韧性更好，还具备优良的防水性能。用糯米灰浆黏合的砖石建筑，往往结实耐久，坚固异常。泉州建于唐宋时期的多座古塔、古桥，挺过了7.5级地震；建于明代的南京、西安、荆州古城墙，历经600多年仍巍然挺立；明代南京的徐埔夫妇墓于1978年被发掘时，铁铲、钢钎、推土机、挖掘机都很难破开墓室，可见古建筑物非常坚固。

糯米的黏性来自它们的主要成分——支链淀粉。跟石灰混合的时候，支链淀粉会与其中的碳酸钙发生“生物矿化”，有机的淀粉与无机的石灰相互包裹、填充，形成了密实的微结构，兼具强度和韧性。同时石灰的防腐作用能抑制淀粉腐败，使灰浆保持耐久。

据了解，到了宋元时期，糯米灰浆的使用更趋成熟。北京故宫、明长城、承德避暑山庄、清东西陵、钱塘江海塘等明清工程，建造过程中都使用了糯米灰浆来黏合砖石，数百年来仍大致保持完好。不过使用糯米灰浆的建筑，也主要限于不惜工本的大项目。虽然糯米易求，但作为大众主要口粮之一，加上产量很受大自然影响，因此糯米灰浆一直没能像泥浆、石灰浆一样得到广泛使用，只能说是典型奢侈品，小规模的民房建筑都甚少使用。

倍速人生

□蒋　曼

成功，或者站在某个巅峰，是多么让人迫不及待的事。于是，人生突然被分成无数个目的地，我们目标明确，一骑绝尘。

“来不及了，”一名三年级的小姑娘在操场边忧伤地告诉我，“来不及了，如果我这个暑假不把数学补上去，一切都来不及了。”望着她皱起的眉，我不禁哑然失笑。我讨厌那些打扰童年的人，为什么要把生存的焦虑下移给懵懂的孩子？

鹰爸再一次当众发誓：如果儿子在15岁之前没考进世界前5名的名校，他就承认失败。这个在雪地里奔跑的孩子没有停下脚步，他用华丽的个人简历回击人们的质疑：1岁徒步暴走，2岁攀登南京紫金山，3岁在雪地里裸跑，4岁参加国际帆船比赛，5岁开飞机围绕北京野生动物园飞一圈，6岁写自传，7岁3次穿越新疆罗布泊，8岁考入南京大学，9岁在北京世界机器人大赛中获得3次冠军，10岁一年内通过20门自学考试课程，11岁南京大学毕业，12岁准备硕博连读。他跳过缓慢的童年，等不及时间，开启粒子加速器，跳跃着进入未来。

朋友米亚说，看剧一定得用手机。为什么？因为手机可以开倍速。女儿看电影解说视频，一部电影几分钟就看完了，全是精彩时刻。一期综艺节目，顺着热门话题点开短视频平台热搜，不到20分钟就能刷完。既节约时间，又能应付茶余饭后的闲聊。

不知不觉间，生活的精彩和独特就这样被隐去。所有的起承转合、铺垫伏笔，逻辑的自洽或者发展的轨迹都成为累赘。一个人的一生被浓缩成两小时，我们都嫌那是一个漫长的故事。几分钟就够了，我们只看其中的高光时刻，美其名曰：高纯度。生活被如此加速，我们只能拥有变形的视域。

经济学上有一个概念叫作“复利效应”，指的是任何有持续收益的事，都不可能一朝获得，一定要经过一个酝酿期，这段时间的增长是缓慢的。必须经过那个临界点，你才可能获得收益。但现在我们哪有耐性来等这样的时刻到来？

一切空白都要被利用和填充，5分钟带你读完一本名著，干货满满；每天1分钟，轻松学哲学；3分钟成为理财高手；1秒钟让你无所不知。初入职场的年轻人被谆谆告诫：你得抓住每一个节点，不然就会错过进阶的机会，从此人生毫无意义。

《中国青年报》对1993名18周岁至35周岁的青年进行调查，结果显示，76.5%的受访者认为自己过着“倍速生活”，跑步时戴上耳机听歌，吃饭时浏览新闻，打开电脑的多个窗口同时处理各种信息。现代人都是一心二用的高手：事业与爱好，学习与娱乐，交际和工作。

我们把世界当作旷野，奋力跑过，把人生当作登山，一座一座征服之后，或是成为孤独的王者，或是在人工赛道上成为按照程序和指令运行的机器。

天才是练出来的

□万维钢

科学家通过大量的调查研究已经达成共识，那就是所有顶级高手都是练出来的。

除了某些体育项目对天生的身高和体形有特殊要求，神秘的天生素质并不存在，也就是说人人都有可能成为顶级高手。

早在 20 多年前，芝加哥大学的一位教育学家深入考察过 120 名从音乐到数学等多个领域的精英，发现他们幼年时没有任何特别之处。后人的研究更证明，在多个领域内，连智商都跟一个人能不能达到专家水平没关系。

有位匈牙利心理学家很早就相信，只要方法得当，任何人都可以被训练成某个领域内的高手。为了证明这一点，他选择了一个传统上女性不擅长的项目，也就是国际象棋。结果他和妻子把三个女儿都训练成了国际象棋世界大师，这就是著名的波尔加三姐妹。这个实验甚至证明哪怕你不爱好这个领域，也能被训练成这个领域的大师，因为三姐妹中的一个并不怎么喜欢国际象棋。

但是成为大师需要长时间的苦练。统计表明，对音乐家而言，世界级水平要求的训练时间是 15 到 25 年。但关键的并不是练习的时间，而是练习的方法。

天才是怎样练成的？中国传统思维比较强调一个“苦”字，冬练三九夏练三伏，甚至是头悬梁锥刺股。而近代生活条件越来越好，人们则开始强调一个“爱”字，说兴趣是最好的老师，强调寓教于乐，“哈佛女孩”的家长纷纷写书，介绍自己的孩子如何一路玩进名校。

很多励志故事和流行的成功学书籍最爱强调的似乎是“顿悟”，认为一个人之所以不成功是因为他没想通，没认识到真正的自己！好像一旦某人顿悟到了真正的自己，他就会非常简单地成为天才。

科学家不信励志故事，他们只相信调查研究。在过去二三十年里，心理学家们系统地调研了各行各业内从一般专家到世界级大师的训练方法，包括运动员、音乐家、国际象棋棋手、医生、数学家、超强记忆力者等，试图发现其中的共性。

多年来，训练方法是不断进步的。比如作曲，假设一名普通学生使用普通训练方法 6年能达到的水平，另一名学生使用新的训练方法 3 年就能达到，那么我们可以说这种新训练方法的“有效指数”是 200%。

统计表明，莫扎特当时的训练，有效指数是 130%。而 20 世纪的天才也许没有莫扎特有名，但其训练水平都能达到 300% 到 500%。

哲学家培根曾经认为任何人都不可能在少于 30 年之内掌握数学，而现在的学生十几岁的时候已经学到多得多的数学，因为教学方法进步了。事实上，我们今天在所有领域都比过去做得更好，体育世界纪录被不断打破，艺术家们的技巧也是过去根本无法想象的。

训练方法的重要性的另一个体现，是“天才”扎堆出现。比如俄罗斯对女子网球，韩国对女子曲棍球，更不必说中国对乒乓球的绝对优势。更进一步，哪怕这个国家传统上并不擅长这个项目，只要有一名教练摸索并掌握了科学训练法，那么他就可以带出一代绝世高手，比如中国花样滑冰教练姚滨。

能说与少说

□利　贞

与几位朋友饭叙，一桌七八个人，其中有一位此前只是点头之交，这次是第一次一起吃饭。

没想到这位并不是主家，也不是主宾的朋友，吃了两口“热身”之后，就开始口若悬河、滔滔不绝。

刚开始的时候，还有人礼貌性地与这位朋友搭话，顺着他说的内容问两个可有可无的问题。

但很快，大家都觉出了一些异样：这位朋友并不在意有没有人接自己的话茬，也似乎完全读不懂空气中，大家都不想听他继续说的氛围，一直在以分享之名行炫耀之实。每次在一个话题即将结束，我心里燃起一点希望的时候，他总是能毫无缝隙地开启一个新的话题，即使中间的过渡十分生硬，甚至毫无过渡。悄悄地看了一眼另外几位朋友，大家脸上都有一种心照不宣。很快就有两个朋友开始“私聊”，进行“有效社交”，而包括我在内的另外几位一见这势头，自然也不愿被剩下，要继续被迫用点头、微笑应酬这位表达欲过于旺盛的朋友，纷纷找机会加入“私聊”。这场“争先恐后”的比赛，最后剩下一位朋友，当“听众”只剩下一位的时候，他被讲话的人特别关注，眼神手势交流都非常频繁，实在无法脱身，最后只得装作要去洗手间，回来之后第一时间加入已经扩大得不能再被叫作私聊的私聊。这时候，失去了所有听众的朋友才一脸意犹未尽，不情不愿地低头开始吃东西。

海明威说：“我们花了两年学说话，却要花六十多年来学闭嘴。”在这个颇为煎熬的饭叙过程中，我不断告诫自己，“能说”固然是一种能力，在“能说”的前提下，“少说”则更是一种格局与涵养。

“高级”的快乐

□罗振宇

有人问大导演希区柯克：“你觉得什么是快乐呢？”希区柯克的回答是：“一条清晰的地平线，什么也不用担心，只有富有创造性的又没有破坏性的事务。”

希区柯克希望那条清晰的地平线拦住的是什么呢？他说，比如争吵、情感纠纷、仇恨这类东西。

他说，我们都是普通人，难免会陷入各种各样的情绪之中，只有把这些情绪抛弃之后，我们才有机会向前看，前方的道路才会清晰，才能创造一些东西。

希区柯克说，这就是我想要的那种快乐。说得好啊。过去我们关于快乐的定义，要么是去除了痛苦，比如不用上班；要么是满足了欲望，比如中了大奖。

但是希区柯克这个定义不一样，他的快乐，是扫除了乱七八糟的情感牵绊，让我们可以专心去创造。这是我知道的最高级的快乐。

把小路走通

□汤馨敏

我的朋友潘哒，拥有典型的“小路思维”。她学的是平面设计，毕业后进学校当了老师。老师是个很多人都喜欢的职业，潘哒却感到迷茫和不适应。一个偶然的契机，她接触了刺绣，从此一发不可收，开始钻山打洞学绣花。几年前，当她的绣技达到某个水平，她办了一个线上绣花班，本来只是试探性的行为，却收获了意料之外的成功，她在几个月里赚了好几万元学费，借着这股东风，她辞去了教师的工作，从城里搬回乡下家中居住，一门心思要跟绣花死磕。

她的行为，家人和朋友都不理解，觉得她疯了。某次她在家中踩缝纫机，要把一个绣片贴在一件衣服上，轰隆轰隆的声音让父亲大怒，冲上来劈头盖脸就是一通骂。

在所有怀疑中，潘哒坚持下来。她以自己的悟性和勤奋，把传统湘绣中复杂的针法和欧洲刺绣中皮实的材料融合打通，开创了一种属于她的细腻、唯美、清雅的刺绣风格。由于她在业界产生的影响，世界最大的绣线品牌DMC公司在两年前特地颁发证书，聘请她担任中国区特别签约刺绣设计师，这是DMC公司迄今为止在中国聘任的唯一的刺绣设计师。

一个年轻姑娘不当老师去绣花，在大部分人眼里，绝对是一条不务正业的不归路，但潘哒把这条小得不能再小的路走通了，而且走成了一条康庄大道。

我的另外一个朋友，最近有点儿烦。她是一个考证狂人，拿在手里的证书有厚厚一沓，让人羡慕。但她过得并不好，工作和生活都出了问题。有一天她找我聊天，诉说内心的苦闷。

我并没有多少能力和智慧帮助她梳理人生，当时只是觉得她的思维太“大路”了，考那些证，做的很多选择，只是因为外部环境影响，看到别人在考，觉得自己也需要，其实并不喜欢。一个人在不喜欢的东西上投入太多时间和精力，会造成对自己不可逆的损耗。我最后跟她说：“你需要去听听自己的声音，你到底想过怎样的生活？想做什么样的工作？想清楚了就去行动，听你自己的，不要听那些证书的。”

意愿和心性是一双有力的手，栽培它们，信任它们，在漫长的一生里，它们会带领我们翻山越岭、披荆斩棘。人们喜欢大路的热闹和喧嚣，害怕小路的孤独和风险。殊不知，有时候从宽敞处用力，往往走投无路，从狭窄处用力，往往会通向宽广。

失去本我的水

□黄小平

水在两种情况下，容易失去本我。一种是当水沸腾时，水蒸气不断上升，水从液态变成了气态，而失去了其液态的本性；另一种是当水结成了冰，成为固态，而失去了其液态的本性。

对应水失去其本我的两种情况，人在以下两种情况下也容易失去本我，一种是人在上升阶段，而浮躁张狂，保持不了一颗平静的心，容易失去本性；另一种是人在艰难困苦时，容易失去本性。

孟子说的“富贵不能淫，贫贱不能移，威武不能屈”，就是告诫我们，人无论处在顺境还是逆境，“富贵”也罢，“贫贱”也罢，面对“威武”也罢，都要保持本我，不失去本性。

5 停止精神内耗，重新喜欢自己

八分满的幸福

□谢可慧

第一次听到“八分”这个词语，是在去一个不怎么出名的古镇的时候，一个六十多岁的老头一边抽着烟，一边和我们这一大群客人聊天。

他说，我啊，从不把一件事情做得太满，八分，八分就够了。他不停地强调“八分”，像是一个授课的老师给我们说重点一样，惹得我们大笑。

比如我以前有一份挺好的工作，我信心百倍地干，特别喜欢。可我做到四十五岁的时候，发现再做下去，可能会疲乏，甚至厌倦，于是离职了。然后，我开了这家旅店，这是我年轻时的梦想，没有朝九晚五的压力，每天，养狗养猫晒太阳，是一种不同于以往的体验。

我们中的一个人说，真好啊！可以在退休后过这么闲散的好日子，梦寐以求。

他顿了顿，不过，我已经干了十八九年，再过两年，也可能是三年，我打算把店盘给别人，全身而退。因为在我没有对它非常厌倦的时候离开，会保留更多美好的记忆。他说完，打量了一下整个旅店。

我相信，他不是第一次向客人诉说他的经历，我也相信，他是发自肺腑的。因为他的小院有一种恰到好处的格调，他喜欢壁画，但不放得满墙壁都是；他喜欢月季，但那也只是庭院里许多盆中的其中三盆而已。他也喜欢抽烟，我们聊天的那个晚上，他只抽了一根。他的夫人见他又在说“八分”，跑出来打趣着：你们以后就叫他八分老板。

开始观察、理解并热爱八分这个词语，就是在遇见“八分老板”之后，我发现八分是个被人很热爱也值得被爱的词语。八分饱，八分爱，八分生活……八分，离十分很近，却又有距离，允许自己有两分的不足，有一种完美的不完美。

我的父亲，是八分主义者。他有许多朋友，一个电话就可以凑成一桌，可他从不煲电话粥，有些朋友甚至半年才联系一次。他是绝不赞成与朋友过于亲近的，就像他很少去央求别人一样。他们始终保持着两分的遥远，八分的亲近，所以他们坐下来的时候，可以愉快地喝酒，大口地吃肉，天南海北地说上三个小时也散不了场。

我的爷爷也是“八分”的忠实粉丝。他与我奶奶结婚六十年有余，在婚姻里，他时刻有着“八分”的节制，就像他虽然是个大胃王，但在吃到八分饱的时候，就算有再好吃的肥肉，他也摆摆手，坚决不吃下去一样。你看不出他有多爱我奶奶，他对我奶奶总是淡淡的，不叫名字，直接以“喂”代替，躺在床上懒得拿水，直接喊我奶奶去，甚至收敛不住他时不时的坏脾气，跺脚生气躺沙发。但他在我奶奶生病的时候，总一个人坐在药罐前给我奶奶煎两小时的中药，不允许任何人靠近；在我奶奶想吃饺子的时候，一个人跑到超市里买上好几袋；在我奶奶腰痛的时候，给她捶一整夜。他常说，哪有什么亲热可言，相伴到老，就是最好的事。

前段时间，一个朋友与我说，恋爱中的她觉得快把自己的力气用尽了。每次约会，开很久的车去接没有车的男朋友；吃饭的时候，尽量AA；过生日的时候，花了半个月的工资给男朋友买了一套衣服。有时得空，还帮忙买书、买卫生纸、买笔，可令她失望的是，她所做的一切，并没有得到他热烈的回应。后来，我问她男朋友，这个男孩说：我当然会娶她，不过希望她今后活得轻松点。轻松点，真是个实在的词语。

生活中的我们常常犯同一个错误，就是竭尽全力去争取那个“十分”，十分打扮，十分努力，十分爱，然后追求十分幸福。觉得到达十分了，就无愧于心了。事实上，我们要允许任何时候任何生活中的自己得八分。想起有一篇文章叫作《接纳不完美的自己》，不完美的世界或许会有一点点不同，却可以让自己变得自由、美好而充满希望，生而为人，感到幸福才是最重要的事吧。

换一种方式说“我不行”

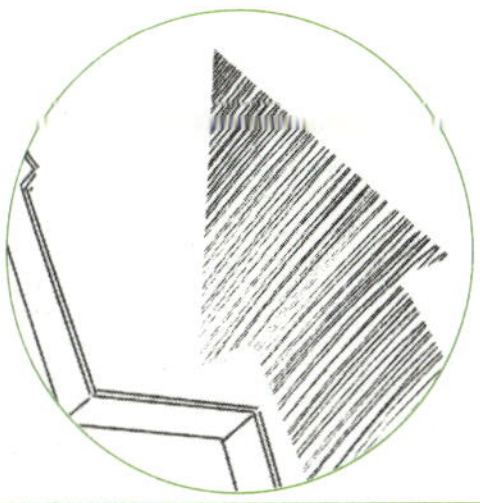

□［美］昆西·卡斯卡特

小时候，我的体质很差，常常生病。我的父亲有一个很好的朋友托尼，他经营着一家健身房。托尼告诉我的父亲，可以把我送到健身房，他会教我做体操，指导我怎样把身体锻炼得强壮。我的父亲正在为经常半夜带我去医院而发愁，自然毫不犹豫地采纳了他的建议。

和我预想的一样，在健身房的第一天，我就遇到了困难。托尼让我先做几组热身动作。前几个动作比较简单，我跟着做了，在做最后一个动作时，我停了下来——左手臂伸直往前探，右腿向后抬，手臂和腿在一条水平线上，然后让身体保持平衡。这对我来说简直太难了！

“我不行。”我沮丧地对托尼说。

“嘿，小伙子，你不知道，在我的健身房里，不许说‘我不行’。”托尼耸了耸肩膀，然后指着一旁正在独自做俯卧撑的一名男子说，“只要说出这三个字，就要接受惩罚。当然，我会给你一次机会。”

天哪！我承认，在听到这番话后，我立刻想要回家。就连身体强壮的人都会受惩罚，何况我的身体这么弱……如果他要我做超出自己的能力，或者有安全隐患的其他动作，我也要照做吗？

“别急着回去。”托尼笑了笑，接着说，“我是说，你可以换一种方式说。”

换一种方式？我不明白托尼的意思。托尼问我：“你为什么觉得自己不行？我的意思是，你说这句话背后的原因是什么？”

我看着托尼，仍然一脸疑惑。托尼试着引导我：“是因为之前没做过，害怕做不好，还是因为累了，想要休息一会儿？或者是因为当着这么多人的面尝试，你觉得尴尬？我希望你能找到原因。你知道吗？只有这样，我才能帮助你。”

“我……我的平衡能力很差，我不认为自己可以用单腿站立。”我犹豫着说道。

听了我的话，托尼拍着我的肩膀，轻松地说：“别担心，我可以帮助你。”

在托尼的帮助下，我完成了那个动作。更让我意外的是，当托尼把他的双手从我的腰上拿开时，我竟然还可以保持平衡。

后来我又遇到了一些困难，但每次当我想要说“我不行”的时候，我都会先问自己——这些困难意味着什么？想明白后，我会选择用另外一种方式说出来。

不要把“我不行”当作盾牌，躲在它后面，那样并不会让你真正安全。你需要做的是直面它，然后战胜它。

我们都不是中心

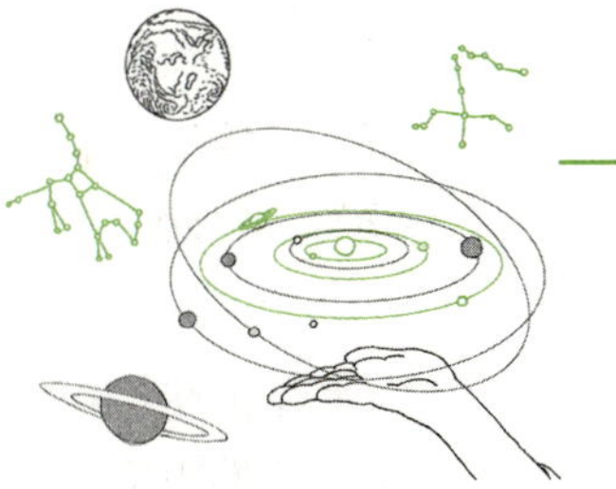

□［法］雷蒙·阿隆

人类终于获知，地球不是太阳系的中心，从而放弃了主观专断地观察事物，全然不顾自己所处的位置而去衡量时间空间的做法。同样，人类只有超脱出自我，实现人与人之间真正的对话，每一个人都能设身处地为他人着想，才能促使精神境界不断升华。

“拖延症”之外还有“提前症”，看看你中了几条

□赵可一

毕业旅行出发的那天，小晴和朋友微微闹得有些不愉快。她们乘坐的是下午五点从昆明飞往上海的航班，小晴坚持中午出发，微微却希望吃完饭睡个午觉再去机场。最终僵持不下，同住一个宿舍的两人只好按照各自的想法，分道扬镳。

中午一点，小晴已抵达机场，她提早的心理预设是：“路上堵车怎么办？机场排队怎么办？万一有什么意外，需要花时间处理……”小晴独自在机场等待了两个多小时后，终于见到了微微的身影。“时间来得及，那么紧张干吗？你只在路上吃点面包，然后又无聊地坐几个小时，何必呢？”微微的这番话让小晴陷入了沉思，“虽然提前让人安心些，但确实也搞得自己很紧张，令正常的节奏都有点儿乱了。”

生活中，不少人都有过“拖延症”，并对他人能提前完成任务心生羡慕。“能提前做完的都是大佬啊！”然而，正如小晴一样，一部分偏好提前的人也有自己的烦恼，受到“提前症”的困扰。

还没到期末，大三学生嘉琳正按十天一次的频率书写着她的任务清单，空白的页面很快就布满排列整齐的待办事项，每个事项最右侧都标注了两个截止日期，前一个是客观需要完成的截止日期，后一个是嘉琳为自己单独设定的截止日期：“1.提交行政伦理学课程论文，4月11日—23日。2.投递暑期实习简历，4月12日—25日……”明明是还有近半个月才截止的事情，为了提早完成，她都自动提前了不少。嘉琳曾因为家中有事处理一番，一篇论文耽误了三天。为了把进度赶上，她推掉了许久未见的朋友的邀约，又用了一个通宵，才终于完成，而那时距截止日期还有十天。

很多亲戚朋友知晓嘉琳这一习惯，都夸奖她是个自律的女孩。然而嘉琳深知，这份自律的产生并不全是美好的体验。她坦言：“谁想那么累呢？我只是控制不住自己，事情没做完就一直反复想，干什么都不踏实。”还有一次和同学去泰山看日出，嘉琳把所有事都提前安排妥当了，但凌晨五点到山顶时，她突然看到一封老师发来的邮件，让她帮忙校对一份5000多字的文档。“老师并没说当天必须做，但我一打开，神经立刻紧张起来，再也没心思玩了，只好立刻操作。日出的那一刻，别人都在拍照，而我开着电脑在校对，真的太扫兴了！”尽管提前规划可以让生活井井有条，但当变化突如其来，规划中的美好时刻也可能“灰飞烟灭”，让“提前症人士”特别沮丧。

自媒体“好奇心日报”曾发布过一项调查，“日常中的哪些时候让你会有‘提前症’？”网友们给出的答复各异，“能自己独立完成、不需要社交的事情，就会提前办”“坐飞机或赶火车，一定会提前两个钟头到”，等等。跟“拖延症”一样，“提前症”也引发不少人共鸣。

有时候，“提前”不光是自己的事，也会影响到与人合作。从事互联网行业产品工作的阿智，将提前视为准则。通常需要两三个月才能上线的产品交到他的手中，一个月内就能迅速上线，他也因此被称为“效率达人”。虽然阿智“单兵作战”效率很高，但在和同事合作时，容易发生矛盾。“我是产品岗，经常要和做运营、开发的同事对接。

每当和他们沟通时，我都是第一时间给出反馈，并且希望大家能尽快推进。但总有同事比较慢，经常催促对方，又会发生争执，无法开展下一步行动，让人很烦躁。”在职场中，“提前症”加速了成果产出，但是不同步的“时差”也造成了沟通障碍。

对“提前症”现象，心理师李初曦评价说：“无论‘拖延症’还是‘提前症’，这两种状态并非心理障碍，先不要简单归类为某种‘病症’，它们是人应对焦虑的防御方式，在适应性方面都有各自的优势和劣势。

“‘拖延症’具有逃避性质，它实现的是最终激发式的完成，而‘提前症’相较而言，看上去会更有力量感，给人一种‘靠谱’的感觉。

“喜欢提前的人会通过专注未来某一刻的事情，用行动去消除任务未完成所带来的焦虑。在‘提前症’之下，为了完成任务与减轻压力，宁愿做出一定的牺牲。他们超强的‘行动力’有时令人羡慕，事实上，他们可能没有看上去那么幸福，并不会因为提前做好了事情而放松，而是会寻找且完成更多‘未来的焦虑’，在消除焦虑的旋涡中无法自拔。”

“提前症”有益于处事高效，但他们该如何缓解自己的焦虑？李初曦建议：“‘提前症’归根结底是渴望增加掌控感，减少不确定性，我们可以试着提高自己容忍不确定性的能力，以面对困扰。比如，向亲人倾诉你的感受，从依恋关系中获得情绪安抚，得到信任感与确定性。”

此外，还需要理解并接纳自己的焦虑，跟情绪共处，正视那些无力改变的时刻，而不是排斥情绪，否定自我。“如果‘提前症’所谓的负面影响我们可以接受，那也可以与它和平共处，不去改变。”

无论“拖延症”还是“提前症”，都是我们依靠本能找寻到的缓解焦虑情绪的表现，也是探索和调整自我的行为方式。任务清单上打个钩，就会让自己变得轻松。假如打钩感到疲惫，那就歇一歇，眺望窗外，也未尝不是一种内心治愈的好方式。

该相信哪面镜子

□杨　敏

有段时间，心中的千千结都写在脸上，满脸痘痘实在让人不敢照镜子，却不巧家中每个房屋内都有一面镜子。

当习惯了这满脸“红灯笼”后，我竟发觉家中的镜子没有一面是“讲真话”的。荧光灯下的镜子告诉我小痘痘亮晶晶的，多得好像菠萝丁；而同一屋的另一面镜子却告诉我，我的面容依然白皙滑腻；但洗手池上的镜子又告诉我，痘痘不是很多，皮肤也不是很白很细腻……我不知道该相信哪面镜子。

镜子不告诉我真实的容貌，而我在人群中也逐渐迷失自己。在校读书时，老师说我是个懂事的好班干，看门的大叔说我是个调皮的精灵豆，班上的同学说我是个好大姐，而男生们却说我是朵带刺的玫瑰。工作后，同事们又说我是小姑娘。于是我不知道自己到底是怎样的人。

最近被朋友连哄带骗地拍了张照，效果却出乎意料地好。因为以前每次照相总是不上镜，对拍照已产生了恐惧，没想到这次歪打正着。看着照片里的自己，不觉领悟：镜子里的每一个我都是真我的表现。

人们心中的我都是自我的反映：自我不过是一团可塑的胶泥，随着环境的改变而被捏成不同的形状。可不管怎么捏，捏成什么形状，它仍是那团胶泥。为人处世何尝不是如此？明白了这一点，我豁然开朗。

“社恐”的福利

□青　丝

西班牙一个患有社交恐惧症的妇女为了避免跟人打交道，假扮盲人，时隔28年才被识破。看到这则新闻的瞬间，我自动“脑补”了许多细节：有人以为她看不见，流露出厌恶、嫌弃的神情，或以次充好、偷偷把劣质商品卖给她，她只能假装什么都没看见——类似的片段肯定会让她有一种人生如戏的深刻感受。

在“社恐”这个词流行之前，我一直没意识到自己也有社交恐惧症，反而以为喜欢独处是一种礼物，可以不受社交关系的干扰，让自己处在一个客观的角度看清事物的真相。英国利物浦约翰摩尔斯大学文化史教授乔·莫兰在《羞涩的潜在优势》里就认为，有社交尴尬和社交焦虑的人更容易成为业余人类学家，因为这类人更善于观察。

回想起来，一切早有征兆。我幼时最喜欢看《鲁滨孙漂流记》，常幻想自己能像鲁滨孙那样独自在一个荒岛上生活，还与小伙伴互相编故事糊弄对方。我杜撰过有人不小心在荒野一脚踏空，掉入地底深处一个巨大的人造堡垒，里面食物、水、生活用品一应俱全，不幸的人被迫与世隔绝地度过了一生……多年后我看到很多网络小说用的是同样的套路，感觉自己就像一个赶了早集的人。

事实上，也不是没有这样生活的人。19世纪，英国波特兰公爵不想跟任何人打交道，包括家里的仆人，为此他在自家城堡下面挖掘了长达15英里（约24千米）的隧道，弯曲回转如同迷宫，绕过一切须与人见面的场合。很多“社恐”的人，以独处作为测定自己的精神仍然存在的标尺，就像美国艺术家艾格尼丝·马丁说的：“生活中最好的事情都是在独处时发生的。”

我的“社恐”症状虽然没有这么严重，但也会为一些尴尬的相处而感到焦虑。有一次独自去郊外远足，途中遇到一个半生不熟的人，很热情地要跟我结伴走完全程。我浑身不自在，不断假装系鞋带，或停下来喝水，脑子里始终在盘算如何才能各走各的路。

不过，“社恐”尽管有时会让人极为沮丧，但也会给予人一些好处作为补偿。斯坦福大学心理学教授泰勒认为，“社恐”患者由于缺乏社会存在感，反而更容易投入自己感兴趣的事物中，坚定自己的选择，不易被外界干扰。换句话说，与社交场上的焦点、喜欢被他人注视赞赏的“社牛”相反，“社恐”的人身处一个封闭的系统，会很自然地在这个内在框架里寻求超越，因为人类自我成就的欲望写在基因里。达·芬奇、牛顿、爱因斯坦、达尔文……无不如此。

用萧伯纳的话做总结：理智的人会适应环境，不理智的人则要环境适应自己，但历史是由后一种人创造的——这也是至今尚未创造任何成就的我，常用于自我安慰的金句。

窈窕淑女效应

□万维钢

有人讲过这样一个笑话，叫“薛定谔的滚”——如果女朋友让你“滚”，她其实是处于真的让你滚和让你过去抱她，这两种心理状态的一个“叠加态”。

你的下一步行动——用物理学的话说叫“观测”——将会使这个叠加态坍缩到一种固定的状态。你要是真滚了，她可能就是真的想让你滚；你要是过去抱她，她可能认为自己原本就是想让你抱她。

作为一个前物理学家，我必须说明，“薛定谔的滚”和“薛定谔的猫”是两码事。一个关键区别是，量子叠加态的坍缩结果是完全不可控的，物理学家就算满怀良好的祝愿，也不能让猫坍缩成“活”的可能性增加一分。

而你，可以左右你女朋友的波函数。

资源还是这个资源，女朋友还是这个女朋友，你有什么办法，能让她变得更好一点儿呢？

20世纪70年代，有人拿男女大学生做了一个相亲实验。实验中的相亲对象从来没见过面，而且在相亲过程中不见面，只是通过电话交流。实验人员通过“偷听”这些电话里的对话，来评估每一对男女的进展。

实验有个有点儿残忍的设定。某些男生会在电话相亲之前，收到他的相亲对象的照片——但是他不知道，这张照片其实不是那个女生的，而是研究者专门找来的一位特别出众的美女的照片。

男生以为自己是在跟“女神”相亲，我们可以想象他肯定会表现得更好一点儿，但是研究者关心的不是这个男生的表现，而是电话那头这位女生的表现。

结果是被男生误以为女神的这位女生，表现得也和女神一样。她说话非常友好，给人感觉很善于交际，聪明伶俐，讨人喜欢。

这当然就是我们之前常说的“正反馈”。你以为她很好，你就对她很好；你对她很好，她就真的表现得很好；她表现得很好，你就更加相信她很好。

关键在于，你们俩之间这个反馈过程往往是非常微妙的，各种无法言传的表情和声调变化，都能被对方捕捉到，还能产生意想不到的效果。

萧伯纳有个戏剧叫《卖花女》，后来被改编成好莱坞电影，被翻译成《窈窕淑女》。这个故事说有个语言学家跟人打赌，说他能把一个粗俗的街头卖花女——名叫伊莉莎——给训练好，让她学会上流社会的口音，变成一位淑女。

语言学家的口音训练很顺利，可是别人还是一眼就看出伊莉莎不是淑女，举止仪态都不对。后来有人提出一个洞见：你要想让她成为淑女，就必须像对待淑女那样对待她。伊莉莎就享受了淑女的待遇，处处受到尊重，最后果然成了一个淑女。

你当她是什么人，她最后就真的是什么人，这个效应就叫“窈窕淑女效应”，在生活中的适用范围非常广。

每个人的青春，都需要慰藉

□明前茶

林巍的养兔生涯从10岁延续到18岁，他记得，自己养的肉兔与长毛兔，在漫长的少年时光解决了自己与妹妹的学费，让自家成为山村中第一户藏书过百册的人家。养兔子的第三年，瘦小的乡村少年，决定从衣兜里掏出卖兔子的纸币，一张张排出来，让父亲去买一辆坚实的二八大杠自行车，这样，身为篾匠的父亲，就可以如叠罗汉一样将他编织的箩筐、晒匾、斗笠、竹椅，快速驮到集市上卖了。

父亲有点儿犹豫，他似乎忸怩起来，为自己还要接受儿子的帮助而羞愧。他想了想，试探着说："巍子，你这么懂事，爸爸好宽慰。可是，爸爸不希望你有被盘剥了的感觉，不希望你辛辛苦苦养了兔子却一无所获，毕竟交学费、买书，原本是大人的事。要不是奶奶病重……"

林巍打断了他："爸爸，养兔子怎么会一无所获？你在晒干了露水的草地上放牧过兔子吗？兔子摸上去毛茸茸的乖得很，它们有比我们快得多的心跳，它们是我的跟脚宝。怎么能说养兔子一无所获？"

见父亲依旧将信将疑，林巍说了实话："每次卖了兔子，我都会难过好几天，揣着这钱，我都觉得心里烧得慌。爸爸早点拿去买车，我好专心养下一拨兔子。"

父亲就去买了一辆锃光瓦亮的二八大杠自行车，顺便把兔舍要更换的铁皮水槽给驮了回来。

有一天，林巍照例将兔子放去家宅后面的山坡上，吃草晒太阳。没想到有几个城里来的浪荡青年出于好奇，拎着其中一只兔子的耳朵，嬉笑玩耍。林巍暴喝一声，叫对方放下兔子，说兔子的耳朵上有很多神经，拎着它的耳朵会伤到它，又会惊吓到它。对方兀自嬉笑，不当回事。谁知林巍回头就跑，怒气冲冲地从宅院里出来，手中攥着一根枣木棍，他急速地骑着父亲的二八大杠自行车，像一阵狂暴的龙卷风一样朝青年们直扑过来。

城里青年哪见过这阵势？他们立刻放下兔子，拔脚就逃，林巍加紧蹬车，一口气追出去三五里地。城里青年大概很久没这么长跑过了吧，他们慌不择路地跑。就在城里青年感到绝望的时候，林巍突然意识到自己离家已经够远，那些放养在山坡上的兔子将无人照看。于是，他在水渠的尽头掉转头，往回骑。城里青年被这突然的转折吓了一跳，以为是欲擒故纵之计，又向前跑了一段才停下来。回头一看，林巍已消失在杨树林的尽头，只留下树叶翻飞的喧响，在这暮春的午后。

再回忆起这段趣事，30年过去了。我见到林巍，他已经成长为有名的风投专家。3年前，他在老家山间投资了一家"网红"民宿，前身是废弃了15年之久的供销社。林巍与他的设计团队为民宿设计了私密性极好的尖顶木屋，一幢幢散布在山坡上、林木间。供销社原来的仓库，被设计成一个敞亮的"网红"餐厅。餐厅里的某些区域，儒雅的中国古典风格有《韩熙载夜宴图》的余韵，也有的区域，放置着东南亚的植物、莲座与佛像。无论室内，还是餐厅在户外的延伸部分，都放着形形色色的石头兔子。那些萌萌的抱持着前爪，或一副顿悟模样的兔子，矮的只有50厘米，高的比普通女孩高半头。

这些迷人的兔子，无辜的，静默的，出神微笑的，怅然若失的，欲诉还休的，似乎对人间的酸甜苦辣都了然，而它们，只要站着，任人拥抱，就能提供某种安慰。很多年轻人都是为了和兔子合影，来餐厅打卡消费。餐厅的价位不低，最低消费是户外卡座上的咖啡，48元一杯。

因此，当餐厅员工向林巍反映，要把某处破溃的竹篱笆重修起来，避免有人钻进来不消费、只拍照时，遭到林巍的反对，员工感到很奇怪。

林巍说：“任何管理都是要留个口子的。”员工听不懂这话。林巍没有告诉她的是：他有一次看到附近织袜厂的女工，穿着工作服，从篱笆的破溃处钻进来，拥抱一只晒得暖暖的石头兔子，与之头抵着头，享受那春日时光时，林巍蓦然想起自己在老家山坡上的养兔时光。他思量：兔子给过我的安慰，下一代年轻人也应该体察得到。每个人的青春，都不应该因贫富差异，而失去某种天然的慰藉。

沉睡的良心

□刘荒田

马克·吐温为“理想生活”开列了三个条件：真诚的朋友，美好的书籍，沉睡的良心。

前两个好理解，最后一个值得讨论。

为何在令人向往的幸福日子里，良心最好“沉睡”呢？如此说来，良心作为私人品德的守护者，公序良俗的看门人，不可能全知全能，永不下岗，全天候地执行任务。

如果遇到以下状况，它会猛地惊醒，走上哨位：遭遇抉择。比如，路上遇到一位老人倒在地上，车站前发现扒手把手伸进别人的口袋，马路旁边一个没了手脚的人在乞讨。

如果你认为第一个案例是碰瓷；第二个案例太复杂，高声呼喊虽可引起注意，但会把祸水引向自己，遭扒手的同伙报复；第三个案例，你认定乞讨者是伪装的，于是，你掉头不顾，“良心”按兵不动。或者，你什么也没想，就见义勇为，良心成为可贵的本能。以上二者，都不会制造内心的不安。

问题是我们未能免俗，老在“两可”“两难”之间举棋不定，怕上当，又怕受到警醒着的良心谴责，天人交战，难免吃苦头。

20世纪初，泰坦尼克号撞上冰山，多数男性乘客和船员宁可赴难，也要让妇女、孩子先上救生艇。例外的是日本人细野正文，他男扮女装，冒着被水手们认出来的危险，偷偷爬上满载妇女和儿童的10号救生艇，最终保住性命。

可耻行径一经披露，回到日本后，他立即被所供职的铁道院开除，还受到国内舆论指名道姓的谴责。细野正文从此背上“卑劣幸存者”的恶名，熬过生不如死的后半生，郁郁而终。

审察正反两面的案例，不能不省悟，良心如果“沉睡”，实在是福气，这一状况意味着，内心拥有至为难得的平静与平衡。没有战争，坦克的履带干净，火箭的发射架沉默。没有辗转反侧，安眠药瓶的盖子没动。没有犯罪，牢狱冷冷清清。

所谓“平生不做亏心事，半夜敲门心不惊”，这“心”就是因自信而酣眠的良心。

远离“知识诅咒”

□黄彬彬

请你试想如下几个情境。

情境一：你让男朋友下班后顺便买个面包，你觉得他肯定会去超市买你常吃的全麦的那款。结果他却在便利店买了个很贵的杂牌面包，还是你不喜欢的芝士口味。

情境二：假期你回老家，上小学的侄子作业不会写，请教你。你带着大学毕业生的满满自信，给他讲了一遍，你觉得自己说得很清楚了，结果侄子听不懂。

情境三：老板派给你一项紧急任务，让你就某个主题写篇发言稿。着手准备的时候，你发现老板并没有告诉你，他对这个主题的观点是什么。

如果你遇到了类似的现象，那要留意了，因为你可能陷入一种“知识诅咒”中。“知识诅咒”指的是一旦人了解了某种知识，就很难站在没掌握这个知识的角度，去思考和理解他人。

“知识诅咒”是1990年斯坦福大学博士候选人伊丽莎白·牛顿（Elizabeth Newton）通过实验首次提出的。实验要求一位敲击者在桌子上敲出一首耳熟能详的歌曲（如《祝你生日快乐》）的旋律，而另一个人作为听众辨认歌曲。

敲击者认为，听众能正确识别出大约50%的旋律，结果正确率只有2.5%。敲击者为什么会过分高估听众的正确率呢？因为敲击者时常随着敲击声而感受到曲调，对他们来说，旋律听起来非常清晰和明显；但听众听不到音乐，只有手指敲击桌面发出的低沉声音，即使努力辨认，也只是像怪异的摩尔斯电码。

通过实验和前文的三种情境，我们会发现“知识诅咒”带来的各种问题。容易导致沟通不畅，甚至引发人际冲突。这种说者和听者之间的信息不平衡，会影响我们的学习、工作和生活。

回到第一种情境，你更喜欢超市的全麦面包，而不喜欢杂牌的芝士面包，但是并没有向男朋友明确传达这些信息，而是自动假设他应该意识到。男朋友在没有得到明确信息的情况下，只能根据他拥有的信息和倾向做决定，他不知道你想要什么，也不知道你通过哪种渠道了解到了什么。

曾经看过一个网络段子：男朋友对妹子说“你刚买的洗面奶是生姜味的”。妹子听后，觉得男友连青柠和生姜都分不清，太蠢了。又想起男朋友不喜欢吃生姜，为他做的好些菜都不能放姜，又想起自己不爱吃青椒但男友每次都不记得，而且他上次居然说，记得前女友不喜欢吃豆芽……妹子说，“你自己一个人过吧”！然后收拾东西走了。

视频十分搞笑，作为旁观者的我们，可以看到妹子对男朋友有很多预设，也预设男朋友理所当然地知道，她陷入了“知识诅咒”。

还有一种情境在现实生活中也屡见不鲜，重庆大学教授、博士生导师张小强，是教育部新世纪优秀人才，但辅导女儿的初二作业时坦言：“我觉得不难，但辅导我的女儿，她就是不会。”知识渊博的教授，或许可以在研究生课程中娓娓道来，但对知识基础差一大截的初二学生，恐怕很难从契合孩子的角度，用她听得懂的语言去讲。

至于前文说到的第三种情境——老板沉浸在自己多年的行为逻辑和思维习惯中，但员工不一定十分清楚。《哈佛商业评论》曾论述道，许多明智的

商业战略未能推行，是因为高管们用笼统的语言来表述。“让客户满意！”“成为最高效的制造商！”“释放股东价值！”对一线员工来说，这些战略是含糊不清的。这些都是“知识诅咒”的实例。

假如“知识诅咒”让我们感到存在各种阻碍，那该怎样消除呢？首先，使用具体的语言，必要时用图像、故事来形象表达。

例如联邦快递（FedEx）用“紫色承诺奖”（Purple Promise Award）的故事，奖励那些保质保量完成“隔夜快递”服务的员工：在纽约，一辆联邦快递送货卡车发生故障，替换的货车晚点了，员工最初步行送了几个包裹，但后来发现这样无法按时完成任务，于是设法说服了一位竞争对手的司机帮忙，搭顺风车送快递。这样生动具体的故事比领导多次强调“我们绝对认真负责”更生动具体。

除了用具体的语言和故事打破“知识诅咒”，我们在与人沟通的过程中，要学会放慢步调，留意倾听者的反应。跟倾听者确认“我说清楚了吗”，他们是否真的知道你在说什么？是否真的像你一样熟悉这个话题？如果倾听者不明白，就要问问自己，是不是做了没说出口的预设，避免臆断。

打破“知识诅咒”，我们要多用心，学会换位思考，设身处地为别人着想，说话时要更加留意，放缓沟通速度，尽量让倾听者产生共鸣，使我们的话语更有力量。

速度的俏皮

□铁　凝

30年前，我听朋友讲他的农民老父亲。这位老父亲一生赶牛车，没有坐过汽车、火车。后来，在城市读完大学又找到工作的儿子决意请父亲坐一次火车，并告诉父亲要坐快车。父亲问儿子快车票便宜还是慢车票便宜，儿子答：“当然慢车票便宜。”父亲惊奇地问：“慢车坐的时间长，怎么反倒便宜？”那时我们都笑那位老父亲太天真。

三年前在新加坡，我读到一则跑步的故事。一位青年和一位老人清晨在公园跑步。青年矫健活泼，老人瘦弱迟缓。本来跑在老人后面的青年很快就冲到了老人的前边，他得意地回头叹道：“老人到底跑不快啊。”老人并不生气，说：“年轻人，你前边是什么呀？”青年说：“是路啊。”老人又问：“路的前边呢？”青年说：“还有一座桥。”老人说：“桥的前边呢？”青年说：“是一片树林。”老人问：“树林的前边呢？”青年说：“也许是山吧。”老人问：“山的前边呢？”青年说：“我看不见，恐怕就是生命的尽头了吧？”老人说：“那你跑那么快做什么呢？”我心里一惊，感受到一种苍凉的智慧。

三个多月前，我走进江南山里的一片竹海，请山民教我认新竹、老竹，知道了世间的植物中竹子长得最快。听说一个小学生放学回家，将书包挂在一棵竹子上，坐在竹林下写作业，写完作业就够不着书包了。真是一份关于速度的俏皮！

我的写作与其说是为了告诉读者什么，不如说是在向文学讨生命。在浩瀚的宇宙之中，假如人生快似一竿绿竹，我这并不年轻的生命仍愿做背着书包的那一棵，急切努力，去做人生的学徒。

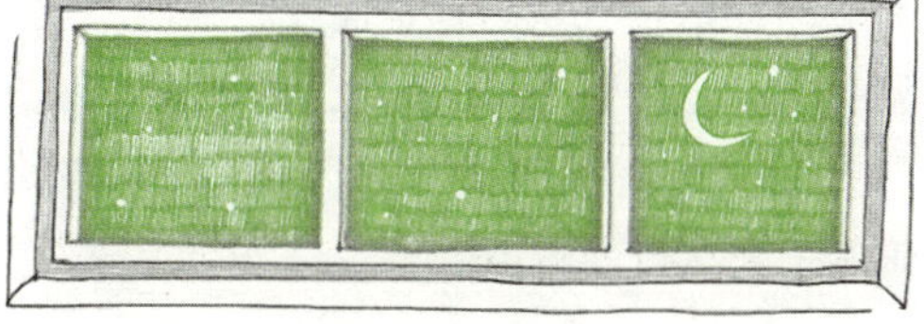

“不好好讲话”的魔力这么大

□余冰玥

“听君一席话，如听一席话”“姜还是老的老”“我上次听到这句话，还是在上次”……不知何时起，一些无厘头视频的评论区，开始出现类似的语句。每次看见总会让人产生疑惑：它们似乎说了点什么，又好像什么也没说。

这类毫无意义却又挑不出毛病的语句，被人们戏称为“废话文学”。说的人故作正经，听的人既无语又好笑，甚至忍不住回击：“抛开内容不谈，你这话还蛮有内容的。”

“废话文学”方兴未艾，“发疯文学”也以“琼瑶剧式歇斯底里”的方式闯入人们的视野。大家发现，在客服磨蹭推脱问题时，不妨用逻辑不明但情绪饱满的句子连环“轰炸”：“你为什么不回答我？为什么又用话术敷衍我？我讨厌透了，有只发疯的猛兽在撕咬我的心，你在乎吗？你不在乎。”“发疯”成效显著，有人得以提前发货，有人要到了积压的押金，还有人收到店家“发疯文学”式回复，发货无法提前，但“用敷衍对抗敷衍”快乐无边。

明明可以在网上正常沟通，大家偏偏选择不好好讲话。在信息获取和观点表达日益便捷的今天，类似的“语言狂欢”频繁涌现。有网友调侃：“‘赛博’文艺界欣欣向荣，互联网文学层出不穷。”2020年，“凡尔赛文学”被收入《咬文嚼字》年度十大流行词；2021年，“废话文学”“发疯文学”“丫头文学”等如雨后春笋般出现，为“互联网野生文学”目录再添浓墨重彩的几笔。

这类对文本符号的二次改造与“语言玩梗”大行其道，不禁让人好奇，互联网语境下，“不好好讲话”的魔力究竟在哪儿？

最初的“废话/发疯文学”，内含着人们戏谑、反讽与抵抗意味的阴阳怪气。过去“路遥车马慢”，信息承载量与传播速度都很低，寄信隔着万水千山，发短信要字斟句酌，人们恨不得用一句话把所有事情讲完。互联网时代，看完某篇形式主义言辞空洞的文章，围观一个长达几分钟但内涵不超过两句话的无效视频，抑或是收到淘宝客服一串语句冗长却含糊其词的推脱时，大家惊觉，原来互联网时代，早已不是“听君一席话，胜读十年书”。

出于对低信息增量内容的不满，人们开始用语言予以反击。这届年轻人偏爱“躺平”，消解无用信息的方式，就是用同样的“无意义”进行风险对冲。于是，“废话”或“发疯”式名言警句被改造出来，并活学活用于各类语境。“废话文学”的生产十分简便，把单位从分钟变成秒、用同义词西红柿替换番茄……实在不行，还可以向鲁迅先生学习，把说过的句子再说一遍，“你说了两句话，一句是废话，另一句也是废话”。

创作“发疯文学”也有秘诀：首先字数要多，从篇幅上震慑对方；其次忽略逻辑，让对方无法拿捏反击；最后是要质问，营造出咄咄逼人的气势，让对方无力招架，只能投降。甚至有人制作出“胡言乱语生成器”小程序，内含各类发疯/废话文学经典语录，可以一键生成转载，迅速跟上时代的潮流。

由此一来，“不好好说话”便演变成某种社交策略，“废话文学”“发疯文学”在本身语义之外，逐渐衍生出各场景独有的意义和情绪表达。面对朋友空洞的长篇大论，一句“除了内容，你说得都挺好”，就能以戏谑的口吻表达出某种不满，含蓄中夹杂着杀伤力，对方也不至于下不来台。用“发疯文学”催发货、吐槽游戏队友，在陌生人场景下消解语言沟通的距离和对立、冲突与戾气，有趣并明确地达成自己的目的，就算最初目标没有实现，也不过是图一乐。

有人在快乐之余不禁担心：“有话好好说，有理好好讲，当文本含义都被造梗和玩梗稀释，语言会不会变得空洞而浮躁？”

相对于“绝绝子”等网络热词折射出的语言匮乏，“××文学”的二次创作似乎更具创造力，可“废话文学”“发疯文学”信息密度很低，其本质是另一类“无效信息”。枣树被年轻人当作有趣的文化梗，鲁迅先生在《秋夜》中却是以物言志，体现孤寂的心境。他对创作语言的精练尤为重视：“竭力将可有可无的字、句、段删去，毫不可惜。”适度玩梗怡情，奚落可以对抗空虚，但不分对象、场合地沉迷用此类文体表达自我，或许也容易被人评价为“无聊”。

现实生活中，大家并不会在文书或者合同中用“废话梗”或“发疯文学”，也很少干扰正常的生活工作秩序。网络平台上看似任性的“不好好讲话”，实则在“内卷”严重的当代社会，为情绪的宣泄与流动打开了一个缺口，为平淡的生活增加调剂，“因为有趣，所以流行”。

“无意义”信息并非完全无用，戏剧化地颠覆常态，在滑稽的反差感中吐槽与自嘲，也是当代人的某种生活方式。当人们“不好好讲话”时，看似无意义的语句，或许存在本身就是意义。

汉语里，为何把“工资”叫作“薪水”

□冯学荣

汉语里，为何把“工资”叫作“薪水”？

薪，是烧火煮饭的柴。

水，是家里喝的水、用的水。

“薪水”，就是木柴和水，请问，我们的汉语里，为什么管工资叫薪水呢？

这件事情的典故很有趣。

其实，源头就是东晋时期的文学家陶渊明。

《南朝梁·萧统·陶渊明传》收录了陶渊明写给儿子的一封信，信中是这样说的：“汝旦夕之费，自给为难，今遣此力助汝薪水之劳。”

翻译成现代汉语，是这个意思：

“我（陶渊明）的儿子呀，你这点收入啊，连养活自己都成问题，现在你爸我，给你送来一个仆人，这个仆人可以帮你砍柴劈柴（薪）挑水煮水（水）。”

这，就是汉语“薪水”一词的典故和出处。

大家知道，古代的读书人，读圣贤书，耻于谈“钱”，所以，每当谈到“工资”的时候，就用陶渊明的“薪水”来指代“钱”，附庸风雅，本来是谈钱的，用“薪水”指代，就显得很文雅。

文学家陶渊明，至死都想不到，他写给儿子的信里的“薪水”二字，竟然变成我们汉语中的一个特定词语。

“完美人设”的圈套，你陷进去了吗

□徐菁菁

我和朋友圈里的许多人都只有一面之缘，但这并不妨碍我明了谁热衷于下厨，谁是书虫，谁曾走遍四方。

社交网络简化了人际交往的时间、空间成本，也使得“了解”一个人的信息处理过程变得简单。我们和他人的交往越来越碎片化，很难再有时间和耐心去全面地了解和认识一个人。想想你的朋友圈，你大概能用“生活家”“打卡狂人”“文艺小咖”“业界精英”“旅行达人”等标签熟练地对人群进行分类。这些标签——或者说“人设”，成为我们在虚拟社交中认识彼此的方法论，它帮助你以简单粗暴、经济实惠的方式认识一个人。我们乐于这样干，也乐于这样表现自己。

“人设”即人物设定，原本来自二次元，指动漫人物的外貌特征、性格特点和生活背景。它给人物的调性圈定了范围，人物得在设定的轨道上进行表演。最早推动“人设”这个词从二次元进入三次元的是娱乐明星。

当下的娱乐圈，真正能让一位明星俘获众多忠诚粉丝的并不是一部剧、一部电影、一档综艺或者一首歌，“人设”才是踏上金字塔顶端的法宝。新媒体给了明星们塑造“人设”的最佳空间。他们可以随时随地向粉丝们展示自己从样貌、饮食，到健身、工作的一切。展示的意义并不在于自我暴露，而在于贴上特殊标签，要在竞争激烈的娱乐圈杀出一条差异化竞争的血路。

我们在线上围观明星们打造人设，在线下丑闻曝光后群嘲他们的人设崩塌。实际上，无论哪种虚拟社交形态，每一次按下发布键都是一次形象输出。当你挑选、修饰发到朋友圈的照片，对打下的文字字斟句酌的时候，你就已经在塑造自己的“人设”了。

社交网络在虚拟社交中最大限度地赋予了人们展示的自由，促成了“理想自我”的释放。当我们最大限度地生活在朋友圈里，“完美人设”便触手可及。

观摩朋友圈完美人生的我们收获着焦虑，那些建构完美人设的朋友圈达人又是何种状态？前几天，我在朋友圈里发了一则“寻人启事”，想找出一位敢于直面人生、剖开自己人设的勇士。朋友Y小姐留下了一条评论：“我应该算是朋友圈表演艺术家了吧。”

我和Y小姐相识多年，偶有走动，但绝大多数时候，我们的往来依然是围绕朋友圈进行的。多年来，Y小姐的朋友圈给我留下了深刻的印象：她有一份热情甜蜜的恋爱生活；有一份可以满世界跑的编剧工作；有一群喝酒吃肉、推心置腹的朋友；还有常常摆满鲜花，有猫出没的完美居室。

通过朋友圈，我得知去年下半年，她跟着创业的男友去了上海生活。上海的生活似乎极其适合她。她拍居所洒满阳光的客厅，铺着木地板、摆满绿植的阳台。树荫把整个阳台映满绿色，“伸手就能摸到法国梧桐的叶子”。她的楼下还有一大棵桂花树，整个家都飘着自然的桂花香。我在朋友圈见证了她的沪上生活。在这间公寓里，她享用由香蕉桃子薄荷奶昔、煎蛋与谷物酸奶组成的早餐。下楼买菜时她遇到只猫掌柜。公寓周围被梧桐树荫覆盖的街道上有很多靠谱的咖啡馆，提供20多块的拿铁，还有20种以上可口的简餐。好吃的小餐馆一天吃一家，半年不重样。讲

究的上海日料小馆子，配烤牛舌的干碟是用甜椒磨粉掺杂花生碎做的。我还“跟”着她去黄浦江边跑步，在外滩三号参加过爵士音乐节。

这一切当然都是真实的，包括她记录下的每一件事情和那些时刻的所有情感。然而，勇于剖开自己完美人设的Y小姐对我翻开了硬币的另一面，那一面几乎从未在朋友圈露面。

Y小姐心里压着一块石头：此前她曾特别笃定地告诉父母，过年会带回去一个男朋友。宿醉醒来的第二天，Y小姐问在一起两年的男朋友：“你和你妈妈说过我吗？”他说找不到合适的机会。她提到婚姻，他明确地告诉她：他不想结婚。“我一直相信我们最后会结婚。我们甚至在一起讨论过以后要是有一个女儿，要给她起个什么名字。”于是，大年初四，Y小姐买了一大早的机票从老家飞回了上海。“我和我爸妈说我要回去工作。其实是怕自己在家里哭被他们看到——我和男朋友说分手了。”

这段分手的痛心疾首自然没有出现在朋友圈里。“从朋友圈看，我在上海确实过得很不错。其实我明白，那是很不舒服的半年。”Y小姐告诉我，“就像我在上海的家，我拍出来它最漂亮的一面，其实那是一所很小的房子，在一栋很老旧的居民楼里。每走一级楼梯都感觉要摔下去。那栋楼有公共卫生间，第一次进去我觉得自己像到了‘生化危机’的现场。

“我们的感情也并不像朋友圈呈现的那么甜蜜。在上海，我们之间已经缺乏交流。他忙于创业，每天很早出门，晚上很晚回来。我则留在家里写作。最开始，我试图扮演一个贤惠的女主人，就像在朋友圈里晒的一样，我会做精致的早餐，事实上，他并不习惯吃那样的早餐。我们的生活重心完全不再同步，几乎没有交集。”

多年来，Y小姐精心呵护着自己的人设。每当有新认识的、她希望留下好印象的人加好友，她会首先检查一下朋友圈，把不适合的信息锁定起来。她的朋友圈有许多分组。其中有一个特殊的组别，“他们是比我‘高级’的一群人，有些人比我有文化、有自制力，有些人可能是潜在的客户，我会向他们屏蔽我的负面情绪，我把这称作‘不要用自恋烦你生命的客户’”。

事实上，即使观众极少能看到后台，完美人设也永远伴随着前台与后台之间的巨大落差。在朋友圈的自拍里，Y小姐推高了别人的期待，有时候也会让自己感到尴尬、心虚。

有时候，Y小姐的现实生活和完美人设似乎模糊成了一片。她不得不用戏剧性的眼光去看待现实生活中的分手：“我在朋友圈秀恩爱，时间长了，我也知道自己好像在写一个故事。一方面，我觉得在我的剧本里，分手以后的坏情绪是不该出现的。另一方面，我觉得我必须在朋友圈里把分手的事情广而告之一下——既然大家看了那么久的剧，结局是什么，总该有个交代。理想的剧本是，我只发了一条朋友圈，云淡风轻：我们已经分手了，好聚好散，一路走好。”可有的时候，她又感到现实的残酷已经压倒了“剧本”：“可是，如果我的恋爱不得善终，我的人设不也还是崩了吗？”

考试那些事儿

□潘小丸

一

对学生来说，考试是家常便饭。不管你愿不愿意，它都在那里等你。

高一时我有一个小伙伴叫李小白，他的成绩中等偏下，每次考试对他来说都犹如奔赴沙场。记得第一学期期中考试，李小白没复习好，开考前他一副大义凛然的样子，还顺口背出一句应景的古诗：“醉卧沙场君莫笑，古来征战几人回？”我揶揄他：“少壮不努力，老大徒伤悲。”李小白叹了一口气：“壮士一去兮不复还。”说完便转身走进了考场。我看着李小白的背影，心中竟然有几分凄凉之意。

每次考完试，学霸们都可以吐一口长气，一脸轻松地对答案。然而，幸福的考生都是相似的，不幸的考生却各有各的不幸。每次考试总会有人忘了把选择题答案填进答题卡，总会有人难得超水平发挥却唯独忘了填学号，总会有人答题写错了题序……总之，这些悲剧班主任一千零一夜也说不完。有一次考数学，李小白还把草稿纸交给了老师，而把试卷团成一团扔进了垃圾桶。不管你信不信，反正他确实这么做了，因为这件事，李小白在班上被笑了好几个月。

二

老师常说，考试考的不仅是水平，还有心态。过于紧张是发挥不出真实水平的。但李小白天生心理素质差，一走进考场便额头冒汗、心跳超速，握起笔来手颤抖个不停。本来我还担心他三年后会因为这个缺点导致高考失利，但在高一第一学期期末考试时，李小白的“考试紧张综合征”便被一个不知名的男生治好了。

那是期末考试的第二天，考的科目是数学。数学是李小白的弱项，选择题后7道他基本靠蒙。但不知道李小白是在数学老师讲“概率”的时候走神了，还是因为他对“B”这个选项情有独钟，后7道选择题往往有6道他会选“B”，结果基本只会蒙对一两道。一而再，再而三，李小白终于发现自己的做法并不科学，于是在那场数学考试中，他面对着ABCD四个选项犹豫不决，眼看时间已经过去了一半，还在犹豫第6题选“B”还是选“D”得分的概率更大。这使原本就患有“考试紧张综合征”的李小白更加心乱如麻。

就在这时，坐在李小白前面的男生举起了手，一本正经地对监考老师说：“老师，我要去男厕所。”

“噗……”李小白顿时笑喷了。为什么他要在厕所前面加一个“男”字呢？李小白笑点奇特，被这个问题逗得趴在桌子上狂笑不止。监考老师对男生点了点头，突然也领悟到了笑点所在，“哧”一声笑了出来。

李小白笑完后，顿觉全身轻松了很多，握笔的手不抖了，心也不……当然心还是跳的，只是答起题来有如神助。这次考试，李小白的数学成绩果然有了新的突破。

从此，李小白便克服了紧张心理，就算遇到重大考试，也不再畏惧了。李小白的绝招是准备几个自己每看必笑的笑话，一旦紧张了就在脑海里回想一下，然后必定被自己逗笑，笑完后便感觉全身每一根神经都放松了。

我听了李小白的神奇疗法，说：“还好考试规定里没有禁止考生傻笑。”李小白不满地斜了我一眼。

三

然而，紧张是李小白的，有的人什么也没有。因为他们根本不在乎考试成绩，所以把小说藏在桌肚里，在试卷上签完名字便一直看小说到考试结束；也有人没有小说可看，又不能玩手机，便干脆大睡一觉，收卷时还不忘活动一下脖子，似乎对硬邦邦的课桌不够满意。因为老师不允许学生缺考，他们要熬过这无聊的两个半小时，的确不太容易。

但是，毕竟“乱世”才能出“英雄”。

有一次考英语，我正坐在座位上等待开考，一个穿着超大号T恤的男生在我前面坐了下来，拿出一张选择题答题卡（因为这种答题卡平时测试也会用到，所以很容易获取），掏出铅笔便在上面涂起来。过了3分钟，监考老师还没来，男生已经把75道选择题答案涂满了，然后用铅笔把答题卡压在课桌上，潇洒离去。

我看着他的背影，脑海中顿时响起歌声：原谅我这一生不羁放纵成绩差……

记得一个段子是这样的：每次老师说把与考试无关的东西放上讲台，我就想把自己放上去。我看了笑得停不下来，笑点奇特的李小白却一脸严肃，说：“作者真是说出了天下士人的心声啊！”我一愣，不禁感到一丝悲凉，作为一名学生，我也一点儿都不喜欢考试。

记得备考的那段日子里，为了不在题海里溺死，我常常会跟李小白调侃：“高考挂了怎么办？”李小白总是奸诈地笑答：“‘再来一年’咯！”每当这时，我就会赏他一记白眼：“祝你如愿以偿。”

有人把高考比作一座独木桥。很庆幸，我和李小白最后都顺利地通过了这座独木桥。

现在，距我高考已经过去了好几年，有时回想起那段主题是“高考”的日子，不免一阵唏嘘。它就像一个梦境，存在于风平浪静的昨夜，但是那些真真切切的回忆会提醒你，它是真实的，你曾经为它努力过，奋斗过。正因如此，它才足够证明，你的青春有着怎样曲折或者平淡的旅程，有着哪些坚定或者犹豫的脚印。

而每一次考试，都是这段漫长征途中，满载血泪与荣誉的里程碑。

人生不是一趟火车旅行

□［澳大利亚］达伦·波克

有些人认为，火车是一种美妙的、标志性的、浪漫的交通工具。

然而，它们的灵活性和适应性都不是很强。

你可以向前进或向后退，但如果你要改变方向，唯一的方法就是走上另一组轨道。

有时，我遇到一些人，他们的人生就像一趟火车旅行。

想让他们动起来需要很大的力量，而一旦他们开始动起来，就不能（或不会）改变方向，无论他们目前的道路是多么痛苦或毫无意义。

他们可能做着自己讨厌的工作，但这只是他们人生轨迹的方向。

他们可能对自己的健康不满意，但他们不是去做些什么，而是耸耸肩，继续待在那趟火车上。

你对自己的人生有不喜欢的地方吗？

请记住，你不是在火车上。

你可以改变方向。

选择权在你手里。

那只流浪猫治好了我的忧伤

□王小吉

我叫随心，我有个双胞胎弟弟叫随意。老子说：“祸兮福所倚，福兮祸所伏。”十八岁那年，我第一次读懂这句话的含义。

高考结束后，我和我的双胞胎弟弟所估的分数都能考上重点大学。对这样的预测，父母并不意外。我们俩的成绩一向在班里名列前茅。那天，是我们十八岁的生日。晚饭时爸爸借着酒劲，说了好多话。他说，特别感谢我和弟弟圆了他的大学梦。当年因为家庭原因，他没办法去上大学。现在能有这么优秀的儿女给他争光，此生无憾了。

妈妈望着爸爸直摇头，爸爸举着酒瓶一饮而尽，“别这么小气，难得高兴，就让我喝吧，以后再也不喝了。”说完他突然大笑起来。笑声未落，就一头倒在桌上再也没有醒来。

妈妈说，如果你爸知道宝贝闺女没考上大学，就不舍得走那么早了。

听到这句话，我的心感觉被刀狠狠地扎了一下。是的，我高考失利了，因为估分太高，报的几个志愿都没有录取。

我给了爸爸一个虚假的喜讯，他却乐极生悲，撒手人寰。尽管没有任何人认为他的离开是我造成的，我的心中却充满愧疚。我不知道该如何面对他的离开。吞下一整瓶安眠药之后，我睡了一周，醒来时，头晕晕的，我以为自己只是做了一个很长的噩梦。

“爸爸和弟弟呢？”我迷茫地看着妈妈问道。

“你弟弟还在学校，我没敢告诉他，怕影响他的学业。”

“那爸爸呢，还没下班吗？”我傻乎乎地问道。妈妈没有回话，眼泪开始不停地落下来。一刹那，记忆的碎片慢慢拼凑起来，我的眼泪瞬间决堤……

妈妈一把搂住我，我们母女俩号啕大哭，哭过之后，妈妈一再安慰我，希望我振作起来，可我就是不能原谅自己，每天以泪洗面。

朋友小美出国去做交换生了。临走前，她把刚刚捡回来的流浪猫娇娇留给了我。那时我每天都像行尸走肉。

娇娇的出现让我很不适应。从小到大，我都是被所有人照顾的那个。我从来不知道照顾别人是怎么回事，更不要说一只宠物。小美说，每年冬天好多流浪的猫狗会被冻死，而娇娇的幸运靠的不是别人，是它自己争取来的。我默默地听着小美讲完，内心很是麻木，对娇娇的出现，我没有任何反应。

按理说，这样的状态还会持续很久。但娇娇的出现，让一切都不同了。我几乎没办法无视它的存在。我感觉自己被骗上了贼船。猫粮、猫砂、猫窝、猫抓板，这些认知里从来没有出现过的东西，一样样被我搬回家。最要命的是这只傲娇的小猫晚上不哄就不睡觉。而睡得不算早，起得却挺早。如果我不及时起床给它喂食，清理猫砂，它就会在我旁边叫个不停。原本我睡懒觉的习惯被它硬生生地扳了过来。那天下午，我接到弟弟的电话，问我最近过得怎么样。我沉默了许久，不知如何作答。当我问到他的情况时，他却滔滔不绝地讲了好多。挂电话之前，他反复说，姐姐，明年这个时候，我们在大学校园见好不好？直到我说出“好”字，他才开心地挂断电话。一刹那，我的眼泪再次滑落下来，我其实已经挺久没有哭了。

我拿起书本，娇娇突然跳到我的腿上，要我抚摸它。我望着它小小的身躯。它那么弱小，却又那么强大。尽管它并没有伟大的目标，可它为了活下去拼尽了全力。而我呢？我再次想起亲爱的爸爸，梦里我问他生不生我的气，他只是温和地笑着，什么也没说。我想，我真该努力了，冬天到了，春天还会远吗？

框架效应

□姚耀军

在“双11”到来之前，商家就开始推出各种促销广告。广告是语言说服的艺术，而怎么说往往比说什么更重要，因为相同的含义，通过不同的表述，会给消费者留下截然不同的印象。例如，同样是半价出售，但宣称“第二件商品免费”，通常就比直接宣称价格打五折更有诱惑力。一件5元商品卖4元与一件1000元商品卖800元，同样都是打八折，但前者的广告称八折出售而非降价一元，后者的广告称直降200元而非八折出售，会取得更好的效果。

这些广告策略都归为对行为经济学中框架效应的应用。早在1981年，丹尼尔·卡尼曼与合作者阿莫斯·特沃斯基就通过实验发现，与传统经济学假设相反，人的偏好并不稳定。实验证明，当人们面对同一件事情时，两种描述，即不同的框架，虽然在逻辑意义上极为相似，但会导致不同的价值评判和决策结果，亦即人们的偏好会出现反转。《庄子》中的一则故事就很形象地反映了什么是框架效应：朝三暮四与朝四暮三根本没有区别，但养猴人一旦换个说法，更改一下框架，众猴就转怒为喜。由此可见，框架效应的力量不一般。

促销广告利用框架效应左右人们的选择，其要点在于用积极框架代替消极框架，或者用更积极的框架代替积极性一般的框架。人们更喜欢积极框架，是因为天生讨厌损失，这反映了行为经济学中的损失厌恶原理——同量损失所带来的负效用远大于同量收益所带来的正效用。

框架效应也频频出现在商家的定价策略中。例如，“双11”促销商品大多通过快递包裹方式送到消费者手中。因此，消费者最终支付的费用其实由商品实际价格与快递费两部分构成。但商家通常早早就把快递费计入商品价格，然后在“双11”这天推出包邮优惠，而这一定价策略就应用了框架效应。

如果既需要支付商品的实际价格，也需要支付快递费，那么对消费者而言，这是两个坏消息。理查德·塞勒基于框架效应认为，消息公布应遵循四个原则——好消息分开发布、坏消息一起发布、大的好消息和小的坏消息一起发布、大的坏消息和小的好消息分开发布。不难发现，商家把快递费计入商品价格，符合原则二；商家提前把商品价格提高，后来在“双11”这天推出包邮优惠，符合原则四。

商家对框架效应的应用真是无处不在。消费者需要对商家的促销手段进行甄别，对信息进行较深层次的加工处理，才能避免框架效应的影响，做到理性消费。

童年终将结束，但不该被否定

□陈　沁

一年前，在我女儿上小学前的一个星期，我们全家去上海迪士尼乐园玩。走出乐园开车回家时，我女儿突然说，她最喜欢的小玩偶不见了。

那是她最喜欢的小玩偶，她去哪都随身带着。这个小玩偶能给她带来最多的安全感。

我们把车开回去，在停车场一通好找，却一次又一次失望，到最后也没找到，只好上车回家。在车上，女儿一直沉默，然后她突然说："这个小娃娃是假的，她根本不会说话，要是她会说话、会动，一掉她就会叫我的，这样我就不会把她弄丢了……"然后她哭了起来。

可能许多小朋友都有过这样的经历吧。很多孩子在这样的痛苦中，否认他们丢掉的是一个伙伴，只是可以被舍弃的玩具。很多孩子就这么长大了。

我的玩具——变形金刚、恐龙，在8岁搬家时，都被丢掉了。当时的我虽然还是孩子，但已经是父母眼中那个懂事的孩子了。我应该说什么呢？当然是说，我都长大了，这些小时候的玩具太幼稚，丢掉也不可惜。但我心里总有一个洞，一直没有被填补。

我不希望自己的经历在女儿身上重复。

于是，我买了一个一模一样的小玩偶，和太太一起做了一些处理——按照玩偶丢失之前的照片，模仿出鼻子上的磨损、帽子上的污渍，还捏了捏新玩偶的肚子，让它尽量像旧的那样，不那么有弹性。

一天后，我拿着已经"做旧"的玩偶再次偷偷来到迪士尼乐园，把计划跟迪士尼乐园失物招领处的人说了一遍，请他们把我带来的玩偶当成一个普通的失物存入失物柜中，等下周末我带女儿来"寻找失物"时，他们再拿出来，告诉女儿这是好心人捡到的。

他们听完计划，一改之前的为难态度，说："好的，我们非常理解，也很愿意！"

一周后我们再次来到迪士尼乐园。我跟女儿说："去失物招领处碰碰运气，说不定有人捡到了呢！"她一下车就一路小跑，越接近失物招领处，她越紧张。她说："我好怕没有人捡到我的小娃娃，好怕她会被扔进垃圾桶啊。"到了失物招领处，她怯生生地把小玩偶的照片交给工作人员，带着七八分不确定问道："请问你们这里有人捡到这个小娃娃吗？"

迪士尼乐园的工作人员非常专业，她向我女儿问清玩偶的丢失地点和时间，并记录了详细的失物特征，就进屋寻找了。

等她从房间里出来，手里不仅有那天我送来的小玩偶，还有一个怪兽电力公司的新玩偶，以及一个气球、一封信。

工作人员认真地告诉我女儿，这个小玩偶在丢失那天就有人捡到了，她经历了一次了不起的冒险，不仅如此，她还认识了新的好朋友，并把新朋友一起带回来了。

我女儿几乎不敢相信自己的眼睛，她总觉得这个小玩偶和自己熟悉的样子有一点点差别，但她对比了一次又一次，把所有的差异都解释了一遍——这里的颜色浅了，是太阳晒的；那里的绒毛变直了，是碰到水了……终于，她高兴地说：“是的，这就是我的那个小娃娃！”这一刻，看着拿到“失而复得”的玩偶的女儿，看到她终于没有提前结束自己的童年，我感到自己心中那个陈旧的洞，被补上了。

一年过去了，小玩偶独自“吃饭”“洗澡”的次数越来越多。有时候出门，女儿会将小玩偶安顿好，告诉它，今天不能带它一起出去玩，让小玩偶在家里也要乖乖地和好朋友们一起玩——我女儿给小玩偶另外找了一些玩具，它们是小玩偶的好朋友。而我女儿，也有了自己的好朋友，有了属于自己的新世界。谁的童年不会结束呢？

一些人不同意我的做法，他们说，孩子应该提早意识到世界的残酷，因为孩子迟早会意识到应该为自己丢了玩具而负责。

我很了解这种看法的来源。每一个通过否定自己的童年长大的人，都有这种倾向。他们把成年人的那套生存哲学当作世界的真理，他们认为孩子也应该趁早学到。

我曾经也是这样的人。但有了孩子后，我的看法慢慢改变了。我每次看到女儿学着我们照顾她的样子，悉心照顾自己的小玩偶，才会想起原来童年是如此美好的阶段，而我曾经竟然就那样把它丢弃了。

在电影《玩具总动员3》中，安迪长大了，不再需要和自己的玩具一起玩，但是童年仍然在那里。安迪最后将玩具送给了隔壁邻居——《玩具总动员4》的主人公小女孩邦妮，让这些玩具有了新的主人，也让邦妮有了新的力量。

有时我会想，在那个停车场丢失的小玩偶去了哪里？我猜想，应该是被某个孩子捡走了。他在停车场看到了那个小玩偶，捡走之后把它带回了家。那个旧的小玩偶，也有了新的小主人。它们都在这个世界的某个地方，守护着一个孩子的童年。

零焦虑生活的“加分思维”

□汪　冰

你本来打算今天努力充电，看看书或者听几节线上课，却发现拿起手机刷几下天就黑了。天黑之后想想，白天都在玩，晚上还学什么呀？干脆再追一会儿综艺就睡觉吧。这样的一天过去后，只剩懊悔和焦虑。

这里面最重要的问题是，如果你决定今天刷手机，那就好好地刷手机，这样你就会享受其中。最可怕的是明明花了时间玩手机，还不认可它带来的快乐，这才叫真正的浪费时间。这种对自我行为的不认可，不仅不会成为改变行为的动力，反而会成为下一次更加堕落的理由。

这是一种“减分思维”：你设想每一天都理所应当是100分，玩了一整天是0分，焦虑情绪又让它减至负数。

但换个思路就可以变成“加分思维”。你玩了一整天的手机，觉得自己挺快乐的，很满足。好吧，那么晚上背10个英语单词吧。那么这一天，你既收获了快乐，还收获了10个单词。这是典型的“加分思维”：今天本来是0分，背了10个单词就加了10分。

相当正常的童年

□［英］马特·海格

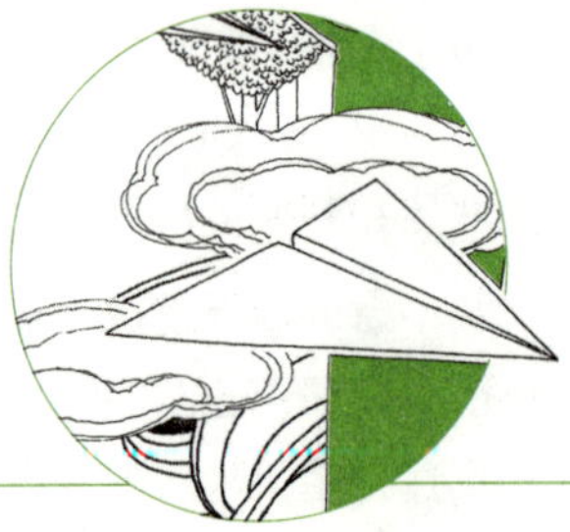

心理疾病是突然发生的，还是潜藏已久？根据世界卫生组织的研究，几乎一半的心理障碍在14岁前就有端倪。

我24岁发病时，感觉这个病很陌生、很突然。我有一个相当正常、普通的童年。但我倒是也从未认为自己非常正常，我时常焦虑。

一个有代表性的记忆是，10岁的我站在台阶上，哭着问保姆，我能不能跟她待在一起直到爸爸妈妈回来。

她很善良，让我跟她坐在一起。我很喜欢她。她穿着宽松的T恤，身上有一种香草的气味。她的名字叫珍妮。

“你觉得他们会很快到家吗？”

“会的，”珍妮耐心地说，“当然会了。只有几英里，不算远的，你知道吗？”

我知道。

但他们也有可能出了意外。当然，他们并没有。他们最终安全到家了。然而在整个童年，这样的恐惧我经历了一次又一次，我在无意中教会自己如何焦虑。在一个有着无限可能性的世界里，痛苦、失去、生离死别的可能性也是无限的。恐惧滋生着想象，想象又滋生着恐惧，周而复始，直到把自己逼疯。

还有一件事，有点儿不寻常，但仍旧在正常范围之内。那年我13岁，在学校操场上，我和一个朋友走到一些同年级的女生旁边，坐了下来。其中一个是我暗恋的女生，她看了看我，然后朝她的朋友们做了个感到恶心的表情。她当时说的话，直到26年后写这本书时，我依然清楚地记得。她说：“呃，我不想要那人坐我旁边，他脸上有蜘蛛腿。”在我恨不得钻到地缝里的时候，她继续解释说：“他脸上的痦子上长了毛，看起来像蜘蛛啊。”

那天下午5点左右，我冲进家里的卫生间，用爸爸的剃须刀剃掉了痦子上的毛。我恨自己的脸。我恨脸上这两个大痦子。

我拿起牙刷，把牙刷头按进左脸颊，就在最大痦子的正上方。我紧闭双眼，使劲摩擦。我一直擦，一直擦，直到有血滴到水槽里，直到我的脸带着热和痛开始颤抖。

妈妈走进来，看见我的脸在流血。

“马特，你的脸怎么啦？”

我用卫生纸捂住还在流血的伤疤，小声咕哝着事情的经过。

那个晚上我睡不着觉。贴着巨大膏药的左脸颊阵阵作痛。但这不是我睡不着觉的原因。我在想，在学校里怎么解释我的大膏药。我在想象另一个空间，在那里我已经死了，那个女孩听说我死了，罪恶感让她哭个不停。这是一种想要自杀的念头，但这么想能让我感到宽慰。

童年眨眼就过去了。我还是很焦虑。16岁时，我因在商店偷窃被拘留（偷了洗发水和巧克力棒），在警察局待了一下午。不过那得归咎于青春期的愚蠢和合群欲望，和抑郁症无关。

我玩滑板很差劲，成绩不好不坏，留着不对称的头发，是一个很普通的孩子。

我不是个很合群的人。遇到他人，我的自我就会被瓦解，变成他人期望的样子。但矛盾的是，我始终感觉体内包藏着某种强烈的东西。我不知道它是什么，但它在不断累积，像是被大坝拦截的洪水。后来我抑郁症、焦虑症发作，我觉得我的病是所有被压抑的强烈情绪累积的结果，就像大坝决堤一样，如果你太难释放自我，那么自我会破壳而出，淹没你的意识，试图淹死你所有失败的、半真半假的自己。

"旧日子"都在隐秘角落中

口林小淼

女儿喜欢的一条裤子，不知在哪儿玩时被剐了个三角口，回来问我怎么办。我说她可以选一件长款上衣，把口子盖住。她听了面无表情，敷衍地挑大拇指"赞"曰："不愧是脑洞大开的妈妈。"

说起缝东西，并不是全然不会，只是在会女红的人眼中，我的针线活都不能叫作缝，她们管我用针线完成的行为叫"撅上了"。我妈听说后问我："怎么不拿到织补铺去补一补？织补铺就是专门缝缝补补的地方，浏阳一定有。"可是织补铺在哪儿？地图软件也没给我搜出来。

在小区群里问了邻居后，我才终于在一个极隐蔽之处找到了它。这里不挂门牌，门面极窄，就在隔壁一个老小区的一楼。我找到那儿时，只见小店里的缝纫机边放满了碎布条拉锁，像行李箱一样的音箱里放着邓丽君的歌，裁缝大哥正跟空气练习跳交谊舞，见我进来，只把下巴一扬，示意我等他跳完这支舞。

后来他还给我改过裙子、牛仔裤，甚至连领子太紧的睡衣也改得特别好。有多好呢？我留了他的手机号，备注是"晴雯大哥"。

去年给舅舅拜年，发现他的茶壶很别致，斜着几条线的末尾坠朵铜梅花，像是抛流星一样洒上去的，我从没见过这样的紫砂壶。

"这花纹是怎么弄上去的？"

"茶壶摔坏了，找师傅锔的。"

"用什么锔啊？"

"金刚钻呀，老话不是说了，没有金刚钻，别揽瓷器活。金刚钻就是专门锔茶壶、茶碗这些瓷器的，只要不是碎成渣，都能锔好。"

"您从哪儿找到的这位师傅？"

"这种师傅你们年轻人当然不知道，我们可一直都知道上哪儿找。"舅舅挺得意地说。

真是这样，舅舅不像我们这些用着一次性餐具，吃着速食外卖，东西坏了第一个想法就是丢的人。老一辈人过着具体而细致的生活，有从长计议过日子的心思，他们知道城市里哪个角落隐藏着手艺人。

都说工匠精神，工匠是有，就是很多人没那精神去找他们。那些角落里藏着靠缝缝补补、修东西过日子的工匠，他们有一种决不得过且过的决心。想想我们如今的变化确实太大了，我们本来是喜欢缝补的民族呀，连天都是被女娲补过的。

配钥匙的也越来越少见了，现在家家户户都换了密码锁，用钥匙的都少了。也许未来有作家要写我们的时代，还得去博物馆看看钥匙，要是看见配钥匙的机器，还不见得认得出，博物馆里也许只会注明：20世纪生活用品。

街边剃头的师傅是更久远的"旧日子"，浏阳现在仍旧有，常能见到。我在思邈公园门口的桂花树下，看见一个师傅弓着腰给他的客人刮脸，旁边是他的移动发廊小车，上面有一个煤球炉，几个暖瓶，红牡丹搪瓷脸盆，一面有水渍的方镜子，至于梳子、剪刀、剃刀，都在他腰间的挎包里插着。

他们气定神闲，好像一条绿化带之隔的车水马龙跟他们毫无关系似的。属于他们的那片空气中飘着花鼓戏，要不是花鼓戏是从剃头师傅的手机里传出来的，你简直要以为自己穿越了。

过去事物的魅力，只有从过去走来的人才能体会。就像现在订牛奶，隔天送来两瓶，玻璃瓶不回收，每次丢掉它们我都惴惴不安。小时候一只旧牛奶瓶每天都会被妈妈洗刷好，隔段日子就煮一下，只要不摔碎，就一直用。瓶身贴了医用胶布，上面用圆珠笔工工整整写上我的名字，像家庭成员似的。我很有兴味地把这些细细描述给女儿听，她听了大打哈欠。

过去的事物，毕竟是过去了。

有些“社牛”的底色可能是自卑

□祝　杰

最近，“社牛症”成为网络热词。与“社恐症”（“社交恐惧症”的简称）相反，“社牛症”人群在与陌生人交往时，能完全卸下心理压力，不怕生、自来熟，可以快速与陌生人打成一片。

那么，从心理学角度看，“社牛症”是什么呢？人们常说的“社恐症”，学名是“社交焦虑障碍”，指个体对一个或多个社交场合的过度恐惧。尽管“社牛症”中也有“症”字，但这类人没有罹患心理疾病。他们是社交圈里的红人，“社牛症”甚至成了高情商的代名词。

但是，似乎也有一些另类的“社牛症”人士，他们毫不在意他人的目光，不分场合地“放飞自我”。例如，有意无意地用夸张的举动吸引他人注意，或者在安静的地铁车厢内大声喧哗。

所谓的“社牛症”可能囊括上述两类人群，一类是拥有坚实的自信、敢于投身且享受社交的人群；另一类人，他们的自信则更像是纸糊的老虎，在他们浮夸的言谈举止后，隐藏着深深的自卑。

要想理解为何有些拥有“社牛症”的人如此自信，我们首先得谈谈健康的自尊和自信源自何处。

“镜映需要”的充分满足，可能是“社牛症”人群自信的最初来源。自体心理学创始人科胡特提出“镜映需要”的概念，其用来指婴儿在成长过程中，需要感觉到自己被足够肯定和接纳，尤其是得到了被抚养者的理解和欣赏。孩子在成长过程中，时不时会有一些明确希望得到肯定的时刻，科胡特认为，当这些重要的瞬间到来时，如果孩子能从抚养人眼中看到赞许的目光，并得到共情的、及时的回应，就会感到由衷的喜悦，产生一种“我很重要”的感觉。

长此以往，孩子形成一种坚实、稳定的自尊感，这将成为孩子日后发展的坚实后盾。曾经被充分认可的经验，会使得孩子长大后愿意相信“我能行”，进而敢于面对这个未知的世界。

这部分孩子中不少人可能成为“社牛”，但还有一小部分“社牛”就没那么幸运了。

抚养人对这部分孩子总是持以一种冷淡、敌意和批评的态度，未对他们的“镜映需要”予以满足，那么孩子的自我价值感就可能受到压制。这些孩子成年后，他们早期被忽视的需要，可能依旧需要被满足，甚至是要被加倍满足。

这或许就是某些拥有“社牛症”的人不惜哗众取宠，也要得到他人关注的原因。他们希望以这种方式，来弥补未被抚养人充分理解和肯定的缺失。

根据个体心理学家阿德勒的观点，人生不可能四平八稳，因此每个人在成长道路上都会经历一些挫折，感受到理想与现实间的巨大差距，这就使得我们内心或多或少都会有一些自卑。

但如果一个人能以有益社会、有益他人的方式，来为所处共同体做出贡献，在不断做贡献的过程中，个人将获得共同体的认可，拥有归属感，进而形成自信，使自卑感有所消融。

不过，也有人并非以上述方式，而是以傲慢的言行、贬抑他人、自我吹嘘或欺凌弱小的方式，来减轻自己的自卑。这类人看似做出了许多“优越行为”，实则是为了掩盖内心的脆弱。我们要向“社牛”学习的并不是单纯的“放飞自我”，而是要以利他的方式来展现自我。

懒人一点儿也不懒

□ harps

曾经有个故事说一个孩子的心愿是学习懒惰，他父亲就带着他四处寻访懒惰大师，找到一个有名的懒人，他每天的工作就是躺在树上等果子掉下来后抓起来吃。这位父亲很是佩服，儿子却不以为然，说他如果真懒，就该等果子掉进嘴里才吃。懒惰大师爬起身来给儿子作揖，说你已经比我懒了，你才是懒惰大师。

这应该是一个反讽故事，告诉人们不该懒惰。不过仔细想想，这爷儿俩为了一个心愿，千里迢迢风餐露宿去找传说中的先知，岂止不懒，只有唐僧取经能与之相比。

真的懒人，脖子上套着大饼，都懒得张嘴咬一口。如果说万里取懒经是打着懒惰旗号的伪善，那么拒绝抬手转动脖子上套的大饼就是懒惰的真正修行。可叹的是，和所有美德一样，世间的懒惰也多是伪善，缺少真正的圣人。

在人间有许多平行世界，其中一个是懒人的世界，仿佛与普通人的世界之间有一道隔离墙，但所有人都情愿待在懒人那边。普通人刷手机，懒人也刷手机，所以有懒人手机架（普通人就该两手捧着刷）；普通人带午饭盒，懒人也带午饭盒，所以有懒人自热饭盒（普通人当然应该用微波炉）；普通人坐沙发，懒人也坐沙发（懒人坐在沙发里仿佛没有骨头，普通人坐沙发也扎个马步）。有人说，天才是百分之一的灵感加百分之九十九的汗水；也有人说，人类的懒惰成就最伟大的发明。这两种说法哪种正确呢？懒人才不想这么多。

最让人领悟到标榜懒惰已经成了一种伪善之行的是菜谱网站，上面有一页一页搜不完的懒人菜：懒人炖排骨、蒸烧卖、焖煲仔饭、摊鸡蛋饼、做七天不重样的沙拉、40分钟三道菜的二人晚餐。只见懒人的身影在厨房里忙忙碌碌，煎炒烹炸。馋懒相争，馋占上风。厨师长王刚亦有“懒人排骨”和“懒人烧豆腐”。

懒人排骨要洗要焯水要用小苏打抓过，使排骨变嫩，懒在只需调一个味汁一次焖熟。这个味汁要用六种香料（柠檬、八角、桂皮等）、四种调料（冰糖、酱油、可乐、盐）。即使是做惯中餐的人，也很难说出这个做法究竟在哪一步偷了懒。如果这算懒人做法，勤快人做法是什么呢？现杀猪吗？比较合理的懒人办法做排骨，就该是白水煮烂蘸酱油。当然，真正的懒人晚餐应该是送上门的比萨饼，真正的懒人早餐应该是昨晚剩下的比萨饼。

“懒”是一种很容易让别人原谅自己的缺点，说自己懒，别人不会太当真。以请朋友吃饭为例，如果招待朋友七个碟子八个碗或者一份三明治一个苹果，抱歉地说“我太懒了只做了这些”，朋友都会真心感谢。如果偷了邻居家的鸡狗、动物园里的保护动物，烹调三天三夜精心做成酒席，对朋友说“我太邪恶了又太勤劳了，所以偷来这么多，为你忙活了三天”，朋友不当场掀桌就不是正常人。懒容易被原谅，因为懒的后果往往温和：最坏不过什么事情都没有发生，世界少了一点儿扰动，人间多了一点儿清静。

最坏的旅行经历可能是你最好的记忆

□洪　晃

我的女性朋友和一家人去非洲旅行，每天要跑二里地爬上一块大石头才有手机信号，一直到她举着手机的时候，眼角余光发现一条还没有被做成皮包的蛇在慢慢地向她蠕动。于是，她一声尖叫，从石头上几乎滚下来，跑回营地。

她说每天晚上，在帐篷里听到外面各种动物的声音都彻夜不眠，只有天微微亮起来，她才能出来叹口气，在她叹气的片刻，眼前是马赛马拉的日出。

我这女友发誓再也不去非洲，再也不做这种旅行，但是我听她在几个场合跟不同的朋友讲这个故事，每次都非常生动，大家都很爱听。

所以，我想有的时候我们去旅行就是为了创造记忆。

去年夏天随爱马仕年题活动来到巴黎北车站，记得20年前，我在这个车站焦虑地待了7个钟头。那次是出差，我的同事是一个经济学学霸，一个纯粹的文艺女青年，头一次出国，看见任何类似安徒生童话的场景都要感叹几句。

她精心地保留了这一路所有的车票、飞机票、门票、酒店钥匙、餐厅菜单等。说实话，挺烦人的，老得被她使唤：“你跟服务员说一声，能把菜单给我吗？”然后当我好不容易说服人家把菜单给她，她会冲上去抱着人家说：“Thank you，thank you.”

从马赛回巴黎，我们的火车也是在巴黎北站停下，她一路都在把她的车票贴入一个笔记本（这是我旅行时一直觉得应该做的事情，但是从来没有耐心去做）。车到站了，她匆忙地下车，剩下半袋票据落在了火车上。

当我们拿着所有行李下车以后，她发现她宝贵的票据丢在车上了，要回去拿，还让我把脚架在门上，以防她还没下车车门就关了。我跟她说这使不得，欧洲火车的门不是中国公交车的门，我会丢了我的腿。

但是她坚持上车拿票根，我就没拦她。

谁知道，在她取了票根正准备下车的时候，“唰”的一声，电动门迅速关上，我看见车门玻璃后面，文艺女青年的表情从着急下车，到惊讶，到恐怖地一声大叫，车徐徐开动，她绝望得满脸泪水地在叫我。

可是从她那边看我的表情是怎样的呢？我居然在哈哈大笑。在她被关在车里的瞬间，我也被吓了一跳，但是不知道为什么，这辈子一直在我控制之下的“幸灾乐祸”思想爆发了，我肆无忌惮地在月台上哈哈大笑起来。

幸灾乐祸总是要被惩罚的。在车开走之后，我在巴黎北站待了7个钟头，想办法把她从比利时弄回巴黎。

爱马仕年题活动的特点是不告诉客人去干什么，只要跟着走就可以。所以，前几天来到巴黎北站，大部分人不知道去哪里，我猜到是去比利时，就是因为当年文艺女青年曾经从同一条轨道哭着被拉到比利时。

回来的路上，大家有点儿疲劳，听了这个故事，都笑了。

最坏的旅行经验都是你人生的故事。

不　等

□郭华悦

有些人的生活，是由一个个“等”字串联而成的。

等一个人。这个人，可能是亲人，或许是挚友，也或许是另一半。那个人为什么还不到来？单是这个念头，就足以让人的脑海里，生出千万种奇奇怪怪的白日梦，其中可能是忧伤，可能是暗喜，也可能是惊悚。

对这样一个人的等待，往往伴随着对现状的否定。为什么非要等这个人呢？没有这个人的现状，无疑是欠缺的，令人无法从心底生出满足来。唯有等到这个人进入自己的生命，日子才算圆满。于是，就开始了漫长且充满悬念的等待。

等一件事。会让人心生期待的事，大多是好事。比如一个人在人生的长河里，忙忙碌碌地奋斗了漫长的时间，可越接近目标，心中就越容易按捺不住地生出等待来。等一件事，也是等一个结果，来给自己长期以来的努力，画上圆满的句号。

若这样的结果未能如约而至呢？当事人的心中，难免患得患失，郁郁寡欢。这样的等待，其实有着另一层潜台词。没有结果，未获肯定，那之前的种种努力与奋斗，都是徒劳的。唯有等来了结果与肯定，人生才算值得。

一个人的生活里，若是有了太多的等待，往往背负的包袱也就重了。人生，看似是自己的，实则难自主。快乐不再是任由自己做主的招之即来的东西。相反，自己的人生快乐与否、值不值得，取决于各种无法预知结果的等待。

可见，等待有时源于不自足。因为觉得生命有欠缺，需要由另一个人来填满。或者，自己无法从努力的过程中，从挥汗如雨的奋斗中，挖掘出专属于自己的快乐，反而将这样的快乐寄托在外界的肯定上。于是，便有了饱含不确定性的等待。

有时，比起等待，不等的过程或许更值得我们品味。

失控的食欲

□周　冲

《百年孤独》中，丽贝卡是个孤儿，无人关爱。一旦在世事中遭遇不顺，在爱情中受到煎熬，她便以吸手指、吃土，甚至吃蚯蚓，来克制爱的无能带来的痛苦。

《紫禁城魔咒》中，叶赫那拉孤独无比，开始偷吃宫中的木头。

《永别了，武器》中，在女友凯瑟琳生命垂危之际，亨利不断去餐馆进食……

黛安娜王妃因不被爱，患上进食障碍。她食量大得惊人，在暴饮暴食之后，又通过抠喉催吐，将食物从胃里清空。查尔斯难以忍受。他说：“我整个蜜月都在呕吐的气味中度过。”

你看，所有疯狂紊乱的食欲背后，都藏着一个可怜人。

而他们之所以可怜，在于失控的食欲里，那些无法克服的恐惧、不被安慰的孤独、永无餍足的虚空和爱的匮乏。

学霸也曾叛逆

□刘嘉森

一

刚刚进入中学的时候，我恰好处在青春期叛逆阶段，情绪常常不稳定。初一时，我进入了一个比较浮躁的班级，导致我的叛逆迅速地发展了。班里男生明显多于女生，相当一部分同学是“纨绔子弟”，家境殷实、思维活跃、拉帮结派，老师认为他们的共同特点是“很聪明但不用功”。

我的父母看到我被分进这样的班级，不禁担忧我的学业，怕我跟着他们学坏。事实也果然如父母所料，我很快就受到了他们的影响。

我初一时个头就蹿到了一米七以上，因此座位被分到了倒数第二排。不幸的是，倒数两排聚集着大量的“纨绔子弟”。他们自习课聊天、上课打岔、下课喧闹、放学约架是常规操作。有一次物理课上，后两排男生手痒想去打球，竟然无视讲台上讲课的老师，径直跑出去打篮球了！

更糟糕的是，他们很快跟我交上了朋友。我虽然家境一般，但是成绩在入学的时候是年级100名左右，班级第5名上下，属于差生眼中的尖子生。他们看我成绩好又没有学霸的架子，很乐意跟我玩。所以泡网吧、K歌、轧马路（就是在街上晃悠）、胡吃海喝这样的事情我经常参与，他们也从不让我花钱，都是豪爽地叫上我。

父母提醒过，让我不要参与，可是我正处于叛逆期，什么也听不进去。我每天假托上自习，其实一放学就去鬼混，混到晚上十点左右才回家，作业草草完成，有时候甚至直接拿同学的作业抄抄了事。

奇怪的是，我的成绩没有下降。一个学期下来，靠着吃小学的老本，我的成绩依然稳稳保持在年级100多名、班级第5名。放荡不羁的作风加上稳如磐石的成绩，让不少同学暗暗地受了我的影响，觉得努力学习没什么意思。老师们顿时把我视作“眼中钉”，隔三岔五地找我谈话，让我收敛一些。我却不以为意：我连父母的话都不听，又怎么会听老师的呢？

老师们拿我没办法，我跟老师的关系也逐步恶化。但是，正因为我的成绩很好，我的行为举止就比后两排那些同学更加败坏班级的风气，形成错误的导向。而我想：我又没故意影响谁，只不过图自己开心罢了，其他人跟我学，只能怪他们不自量力，跟我又有什么关系呢？

许多年后我才明白，一个人的一举一动都会对外界造成影响，特别是能力大的人，更要注意自己的言行。

二

成绩暂时没下降是因为老本还没吃完，到了下学期，断崖式的成绩下跌就出现了。在考试时我就发觉不对劲。

第一场考地理，我有60%的填空题空着，剩下的40%也是勉强胡诌而已，以前仗着自己读书多随便写写就能拿个高分，如今填空题考的都是原文了，不符合原文的答案不能得分。简答题也考到了比较专业的知识，光靠从科普书里看来的知识实在扛不住。我心里隐隐觉得报应来了，强作镇定，腿却止不住地抖起来。

考英语的时候，我感觉自己实力还在，可是由于上课没听讲，语法错得太多了。考生物，我发现自己该背却没背、该听却没听的实在太多了。就这样，7门考试考下来，我心底发凉，冷汗直冒。等着出成绩的时候，我暗自对了对答案，发现500名怕是保不住了，真是欲哭无泪。

等了一天半，总成绩出来了，我排到年级800多名。刺眼的名次让我如同五雷轰顶，当场呆立，久久回不过神来。教室里一如往常地喧嚣着，人来人往，笑语欢声，我却对这一切热闹没有感觉了。我只觉得自己坠入了冰窟，双腿战栗，头发根根直竖，两排后槽牙止不住地相互磕碰。完了，全完了，我变成后进生了。

我花了两个小时走到家里，路上不断徘徊，不知道怎样面对父母。我不敢说出这个可怕的消息。我仿佛已经看见父母在训斥我，看到老师们在感慨“不出所料”，看见同学们在嘲讽和嬉笑。唉，回家的路要是能再长一些就好了！但是我终于站在了家门口。父母对我这么早回家感到奇怪，又看到我脸色不好，以为我生病了，关切地询问我。我摆摆手，进了房间，扑倒在床上。

我哭得很沉重，却没有声响。这时我才发现，我怕的不是父母的责骂、老师的惩罚、同学的轻蔑，而是自己变成一个差生的事实。初一的学生自然不知道社会的残酷，但是“学习改变命运”的信念是早就确立的，如今考试一败涂地，我怎么可能不伤悲？

三

我后悔了，醒悟了。我终于知道，成绩是一点一滴的苦学换来的，没有捷径。我自以为聪明绝顶，可以游戏人生，可以吊儿郎当就考上大学，可以轻轻松松混成个成功者。但世界是公平的，谁努力奋斗谁获得丰收，不劳而获是不存在的。

我走到客厅，菜已凉了，父母在看电视。我跟他们坦白了我的成绩，说着说着，不禁流下了痛悔的泪水。父母安慰我：“没事，其实我们接到老师的电话了，情况都了解。只要你把道理想清楚，认真去学，成绩肯定不会差。”

父母陪我到学校里跟班主任白老师见面，班主任和蔼地开导我，希望我把之前浮躁浪荡的态度收一收，展现出自己的实力。白老师平时不苟言笑，这回难得露出了笑脸，大概是因为看到了我悔过的态度吧。

从此，我改变了行径，变得刻苦好学。上课我竖起耳朵听、全力去理解，偶尔有不懂的，下课也一定去问。该背该复习的，我抽出下课或者饭后的时间都做了，放学回家的路上抓紧时间把单词和课文背了，回到家立刻伏案写作业，作业完成之后再吃饭。由于提前把需要理解、需要背的都用零碎时间做完了，所以我完成作业的效率奇高，往往40分钟到一小时就能完成作业。

吃过晚饭一般是八点半，离睡觉时间还早。这段时间做什么呢？我发了愁。于是我挨个去找各科老师，向他们询问对策。老师们都惊掉了下巴：这还是原来的刘嘉森吗？竟然如此好学！

老师们纷纷拉开抽屉，给我看他们平时积攒下来的卷子和试题，让我感觉发现了新大陆。教政治的张老师还说：“尽管做，做完找我判，我给你仔仔细细讲清楚。”

如果从旁观者的视角看，我度过了魔鬼般的一个月，但在我看来，这一个月的状态是刻苦而不痛苦的。刻苦而不痛苦的状态是最好的学习状态，是最容易出成果的学习状态。我感觉每一天都过得充实，时间没有浪费，自身的价值得到了最大限度的发掘。

我和老师们的关系也变得空前地好，老师们纷纷祝贺我这个“浪子”终于回头。我感觉自己的知识量在飞速地提升，对课本知识的掌握也越发纯熟，有时候我让同学抽问我课本上的知识，他们都惊讶于我竟倒背如流。

一个月之后是大考，我在考试的时候没有太多感觉，只觉得题目既不简单也不难，比较寻常，有些题目做不出来，但也能写上大体的思路。一场场考下来，我都很沉静，考试的间隙都在复习知识。

成绩出来之后，我大吃一惊：成绩单上赫然写着我是班级第一、年级第七！我揉揉眼睛，不敢相信自己竟然达到了原先难以企及的水平，在1500余人中取得了第七名的好成绩！这怎么可能？

我从未体验过如此巨大的成就感，也从没像这时一样，感到自己是一个真正的学霸。我感到欣喜，因为这个名次是自己长时间努力换来的。从此，我知道了努力的意义。

你的衣服穿反了

□德琨若鱼

有人在身后用手指轻点我的肩膀，回头一看：是那位年龄约70岁的女士。“衣服穿反了。”她轻声说。我这件亮黄色的绒衣，肩胛连接处故意做成明边，鼓了一圈出来，已令多人误解。撩开左下方衣襟，我把标签给她看：“没穿反。”她“哦、哦”地倒退几步，返回座位。

我们都是图书馆的常客，面熟，但没交流过。突然有些后悔，我何不干脆承认穿反了，何必证明她是错的？日本歌伎大师勘弥曾扮演徒步旅行的百姓，正要上场，门生眼尖：“师傅，您鞋带松了。”“谢谢你。”他系紧鞋带，走到门生看不到的舞台入口处时，又蹲下把鞋带弄松——松垮的鞋带，可以表达长途旅行者的疲惫。有人问：“您为什么不当场教那位门生呢？”“别人的亲切必须坦率接受，要教导演戏的技能，机会多得是。”

女人在夏天穿衬衣，也多烦恼，如胸部易将纽扣间的门襟撑开。有长者曾善意提醒：这里加一颗纽扣就好了。我低头，忙碌了一天，衬衣不再周正，顿时脸红，旋即回忆今天近距离和哪些人接触过，恼恨连连。倘不自知，一切似乎自然、正常，但被提醒后，对方以为是佑护，本人多少产生一种“戳穿”感。

电影《芳华》里刘峰接何小萍来文工团的第一天，悄声告诉她自己看过她的档案，知道她父亲是劳改犯的事，并表示自己不会告诉别人。出身于木匠家庭的刘峰，格局并不大，以为这样做可以让何小萍放心，反而在姑娘初来乍到时，制造出巨大的心理负担——档案里都写着呢。这也导致了何小萍与其他女孩相处时，潜藏了自卑。

是善意还是揭穿？若是可以纠正的失误，能有人及时指正避免出错，这是善意；但对已经发生的无可挽回的失误，是否该保守“公开的秘密”？

是接受还是否定？若勘弥当即表明，松鞋带是刻意的艺术创作，门生肯定认为自己造次、愚笨，逐渐藏愚守拙，失去主动和质疑。大师在做人的教育和真理的传授间，以为做人更重要。

正当我左思右想之时，那位70岁的女士，在离开图书馆前来到我座位边，悄悄说了声“对不起啊”。唉，我否定了她的关心，我赢了吗？

两个韩愈

□哈　叔

有怕死的韩愈，有不怕死的韩愈。

王谠《唐语林·栖逸》载：“韩愈好奇，尝与客登华山绝顶，度不可下返，发狂恸哭，为遗书。”一代文豪，登临华山绝顶，患了恐高症，吓得号啕大哭，魂飞魄散之际，写下了遗书。

韩愈《左迁至蓝关示侄孙湘》诗云：“一封朝奏九重天，夕贬潮州路八千。欲为圣明除弊事，肯将衰朽惜残年。云横秦岭家何在？雪拥蓝关马不前。知汝远来应有意，好收吾骨瘴江边。”韩愈为百姓请愿，不惜犯颜直谏，且做好了被亲人收尸的准备。

在华山绝顶失足，死于非命，轻于鸿毛，是以怕死；为百姓苍生请愿，死得其所，重于泰山，是以不怕死。怕与不怕，都是活生生的韩愈。

6 顶尖高手，都有赢家思维

向树学习

□吴聪灵

若你仔细凝视过冬天的树，便会发现，以虬枝在天空挥洒水墨的它们，潇洒轻逸。

若你在树旁站立过，就能感觉到，树下的根系通达延展，正在汲取来自黑暗深处的无限潜能。树比人类更能理解“沃土”的含义。

于是，你便不敢轻易将这形态谓之干枯。人家分明是在归藏蓄势，分明是在开启春天——地下之冬，即地上之春。这是一体两面，人以一端观之而分荣枯，于树而言，四时轮转，生机从未停止。

人有生机，自然生长、发育，原与树一样，是不必费心太多的事。因被教化要“更高、更快、更强”而刻意加量提速，就会带来另一种风险——生存之上，又求名利，一路狂奔，乱了节奏，于是在某个节点卡顿，问天问地问夕阳，如此形态意义何在?

外来的声音难成有效答案，不妨向树学习——春夏时蓬勃，是强者；秋冬时干枯，却是另一象限的强者，归位内核，向下扎根。

你清静下来，体验到一种不需费力、无须刻意的生命节奏，好似你的呼吸和心跳，自有其不必操心就自然运作的天然机制。你不需把自己像禾苗一样拔高了去呈现所谓的良好生长态势，一次凝神敛息的深度冬眠，蓄养来日的长久生机。

板凳要坐十年冷，如今鲜有人言，但这发展的客观规律不曾变过。

于个体而言，在困境中做默默无闻的根系，自我滋养，是需要定力的。你需要找到契合自身特质的节奏韵律，做个恰到好处的生长者、行动者，以几乎不易为人察觉的进度，强大着。

当你知道如何安居自身的低谷和长夜，你就理解了那些冬天的植物和动物。原来，宠辱不惊，苟日新、日日新、又日新，等等，前人反复诉说的，都是一个意思，强弱是流动变化的。

最后，引一首于尔克·舒比克的诗与你共勉：洋葱、萝卜和西红柿，不相信世界上有南瓜这种东西，认为那是一种空想。南瓜不说话，默默地生长着。

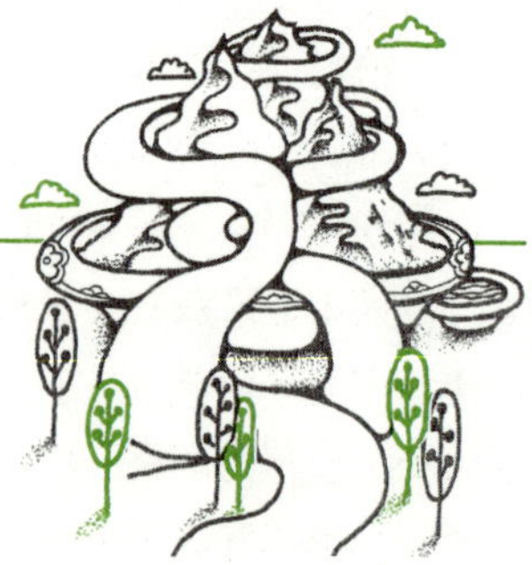

没有人是孤军奋战的

□［法］罗曼·罗兰

生活是严峻的。对思想上不甘平庸的人，生活就是一场无休止的搏斗，而且往往是无荣誉无幸福可言的，在孤独中默默进行的一场可悲的搏斗。贫困、日常的忧烦、愚蠢的超负荷劳作，把他们压得喘不过气，徒劳无益地消耗着他们的精力。他们没有一线希望，许多人彼此隔离着，对彼此的存在一无所知，更不要说向那些深陷在苦难中的兄弟伸出抚慰之手了。他们只能靠自己，可有时候即便是最坚强的人也会在苦难的重压下俯首让步。他们呼唤援助——他们需要朋友。

名著里的“躺平”高手

□肖　遥

山本周五郎的小说《豫让》写了一个从“躺平”到“躺赢”的案例。岩太的父亲被知名剑侠刺死，因替父亲感到不值，还嘲笑剑道，他被家人赶了出去，索性当了乞丐。没想到从前鄙夷他的人都来鼓励他，给他送吃喝、送钱财，以为他在卧薪尝胆准备复仇，于是，岩太因“躺平”而暴富。本来准备携款跑路的他，想通了：既然大家都以为君子报仇，十年不晚，那他就再躺十年，反正去哪儿也没有留在这里过得安逸。故事结局是杀父的剑侠暴毙，岩太没想到，自己用“躺平”熬死了对手。

高级的“躺平”并不是混吃等死。“躺平派”鼻祖庄子说过“知其不可奈何而安之若命，德之至也”。但古人也说过“临渊羡鱼，不如退而结网”，他们只是提倡顺势而为，不让自己拧巴。

名著里也须有一两个“躺平派”，情节才丰富。《西游记》里有猪八戒，取经途中，他总会不失时机地享受偷懒的快乐，动不动躲在角落里睡觉。在他眼里，焦虑的唐僧、狂躁的孙悟空，都病得不轻。猪八戒心里不舒服了就把“趁早散伙”挂在嘴上。他冷眼旁观，能躺着绝不站着，准备花最少的力气，混到灵山。

《红楼梦》里的林黛玉对人情世故、仕途经济漫不经心，如果搁在现代，她肯定对股市、房价、晋升都没兴趣，恨不得“每日家情思睡昏昏”地“躺平”。但她对情感“卷”得厉害，吃宝钗的醋，担湘云的心，她不惜为这段感情哭得饭也不吃，觉也不睡，甚至连命都不要。经此一“卷”，她终于抵达谁都“卷”不过她、跟谁“卷”她都不屑的境界。她跟宝玉互相表明心迹的时候，说：“我为的是我的心。”由此可见，“卷”的最高境界其实是“躺平”——我爱你，与你无关。

猪八戒的“躺平”是谁也叫不醒一个装睡的人，林黛玉的“内卷”证明了谁也“卷”不过一个玩命的人。普鲁斯特在《追忆似水年华》里用了极其细腻的笔触描写自己“躺平”期间的心路历程，证明了只有身体上完全躺平，才能放飞精神，让思想去触摸这个世界的边边角角乃至细枝末节。在身体上比普鲁斯特躺得更平的霍金，精神飞得更高更远，触摸的是宇宙的尽头。

卡尔维诺的《树上的男爵》中，柯希莫认为宇宙的尽头在树梢。每当迷茫和郁闷的时候，他就会爬到树的顶端，向远方眺望。厌恶在地面上“内卷”的他，干脆选择生活在树上，此举不是为了后退，而是为了抵抗，为了“和尘世保持必要的距离”。即便老来病至奄奄一息，人们把床架到树上，让他躺下，医生爬上树给他看病，他也不愿意。当一个热气球飞过树顶，他像孩子一样一跃而起，抓住气球的绳子，被带走了。

如此运输犀牛

□小　伟

犀牛应该是最讨厌坐飞机的动物，因为它们根本没资格坐上飞机。四肢被绳子捆住，眼睛被面罩遮盖，倒吊于直升机的下方，在旅行过程中随风摇曳，运气不好还会撞到几只不长眼的飞鸟——这就是犀牛坐飞机的日常。

第一次在南非看见这般盛况的记者卡尔·弗兰兹说，他最初认为吊着的是一头死牛，于是他感到了某种程度的不适与迷惑，他开始驱车追赶那架神秘的直升机，结果那头犀牛在他头上拉了一大坨屎。

实际上，在非洲，空运犀牛是一个非常有必要的选择——如果你不想看着这帮长着角的野兽灭绝的话。盗猎者越发猖獗，装备也越发精良，他们现在甚至拥有了八成新的AK-47。即便现在的保护人员已有4000人左右，但他们依然无力阻止盗猎案件的发生。

于是不停地将犀牛转移至人烟稀少的荒野，便成为保护犀牛的最佳方案。

这就像在跟盗猎者玩捉迷藏，赌注是犀牛的生命。

要知道，1960年，有超100000头黑犀牛在非洲草原上跟猩猩与鳄鱼抢夺水源，跟狮子与鬣狗干架，或是偷偷在长颈鹿的脚边撒尿。

到了20世纪90年代，仅仅剩下了2354头黑犀牛苟延残喘，很多年轻的狮子甚至都不知道它们还有这么一个憨厚的邻居。

在过去的非洲，人们用火车或者大货车来运输犀牛。事实证明，这并不是优质的选择。盗猎者会在草原上追踪汽车行驶过的痕迹，或是干脆守在公路上，用望远镜查找货车的目的地，这就像是买房多了一笔二十块的手续费，并不能有效阻止杀戮的发生。

直到十年前，人们发现用直升机空运，能够神不知鬼不觉地藏匿犀牛。直升机可以迅速且高效率地转移犀牛，轻松抵达那些人类尚未涉足的地界。

空运的快捷，也意味着使用更少剂量的麻醉药，保护组织不再需要给犀牛注射海量的药物，用以度过路途上那漫长曲折的时光。

很多时候，只需半小时，犀牛就能成功抵达新家。得益于眼罩的遮蔽，犀牛下机之后，甚至都不知道自己上过天。

空运倒吊犀牛则是科学家们精心研究的成果，这个体位完全可以称作牛体工程学上的桂冠。这个姿势能够使脊柱伸展，进而打开气道。这对被麻醉镖搞得晕头转向的犀牛来讲，非常重要。

倒吊犀牛还能节约大量的时间。如果使用担架，那么至少需要三十分钟来做准备，而倒吊的话，最多只需要五分钟。如果操作员以前饲养过动物，或是有玩弄绳艺的经验，还能更快。

更短的时间意味着更少的支出，因为直升机一个小时的租金足足有4000美元。

“说实话，这样搞确实不太雅观，但这真的非常有用。”保护人员说。

“我们只需几分钟就能空运一头犀牛，盗猎者根本无法跟上我们的速度。除非他们斥重金拖一台二手防空雷达过来。”

空运犀牛的另一个作用是保护犀牛多样化的基因库。

因为数量的减少，在一定区域内，一头公犀牛极有可能被迫与近亲交配。

爸爸的爸爸是舅舅，儿子的女儿是妹妹——这种乱象会极大地影响犀牛的基因。

趁着犀牛不注意，突然将它扔到距原栖息地100公里远的草原上，虽然它会因为身处陌生环境而短暂失落，但是不久之后，因为响动引来的年轻异性，将会彻底打消犀牛回到老家的念头。

“它们仿佛乐在其中，毕竟在非洲，不是每个生物都能享受到在空中飞翔的待遇。

“在起飞之前，我会安慰它，我会说你不要担心飞行途中的颠簸，你就当被大象踢了一脚，根本不痛。”

非洲的野生动物保护专家弗拉肯博士说：“我在非洲见过最美的画面，就是一头三岁的公犀牛，在夕阳的余晖中，正摇摆着前往一个没有枪弹的世界。”

几个小动作，远离数据绑架

□乌　咪

《逍遥游》里说，列子能御风而行，一般人觉得这很了不起，庄子却认为列子还得依靠风，就说明有所束缚，不是真正的“逍遥”。从这个角度看，现代人真的太不逍遥了，生活岂止被束缚，简直就是被多重数据“绑架”。

多数人被“数据”绑架后只是听之任之，他们并没有意识到一些简单的改变，就可以让“数据绑架”离自己远一点儿。

别用手机看时间

出门戴表，在家里看挂钟，减少一个拿起手机的理由。看时间只需要一秒钟，但你拿起手机看过时间后，再抬头可能一个小时过去了。

同样，用音响听音乐，用电脑查资料，把时间与注意力分出去，别让手机在你生活中“集成”过多功能。

给APP换个名字

把那种非必要，但总诱惑你点开的应用放进文件夹，起个警戒型的名字，比如“住手”或者“回去工作”，让你点击前三思而行。当然，能直接卸载是再好不过的。

避免无目的浏览

无目的浏览会让你不知不觉被牵着走，人们没完没了地刷抖音或淘宝也是这个原因。想摆脱成瘾模式，就要想清楚自己要什么，直接搜索，只看自己想看的东西，减少对推送的依赖。实在无聊，去跑跑步呀！

在网上神秘一点

我们的隐私不仅是证件、账号，也包括手机里的心率、步数等数据。未来，面部识别、虹膜等也会成为重要的个人隐私。所以，我们心里要有个“极简授权”原则：1.所有APP通过正规渠道下载；2.把对APP的授权减到最少；3.谨慎填写个人隐私信息。除非确有需要，发微博或朋友圈最好隐藏定位，同时，学会关掉APP对你的智能监听。

上不了名校，人生就没希望了吗

□李井奎

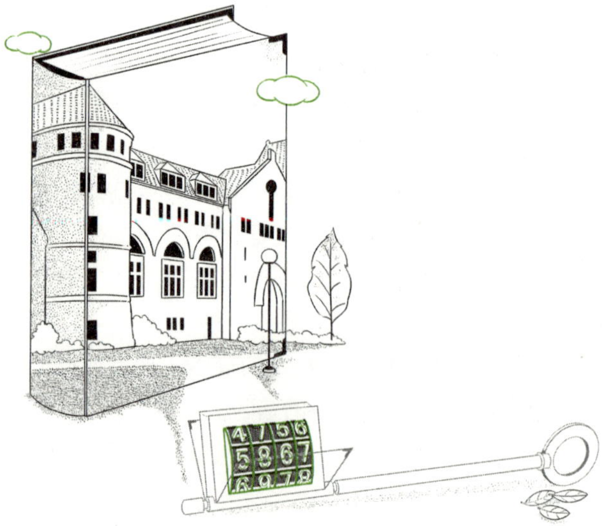

上名校到底有多大的回报？

经济学家把教育对收入产生的因果效应称为教育的回报。这个概念强调，教育是一项人力资本投资，它能为投资者取得一份与金融投资相似的货币收益。但由于教育与诸多其他不可观察的因素混杂在一起对收入起作用，所以，对教育的回报进行准确的估计，一直是一代又一代经济学家努力的目标。

著名经济学家雅各布·明塞尔在20世纪70年代是第一个使用回归方法对教育回报问题进行定量研究的人。他把一个人的受教育水平（以年为单位度量的学习时间）以及以年为单位度量的工作经验作为解释变量，来解释人们收入的变化。他估计出的教育回报率是11%，也就是说，一个人的受教育水平每提高一年，可以使平均收入提高11%。

但我们知道，那些受过很高程度教育的人，他们本身可能就比别人更聪明，工作也更努力，对人生怀有更为积极的追求态度，相比于那些在教育过程中未能坚持下来而中途辍学的人，这些因素本身就会对收入水平产生影响，这就使明塞尔的估计结果出现了偏差。

1991年，经济学家乔舒亚·安格里斯特和艾伦·克鲁格在《经济学季刊》上发表了一篇文章。他们选择了一个神奇的工具变量——一个人的出生季节或月份，可以把多读一年书对未来收入造成的影响，与其他因素的作用区分开来，从而干净地识别因果效应。

他们发现，对20世纪20年代出生的孩子来说，第一季度出生的人比另外三个季度出生的人少上了0.126年学，教育回报率低0.7个百分点。对20世纪40年代出生的孩子来说，第一季度出生的人比另外三个季度出生的人少上了0.109年学，教育回报率低1.02个百分点。

所以，读书是有用的，学历对一个人日后的收入水平是有正向影响的，这一影响不是由其他因素造成的，纯粹是由教育带来的回报。

接下来，我们的问题是：如果都是上大学，有人上的是清华北大，有人上的是一所普通地方院校，那么，上名校到底会有多大的回报呢？

2002年，经济学家斯塔西·戴尔和艾伦·克鲁格的研究结果表明：在美国，上常春藤盟校与上普通州立大学相比，对一个人的未来收入水平并无显著影响。

挖空心思上重点中学，高考赢面会更大吗？

把孩子送进重点中学，是无数中国家长的梦。在北京海淀黄庄，有一座慧聪书院，它坐落在上风上水的中关村广场。这座慧聪书院，古称文圣庙，在明清时期，这里是进京赶考的举子们必拜的圣地。

今天的海淀黄庄，延续着已经持续了数百年的求学氛围。海淀黄庄位于北京中关村东南角，不远处就是一批中国顶尖的学府——北京大学、清华大学、中国人民大学等，这里也被称为“宇宙补习中心”。

来海淀黄庄补习的孩子们从来都是步履匆匆，他们享受着全国最优秀的教育资源，仍然孜孜汲汲，唯恐落后。家长们也是拿出金钱、时间和精力，跟着一起坐在补习班里做笔记，比孩子们还要努力。

海淀黄庄这样的景象，在全国不是孤例。在家长们看来，把孩子送进重点高中，那就已经成了精英的一部分，离上重点大学只有一步之遥。如此的前景，自然让无数父母蜂拥而至，唯恐让孩子输在起跑线上。

这种现象东西方皆然，美国也不例外。在波士顿和纽约的公立学校系统中，同样有一些类似于中国重点中学的精英学校。例如，波士顿精英中学中的旗舰——波士顿拉丁学校，是美国最古老的中学，创建于1635年，比哈佛大学的建校时间还早一年。与大多数美国普通公立学校不同，精英学校要根据申请者竞争性的考试成绩进行选拔。为进入这些中学就读，美国的孩子一样要经历激烈的竞争，才能有机会获得有限的入学名额。

经过残酷的选拔进入精英高中的学生，在美国的大学入学资格考试成绩方面表现向来不俗，远远高于普通的公立高中，这种结果自然也是各个精英高中拿出来自我吹嘘的资本。家长们对这些精英中学蜂拥而至。

精英中学的学生在大学入学资格考试中的优异表现，是不是都可以归结为这些学校与众不同的教育方式呢？是不是说，进入精英中学读书，考大学就可以稳操胜券？

恐怕不能。这些能够进入精英中学学习的孩子，本来就天资聪颖，如果把他们放在普通的公立中学，他们未必就比现在的表现差。

2014年，安格里斯特与他的合作者阿蒂拉·阿卜杜勒卡迪罗卢、帕拉格·帕莎克发现：进入这些精英中学学习，相比于在普通公立高中学习，并没有使学生取得更为优秀的大学入学资格考试成绩。

重点高中和名牌大学的意义到底是什么？

我们需要反思一个问题：教育的目的到底是什么？

如果我们接受教育的目的是学会思考、掌握知识和技能，那么，重点高中和名牌大学的意义又是什么呢？

在许多家长眼中，接受教育的目的似乎早已被抛之脑后。他们认为只要拿到重点高中或名牌大学的敲门砖，自己的孩子就拿到了通往更高社会地位、更多财富、更成功人生之门的金钥匙。此时，能够上多好的高中，多有名的大学，完全是为了满足炫耀的需要。我们的孩子其实非常可怜，他们为了家长那一点儿可以炫耀的资本，不得不拼尽全力，甚至忘记了什么是幸福的人生应该有的样子。

那么，这样培养出来的孩子又怎么样呢？

2016年，美国教育家威廉·德雷谢维奇写了一本名叫《优秀的绵羊》。对美国从20世纪后半叶开始形成的精英教育体系，提出了批判。

德雷谢维奇的大学生涯始于1981年，当时，美国的精英教育体系刚刚开始成型。这套体系各个环节紧密相扣，俨然一套严密封闭的系统。这套体系不仅包括哈佛、耶鲁、斯坦福、威廉姆斯等名校，还包括与之相关的一切，比如精英高中和私立学校，以及如今蓬勃发展的辅导行业和学习咨询服务、考试辅导以及各种荣誉项目等。当然，这背后还有拼命把孩子推进这台庞大机器的父母和社区。

德雷谢维奇可以说是这套体系的幸运儿，他大学开始于常春藤盟校之一的哥伦比亚大学，并一路读到了博士，后来在另外一所常春藤盟校耶鲁大学任教十余年。

但他发现，这个精英教育体系培养出来的学生，虽然大都很聪明，也很有天分，且斗志昂扬，但同时他们充满焦虑，胆小怕事，对未来一片茫然，极度缺乏好奇心和目标感。他们生活在一个巨大的特权泡泡里，所有人都很老实地向同一个方向前进。他们善于解决手头的问题，但对为什么要解决这些问题，一无所知。

在德雷谢维奇眼里，他们就是一群优秀的绵羊。

究竟什么才是真正的教育？真正的教育，是让我们学会独立思考，学会明智选择，怀抱信念，心向自由。真正的教育，应该是学习一种思考的方式。真正的教育，应该能让我们掌握获得幸福的终极能力。

种一棵树最好的时间是十年前，其次是现在。希望我们能朝着这些真正的教育目的前进，让每个孩子都拥有幸福生活的能力。

一只猫的蜕变

□孙虹秋

晚上下班回家，一只黑猫怯怯地站在家门口。

突然来了一只黑猫，我和先生都有些兴奋，一边“喵喵喵”地热情回应，一边像迎接贵宾似的把它迎进家门。黑猫走走停停，似乎有些胆怯。我换好鞋，刚在沙发上坐下，它便恭敬地撑着前腿，用后腿和屁股着地，文静地蹲坐在我面前的地毯上。

我猜它是饿了。于是夹了一块鱼肉，装在盘子里端给它。它嗅了嗅，抬头看看我，似是感激。然后低头吃鱼，吃相文雅，悄无声息。

吃完，舔过一遍盘子，像搞完卫生似的，又乖巧地蹲坐在我脚边。我轻轻地抚摸它的脸颊、背脊，它则轻轻摆动尾巴来回应，显得极有礼貌。那温驯乖巧的模样，让我内心滋生出一丝爱怜之情，轻轻将它抱在怀里，就像抱着一个初生的婴儿。

我心中有了牵挂，这几天迫不及待地下班。穿过阳光房，黑猫已守候在家大门口。我欣喜地打开大门，正欲邀请，它熟门熟路地直入，在客厅地毯上稍作停留后，便逐一巡视房间，最后竟溜进了我们的卧室。

“这猫把这里当成它的家了。”先生放下皮包，不知道是生气还是欣慰。我赶紧夹了一块鱼段，敲着盘子召唤它。它冲到我跟前，一改前几日的斯文，弓着身子狼吞虎咽，鱼冻洒落了一地，吃相甚是狼狈，吃完追着我继续“喵喵喵”地叫。

几天后的一天下班，打开门的瞬间，“噌”，一道黑影闪过，黑猫急速冲到客厅，又“噌”的一声跳到餐椅上，两眼放光紧盯餐桌，竖起尖尖的耳朵，晃着尾巴，俨然像个堂而皇之的座上宾。

我正觉得好笑。突然先生一声大叫：“猫偷吃鱼了！猫偷吃鱼了！”面对先生的大声呵斥，黑猫毫无惧色，以迅雷不及掩耳之势，蛮横地叼住碗中的一条鱼，一溜烟地窜出了客厅，直看得我和先生面面相觑。

烧好晚饭，依然不见黑猫的踪影。疑惑间，见卧室门开了一条缝，推门一看，黑猫居然四平八稳地睡在床上。有洁癖症的我有些怒了，上去一脚把它踹了下来。黑猫有些意外，用爪子摸了摸屁股，眼里闪过一道黑黄相间的光，就在我以为它心虚悔改的瞬间，黑猫再次以迅雷不及掩耳之势跳上餐桌，叼上一块刚端上餐桌的红烧肉，“嗖”的一声又不见了踪影。

这是一碗刚烧好还没动筷的红烧肉，现在被黑猫一拱，只能成为它的“专享美食”了。先生生气地把肉倒在一次性果盘内，放置门外。睡前察看，盘子已空，地砖上满是油污。

次日下班，黑猫仍蹲伏在大门口外的台阶上。我们已决定不让它入内。我悄悄开门，先生则警惕地监视着它的动向，待我们闪进门，黑猫随即强行挤了进来。

面对强行入室的黑猫，先生不得不对它的一举一动全程监控。它在地毯上无趣地趴了一会儿，大概是见无机可乘，又见我迟迟不给它喂食，便摇晃着脑袋，尴尬地站起身，“喵喵喵”地叫了几声，知趣地走出了家门。

断断续续的“喵喵喵”的叫声，如怨如慕，在茫茫暮色中呜咽。望着远处闪烁的万家灯火，我心微微一颤：不知今夜，黑猫将在何处安生？

一只流浪的黑猫，短短数日的惊人蜕变，看得我们瞠目结舌。虽说人兽有别，但可窥人性之一斑。兽性如此，有时人性未必不是如此。

“假装”的力量你想不到

□蒋　曼

一次与先生拌嘴，事后仍愤愤不平。女儿在旁边可怜巴巴地问：“你真的不喜欢我爸爸？”我余怒未消：“对，很讨厌，不喜欢。”女儿想了好一阵，给了一个严肃的建议：“你可以假装对他好。”我觉得很有趣，但依然用生气的口吻说：“假的就是假的，装不像。”女儿热忱地安慰我：“不怕的，装一装就变成真的了。我们小朋友就是这样，本来不喜欢一个小朋友。假装和她玩，玩着玩着，就真的喜欢她了。”假装的时间一长，就自然成为真的，小姑娘的童言中确乎有天生的清透和通达。

《资治通鉴》记载：春秋战国时期，魏王问孔斌：“谁是天下的高士？”孔斌说：“世上没有完美无缺的人。如果退而求其次，鲁仲连勉强能算一个。”魏王不悦，说：“鲁仲连总是强迫自己做一些不愿意做的事，无非为了做给别人看，此人表里不一，不是正直的君子。”孔斌说了一句很经典的话：“作之不止，乃成君子。”意思是只要坚持不懈地装下去，做一辈子，也就成为君子了。

女儿和先贤有着同样简洁的哲学智慧，而世人却常常在非黑即白的坚持中失去从容周旋的能力。时间不仅铸就永恒，也能让物换让星移，真假交换。

《无悔追踪》是一个假装成真的现代版故事：教书匠冯静波表面清高儒雅，是颇有学识的知识分子；实际上他是国民党特务，一直在等待着反攻大陆时里应外合。只是上级的指示一直没有等到。三十多年来，他一直被邻居民警肖大力怀疑，监视，只能以静制动。虽然他内心抵触新社会，却在日常假装成普通百姓，隐忍地生活。他不但躲过了历次劫难，还因为乐于助人被评为区劳模。这真是一个奇妙的故事。因为必须装成一个新社会的积极分子，时间久了，就几乎忘记了自己的特务身份和政治立场，开始理解新社会，新时代，成为它的拥护者。

对喜欢万事泾渭分明的人来说，这倒不失为一个好的提醒：生活中许多事并非界限分明，真实与虚假也能发生转化。像曹雪芹所说：假作真时真亦假。

装，我们可以理解为一种规范，一种约束。从行为习惯的角度讲，当人们长期坚持某种标准，不管是心甘情愿还是虚与委蛇，时间一久，自成习惯。人之初，性有善恶，我们总会按照世界的规则去克制自私脆弱的一面。这样的装，实际上是一种修为。

心理学家认为，为了保持认知平衡，人会想办法让自己言行一致，不然会因为认知失调造成紧张和扭曲。当我们努力装成什么样子时，我们会真的朝着这个方向去努力。

犹太人的传世经典《塔木德》中说：注意你的想法，因为它将成为你的语言；注意你的语言，它将成为你的行为；注意你的行为，它将成为你的习惯；注意你的习惯，它将成为你的性格。

我们的性格是由思想塑造的，即使开始时有所假装，有所勉强，但长此以往，假装的约束和克制也能改变我们的思想和行为。这是生活的机智和变通。

装着，装着，我们就会从一地鸡毛的现实中发现一些小美好，小确幸。给那些用力美颜的照片点赞吧，那是我们对朋友真诚的祝愿。

疲劳感与仪式感

□流　沙

小区里停着一辆车，前保险杠是裂开的，右前门是凹陷的，一块后视镜是碎的，车身满是划痕，还有一个后胎似乎在漏气……看这车型并不旧，该是五年前才上市的车子。

那天遇上车主，是个中年人，他正在换车胎，后备厢开着，那只准备换上去的备胎还是崭新的。但他总是套不进，于是我走过去帮他，顺便感叹了一句：“你这车子要是花上几千元整修一下，像辆新车。”他自我解嘲：“就是一辆代步车，懒得去管它。三年前刚买来那阵，天天洗，像伺候孩子似的……”

想起来也是如此。我刚买新车那阵，车身锃亮，赏心悦目，不允许车身积有灰尘。那时，我几乎天天洗车，洗一次，就会发现车身上多了几条细微的划痕，于是自己买了磨砂蜡，慢慢地修复。可是现在呢，满车身都是细细的划痕，我既没了那份专注，也懒得去修复了。

人一旦对某种事物产生疲劳感和迟钝感，就会渐渐漠视其使用价值之外的美感，并对之失去新鲜感。相信很多人都有过类似的感受，譬如刚搬新居的时候，窗明几净；但如果不养成好习惯经常整理居室，几年后家里准会像大学时代的宿舍楼，乱七八糟的——但你早已习惯，早已忘记了入住新居时的那种美好。

“习惯”是一种可怕的力量。“人生若只如初见，何事秋风悲画扇”，熟悉和习惯可以让我们对“初见”人与物时的美好感觉，慢慢消失殆尽。其实，我们的生活处处充满美，也许我们只要付出举手之劳，就可以让它变得更美，但许多时候我们已经失去了一双发现美的眼睛。

我平时代步的还有一辆电动自行车，骑了多年，塑料配件好像散架了，骑起来很响，也懒得去修。前几天，电池坏了，我将电动车拖到小区门口的修车铺。待我逛了一圈回来取车，师傅把一辆车推到我面前，我都不敢相信那是我的车——车身上的灰尘洗尽了，一些配件更换了，像新车一样，让人惊喜不已。师傅看着我，满脸的成就感。

生活就像我的那辆破旧电瓶车，它的“面目可憎”，它的无味无聊，是因为你对之丧失了新鲜感，习惯于接受现状，不愿意改变而造成的。

去年环卫工人节，杭州一家媒体为环卫工人策划了一场“换装秀”，平时穿着工装的阿姨们走进了影楼，化了淡妆、穿上了时尚漂亮的衣服……光影艺术让她们的容颜和气质焕然一新，你根本不会想到这些被日晒雨淋的环卫女工还有这样美丽的一面。这种视觉对比的冲击，让人感慨万千。

现在我们经常会提到一个词：“仪式感”。因为生活太容易使人陷入疲劳甚至麻木状态，那么“仪式感”就是一种战胜它们的力量。“仪式感”是对平常日子的升华，更是对生活本身的升华；它让日子变得不同，它让你知道：工作和生活应该是这样的，而不是“当一天和尚，撞一天钟”。或许，仪式感就是对人对物始终保持“初见”时的心情，是解决“靡不有初，鲜克有终”之难题的有效方法。

著名童话《小王子》中，有一段小王子与狐狸的对话，小王子问：“什么是仪式感？”狐狸说：“它就是使某一天与其他日子不同，使某一时刻与其他时刻不同。”狐狸还建议小王子每天在相同的时间来，“比如，你下午四点钟来，那么从三点钟起，我就开始感到幸福。时间越临近，我就越感到幸福。到了四点钟，我就会坐立不安；我就会发现幸福的代价。但是，如果你随便什么时候来，我就不知道在什么时候该准备好我的心情……应当有一定的仪式”。

现在再来读这段对话，真的让人回味无穷。关于如何保持对生活的热爱，对美好的向往，狐狸的这段话，似乎替代了一切语言。

东非的“老鼠特工”

□季以澍

对老鼠，很多人闻之色变。但在东非国家坦桑尼亚，一种老鼠被当地人推崇为“英雄”。这种非洲特有的巨颊囊鼠，平均身长25厘米、体重约1公斤。经过特殊训练，这种老鼠便可化身“扫雷特工”，协助人类排查地雷。它们多年来已成功找到了近8万颗地雷，清理了超2600万平方米的潜在雷区。

比利时非营利组织APOPO为巨鼠们开设的“学校”位于坦桑尼亚南部高地的莫罗戈罗省。在这里，巨鼠并不少见。当地人说，以前，这些老鼠常常闯进农田，啃坏庄稼。由于它们长大时跟兔子一般大，也有村民将它们当作食品。

一旦经过培训，它们便迎来了“鼠”生的转变。训练场上的草地被分成几十个面积约200平方米的模拟雷区，散布着拆除了引信的地雷。老鼠们戴上牵引绳，便开始在场地内来回穿梭，并频频在一些地方放慢脚步。当它们抓挠地面时，就代表装有炸药的地雷找到了。

据统计，这些嗅觉灵敏的家伙可以在半小时内搜索完一个网球场大小的区域，而一个带着金属探测器的人类排雷员可能需要4天。

不过，培训一只扫雷鼠并不容易。一只老鼠在这里从入学到毕业，大约需要9个月。由于它们是夜行动物，不适应白天强烈的日晒，所以训练活动只能在早晨进行，通常在7点至9点。训练前，研究人员还要给它们在鼠毛稀少的耳朵和尾巴部位涂上防晒霜。

当这些老鼠还是幼崽时，它们就要开始接受一种名为“咔嗒奖励”的训练，将手持机械设备发出的“咔嗒”声与它们喜欢吃的碎香蕉和碎丸子建立起条件反射。一旦这些巨鼠明白咔嗒声意味着食物，训练人员就会进一步教它们将这一奖励与地雷内常装有的TNT炸药的气味联系起来。

“毕业”前，扫雷鼠们需要通过“结业考试”。考场是一块面积约800平方米的训练场，每100平方米内埋有至少4颗地雷，巨鼠们必须在两天内找出所有地雷，并且误报次数不超过两次，才算合格。

除了非洲国家，这些扫雷鼠还远渡重洋，来到柬埔寨、越南、老挝和泰国等亚洲国家。去年9月，一只名为“马贾瓦”的六岁扫雷鼠被动物慈善组织“救助患病动物民众医务所”授予黄金奖章，表彰它五年来在柬埔寨嗅出了71枚地雷和数十种爆炸物。

不仅如此，扫雷鼠们在坦桑尼亚还找到了新“工作”：凭借强大的嗅觉在人类唾液样本中发现肺结核病菌。与扫雷一样，巨鼠的检测速度比现有机器快得多，一天可以检测数百个病例。据路透社报道，目前坦桑尼亚全国有近60家诊所雇用了这些老鼠“问诊”。

乾隆下江南真有那么浪漫吗

□刘 勃

在中国历史上，乾隆是出了名的喜欢到处跑的皇帝。他在位 60 年，或远或近的出巡有 150 次之多。尤其是著名的六下江南，按照现在老百姓讲故事的套路，真称得上是改变饮食风气，迷倒万千少女。

随便走进一家江南的小饭馆，都会看到墙上的广告板上写着，乾隆皇帝迷了路，饥肠辘辘地来到这里，于是老板端上一份热气腾腾的×××，一种传统美食就此诞生。随便打开一部清装剧，就会看到清纯不做作的女主就要摔倒之际，刚好微服私访的乾隆路过这里，把她一把抄起来，然后两人四目相对旋转起舞。

这当然是不可能的。吃东西的口味，很大程度上是从小养成的，换个地方就容易吃不惯。乾隆南巡，一大要求就是吃的要和在北京时没啥两样。茶房用乳牛75头，膳房用羊 1000 只、牛 300 头，都是从北京提前运至镇江、宿迁等地的，如有不足，后续还要源源不断补上。乾隆南巡时的御膳单，不少现在都还保存着，可以看出，其中弥漫着浓郁的北方风味，有时大约是容妃（香妃）的缘故，有许多清真菜。

至于乾隆对饮用水的挑剔，更是出名。大家都知道，泉水里他认为排第一的，始终是北京玉泉山的水，济南珍珠泉、无锡惠山、镇江金山、杭州虎跑……都得靠后。对这个排名，南方士人的腹诽想来是不少的，但皇帝口味如此，你能咋的？

当然，御膳房有时会有苏州厨师帮忙，江浙的官员也会进献菜品。确实有不少杂史笔记里说到，乾隆对江南的饮食表示过好感。比如《国朝遗事纪闻》中说，乾隆在扬州时特意打听，有什么江南的时鲜蔬菜，于是御膳房呈上了油煎豆腐菠菜，号称“金镶白玉板，红嘴绿鹦哥”。乾隆因为“甘脆肥浓”吃多了，觉得特别清爽，所以大为赞赏。注意，即使在当时的野史里，这些菜品也还是走过御膳房的流程才送到皇帝面前的，所以指望皇帝迷路而一步登天的饭馆小老板，仍然只能哭晕在厕所里。

总之，一切以微服私访为前提的传闻，几乎都不可相信。这种故事符合群众的心理期待，乾隆却不会这么做。假扮成老百姓出去溜达，是一种很愚蠢且没有格调的事情。

乾隆下江南的原因，在今天的吃瓜群众看来，就是游山玩水。然而，皇帝并不是普通游客，他是身负重任的。所以，当时乾隆下江南公开的理由有两个：一、孝敬皇太后，陪老太太开心；二、也是更重要的，巡视河工，治理黄河水患。河工是关系国计民生的大事，乾隆南巡期间，对治河做出了许多重要指示，这些指示都得到了详尽的记录，足以洗刷其下江南是“不务正业”之名。

不过，就算乾隆皇帝下江南是为了办公，一路吃喝住行、排场讲究，花钱总是少不了的。乾隆六次南巡究竟耗费了多少白银，无法精确统计。只知道，从京城到杭州，往返水路和陆路约 2900 公里，要造精美的龙舟，要修整高质量的道路，沿途还陆续兴建行宫 30 多处，这个成本是巨大的。虽说皇帝为了体现“爱民之心”，所到之处，一定会指示一切从简，但哪里行宫建得好、哪里接驾仪式搞得到位、哪里献上的礼物得到皇帝的欢心，主事官员会立刻得到封赏。另外，为了营造万民夹道欢迎、皇帝深受百姓爱戴的气氛，各地方官员组织民众学习、演练迎送仪式，这类社会成本该怎么算，就不在账里了。

下江南的花费从哪里来呢？最好的解释，就是盐商捐款，称为“报效”。在中国历史上，食盐行业是一个神奇的存在。盐业由国家垄断，价格由国家规定，商人拿到经营许可证才可以售卖，所以盐商太能挣钱了，也乐意花钱哄皇帝开心。一是钱花出去了可以拉近自己和皇帝的关系，巩固自己的特权地位；二是捐款往往并没有真捐，其实还是先动用政府的经费，以后盐商再慢慢还，然后拖着拖着也就不还了；三是盐商希望皇帝开恩，把食盐的官方定价再往上提一提。

这倒算是盐商和皇帝双赢的选择，盐价定得高，商人赚得多，朝廷盐税收入也多，至于老百姓买盐多花了钱，那皇帝暂时可以装作不知道。

所以，乾隆下江南，并不只是吃喝玩乐这么简单，是有复杂深刻的政治用心的。今人从电视剧里看到的是热闹的浪漫，然而真实的历史有其深沉的底色。

麈尾指坐

□月如钩

座位是稀缺资源，给谁不给谁，学问大了去。

晋武帝司马炎有意把帝位传给儿子司马衷，司马衷的老师卫瓘认为太子蠢笨，总想奏请废掉他。一天，晋武帝在陵云台设宴，卫瓘假装醉酒，跪在武帝面前，用手拍着武帝的座床说：“这个座位可惜了！”武帝当然明白他的用意，因而笑着问：“您醉了吗？”

谏奏不成，司马衷还是坐上了帝位，是为晋惠帝。王夫之评论：“惠帝之愚，古今无匹，国因以亡。”惠帝的老婆就是“丑人多作怪”的贾南风皇后，貌丑而性妒，专权朝政，坏事干尽。还有一事说明惠帝的昏聩痴呆。有一年天下饥荒，百姓饿死，帝曰：“何不食肉糜？”蠢夫配丑妻，很是般配。

座位的远近也有玄机。东晋高僧支道林要离开南京，当时名士一起去送行。蔡子叔先到，就坐到支道林身旁；谢万石后来，坐得稍微远点。蔡子叔去上洗手间，谢万石就移坐到蔡子叔的座位上。蔡子叔回来，一见，就拉着坐垫使劲一扯，将谢万石拉倒在地，自己再坐回原处。谢万石头巾都掉了，慢慢爬起来，拍干净衣服，回到自己的座位上，丝毫没有生气，神色很平静地对蔡子叔说：“你真是个怪人，差点划破我的脸。”蔡子叔说：“我本来就没想给你面子。”其后二人俱不介意。为了离学问大的人近点，打上一架也不在乎。

何充美容英姿，才学渊博，善能文章。有次去拜见丞相王导，王导以麈尾指着自己的座位呼何共坐，曰：“来，来，此是君坐。”王导很器重何充，有意让他辅助自己并准备让他接班，所以常借故露出此意。有次王导修建扬州的官署，他在视察修建情况时说：“我只是替何充修建这个官署罢了！”何充果然不负所望，辅佐晋朝两任皇帝。担任宰相，独自掌权，“可以甲杖百人入殿”。可见权势显赫。但是何充临朝正色，以社稷为己任，凡所选用，皆以功臣为先，不以私恩树亲戚，故得善终，时年五十五岁。

铁打的座位流水的官，关于职位，上位的人比下位的人明白。

高颎的阳谋

□梁水源

隋朝著名宰相、军事谋臣高颎，精明强干，知兵事，多计谋。隋朝初年，杨坚统一了北方，但是南陈依靠长江天险，与隋朝划江而治。杨坚建立隋朝不久，便找来谋士高颎，并对他说："我为百姓父母，岂可限一衣带水不拯之乎？"

作为隋文帝的心腹，高颎早就知道杨坚有统一南北之志。但是，毕竟隔着长江天险，南陈易守难攻，对进攻方来说，稍有不慎就会损兵折将，甚至可能前功尽弃。然而，高颎被誉为隋朝第一谋士，其实他早就准备好了妙计。

高颎分析了南北方的各种差异，长江的北面气候比较寒冷，庄稼长得慢，但是江南地区气温很高，水稻长得快，所以每年南陈都比北方早收割稻谷。因此，高颎的计谋就是在南方人收割稻谷的时候，集结少数兵马在边界进行反复骚扰，让南陈不能安心收割稻谷，一旦南陈大军集结，就立刻撤退，这样南陈不仅白白遭受损失，而且奈何不了隋军。高颎此计就是瞅准南陈弱点进行骚扰弱化，农业是国家的基础，面对隋朝的骚扰，南陈无计可施。

之后，高颎又给杨坚出了个主意，那就是经常搞演习，动不动就号角齐鸣、鼓声震天，喊杀声连片。但是长江对面的南陈不知道咋回事，隋军的每一次集结，都吓得不得了，然后严阵以待，全境总动员。对陈国而言，隋军的每次集结军演，都是一次危险的降临，但是时间长了谁受得了，慢慢地就麻痹了，对隋军的演习习以为常。然而，当这种危险习以为常，并在很长一段时间内都没有带来危害的时候，陈国的军队便认为这种危险不复存在，实际上没有意识到危险才是最大的危险。其实，就算南陈意识到了这个危险，也无计可施，因为他们不知道隋军哪一次进攻是真正的攻击，如果把每一次进攻都当成大攻来防守，则会耗费大量的人力物力，不用等到被打败，早就被拖垮了。

杨坚采用了高颎的计策后，不出几年南方的陈国果然民生凋敝，实力大不如前。突然，有一天隋军的演习变成真正的进攻，南陈毫无戒备，长江防线轻而易举被攻破了。高颎的智慧果然举世无双，他先把对手拖入一种最差的博弈状态，然后战胜对手。也就是说，隋国想要统一国家，并没有硬碰硬，而是通过各种方式削弱对方的实力和精力，在对手疲惫不堪之时才重拳出击，如此一来，获胜的概率大增。在高颎看来，在和对手的博弈中想要战胜对手，让自己变得更强大，是一种方式，而让对手变得更弱小，也是一种方式。杨坚按照高颎的计策，只须按部就班就轻而易举将南陈收入囊中，再造统一华夏的不世之功。因此，历史学家认为，其中高颎的阳谋功不可没。

那么，什么叫阳谋？就是摆在台面上的计划，对手可能知道你计划的每一步，也可能知道你每一步的目的，但就是对你无可奈何，并最终败于你手。高颎的妙招，也被认为是历史上最著名的阳谋之一，因为南陈很清楚隋朝的战略目标，也知道隋朝的演习中，随时可能夹杂一次真正的进攻，但是南陈毫无办法，最终败在高颎手上。

很多事你只能自经历

□乔　迦

我的一位朋友，不久前被公司裁了。他已经年近40岁，身体多病，手头也没什么积蓄，一时间内忧外患。一天，他跟我说，他恐怕是得抑郁症了。我劝他赶紧就医，他又说，怕医生真的诊断出他得了抑郁症……

一时之间，我竟不知说什么好，因为说什么都显得敷衍。痛苦是自己的，发生在谁身上便是谁的，说理解，说感同身受，其实都隔着一层。

翻看作家黄佟佟新出版的小说《头等舱》，她在后记中写道："有人说，我看你这部小说明明就是一个长得不怎么好看的女孩撞上'风口'而发财的故事嘛。如果说你只看到这一层，恭喜你，你是一个不怎么悲观且容易快乐的人。因为我写的是一个特别悲怆的故事。四个昔年最漂亮且最有才华的女大学生，在20多年后，尽管她们那么努力，但生活的伤痕还是一一留在了她们心里。"

可见，同一个故事，同一种际遇，每个人的感受大相径庭，有时说理解，甚至都显得牵强。

一位女友夜里打电话给我，我以为出了什么大事，结果她说她周末要做个眼科手术来矫正近视，已经紧张得好几天睡不着觉了。我的第一反应是，她太夸张了。然而我想了想，跟她说："也是，说明你的人生到现在为止，还没有遇到过太大的事情，你的紧张兮兮倒是好事。"她想了想，说："是啊！"我说："那就一直这样紧张下去吧！"

那些平静的人，都是见过风浪，经过磨炼锤打，经历过人生至暗时刻的人。因为经历过了，再来一次，再来两次，甚至反复再来，也不过尔尔，所以他们越来越平静。而且他们知道紧张没用，惧怕也没用，该来的还是会来。如果一个人到了中年，遇到一点儿小事还紧张兮兮的，说明她幸运。

想想我20岁时，曾经在晚上10点，站在陌生城市的站台上满心凄惶。其实什么都没发生，我只是觉得在这样一座陌生的城市里，孤身一人，这场景有些"悲凉"。那时候的我当然不知道，此后我要经历的"悲凉"的事还有很多，而且都比这严重得多。现在回头再看，当日站台上的那个年轻姑娘根本不"悲凉"，不过是年轻人的多愁善感罢了。

诡谲的是，当这个姑娘未来真的遇到事的时候，她心底再没感到过悲凉，反倒是越战越勇，于痛苦之中成长起来了。而这些，一个20岁的人是无法懂得的，那时，她的痛苦还在月亮上。

你的经历是旁人无法代劳的，若有人从旁搀扶一下已是幸运，不能要求他人感同身受。我们常常怨责别人为什么不懂我们的苦痛，怪这个世界为什么要带给我们如此多的麻烦，我们甚至觉得自己被针对了。但倘若你花些精力去问一下旁人，谁又不是如此呢？每个人都活得如此辛苦。

我愿一个人永远有20岁时的"脆弱"，认为站在深秋的站台上等夜车便是极悲怆的事。但我知道，这愿望几乎不可能实现，他必然会在此后的人生中经历真正令人悲怆的事。我只能希望，他在苦难中生出坚韧之心，不抱怨，不自弃。

我想，能做到这样，人生便是还不错了。

回到中国古代，哪些人能获“诺奖”

□金陵小岱

随着2021年度诺贝尔奖各大奖项陆续公布，“诺贝尔奖”的话题再次引发热议，我们试想，假如回到中国古代，哪些人会获得诺贝尔奖呢？

医学奖葛洪。在中国古代医学史上，有不少著名的医学家，如华佗、扁鹊、张仲景等，他们在医学上的成就与葛洪相比，毫不逊色，但为何这么多医学大师会成为葛洪的“陪跑”？这还得从葛洪的医学著作《肘后备急方》说起。这里的肘是指备在胳膊肘后，让你随身携带的应急书！它的实用性非常强。在书中，葛洪写了大量救急用的处方，都是他在行医、游历的过程中收集和筛选出来的。配方轻易可得、经济实惠，语言通俗易懂。你能想到吗？数千年后，我国医药学家屠呦呦发现了青蒿素，并在2015年获得了诺贝尔生理学或医学奖，她就是深受《肘后备急方》启发。更厉害的是，葛洪在很早以前就提出了“免疫”的概念，狂犬疫苗就出自“疗猘犬咬人方”这个方子。葛洪还发明了“种人痘法”，对防治天花有一定效果。这与如今接种的疫苗原理类似。

物理学奖苏颂。官至宰相的苏颂担任过大宋朝的馆阁校勘、集贤校理，相当于我们现代的社科院院士。他做过的最轰动的事情莫过于研制出了一个巨大的天文仪器：水运仪象台。上层是观测天体的浑仪，中层是演示天象的浑象，下层是使浑仪、浑象随天体运动而报时的机械装置。它可以用来观测天体运行，演示天象变化，还可以随着天象推移而使木人自动敲钟、击鼓、摇铃，准确报时。世界上最早的天文钟就此诞生。这项发明使人类运用精密的仪器完成自动化划分时间刻度成为可能，简直是前无古人，造福后人。苏颂还迷上了夜空中的星，撰写了《苏颂星图》，记录了北宋时期夜空中1464颗行星，比同时期欧洲的观测成果多了422颗。为人类自动化技术以及探索宇宙奥秘做出了如此重大贡献的人，这个诺贝尔物理学奖应该颁发给他了！

经济学奖管仲。管仲在经济方面有着卓越的才能，他并没有用于个人财富的积累，而是用来富国强民，很多举措至今仍是商学院教材中的经典案例。当年齐桓公问管仲：“仲父啊，你说说看，如何让我们国家变得富有啊？你觉得对房屋楼台、树木、六畜、人口征税怎么样？”管仲觉得不怎么样，郑重地提出了自己的富国之策：“唯官山海为可耳。”此话一出，中国历史上首次出现了盐铁专卖制度。管仲不仅懂经济，更懂政治。他知道强行征税容易激起百姓的怨恨，时间久了，不利于国家的安定与发展。“官山海”表面上没有直接向老百姓征税，却达到了“见予之形，不见夺之理”的效果。此后的各个朝代都在效仿，管仲也被后世尊称为“盐宗”。管仲还最早倡导专业分工，用优惠政策刺激商贸、通过消费拉动内需、打经济战降服邻国……他的很多经济策略至今仍能给我们启示。

狐狸的诡计

□陈钰鹏

说一个人谲诈、奸刁，常常扯上狐狸：像狐狸一样狡猾、简直是只老狐狸……贬狐的成语固然不少，如狐鼠之徒比喻小人；狐疑不决说狐性多疑；狐假虎威谓依仗别人的势力欺压人；狐狸精是骂勾引男人的女子……但也有些是中性的，如“狐死首丘”，比喻不忘根本或对故乡的思念；“兔死狐悲”表示因同类的失败或死亡而感到悲伤……

古今中外，对狐狸都没有好感，尤其是外国人，分析狐狸时，除了狐皮，几乎没有一句好话。有一位动物学家可谓研究到家了，他把狐狸的诡计分为五种。

第一，狐诱。早春时节，田野上覆盖着白雪，许多动物已开始出窝动弹，一只狐狸发现了一群兔子，相隔有三十来米。兔子也看见了狐狸，但并不逃跑，它们相信自己的速度，现在逃为时尚早。再说这只狐狸正在雪地上连翻筋斗，还不断打转，想咬住自己的尾巴，兔子们看得着了迷，而狐狸却离兔子越来越近，冷不防，一只兔子被它逮住了。

第二，狐诈。狐狸善于装死，它不仅要抓地上走的，还想吃天上飞的。比如当它看见一群乌鸦时，会装作一副被人射死的样子。乌鸦在空中盘旋几圈，领队的终于降落了，它迅猛地啄一下狐狸，立即又飞走了，到空中再观察一番。经过反复实验，发现狐狸确已“毫无生气”，于是整群乌鸦扑将下来，狐狸乘机狠命咬住其中一只。乌鸦算得小心谨慎了，还是输给了狐狸。

第三，狐奸。尽管狐狸奸诈，但它最怕猎人。有句谚语曰：“狐狸再狡猾，狐皮还是经常出售的。”英国有些地方常用猎狗捕获红狐，而被追赶的狐狸则往往逃入牛群，在一大堆牛粪里彻底打个滚，把自己一身的狐臭变成牛粪味，然后继续逃命，却把猎狗引入了歧途。狐狸似乎十分懂得应该消除自己的痕迹，就像作案者明白不能留下指印一样。

第四，狐疑。狐性多疑是狐狸的本性，比如它想过一条冰冻的河，但又怕冰层不够结实；在这种情况下，它不会贸然举步，等看见有人过河，这才放心地踩到冰上去。

第五，狐谋。平时，狐狸尚有用来防卫的种种措施，其中之一是抢占兔子的窝洞，而捕狐的猎人以为这是兔子的家，实际上，“狡兔三窟”也是狐狸在“非常时期”的第二或第三别墅，而一向是狐狸菜单上第一名菜的兔子，这时成了最好的“睦邻”，此时，它们是不会被狐狸吃掉的。

出租车上的社会学

□张立雄

一天晚上，一个金发碧眼的女孩上了车就掩面而泣。我问她去哪里，她反问我：“可以去哪里？未来在哪里？”原来她和男朋友在那晚分手了，她受不了，感到无望。我狠狠地说：“什么未来？我们每个人的未来都是被设定好的，那就是坟墓。”她被我说得一愣一愣的，悲伤地说：“那生活不就没有意义了吗？”我说：“当然有意义，因为我们拥有现在。或者说，拥有现在的人才拥有未来。”

她有点儿懂了，然后给了我小费就下车了。

在澳大利亚开了多年出租车，有许多乘客向我倾吐衷肠。一开始，我觉得自己一定是拥有一种特殊的魅力，能诱人敞开心扉，直到遇上了他。

他20岁出头，浑身脏兮兮的，脸上有一股深重的忧郁。当前面两辆出租车呼啸而过不理他时，我停下了车。

我们在车上闲聊起来。他说他从乡下来，要去内西区的马里克维尔找朋友。我问：“你朋友家在哪条路上？你朋友知道你要来吗？”他说不知道朋友的家具体在哪儿，朋友也不知道他要来，他也没有朋友的电话。哪有风尘仆仆大老远赶过来找一个无地址、无预约、无电话的“三无”朋友的？看来这趟差会有麻烦，但我也只好先把车开过去再说。

他这时却叹了口气，幽幽地说：“我其实就是想找一个不相干的人说说废话。”

这个理由我倒从来没有听说过。于是，我立即来了兴致。我对与众不同的人总怀有一种敬意。

“我的家人、朋友聚在一起就谈职业、金钱，这太沉重了。人需要说些胡话、废话，各说各话，笑得不明所以。然后一个晚上就过去了，第二天才能是一个新鲜的人。”

“所以，我宁愿找不到朋友，也要找一个不相干的人说话。”他不那么忧郁了。最后我在一个小路口放下了他，我估计他是找不到朋友的，但他会在远离家乡的悉尼找到一个可以说胡话、废话的人。

我从中醒悟，澳大利亚人更愿意和不相干的人说真心话。这对我们中国人来说虽然违反常理，却有它的道理：一方面没有泄露隐私的风险；另一方面，从陌生人那里获得的回答，是最直白、最没有顾忌的见解。

还有一天晚上，经过百老汇大街时，我看到一个瘦高个青年站在公交站台上等车。他不仅瘦，而且柔弱，好像随时会被风刮走。当我的车就要与他擦身而过时，他突然伸出了手，我一个急刹车把车停下了。他朝前走了两步，打开了后车门。我发觉他有点儿跛。

他说了一个地名就不说话了。过了一会儿，他叹了口气。我顺势问：“工作很累？”他先长叹了一口气，才说：“我很小就得了骨癌，今年22岁了，一根股骨全蚀坏了，明天要进医院动手术。”我听了很震惊，怪不得他有点儿跛。我不知如何安慰他，就说了一些礼貌的废话，我的确无能为力。

他下车后，望着他被路灯拖得又长又细的身影，我心里为他难过，不是因为他与生俱来的不幸，而是因为他此刻的孤独。手术前夕仍然孤身夜归，这是人生的又一种不幸。他没朋友吗？没亲人吗？为何只能对一个萍水相逢的出租车司机一吐哀愁？

这使我想起另一件事。五六年前，我在市中心的一幢住宅楼做清洁工作。一天早上，大楼的女保安乔艾神秘兮兮地对我说：“有人凌晨4点跳楼自杀，黛比知道，你快去看看她。”

黛比是大楼的物业经理，和我关系很好。推开门，黛比眼泪汪汪地坐在窗边，她示意我坐下，然后絮絮叨叨地说了起来：“是我害死了他。他是一名空军军官，以前我们只是点头之交。凌晨两点，我在电话里和男朋友吵架，突然有人敲门，我问是谁，回答的人是他，他说想和我聊聊。我当时正烦，情绪失控，就说：‘滚开，我自己都顾不过来了。’他说了声‘对不起’，就走了。到了凌晨4点，我还在电话里和男友吵架，突然生出一种强烈的不祥的预感，这时就见一个身影从楼上飘落，经过我的窗户。我对着电话惊叫起来……”她颤抖起来，不得不停住，然后她说：“都是我不好，如果当时我开门让他进来，他就不会跳楼。”

跳楼的话题在我离开黛比的房间时，便永远结束了，再也没人提起那个军官，至今我也不知道他从哪里来，为什么要到“那里”去。如果在我的家乡，这肯定是一个热门话题，这当中有多少是八卦，多少是关切、遗憾，或许难以分清，但不会这样无声无息。

看来，澳大利亚人比中国人孤独，许多事情他们宁愿找陌生人，如律师、心理医生或出租车司机倾诉，也不愿和亲友分享。个人对独立性、隐私的强调和坚守，使家庭成员间的关系并不处于一种“生命共同体”的“互联网”中。而我们中国人，无论爱、怨，家人对彼此都负有不可推卸的责任，无论情况多么糟糕、无望，你总有一条退路，总有一碗饭吃。

若说哪种人际交往模式更好，其实要看各人的性格和境遇。只是不知道，在孤独和过分亲密之间，人与人之间还有没有更加适宜的关系模型。

你是牧羊人还是羊

□［美］凯蒂·兰登

那是在我读高二的时候。

我忘了是哪家影院，也忘了是哪部电影，但我永远不会忘记爸爸那天所做的事。

一群人在排队，等着买票。

我本能地寻找着队伍的后面，然后朝那个方向走去。

但是爸爸呢？他直接绕过他们向前走！

我停了一下，以为他会看到，然后回来和我一起排队。但爸爸朝我招了招手，继续往前走。

我不情愿地跟着。

我能感觉到排队者指责的目光，我们一路走过时，他们都怒视着我们。

这真的是太尴尬了。

但是走到前面之后，我才发现大家排队的那个窗口其实是为一部新电影准备的。

我和爸爸径直走到一个没人排队的售票窗口买了票。

我们走进电影院时，一位经理走了出来说：“这个窗口只出售专场电影票。要看其他电影的人，请上前面买票。”

你猜出现了什么情况？大约一半的人急匆匆地跑到队伍前面，抱怨白等了这么久。

“都是羊。”检票员检我们的票时，爸爸低声笑着说。

我不解地沉思着：羊？

在我们等待电影开始时，我问爸爸他那句话是什么意思。

“亲爱的，大多数人都像羊一样活着，他们总是紧跟着羊群，喜欢群体的安全感和舒适感，被吸引到各条长队的后面。很多年前，我就决定要过牧羊人的生活，而不是羊的生活。”

电影开始时，我看了看周围一排排坐着的人。

羊？我是他们中的一员吗？

传说中古代的贵族门第

□张佳玮

在皇权至上、中央集权的中国古代，是没有所谓千年贵族门第的。

架空历史剧谈情说爱，很爱假托王谢贵族。毕竟“旧时王谢堂前燕，飞入寻常百姓家”。贵族家庭源远流长，里头的大小姐帅小伙，也都是公主王子。

其实王谢已经算晚的了：早在三国到魏晋之交，就已有一群高干子弟在一起玩耍。

司马懿有两个儿子，司马师与司马昭。司马师的一个夫人夏侯徽，是夏侯尚的女儿，曹氏宗族；一个夫人羊徽瑜，是蔡文姬的外甥女，南阳太守羊续的孙女。司马昭的夫人王元姬，就是如今在视频界大红特红、被诸葛亮指着骂的王朗王司徒的孙女。羊徽瑜的弟弟，就是西晋开国名将羊祜，感叹“人生不如意事十之八九”那位。

司马家夺取曹魏政权后，急不可耐地杀掉的何晏，即那位面如傅粉、风流倜傥、还服五石散的大帅哥，是东汉大将军何进的孙子，何晏的妈妈尹夫人后来嫁的人物更厉害：就是曹操了。所以何晏既是曹操的女婿，又是曹操的继子。所以司马懿何以赶着杀何晏？既不是他太风流，也不是他嗑五石散——而是因为，他是曹家的人嘛。

魏晋风流，大家都知道嵇康阮籍。嵇康写了《管蔡论》和《与山巨源绝交书》，话里话外嘲讽司马昭，不合作，于是司马昭把他杀了。哪位会说：嵇康写文章骂骂而已，司马昭怎么恁恨他？答：嵇康的爸爸是嵇昭，曹操手下督军粮治书侍御史。嵇康的妻子是长乐亭主，姓曹——一言以蔽之，曹家的姑爷。阮籍的爸爸是阮瑀，建安七子之一，当然也是曹操的文吏。

所以司马家夺权之后，要杀何晏与嵇康，阮籍从此出仕，也不奇怪了吧？——说到底，就是一群名门之后，在互相折腾呢。

至于与嵇康绝交的那位山涛山巨源，四十多岁才出来做官，升得极快。为啥呢？一方面，他确实是个人才；另一方面嘛，他出身河内山氏。这么说吧，山涛的堂姑奶奶的女婿，就是司马懿。说来说去，都是一挂子的亲戚。

当然，威风时威风，凋零时也凋零得快。这不，西晋一朝得势，前朝的都倒下了。

相对而言，后来著名的琅琊王氏和陈郡谢氏，还真是在西晋到东晋期间崛起的了。而且崛起的方式，很诡异。

先是西晋灭亡，王导拥护司马睿在建邺称帝，王导王敦权倾天下，是所谓“王与马共天下”。王敦之乱后，庾家的庾亮作为外戚辅政，郗鉴则处于王庾两家之间，作为缓冲。也就是在此期间，为了搞好关系，郗鉴把女儿许了王家：找了王羲之做女婿。

之后便是庾家衰、桓家起，那就是“树犹如此人何以堪”“我见犹怜何况老奴”的桓温了。桓温野心最大时，也奈何不了谢家，而谢家的谢安与谢玄，于淝水之战立下旷世奇功后，又风水轮流转。到刘宋建立，“气吞万里如虎”的刘裕上台，东晋这你方唱罢我登场的门阀，也就鞠躬下台了。

哪位说：不会啊？不是都说世家高门，一直兴盛到了隋唐两朝吗？田余庆先生的《东晋门阀政治》里，有个极有趣的细节，说恰在门阀已无法掌握政治权力时，开始了积极的内部通婚，谋求经济权力。如此矫揉造作，故作高贵，我觉得可以归结为：国家大事我管不了了，那就退而求其次，多挣点钱，顺便摆起个架子来吧！

后来摆起架子的，不只是东晋门阀，还有北魏北齐，国亡了，门第还在，继续互相吹捧，内部通婚。

到唐高宗时，靠着攀附武则天得了富贵的李义府，想为自家的儿子找个好姓氏，未遂。李义府没啥门第，但有权力啊，县官不如现管，于是向唐高宗奏本：这些乱七八糟的家族败家子，内部通婚？咱们就不许他们通婚！——高宗于是下令，七姓十家，不许内部通婚！那时天下姓李，就由不得高门大户了吧？

所以，虽然古装偶像剧总在塑造源远流长的贵族爱情，事实是：在皇权至上、中央集权的中国古代，是没有所谓千年贵族门第的。即便东晋门阀在公元4世纪呼风唤雨过一阵，也只是在政权南渡、皇权不兴的几十年间，威风一下罢了。至于高门大户，自抬门第，也不过是营造稀缺性、阻隔上下交流，来提高自我品牌价值——颇有点儿如今奢侈品品牌的架势。

没有天赋怎么办

□冯　唐

我们经常会面临一个巨大的困扰：这件事我必须做，但是我真的没有天赋把它做好，怎么办？两个字解决这个问题——“有常”。简单地说，就是坚持，没天赋也能活，甚至能活得挺好。

举一个曾国藩的例子，他说：“人生唯有常是第一美德。”人生的第一美德，是你能坚持做一件事。他拿自己写毛笔字做例子，他在写毛笔字这件事上，非常努力地思考和尝试，结果呢，什么变化都没发生。然而，每天写，一直坚持，就会发现每月都有所不同，每年都有一点儿进步。这是曾国藩告诉我们的，如果在你必须做的事上，没有天赋该怎么办？

为什么说写字对曾国藩来说是一件必须做的事？因为从唐朝开始，人们就是从“身、言、书、判”四点，去判断一个人能不能干，能不能被信任，会不会进一步升官。而皇帝是否喜欢一个人，“书”也是一个很重要的因素。曾国藩在另外三个方面强，在书法上却没有天赋。但没有天赋，不意味着没有成果，你养成一个好习惯，坚持做下去就会见效。他每天都写，自娱自乐，间接能娱人，给寺庙题个匾额，给同僚写副对联。有个很有意思的现象，曾国藩在书法上没有天赋，但他的书法到现在价格都不错，字因人传。买的人能从曾国藩亲手书写的笔触里、文字里，汲取到精神力量。

在必须做的事上，没有天赋怎么办？迎难而上，我去做，我多安排时间做。

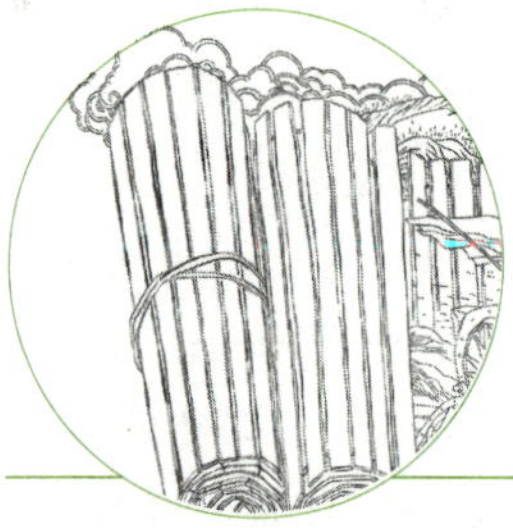

《孙子兵法》教会我的那些事儿

□华　杉

翻开《孙子兵法》，你会发现它不像传说中那么神秘，也不是什么秘籍，而都是简单平凡的道理，是平正通达的大道。

人们总以为有什么神妙的兵法能够化腐朽为神奇。学了《孙子兵法》你就知道，腐朽就是腐朽，它是化不了神奇的。这个世界上最深刻的道理就是平平常常的大道理，关键在于你要知行合一，把这些老生常谈的大道理切实笃行，真正做到。做到了你才知道，原来这些道理这么厉害。

总结《孙子兵法》，我有三句话——《孙子兵法》不是战法，是不战之法；不是战胜之法，是不败之法；不是以少胜多之法，是以多胜少之法。

《孙子兵法》的思想精要，我总结了九条。

第一，《孙子兵法》讲的是以强胜弱而不是以弱胜强，因为弱胜不了强。《孙子兵法》第一篇讲“计”，不是奇谋巧计，而是现在的强弱危机分析法，强调将优势、劣势、威胁、机会以及敌我双方的综合实力进行计算和评估。你要在决定是否开战之前，衡量双方的实力。

计算的内容是“五事七计”，你要对敌我双方从五个方面和七个科目进行打分，分多的胜，分少的败。你打完分以后就能“知胜”，这就叫“多算胜，少算不胜”。

算下来能赢，就可以兴师动众地发动战争了，算下来自己的分没别人的高，那就不要打了。孙子是不相信以弱胜强的，那是小概率事件。孙子不会拿国家民族的命运去赌那些小概率事件。

第二，如果打得赢，但是打不起，也不要打。因为行动必有代价，战争的代价极大，不要光想着战胜，要算一下这场仗打得值不值得。战国时期的李克对魏文侯说“数胜必亡”——胜仗打多了，国家反而要灭亡。为什么呢？因为“数战则民疲，数胜则主骄”。

总是在发动战争，人民就疲惫了；总是打赢，君主就骄傲了。以骄傲的君主来率领疲惫的人民，这个国家就要灭亡了。

汉武大帝就演绎了主骄民疲的一生。他开疆拓土，战功赫赫，结果连年的战事严重破坏了国家的经济。他曾说：“朕即位以来，所为狂悖，使天下愁苦，不可追悔。”打了这么多胜仗，最后算下来，这些仗赢得都不值得。

第三，先胜后战，赢了再打。《孙子兵法》讲的主要是自强之法，首先你要修炼自己，而不是惦记着打败别人。所以孙子说：“善战者，先为不可胜，以待敌之可胜。不可胜在己，可胜在敌。”

善于作战的人先让自己修炼成不可战胜的，然后等待敌人可能被战胜的时候。自己不可战胜在于自己，而敌人什么时候可以被打败，那完全在于敌人，你控制不了敌人。

第四，能等待，能忍耐。不作死就不会死，《孙子兵法》讲得最多的就是这个。因为战争的收益和代价极不对等，打赢了杀敌一千，自损八百，也不一定有多大收益；打输了，则可能国破家亡，命都没了。

所以关键是要能等，不能因为焦虑就频频动作。哥舒翰守潼关，知道不能打，他能等。但是唐玄宗焦虑，不能等，逼哥舒翰出关作战，就全军覆没了。所以等待在很多情况下都是最好的战略。

第五，一战而定，胜而不定，胜利就无意义。胜利是手段不是目的，目的是平定。如果打了胜仗不能平定，你已经百战百胜了还要接着打，那即便打一百场胜仗又有什么意义呢？

每一仗都要死人，就算死的是敌人，也不如让他们不要死，而是让他们加入我们，这样才能“胜敌而益强”。通过战胜敌人，我越来越强。孙子有很强的保全思想，保全自己，保全人民，保全城池，保全财产，最好也保全敌人，把敌人都收服了归我所有，这才是平定天下呢。

第六，以正合，以奇胜，分战法是基本的战术原则。“以正合，以奇胜。”这是《孙子兵法》中最为人所熟悉的一句话。奇，又称余奇，意思是多出来的部分。

余奇就是预备队，是手里捏着还没打出去的牌，你要留到关键的时候打出去制胜，这叫出奇制胜，又叫分战法，是兵法里基本的战术原则。凡是作战，一定要分兵，无论人数多寡。项羽最后到了乌江边，只剩二十八个骑兵，他也要分成两拨，首尾相顾而不能挤成一团来打，兵与兵之间要相互配合。

韩信背水一战，他不是真的把所有部队都布阵在水边。如果那样，他就真要被人撵到河里去喂鱼了。韩信是先分了奇兵出去埋伏，有预备队在关键的时候杀出来，这才获胜。

人们老是相信奇袭得胜和以少胜多，这还是一种侥幸心理。孙子告诉我们，兵法没有侥幸，弄巧一定成拙，打仗必须按军事规律以及兵法的套路来。

现在许多人经常讲一句话叫“守正出奇”，但《孙子兵法》里没有“守正出奇”这四个字，这是以讹传讹。守正出奇什么意思？是说平常坚持原则，而关键的时候可以突破原则。那还要原则做什么呢？

第七，诡道不重要。“兵者，诡道也。”《孙子兵法》里的这句话误导了好多人，很多人以为《孙子兵法》就是以诡诈取胜。但是，诡诈在兵法里面不是主旋律。

好多出版社把《孙子兵法》和《三十六计》合成一本书，似乎兵法就是奇谋巧计，这是很大的认识误区。打仗跟我们平时做事一样，不能靠诡计，还是要靠踏踏实实的努力。

第八，知己知彼，关键在知己。

“知己知彼，百战不殆”，人们念着这句话，就总想去知彼，以为知己不是问题，觉得我还不知道自己吗？实际上，知己知彼，关键在于知己，因为“不可胜在己”。自己强大了不失误，别人就“无奈你何”。你如果千方百计地去知彼，可能会着了别人的诡道。

《孙子兵法》讲来讲去，都是练基本功和抓基本面。你要管好自己，等自己强了，再等待胜机出现，在最有把握的时候动手，先胜后战，一战而定。

第九，《孙子兵法》不是教你打赢，首先是教你认输。为什么不战呢？知道自己要输所以不战。《孙子兵法》首先是不战之法。

我希望通过学习《孙子兵法》，我们能够学会接受失败。接受失败就是知道很多事自己做不到。那它有什么积极的价值呢？它的价值就是，可以堵住我们人生所有错误的源头。

楼　阁

□［美］梭　罗

一个人如果能坚定自信地朝着他梦想的方向前进，努力追求他所向往的生活，最终他是可以获得意想不到的成功的。他会把一些东西抛在身后，会越过一条看不见的界限；新的、更广大的、更自由的法则将要开始围绕着他，并在他的内心里建立起来；或者旧有的法则将要升级，在更自由的意义上得到新的解释，他终将拿到生活在事物的更高级的秩序中的许可证。他把自己的生活越是简单化，宇宙的法则越会删繁就简，寂寞将不成其为寂寞，贫穷将不成其为贫穷，软弱也将不成其为软弱。如果你建起了空中楼阁，你的付出不会白费，楼阁就应该造在空中，关键是你要在它们的下面打好基础。

富有个性的人才能拥有高质量的爱情

□周国平

爱情的质量取决于相爱者的灵魂的质量。高质量的爱情只能发生在两个富有个性的人之间。

对灵魂的相知来说，最重要的是两个灵魂的丰富以及由此产生的互相吸引，而绝非彼此的熟稔乃至明察秋毫。

世上并无命定的姻缘，但是，那种一见倾心、终生眷恋的爱情的确具有一种命运般的力量。

“两情若是久长时，又岂在朝朝暮暮。”两性关系要讲究质量，真挚而久长的爱情远胜于轻浮而短暂的风流韵事。

爱情是盲目的，只要情投意合，仿佛就一美遮百丑。爱情是心明眼亮的，只要情深意真，确实就一美遮百丑。

一段爱情的生存时间或长或短，但必须有一个最短限度，这是爱情之为爱情的质的保证。小于这个限度，两情无论怎样热烈，也只能算作一时的迷恋，不能称作爱情。

爱情与事业，是人生的两大追求，其实质相同，均是自我确认的方式。爱情是通过某一异性的承认来确认自身的价值，事业是通过社会的承认来确认自身的价值。

凭人力可以成就和睦的婚姻，得到幸福的爱情却要靠天意。

看两人是否相爱，一个可靠的尺度是看他们是否互相玩味和欣赏。两个相爱者之间必定是常常互相玩味的，而且是不由自主地要玩，越玩越觉得有味。如果有一天觉得索然无味，毫无玩兴，爱就荡然无存了。

爱情是灵魂的化学反应。相爱的两人之间有一种亲和力，不断地分解，化合，更新。亲和力愈大，反应愈激烈持久，爱情就愈热烈巩固。

爱情是有质量之别的，最好的爱情是两个本来仿佛有亲缘关系的灵魂一朝相遇，彼此认出，从此不再分离。无论在什么样的时代，这样的爱情都是稀少的。

这并不奇怪。第一，这两个灵魂是优秀的，如果不优秀，那算什么灵魂呢？对彼此的灵魂又会有什么寻求和辨识呢？第二，这样两个灵魂的相遇要靠运气，错过的可能比相遇的机会大得多。

所以，这样的爱情是可遇不可求的。你无法去寻找，遇上了，你就像命中注定一样不能放弃。

爱情是两个整体的人之间的情感关系。在这段情感关系中，两人的人生观是否相洽，相洽到什么程度，一定会发生重要的作用。所谓高质量的爱情，一个必要条件是相洽的程度高。

你患有
大脑“肥胖症”吗

□陈　赛

盖瑞·斯莫尔是美国加州大学的脑神经学家，他认为大脑的功能在过去20年的改变，很可能比过去数千年的变化大。他做过一个实验，上网高手和上网菜鸟分别在谷歌上搜索时，前者大脑左前区的一个特定区域非常活跃，而后者的这一区域则活动甚微。但在互联网上仅活动5天之后（每天1小时），谷歌就在他们的大脑中激活了这一区域。

如果大脑对每天一小时的网络搜索刺激如此敏感，而现在年轻人每天平均花11小时在高科技玩具与设备上，那么他们的大脑又会发生什么变化？

斯坦福大学的一项研究发现，我们在电脑前每度过一小时，用传统方式与他人面对面交流的时间就减少30分钟，社交技巧就会变笨拙。实验表明，一些年轻人玩过一段时间的暴力游戏后，甚至丧失了识别快乐、悲伤等情感的能力。

数字技术迫使我们的大脑学会如何更有效率地处理更多的信息，但一些对人类来说更加意义深远的东西或许正在失去，比如深度思考的能力、集中注意力的能力、面对面交流的能力、不被刺激的能力……

爱走神就是数字技术的副作用之一。正如英国作家阿兰·德波顿所说，只要坐在计算机前，你很容易就忘了自己要做什么，因为总会有比你手头的工作更刺激，或更有趣的事情冒出来。

注意力分散已经成为一种流行病——一种认知上的“肥胖症”。我们不断忙碌，追踪一切，分散心力关注每件事以及每个地方。我们时刻在扫描周围的环境，对新接触的一丁点儿消息都保持警觉。与之相伴的是一种“多任务处理”的强迫症，我们想更快，一次性处理更多的事情，比如把电脑放在跑步机上，一边锻炼，一边工作，还经常一边开车一边发短信。花一小时只做一件事情，变得越来越不现实了。

就像节食一样，我们应该学会控制大脑对新鲜刺激的渴望。将注意力集中到某件事情上，类似于精神上的俯卧撑，能达到大脑减肥的效果。或许，未来的健身房除了锻炼肌肉，还会进行大脑锻炼，教人们怎么集中注意力。当然也有低科技的办法，比如佛教中的冥想，它能使前额叶皮质区神经元同步信号的能力，比常人高出30倍。

而在日常生活中，打盹20分钟也能刷新大脑，极大改善注意力。小睡60分钟，效果最佳。你还可以随时准备一个耳塞，身处吵闹的地铁时，为自己建造一个“刺激庇护所”。